教育部首批特色优势专业建设项目资助
热带园艺专业特色教材系列

热带园艺植物育种学

主　编　成善汉　李绍鹏

中国建筑工业出版社

图书在版编目（CIP）数据

热带园艺植物育种学/成善汉，李绍鹏主编. —北京：
中国建筑工业出版社，2014.9
（热带园艺专业特色教材系列）
ISBN 978-7-112-17181-1

Ⅰ. 热…　Ⅱ.①成…②李…　Ⅲ.①热带作物-园林
植物-植物育种　Ⅳ.①S680.3

中国版本图书馆 CIP 数据核字（2014）第 189826 号

《热带园艺植物育种学》基本内容可分为两篇，上篇主要是园艺植物育种的基本原理、基本途径和育种技术介绍，包括种质资源、引种、选择育种、有性杂交育种、优势育种、诱变育种、倍性育种和生物技术育种以及品种繁育、抗性育种、品质育种等内容。下篇主要针对热带地区的或适合于热季栽培的园艺植物如荔枝、香蕉、菊花、兰花、瓜类、豆类、茄果类作物，介绍它们的育种现状、育种目标、种质资源、主要性状的遗传规律以及育种方法和关键技术等。本书具有如下特点：①多数举例针对热带园艺植物，具热带特色；②多探讨园艺植物育种现状与趋势，具新的内容；③注重育种程序的制订和育种方法的应用，实用性强；④基本概念都引自国内外名家名著，准确性高；⑤每章后有小结、复习思考题，书后有参考文献，便于学生自学。

全书共有二十二章，内容丰富、资料翔实、信息量大、条理清晰、结构合理、逻辑性强、内容图文并茂、通俗易懂。可作为热带地区高等农林院校园艺专业及相关专业本科生教材，也可作为其他院校有关专业本科生、研究生、科研人员和教师的参考用书，对科研院所育种机构也有一定的参考价值。

责任编辑：郑淮兵　杜一鸣
责任设计：董建平
责任校对：陈晶晶　赵　颖

教育部首批特色优势专业建设项目资助
热带园艺专业特色教材系列
热带园艺植物育种学
主　编　成善汉　李绍鹏

*

中国建筑工业出版社出版、发行（北京西郊百万庄）
各地新华书店、建筑书店经销
北京科地亚盟排版公司制版
北京画中画印刷有限公司

*

开本：787×1092 毫米　1/16　印张：20¾　字数：504 千字
2015 年 1 月第一版　　2015 年 1 月第一次印刷
定价：**39.00** 元
ISBN 978 - 7 - 112 - 17181 - 1
（25906）

本 书 编 委

前　　言

国内外的园艺专家都认为，21世纪园艺产业的发展、竞争取决于两大因素，一是栽培技术和栽培条件因素，通过提升栽培技术和改善栽培条件可提高园艺产品经济效益；二是品种因素，优良品种的选育和拥有，将使自己在园艺产业发展竞争中占据有利地位。应该说这两大因素对园艺产业发展是缺一不可的，没有好的栽培技术，即使有优良的品种也是不可能创造好的园艺效益的，同样，即使有好的栽培技术而没有优良的品种也将是"巧妇难为无米之炊"。

现代国家间的竞争多表现为资源的竞争，包括生物资源的竞争，种子是园艺产业核心竞争力的标志。《农民日报》2010年5月份有一篇文章"透过寿光看中国蔬菜种子的忧患与希望"，里面讲到中国蔬菜之乡的寿光，"60％以上的蔬菜种子使用的都是洋种子，菜农被迫接受一克种子一克金"，无不令人忧心忡忡。为了培养园艺植物育种方面的人才，早在高考制度恢复的时候，国家就在园艺专业学生中开设了《果树育种学》、《蔬菜育种学》、《花卉育种学》等专业或选修课程，培养了大批园艺育种方面人才，这些人在现代园艺育种中正起着重要的带头作用。

1998年园艺专业合并后，为适应专业调整和国家的需要，很多高校都开设了"宽口径、重基础"的《园艺植物育种学》课程，国家也组织园艺方面的著名专家编写了面向21世纪的本科教材，主要有沈阳农业大学景士西教授主编的《园艺植物育种学总论》（2000年第一版，2007年第二版）、浙江大学曹家树和河北农业大学申书兴教授主编的《园艺植物育种学》（2001年）、华中农业大学徐跃进和胡春根教授主编的《园艺植物育种学》（2008年）。相关的《蔬菜育种学》、《果树育种学》、《园林植物育种学》、《植物育种学》教材也很多。这些教材内容丰富、概念准确、资料翔实、信息量大、结构合理、逻辑性强、图文并茂，具有很强的实用价值，特别是景士西教授的《园艺植物育种学总论》对园艺植物的生长习性、品种类型和特点、育种目标、种质资源以及引种、选择育种、常规杂交育种、杂种优势育种、营养系杂交育种、远缘杂交育种、诱变育种、倍性育种、生物技术育种、计算机辅助育种等育种途径都作了详细的介绍，成为本科院校园艺专业通用的不可多得的教材。

当提起笔准备编写的时候，我们一直琢磨编写《热带园艺植物育种学》一书的必要性，在众多专家的提携下，最后决定编写的主要原因有四个。第一是景教授的育种学一书对热带地区园艺植物的介绍或举例甚少，在景教授书的基础上加入热带园艺植物育种的内容，有利于热带地区园艺专业学生更好地学习专业知识；其二是我们在讲课和实际工作中发现，育种程序和技术的介绍对学生从事育种工作更有实际应用价值；其三是随着教改的推进，《园艺植物育种学》课时已经减少了很多，有必要根据学生的专业方向选定教学内容；其四，也是很重要的一个原因，书中增加列举现代我国园艺植物育种界的专家泰斗的主要事迹，让学生和我们一起向专家泰斗学习。尽管如此，我们仍深感忐忑，特别是在基本育种原理和理论上，很多内容都参考了景士西教授的《园艺植物育种学总论》，同时也参考了山东农业大学、南京农业大学、河北农业大学、华中农业大学的园艺植物育种学国家级精品课程网站，并使用了其中的一些图片，以及相关的英文文献；另外，我们还特别邀请了热带地区的农林院校主讲《园艺植物育种学》课程的老师参与了编写工作，帮忙出谋划策。

全书共有二十二章内容，上篇是"热带园艺植物育种学总论"部分，从第一章至十二章，下篇是"热带园艺植物育种学各论"，从第十三章至二十二章，各章编写人员为：第一、十二章成善汉、李绍鹏，第五、十一、十七、二十一章成善汉、林师森，第二、十九章周开兵、李绍鹏，第三章符青苗、成善汉，第四、十三章张应华，第六章丰锋、成善汉，第七、十四章吴田，第八、十六章黄桂香，第九、二十二章王健、宋希强、成善汉，第十章从心黎、李新国，第十五章马崇坚、胡建斌，第十八章李新国、从心黎、李绍鹏，第二十章宋希强、王健。全书初稿经成善汉、李新国讨论后交由专家审定，最后由成善汉统稿。在编写和审改过程中，得到李绍鹏教授的关心和帮助，并提出了宝贵的修改意见。此外，全书还引用了许多网站的图片和著者科研工作中的科研成果，有的网站图片不知作者是谁，因而书中可能没有标出，在此致以诚挚的谢意。

该书承蒙海南大学、云南农业大学、西南林业大学、广西大学、广东海洋大学、韶关学院等院校的支持，得到教育部和财政部"2007 年度第一批高等学校特色专业建设点"（TS2343）支持，以及国家自然科学基金（31260462）、海南大学园艺学本科教学创新团队（2014）、设施农业科学与工程教学创新团队（2014）、海南大学中西部计划学科建设项目（ZXBJH-HK008）和海南大学教育教学研究重点项目（hdjy0902）的资助，在此表示衷心的感谢。最后，需要指出的是，参与本书编写的人员虽都是一线园艺育种学课程的教师，教学经历丰富，在本书的文字写作、图表等方面十分仔细，一丝不苟，但毕竟水平有限，时间紧、任务重，书中纰漏和错误之处在所难免，敬请广大读者和同行专家提出宝贵意见，不吝赐教，我们将不胜感激，并虚心改正。

编者

2014 年 5 月于海口

目　录

第一章 绪 论

园艺（Horticulture）指蔬菜、果树、观赏植物的栽培、繁育技术和生产经营方法，既是一门科学，又是一门技术、艺术。地球上的高等植物有 30 多万种，归属 300 多个科，绝大多数的科含有园艺植物。据统计，全世界果树（含野生果树）大约有 60 科，2800 多种，其中较重要的果树有 300 多种，主要栽培的有近 70 种；蔬菜约有 30 多科，200 余种，我国栽培的蔬菜有 100 多种，其中普遍栽培的有 50～60 种；观赏植物远多于果树和蔬菜的种类。园艺植物育种学就是改变园艺植物遗传特性以培育满足人类需求的新品种的科学与艺术，其基本步骤为：选择育种对象→确定育种目标→收集和评价种质资源→选择育种方法→进行选育种→生产试验和区域试验→新品种审定、推广和繁殖。

第一节 现代园艺业的重要性及热带园艺植物生产现状

现代园艺业是现代农业的重要分支，热带亚热带园艺植物的生产，如热带水果香蕉、芒果、荔枝，耐热蔬菜瓜类、茄果类，热带兰花、耐热菊花等，不仅对本地区农业生产、居民生活具有重要意义，且能提高其他非产区人们多样性的生活需要。

一、现代园艺业的重要性

1. 园艺在人们日常生活中的作用

《中国居民膳食指南》（2007 年版）推荐我国成年人每天吃蔬菜 300～500g，最好深色蔬菜约占一半，水果 200～400g，因为蔬菜、水果为人类提供丰富的维生素、矿物质、膳食纤维和其他保健作用的化学物质，而且水分多，能量低，对保持身体健康，保持肠道正常功能，提高免疫力，降低患肥胖、糖尿病、高血压等慢性疾病风险具有重要作用（图 1-1）。

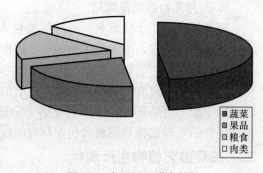

图 1-1 中国居民膳食结构

花卉等观赏植物可改善生态环境，净化空气，陶冶情操，提高人们的生活质量和多层次的精神生活需要。园艺景区则成为人们休息、娱乐和欣赏大自然的重要场所。

2. 园艺业在国民经济和新农村建设中的重要性

据我国农业部统计，2009 年我国蔬菜总面积达 1841 万 hm²，总产值达 8800 多亿元（含西甜瓜），水果总产值达 3100 多亿元，蔬菜出口超过 66.7 亿美元，水果出口超过 30 亿美元，蔬菜、水果总栽培面积与总产量都是历年的最高（图 1-2）；2009 年我国花卉种植面积达 83.4 万 hm²，销售额达 719.8 亿元，出口 4.1 亿美元，可见，园艺业已经成为农业甚至国民经济的重要组成部分。此外，园艺产品价格高，附加值更高，可成为农民收入的重要来源。

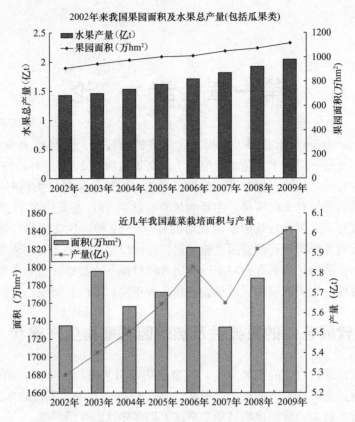

图 1-2　近几年我国水果、蔬菜栽培面积和总产量变化情况

3. 园艺作物的其他作用

园艺作物种类十分繁多，有些能愉悦人们的身心，如兰花使人幽静，菊花体现品格；有些则能净化空气，消除粉尘和噪声，如柳杉、美人蕉、月季、丁香、菊、银杏能吸收二氧化硫，珊瑚树、雪松、圆柏、龙柏、水杉、桂花、臭椿、女贞能消除噪声，泡桐、夹竹桃、榆等对粉尘具有较强的吸收能力；有的能吸毒解毒，如吊兰、芦荟、虎尾兰能大量吸收室内甲醛等污染物质，茉莉、丁香、金银花等分泌的杀菌素能够杀死空气中的某些细菌；还有一些园艺植物则成为科学研究的模式植物，如番茄、矮牵牛等。

二、热带园艺植物生产现状

世界热带地区主要分布在非洲、亚洲南部、南美洲和澳大利亚（图 1-3）。我国热带、南亚热带地区（简称热区）包括海南、广东、广西、云南、福建、湖南南部及四川、贵州省南端的河谷地带和台湾省，总面积约 48 万 km^2（不含台湾省），人口约占全国的十分之一。热区不仅植物种类繁多，而且很具特色，加之特色的自然和气候条件，使热带园艺植物成为我国众多园艺植物中的一颗奇葩。目前，热区主要种植的园艺植物有香蕉（包括大蕉）、荔枝、龙眼、黄皮、芒果、菠萝、山竹果、红毛丹、柚子、杨桃、菠萝蜜、柠檬、柑橘、金心果、番石榴、火龙果、椰子等水果，茄子、番茄、辣椒、黄瓜、西瓜、甜瓜、南瓜、冬瓜、豇豆、四季豆、扁豆、小白菜等蔬菜，文心兰、蝴蝶兰、菊花、鸡冠花、彩叶草、凤仙花、紫茉莉、长春花、虎尾兰、美人蕉、大岩桐、变叶木、五叶地锦等观赏植物以及广藿香、益智、香草兰等药用植物。

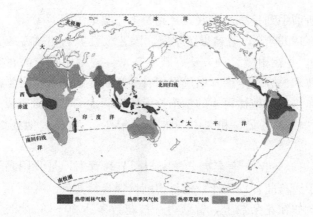

图 1-3　热区分布及主要气候类型

据 FAO 统计，2005 年世界水果收获面积达 5192.1 万 hm²，产量达 5.09 亿 t。产量占世界水果总产比例超过 1% 的 10 类水果中，有 2 类为热带水果，即香蕉、芒果。2008 年我国热带、亚热带水果总产量达 1304.5 万 t，相比 2001 年的 865.8 万 t 增长了 50%，占 2008 年全国水果总产量（11338.9 万 t）的 11.5%。2008 年我国热带水果产业及结构如表 1-1 所示，可以看出，我国热带水果中种植量最大的是香蕉，约占热带水果总产量的 60%，其次是荔枝、龙眼和菠萝，但产量的比重均较小，年产量在 90 万～150 万 t 之间。

2008 年我国主要热带、亚热带水果产量及结构　　　　表 1-1

一	香 蕉	荔 枝	龙 眼	菠 萝	其 他
产量（万 t）	783.4	150.7	127.1	93.4	149.9
比重（%）	60.1	11.5	9.7	7.1	11.5

资料来源：中国农业统计年鉴 2009，中国农业信息网。

2009 年我国热带地区香蕉栽培面积达 33.88 万 hm²，产量 804.5 万 t，仅次于印度；荔枝栽培面积达 55.72 万 hm²，占世界的 80%，产量达 169.6 万 t，世界第一；龙眼栽培面积达 39.03 万 hm²，产量 126 万 t，成为龙眼第一生产大国；芒果 11.73 万 hm²，产量达 88.2 万 t。热带水果总产值已超过 500 亿元。海南已成为重要的冬季瓜果菜种植基地，2009 年冬季瓜菜种植面积达 230 万亩，产量达 360 万 t，成为全国人民冬季的菜篮子。云南是植物王国，其中主要观赏花卉、观赏植物 1366 种，至 2009 年年末，云南花卉种植面积达 3.87 万 hm²，总产值 201 多亿元，鲜切花 36 亿枝，居全国第一。

第二节　我国近现代园艺植物育种学家及主要贡献

一、近现代园艺育种家及成就

近代我国园艺植物无论是在资源整理、收集、创新，栽培技术创新，还是在育种途径和新理论上都取得了突出的成绩，这与大批园艺工作者的巨大贡献是分不开的。

吴耕民（1896～1991 年），著名园艺学家与园艺教育家，他运用近代园艺科学知识，调查整理我国果、蔬生产经验，传播国内外园艺良种和栽培技术，尤其对中国温带及亚热带果树的栽培如果树修剪的理论与技术造诣深厚。他强调"学习除口到、眼到、心到外，还要手到、足到。所谓手到是练习实践，足到是多作实地考察。"

章文才（1904～1998 年），著名果树学家、园艺教育家、柑橘专家，他一生选育了柑橘优良品种 10 多个，并在柑橘育种方法、栽培技术、贮藏保鲜方面有多项创新性研究成果。他率先将生物技术、分子生物学引进果树育种学研究领域，指导学生首次在我国建立了柑橘原生质体分离培养到植株再生的整个技术体系。他的多项研究成果获得国家科技奖励，并被称为中国"柑橘之父"和"中国果树学泰斗"。此外，他还编写了多部柑橘学专著。

章守玉（1897～1985 年），著名园艺学家与园艺教育家，是我国高等院校园林专业的创建者之一。致力于唐菖蒲育种工作，通过田间选择自然变异（芽变）、人工杂交等方法，选择出数百种类型，如在花朵数上，曾获得一枝花数多达 20～30 朵的多花类型。是我国近代花卉学的奠基人之一。著有我国近代花卉园艺方面第一本专著《花卉园艺学》，主编了《花卉园艺》等。

王泽农（1907～1999 年），著名茶学家、茶学教育家、茶叶生化专家。参加筹创了我国高等学校第一个茶叶专业，为国家培养了大批茶学科技人才。是我国茶叶生物化学的创始人，他首次从生物化学角度阐述了微量营养元素对茶树的生长和茶叶高产优质的影响，以及酶在茶叶发酵中的主导作用和发酵实质。主编了《茶叶生物化学》、《茶叶生化原理》、《中国农业百科全书·茶业卷》。

李家文（1913～1980 年），蔬菜学家、园艺教育家、大白菜专家。他对中国白菜类蔬菜的起源、分化、分类、形态、生理、栽培技术及遗传育种等作出了重要贡献，如他通过大量的研究工作得出大白菜杂交起源的假说，将大白菜亚种按进化过程从低级到高级分为散叶变种、半结球变种、花心变种和结球变种，并提出结球大白菜的起源地是中国北方。

谭其猛（1914～1984 年），蔬菜学家，园艺教育家。他主持的蔬菜远缘杂交、大白菜、萝卜雄性不育及其遗传变异规律等研究，取得了丰硕成果。著有《蔬菜育种》、《蔬菜品种选育及良种繁育》等。他选育了早熟、丰产、抗病的"沈农 2 号"，耐低温寡日照、适于保护地栽培的"沈农 3 号"，适于加工的"沈农 4 号"和具有直立性强、黄果色双隐性、丰产的"沈农 5 号"等优良番茄品种。育成了六十天还家、青帮河头、青麻叶和小青口等 4 个品种若干系统大白菜雄性不育"两用系"和若干大白菜"自交系"。

邹祖申（1923～），园艺学家、西瓜育种专家。我国瓜类研究的先驱之一，曾培育出西瓜新品种'早花'、'中育六号'及杂交种和多倍体西瓜等。20 世纪 50 年代还培育出抗病大白菜"大矬菜一号"。为发展我国瓜类事业作出了贡献。

毛宗良（1897～1970 年），著名园艺学家、园艺教育家。在园艺植物分类学、解剖学与造园学方面造诣深厚。对十字花科蔬菜及苋菜的分类研究作出了贡献。为我国榨菜、花叶芥确定拉丁学名。首先对茭白进行了解剖研究。为我国培养了大批园艺人才。

黄昌贤（1910～1994 年），果树学家、园艺教育家。在热带、亚热带果树的开发利用和优良珍稀果树品种的引种栽培研究，以及植物激素的应用等方面取得了丰硕成果，他育成了世界第一例无籽西瓜。

沈隽（1913～1994 年），著名果树学家、园艺教育家。创建了我国果树生理学、果树解剖学和果树矿质营养研究室。首先提出"等高撩壕"栽培法，促进了山地果树的发展。在苹果抗缺铁黄叶病优良砧木筛选、葡萄抗寒新品种选育及化学疏果等方面取得了成果。

主编了《中国农业百科全书·果树卷》、《中国果树志》等。此外，他倡导园艺学与相关学科结合，主张以"接力"方式培养研究生。

李曙轩（1917～1990 年），蔬菜学家、园艺教育家。他创建了我国蔬菜栽培生理学，在蔬菜作物生长发育理论、植物激素在蔬菜上的应用技术及机理以及蔬菜生物技术等研究方面，取得了丰硕的成果。主编了《中国农业百科全书·蔬菜卷》、《蔬菜栽培学》，编著了《蔬菜栽培生理》等。

陈俊愉（1917～2012 年），园林学家、园艺教育家、花卉专家、中国工程院院士。他培养了大批园林专门人才；创立花卉品种二元分类法，对中国野生花卉种质资源有深入的分析研究，创导花卉抗性育种新方向，并引进、选育梅花、地被菊、菊花、月季、金花茶等新品种 70 多个，系统研究了中国梅花，在探讨菊花起源上有新突破，在国内外产生了相当大的影响。主编《中国梅花品种图志》、《中国花经》等著作，著有《巴山蜀水记梅花》等书籍。

侯锋（1928～），蔬菜育种专家、中国工程院院士。他率先在国内开展黄瓜抗病育种研究，通过杂交和回交相结合的育种方法分别育出了抗黄瓜霜霉病、白粉病及枯萎病、优质的黄瓜系列新品种 12 个，即津研、津杂、津春系列黄瓜，占当时全国黄瓜栽培面积的80％以上；还利用广泛引进的国内外品种资源，解决了黄瓜低产劣质的难题。他还率先在国内研究黄瓜 F1 性状的遗传规律，得出丰产性有一定优势，早熟性有明显优势，而对霜霉病、白粉病、枯萎病的抗性均属于多基因控制的结论。创建的黄瓜研究所及其育、繁、推产业化工程体系为农业科研单位成果转化积累了经验，社会效益十分显著。

方智远（1939～），蔬菜遗传育种专家、中国工程院院士。他选育和利用甘蓝自交不亲和系、雄性不育系育出了包括我国第一个甘蓝杂交种"京丰一号"在内的蔬菜新品种多个。

吴明珠，瓜类育种专家、中国工程院院士。她最早开始新疆甜瓜地方品种资源的收集和整理，挽救了一批濒临绝迹的资源。在国内率先采用远生态、远地域、多亲复合杂交、回交及辐射育种等技术相结合，选育出优质抗病的西甜瓜新品种 30 多个，创造了一批新的种质资源。利用生态差异，长期在新疆和海南两地进行南北选育，创造了一年四季高速育种的成功实践。在世界上首先转育成功单性花率 100％的脆肉型（哈密瓜型）优质自交系，已应用于生产。建立了甜瓜育种和无土栽培的技术创新体系。

束怀瑞（1930～），果树学专家、中国工程院院士。他不仅选育出苹果、樱桃、葡萄、杏、桃、核桃等新品种 30 多个，且对果树根系生物学、果树碳氮营养有较深入的研究。

邓秀新（1961～），著名果树学专家、中国工程院院士。他在我国率先建立起柑橘原生质体培养技术、原生质体融合再生和杂种的分子鉴定技术，成功建立了非对称融合实验技术和果树最为完善的细胞融合技术体系；他还将体细胞杂种与我国一些地方品种杂交，获得了体细胞杂种与沙田柚、本地早橘等 8 个组合的 200 株三倍体后代，为选育无籽柚子奠定了基础。通过种质资源调查、引种，他建立了我国国家柑橘种质库，并利用 RAPD、AFLP、SSR 等分子标记技术对柑橘品种进行评价，此外还建立了柑橘、苹果等果树成年态及幼年态的材料的低温和超低温离体保存技术体系。先后引进、选育柑橘推广品种达 60多个，无病毒种苗或接芽 60 余万株，对我国柑橘产业的发展、品种示范、推广作出了巨大的贡献。

二、我国高校园艺学科及特色

我国最早的园艺教育机构是 1912 年成立的江苏省立苏州农校园艺科，1921 年，东南大学创办了我国最早的高等学校园艺系，经过 90 多年的发展与努力，我国目前能从事园艺本科教学的学校有 80 多所，一些园艺科研、教学比较突出的院校都形成了自己的特色（表 1-2）。

各高校园艺专业重点学科和学科特色   表 1-2

学校名称	园艺专业方向	重点学科隶属	学科特色
中国农业大学	果树学	国家重点	果树栽培、蔬菜设施栽培
浙江大学	果树学	国家重点	园艺植物生长发育与生物技术
	蔬菜学	国家重点	园艺植物基因组研究和分子育种
	茶学	国家重点	茶叶新品种选育和茶质量评价
华中农业大学	果树学	国家重点	果树作物细胞工程和生理生态
	蔬菜学	国家重点培育学科	蔬菜基因工程和分子育种
	观赏园艺学	农业部和湖北省重点	观赏园艺种质创新和基因工程
南京农业大学	果树学	江苏省重点	园艺作物种质创新和遗传育种
	蔬菜学	国家重点	设施园艺和无土栽培
	观赏园艺学	校级重点	园艺景观规划设计
山东农业大学	果树学	国家重点	果树种质创新与分子育种
	蔬菜学	山东省重点	园艺环境与工程
华南农业大学	果树学	国家重点	热带果树生物技术与遗传改良
西北农林科技大学	果树学	国家重点	国家大宗水果品种选育与遗传改良
沈阳农业大学	蔬菜学	国家重点	设施蔬菜栽培与品种选育
西南大学	果树学	国家重点培育	园艺植物资源、分子系统与进化
			果树生理生态与菌根技术
东北农业大学	蔬菜学	国家重点培育	北方寒地蔬菜生物学研究和遗传育种
安徽农业大学	茶学	国家重点培育	茶叶质量评价与品种选育

第三节   热带园艺植物育种成就与展望

我国热带园艺植物栽培历史悠久，如公元前 480 年"勾践诛山建立兰花基地，以呈吴王"，公元前 300 年屈原在《离骚》中说："余既滋兰之九畹兮，又树蕙百亩。"《礼记·月令》中，有"季秋之月，鞠有黄华"。公元前 2 世纪后期司马相如在《上林赋》中最先写荔枝为"离支"，写其栽培盛况为"邱陵，下平原……煌煌扈扈，照曜钜野"，东汉著名文人王逸在《荔枝赋》中赞美荔枝"修干纷错，绿叶蓁蓁，灼灼若朝霞之映日……卓绝类而无俦，超众果而独贵"。唐代诗人王建的"内园分得温汤水，二月中旬已进瓜"，写的是黄瓜的栽培。

同样，我们的祖先在长期改造自然的斗争中对园艺植物的育种也是非常重视的。我国最早的蔬菜，就是经过先民"尝草别谷"，从野菜中尝试、驯化而来，后经日积月累，世代相传，品种才日渐丰富，如《诗经》中列蔬菜 10 余种，秦汉增加到 20 多种，徐光启的

《农政全书》记载有 47 种。在选种和种子生产方面，汉代《氾胜之书》中已有选留种株、种果和单打、单寸等选留种方法记载，《齐民要术》已有论述种子混杂的坏处，以及主张穗选，设置专门留种地和去劣等比较先进的选、留种方法，如"食瓜时，美者收取"，即吃瓜时选取外观好的瓜籽做种子。我国原产的果树白梨、沙梨、海棠、山楂、桃、李、梅、杏、板栗、枣、银杏、柿、猕猴桃、甜橙、龙眼、荔枝、枇杷等也经历了野生到栽培的培育过程。在引种方面，汉武帝元鼎六年，破南越起扶荔宫以荔枝得名，以植所得奇草异木："菖蒲百本，山姜十本，甘蔗十二本，留求子十本，桂百本，蜜香、指甲花百本，龙眼、荔枝、槟榔、橄榄、千岁子、柑橘皆百余本。上木，南北异宜，岁时多枯瘁"，而汉代张骞出使西域到元代之前沿着"丝绸之路"引入的园艺植物有黄瓜、菠菜、核桃、石榴、葡萄等，明朝到新中国成立之前沿着海路引入到我国的有马铃薯、番茄、辣椒、甘蓝等。宋代蔡襄的《荔枝谱》记载了荔枝的芽变选种和贮藏加工的方法。宋代欧阳修的《洛阳牡丹记》（1031 年）讲述了选育重瓣、并蒂牡丹、芍药品种的经验，1104 年李蒙的《菊谱》是我国第一部菊花专著，里面记载了菊花品种 36 个，分为黄色（17 品）、白色（15 品）与杂色（4 品）等，还阐明了菊花大朵、重瓣等变异的遗传与育种的基本原理和途径。

新中国成立后，我国园艺植物育种取得了长足的进展，热带园艺植物育种虽起步较晚，但也取得了显著的成绩。

一、种质资源调查、收集和研究工作出色

在种质资源的研究方面，全国性研究单位和热区各省区都组织了多次种质资源的调查、考察、征集和整理工作，种质资源的评价和利用也取得了进展。1978~2005 年国家开展了"云南作物种质资源考察"、"海南岛作物种质资源考察"、"海南岛饲用植物资源考察"等专题考察。据初步统计，我国目前共收集热带作物种质资源约 4.7 万份（部分重复），其中热带特有资源 3.6 万份，资源类型有野生种、野生近缘种、地方品种、选育品种、品系、遗传材料等，制定了 320 个相关热带作物种质资源描述规范、资源保存和繁殖技术体系，完成了约 2.6 万份资源的基本性状和 1.65 万份资源的特性性状数据化表达，筛选出了腰果、香蕉、荔枝、芒果、黄灯笼辣椒等作物的特异种质，建成或正在建设的国家级热带植物种质资源库、中国西南野生生物种质资源库 2 座，云南特有果树及砧木圃、广州荔枝香蕉圃、福州龙眼枇杷圃、武汉水生蔬菜圃、重庆柑橘圃、南宁金花茶圃、南京菊花圃、三亚热带兰花种质圃等资源圃 8 座，还有很多地方建有各类热带特色植物专类园，如云南百合、月季、报春、铁线莲、高山杜鹃、石蒜、山茶花等。广西从 1958 年开始先后多次开展荔枝品种资源调查，其中 1958~1963 年的三次荔枝资源调查记载了荔枝品种 25~37 个，1975 年调查玉林地区荔枝品种有 59 个，20 世纪 80 年代初《广西荔枝志》编著者们收集到广西荔枝品种编号共有 134 个，最后鉴定为 64 个品种；1986 年全区果树资源普查记录荔枝名称 90 个，发现了一些广西荔枝新品种（株系），如钦州红荔、贵妃红、草莓荔、瓜皮荔、立秋荔、沙头荔、秀石荔、麒麟荔、大脆（99-2）等。

二、广泛开展了热带园艺植物的引种工作

国内引种方面，海南引进了广东的果树品种如三月红、妃子笑荔枝等，蔬菜品种长丰二号茄子、汕美南瓜等，从中国台湾引进了蝴蝶兰、文心兰等花卉；四川先后成功从福建引进了建兰类型龙岩素、大凤尾素，从贵州引进了春兰、春剑、秋兰，从云南引进了墨

兰、寒兰、蝉兰等品种。四川的荔枝也曾从南方向川北移植，福建的荔枝也曾在河南、江苏种植。国外引种方面，近年来引入的园艺植物种类如果树有印度芒、吕宋芒白、白象牙芒、凯特芒果、马来西亚红毛丹、面包果、腰果，马哇椰子、香水椰子、小黄椰子、马来亚黄矮、马来亚红矮等杂交和矮种椰子品种；蔬菜有石刁柏、四棱豆、黄秋葵、彩椒、樱桃番茄、埃及帝王菜等；观赏花卉与树木有龟背竹、散尾葵、袖珍椰子、巴西铁、富贵竹等。这些引种不仅丰富了引入地园艺植物品种类型，且为后续育种提供了较好的材料。

三、热带园艺植物芽变、实生选种工作突出

芽变、实生选种是热带果树较常用的育种方式，荔枝、菠萝、香蕉、龙眼、柑橘等都取得了突出的成绩，如目前大面积栽培的高把香蕉、矮脚香蕉和油蕉等优良品种都是香蕉芽变中选出的，台湾的仙人蕉是一位农民 1919 年从北蕉受萎缩病严重为害造成的芽变中选出来的。台丰二号、三号菠萝来自美国卡因的芽变。

四、热带园艺植物杂交育种取得初步成效

我国热带园艺植物杂交育种虽起步较晚，但在遗传规律研究、有性杂交育种及远缘杂交育种等方面取得了初步成效。中国台湾 20 世纪来已选出了台农 1-8 号及剥粒、凤山 41-1 鲜食等菠萝新品种，广西农业科学院采用皇后类的"菲律宾"与卡因类的"夏威夷"杂交，采用单株选择法选育出了果大、长圆桶形、果肉黄、适于加工、成熟期较早的新品种"3136"。福建省龙眼枇杷工程中心在国际上育成第一个龙眼杂交新品种"冬宝 9 号"，是一个优质、大果、特晚熟的品种；此后，该研究中心又从立冬本（♀）×青壳宝圆（♂）杂交后代群体中，应用多靶筛选法选育出果肉多糖含量高、果大、可食率高、味甜的晚熟杂交龙眼新品系"高宝"和优质、有香气、特晚熟的"晚香"。已经开展的兰花种间杂交有蕙兰（*Cymbidium faberi*）与台兰（*Cymbidium floribundum*）、墨兰与大花蕙兰、建兰与蝴蝶兰、建兰与纹瓣兰、大花蕙兰与纹瓣兰等。陈俊愉教授通过种间杂交、染色体分析和原种的自然分布等分析，证明菊花是野黄菊、毛华菊和紫野菊天然杂交选育而成。20多年来，育出了切花菊、春菊、夏菊、早秋菊、寒菊、晚秋菊等新品种 100 多个。蔬菜杂交育种方面，国内科研工作者在黄瓜雌性系、番茄与甜椒雄性不育系、萝卜自交不亲和系及雄性不育系、南瓜自交系等方面取得了较大的进展。

而在国外热带园艺植物杂交工作则开展较早，在新加坡植物园万代兰新品种培育中心，从 1922 年到现在共培育出了 170 多个万代兰品种，其中包括与近缘属的属间杂交后代。

五、生物技术应用方兴未艾

生物技术是近 30 年来新兴的一个学科领域，植物基因工程技术为改良花卉品质提供了快捷途径，分子标记辅助选择大大加快了育种进程，一些原生质体融合、转基因、胚挽救、花粉花药培养等都给热带园艺植物育种提供了新的途径。到目前为止，已经研究了荔枝、龙眼、柑橘等胚发育途径、胚性愈伤形成的机理等（图 1-4），荔枝、龙眼、菊花等原生质体分离、培养，进行了柑橘不同种属间、龙眼与荔枝间、野生与栽培甜瓜间、菊花和苦艾间、黑心菊与金光菊、千里光与野生千里光、紫花野菊与菊花等原生质体的融合工作。我国较早通过花药培养获得茄子、番茄、辣椒、荔枝、兰花等的单倍体植株。

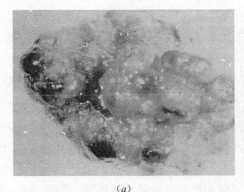
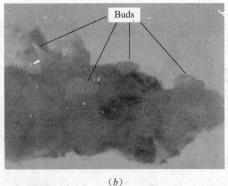

（a）   （b）

图 1-4　荔枝体外再生

（a）愈伤组织；（b）幼芽产生

（资料来源：Puchooa，2004 年）

香蕉、兰花是组织培养最成功的例子，自从法国的莫勒尔利用兰花茎尖获得无病毒植株以来，目前已有 60 个属的兰花组培获得成功，如文心兰、卡特兰、石斛兰、蝴蝶兰、春兰等，所用的外植体包括茎尖、茎的节间切段、叶、根、花梗、花序等，甚至还进行了兰花的单细胞培养以及原生质体培养，兰花离体已实现工厂化操作（图 1-5）。

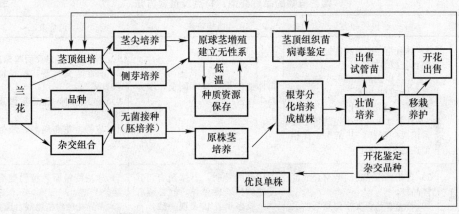

图 1-5　兰花离体快繁体系

（资料来源：黄家平和戴思兰，1997 年）

植物基因工程技术不仅可改变蝴蝶兰、石斛兰、文心兰、菊花等的花期、花色，提高番木瓜的抗病性和产量，增强热带园艺植物对干旱、寒冷、涝害、强光、高温以及病虫害等逆境的抗性，而且可使热带作物作为生物反应器生产疫苗，具有广阔的应用前景。RAPD、AFLP、STS、ISSR、SSR 等分子标记技术在热带园艺植物种质资源鉴定、品种纯度鉴定、亲缘关系、基因定位和分子连锁图谱构建，甚至在基因克隆等方面都有着广泛的应用趋势。

此外，在热带园艺植物的辐射诱变、航天育种、多倍体育种、育种理论和方法创新等方面都取得了一定的进展。尽管如此，热带园艺植物育种相对于其他园艺植物育种还是很落后，表现在热带园艺植物种质资源的收集、保护和鉴定工作做得不够，荔枝、龙眼、兰花等缺少品种的创新，杂交组合的遗传规律研究不多，先进育种方法应用有限；良种繁育和推广还存在方法不当等。

第四节　品种的概念与良种的作用

一、品种的概念及特点

品种是经人类培育选择和创造的、经济性状及农业生物学特性符合生产和消费要求的、遗传上相似而稳定的植物群体。果树学家景士西认为，作为一个品种应具有下列特点：①优良性，指群体作为品种时，其主要性状或综合经济性状符合市场需求，在一定的时间内有较高的经济效益；②适应性，指作为一个品种必定对地区气候、土壤、病虫害和逆境等具有一定的适应性，这是一个品种在使用前必须进行区域和生产试验的主要原因；③整齐性，或称一致性，指作为一个品种，群体内个体间在株形、生长习性、物候期、产品主要经济性状方面应相对整齐一致；④稳定性，指采用合适的繁殖方式可保持前后代遗传的稳定，如营养系品种虽然遗传上是杂合的，但在用扦插、压条、嫁接等方式无性繁殖时能保持前后代遗传的稳定连续，而杂交种品种则不能稳定遗传，需每年生产杂种一代种子。

园艺植物由于繁殖方式、授粉习性多样，存在多种不同的品种类型，选育方法也多样（表1-3）。

园艺植物的品种类型、特点及选育方法　　　　　　　　　　　表 1-3

品种类型	包括种类	遗传特点	选育方法
自交系品种	1) 具有绝大多数相同遗传背景的自花授粉植物。 2) 异花授粉植物的一个或多个品系组成的群体，其亲本子代相似性达87%以上。 3) 具兼性无融合生殖的单个品系组成的群体，其亲本子代相似性达95%以上	群体遗传组成基本同质，个体基本纯合	1) 选择育种：自交后单株选择。 2) 有性杂交育种，经系谱法选择育成。 3) 诱变育种，提高基因重组和突变频率。 4) 花粉、花药培养，加倍后育成
群体品种	1) 自花授粉植物的杂交合成群体品种。 2) 若干农艺表现相似品系的混合体	遗传组成异质，个体杂合，其品种群体表现差异，但必须有一个或多个性状表现一致，与其他品种相区分	1) 异花授粉园艺植物混合选择法。 2) 常异花授粉植物混合选择法
杂交种品种	1) 品种间杂交种。 2) 自交系间杂交种。 3) 综合品种	群体中个体内基因型高度杂合，个体间具有不同程度的同质性，杂种优势显著。性状不能稳定遗传，一般只用F1代	1) 选育优良自交系（自花授粉植物的纯系品种），有些还包括不育系、保持系、自交不亲和系等。 2) 杂交组组配——自交系配合力测定。 3) F1杂交种子的生产难易
营养系品种	1) 由单一优选植株或变异器官无性繁殖而成的品种，如苹果"富士"。 2) 利用绝对无融合生殖所产生的种子进行繁殖的群体，如"Troyer"枳橙、"Higgins"蝴蝶草	群体中个体间遗传组成同质（母体相同），个体内杂合	有性杂交和无性繁殖相结合： 1) 繁殖中变异，如芽变（体细胞突变）。 2) 杂交后代所产生的基因重组变异；芽变、块根、块茎等的变异进行株系比较和选择，选育而成

二、良种及其作用

良种指在适应的地区，采用优良的栽培技术，能够生产出高产、优质，并能适时供应产品的品种。优良品种具有下列一个或多个方面的作用：①可提高园艺植物的产量，实现高产稳产；②可提高或改善产品品质；③具有对干旱、低温、涝害、热等各种非生物胁迫或病、虫、草害等生物胁迫的抗性；④能耐除草剂，节约劳动力和能源；⑤有不同的成熟期和优良的贮藏特性，最好能实现周年供应；⑥适应集约化管理和机械化生产；⑦适应保护地栽培。

第五节　热带园艺植物的育种目标

热带园艺植物的育种对象主要包括热区分布的果树、花卉、蔬菜，以及非热区原产但可在热区种植，或高温条件下种植的园艺植物，因此，热带园艺植物种类比较多，任何育种单位或个人只能选择几种育种对象，从生产中发现问题，提出合理的育种目标。

目标性状为所要育成的新品种在一定的自然、生产及经济条件下的地区栽培时应具备的一系列优良性状指标，如产量性状、质量性状等。育种目标指对所要育成品种的要求，热带园艺植物的主要育种目标为：高产稳产、优质、抗寒和抗热性强、抗病虫害和除草剂、可罐藏和加工、不同成熟期、矮化和短枝型、适合机械化生产的品种。

一、选育高产、稳产的品种

产量是热带园艺植物最重要的性状之一，高产稳产是选育的基本要求。许多热带园艺植物产量不稳定，大小年现象及台风、干旱、高温等自然灾害给生产带来巨大损失，加之栽培技术、品种限制，因而保持高产稳产是热带园艺植物的首要问题。

产量可分为生物产量与经济产量，前者指一定时间内，单位面积内全部光合产物的总量，后者指可作为商品利用的部分的产量，两者比值称为经济系数（Coefficient of economics）。对于某些观赏植物，以整个植株乃至群体为利用对象，经济系数基本为 1，而以水果、蔬菜、切花等为园艺产品的作物则经济系数小于 1，因而除提高总产量之外，应将提高经济产量或经济系数作为高产育种的重点。

产量是一个复合性状，由许多基本性状构成，如菠萝的产量由单位面积的结果植株数和单果重量构成，荔枝由单位面积株数、单株结果穗数、单穗果数和单果重等因素构成。在育种的时候最好对构成性状与总产量作一相关分析，选择对总产量影响最大的一个或几个构成性状确定育种目标。

二、选育优质的品种

在现代园艺植物育种中，品质育种已上升到非常突出的位置。热带园艺植物中水果、蔬菜以内在品质为主，外观品质并重，因热带园艺植物不耐贮藏，因而应更注重贮藏与加工品质；花卉常以外观品质为主，表现为花型、花色、复瓣重瓣性、叶形、叶色、株形、香味等。

柑橘的优质品种必需满足：无核、容易剥皮、风味浓和有香味四个条件，目前世界栽培的品种能同时满足以上要求的很少，多数只能满足 3 项，而通过多年的努力国外已经推广一些能同时满足 4 项要求的品种，如摩洛哥育出的"W·默科特"（W. Murcott，也称

Afourer），西班牙等国培育出的克里曼丁（Clementine）品种，以及美国育出的高糖系杂柑，日本育出的"不知火"杂柑等，正成为市场的新宠。

三、选育抗寒和耐热等非生物逆境的品种

很多分布于热区的园艺植物不耐低温，如菠萝在短期-3.5℃下，巴厘和有刺土种等品种叶片受到冻害；荔枝怕霜冻，生长适温是24～30℃，15℃下花芽分化大量减少，光合作用减弱，吸收养分能力降低。华南地区早春栽培的茄子、番茄、黄瓜、白菜等遇冷害，则出现落花落果、畸形果多、生长发育停滞或先期抽薹等现象。我国典型热带兰花多是气生兰，如蝴蝶兰、石斛兰，低温下花瓣易冻伤，而从花卉的消费季节看，我国大部分观赏花卉消费季节集中在冬、春季，这限制了热带兰花在内地的种植和消费。因此，选育耐寒力强的热带园艺植物品种不仅对丰产、稳产，且对扩大经济种植范围具有重要意义。

四、选育抗病虫害和抗除草剂的品种

据联合国粮农组织估计，全世界每年因病虫草害损失约占粮食总产量的三分之一，其中因病害损失10%，虫害损失14%，草害损失11%。农作物病虫害除造成产量损失外，还可以直接造成农产品品质下降，出现腐烂、霉变等，营养、口感也会变异，甚至产生对人体有毒、有害的物质。在热带地区不仅病虫害种类多，而且因为温度高、湿度大，病原菌、昆虫等繁殖的速度快，因而造成的损失更大，如蛀蒂虫曾经在2003年使海南万宁东岭农场一个100多亩的荔枝园几乎全军覆没。

当前热带园艺植物虫害主要有果实蝇、蛀蒂虫、红棕象甲虫、蚧壳虫、小菜蛾、瓜蓟马、黄曲条跳甲、斜纹夜蛾、金龟子幼虫、蝼蛄等，主要病害有香蕉叶斑病、枯萎病、椰子心腐病、根腐病、叶斑病、炭疽病等，海南冬季瓜菜病害主要有疫病、灰霉病、青枯病、枯萎病、病毒病以及根结线虫病等；代表性杂草有飞机草、脉耳草、尖瓣花、胜红蓟、两耳草、圆叶节节菜、水龙等。对这些病虫草害多用化学农药防治，不仅污染环境，而且可能给人们的身心健康带来问题，因而通过遗传改良，增强热带园艺植物对病虫草害包括除草剂的抗性、耐性应成为重要的育种目标。

五、选育可罐藏和加工的品种

热带园艺产品一般不耐贮藏，且上市时间较集中，给销售和贮藏带来一定困难，若加工成罐头、果汁、果脯、饮料或酒等则可解决这些问题，但目前适合于加工的热带园艺品种不多。如菠萝罐藏的优良品种要求：果实大小达1.5kg以上；果形长筒形，方肩，果眼浅，且深浅一致，果心小于2.5cm，果肉黄、深黄或橙黄、肉质致密嫩脆，纤维少，风味好，香味浓；加工后肉质不变软，并能保持原有色泽等优良性状。而热区种植的菠萝多是巴厘种，果小，果眼深，加工损耗大，不适合加工。因而选育可加工品种也显得尤为重要。

六、选育不同成熟期的品种

成熟期的早晚对许多园艺植物来说也是很重要的性状，不仅决定产品的价格和消费者的支出，也决定市场能否均衡供应及抵御自然灾害的能力，因而要结合市场的需求和各热带园艺植物的品种上市特点，选育早、中、晚熟配套的品种。当前，应更注意早熟和晚熟品种的选育，如鲜食柑橘品种中不缺乏中熟品种，可把早熟和晚熟品种选育作为改善品种结构、提高竞争力的手段。我国福建通过芽变选种培育出晚熟的"岩溪晚芦"椪柑品种，

将成熟期向后推了 2 个月左右，翌年 2 月采收。澳大利亚在脐橙的晚熟品种选育方面取得突出成就，通过芽变选种，最初从华盛顿脐橙中选育出"能晚"（Lanelate），之后，再从"能晚"中选育出了 10 多个晚熟的品种，如"夏金"（Summer gold）、"秋金"（Autumn gold）等，成熟期比现有品种晚 2~4 个月。最近，我国在三峡库区选育出了 2 月成熟的脐橙（代号 95-1）。

七、选育矮化和适合密植的品种

目前，热带地区栽培的一些水果如荔枝、芒果、香蕉、莲雾、杨桃等植株都比较高大，不适合密植和人为操作，而如香蕉则更不抗风，当风力达 7 级以上时，可致植株倾倒，给香蕉造成巨大损失，因此选育矮生、亦适合密植和抗风力强的品种，也是重要的育种目标之一。

此外，为了减少劳动力的投入，随着热区设施栽培越来越多，也应逐步将机械化生产、耐保护地栽培的品种列为育种目标。

第六节　热带园艺植物育种的基本途径

当确定了育种目标之后，就要计划安排采取什么选育方法以获得符合育种目标的品种，根据以往在园艺植物育种中积累的经验，以及热带园艺植物育种上取得的成就，我们可以用"查、引、选、育"四个字概括园艺植物育种的基本途径。

查（Investigation）：即种质资源调查和评价，是对现有种质资源直接选择利用的基本途径。通过调查可能发掘长期蕴藏在局部地区而还未被重视和很好利用的品种类型，通过评价能发现已经收集但往往被忽略的材料。我国热带植物资源十分丰富，长期以来形成了许多优良的地方品种和某些变异类型，优良地方品种对当地自然环境条件具有很好的适应性和较强的抗逆性，符合当地的消费习惯，其中优良的单株不仅可直接推广利用，还是今后育种的好材料。野生资源有的对逆境具有抗性，有的具有优良品质，有的具有矮化特性，在育种上具有很大的潜力。

引（Introduction）：即将外地或国外的优良品种、品系通过适应性试验后直接在本地推广种植，是一种简便易行、迅速见效的途径。如在果树引种方面，可根据其他地区的果树品种类型在该地条件下的性状特征表现，引入到相似条件的地区栽培，鉴定它们在当地的适应性和栽培价值。在引入品种类型中有的可直接利用生产，有的需经过驯化以适应新环境，有的可作为杂交育种等其他育种途径的资源材料。如果引种得当，对解决当地生产上急需的品种时常能取得最好、最快的效果。

选（Selection）：包括实生选种和芽变选种两个方面，利用的是群体的自然变异。前者是指在已有实生树中选择优良单株，通过无性繁殖而成无性系品种，也包括一般实生繁殖的群体品种，通过世代选择提高后代群体水平，取得遗传增益的选种工作。至于通过选用品种的自然授粉种子进行播种后选择优良单株的方法相似于杂交育种。芽变选种则是在果树品种中出现变异芽条或单系，经过比较鉴定后选出优良的变异类型，繁殖成优良的无性系，芽变选种常在优良品种基础上对个别性状进行改进。

育（Breeding）：指人工创造变异，从中筛选符合育种目标的变异培育成新品种的方法，是一种比较高级而复杂的方法。因现有的园艺植物品种不能满足当前和今后生产和消费发展的需要，必须创造基因突变、重组或染色体变异，选出可利用的新类型。育主要包括有性杂交育种、杂种优势育种、倍性育种、诱变育种、植物基因工程育种和分子标记辅助选择育种等。

本章小结

本章主要介绍我国园艺业、园艺学科的发展现状，园艺学界的专家泰斗及其成就，我国热带园艺植物的生产情况及育种的重要性。通过本章的学习，需掌握现代热带园艺植物的育种目标和育种途径，了解我国热带园艺植物的育种现状及育种趋势。

思考题

1. 品种和良种的概念。
2. 良种的作用。
3. 试结合相关资料，说明我国热带园艺植物育种的进展与趋势。
4. 请说明园艺植物有哪些基本的育种途径。

参考文献

［1］ 景士西主编. 园艺作物育种学总论［M］. 北京：中国农业出版社，2000.
［2］ 周长久主编. 现代蔬菜育种学［M］. 北京：科学技术文献出版社，1996.
［3］ 园艺学报、果树学报、中国蔬菜等杂志有关育种进展研究综述［Z］.
［4］ 张方　园林植物育种学［M］. 哈尔滨：东北林业大学出版社，1990.
［5］ 夏佩荣. 试论我国花卉业的发展趋势［J］. 中国花卉盆景，1993（12）：1-3.
［6］ 陈新建，陈道明. 我国热带水果生产贸易现状及发展对策［J］. 中国热带农业，2010（3）：14-17.

第二章　热带园艺植物种质资源

种质（Germplasm）是决定生物遗传性状，将遗传信息稳定地向后代传递的遗传物质，遗传学上又称其为遗传基因总体。种质范围广阔，可以是具有遗传全能性的群体、个体、器官、组织、细胞和控制生物性状的 DNA 及其片段、基因等。更大范围的种质又称为种质库、基因库（Gene bank），即以种为单位的群体内的全部遗传物质，其由许多个体的不同基因所组成。具有种质并能繁殖的生物体称为种质资源（Germplasm resource）或遗传资源（Genetic resource）。植物种质资源是农作物育种的基础，不论何种育种技术均针对种质资源进行操作。只有具备丰富的种质资源，才能应用和发展育种新技术。因此，需要加强种质资源的调查、搜集、保护、创新和开发利用研究。

园艺植物种质资源是指能将性状稳定遗传给后代的、可用于园艺植物育种的遗传总体。园艺植物种质资源是植物种质资源的重要组成部分，其资源丰富，种类繁多，包括栽培品种和野生种、近缘野生类型、半野生类型和人工创造的种质等，涵盖果树、蔬菜、花卉和茶等栽培园艺植物。

第一节　种质资源的育种重要性及保存紧迫性

植物种质资源是人类赖以生存的基础物质资料，为人类提供各种食物、药物和衣着等。植物种质资源也是人类社会发展的物质基础，为人类社会提供燃料、能源、工业原材料和可持续发展的生态环境条件。因此，植物种质资源是人类拥有的最宝贵和不可缺少的自然资源，"人类的命运将取决于人类理解和发掘植物种质资源的能力"（JR HaHan，1970）。植物种质资源同时面临着多样性减少、物种灭绝的威胁，因此加强对植物种质资源的保存也刻不容缓。

一、种质资源育种的重要性

育种目标确定以后，围绕育种目标实施育种计划时，必须拥有和合理选择有效的种质资源，才能经人工诱变、杂交或基因操作等育种途径获得新品种；否则，无论采用何种高新和有效的育种技术，因为缺乏相应的基因资源，育种目标不可能实现。现代育种要取得突破性成就或进展，必须以掌握丰富的种质资源和愈加透彻地研究种质资源为物质前提，成为现代育种的关键。如番茄抗病毒能力增强与引入含抗 MTV 的基因番茄种质材料有关。美国选种学家布尔班克为了选育无刺仙人掌，在世界范围内广泛收集仙人掌种质资源，从中选择巨仙人掌和少刺、小刺仙人掌杂交，经过多代选育，获得无刺巨大仙人掌杂种品种。

园艺植物种植资源是栽培品种的来源。我们必须加强对园艺植物种植资源的调查、收集、鉴定、生物学特性和育种利用价值的研究，有一些种质资源可以直接驯化利用，而有一些则可以通过现代育种技术加以利用。

二、种质资源保存的紧迫性

园艺植物种质资源是园艺植物育种的物质基础和新品种的源泉，为了适应自然条件的变化、生产技术的进步和人们消费水平的提高，必须培育新品种，因此，需要丰富多样的种质资源。然而，当前条件下的园艺植物种质资源则面临着多样性减少和大量流失的威胁。历史上有过气候和地质灾害引起物种灭绝的重大事件，但本文讨论园艺植物种植资源流失问题，主要就人为因素破坏而言。引起园艺植物种植资源遗传多样性减少和流失的主要原因如下。

1. 人类活动对生态环境的破坏

人类工业生产的发展，向自然界释放大量的三废，直接污染空气、土壤和水，破坏植物生长的基础生态条件；随着制冷技术的日益广泛采用，氟利昂引起臭氧层破坏，导致紫外光增强，引起温室效应；对自然资源的过度开发利用，引起抗灾能力下降，在自然灾害发生时频频引起泥石流、山体滑坡和沙尘暴等次生灾害；对土地资源的不合理开发利用引起植被破坏。这些因素最终引起物种遗传多样性减少，乃至于物种灭绝。园艺植物种质资源也自然不可幸免，如猪笼草在海南岛曾随处可见，但随着海南岛不断地进行农业、旅游和房地产开发，目前猪笼草已成为海南岛的稀有物种。

2. 对园艺植物的过度开发利用

人们为了追求短期和片面的经济效益，对园艺植物过度开发利用，直接引起一些园艺植物资源减少和灭绝，尤其是那些适应性和抗逆性差、再生能力弱的园艺植物尤为明显。以兰科植物为例，兰科植物具有重要的药用价值和观赏价值，一些拥有兰科植物自然种质资源的地区，人们上山采集，作为药材换取经济利益；或者不适当地人工驯化作为观赏栽培，而兰科植物再生能力弱，兰科植物的抗逆性和适应性差而不耐移栽，难于成活，导致许多兰科植物原生地出现一些兰科植物濒危或灭绝。还有如秦岭的芍药因为当地老百姓的过度采挖，现一株不剩，成为一片荒地。

3. 新的病虫害或检疫制度不健全，导致种质资源面临流失威胁

一些病虫害危害，引起许多园艺植物种质资源面临流失的威胁。如番木瓜花叶病毒病、香蕉枯萎病等可引起果园毁灭，我国热区当前普遍流行这种病害，这是一些热带果树品种面临的生存威胁。椰心叶甲在海南省普遍发生，其可引起椰子和大多数棕榈科观赏植物死亡，同样面临着种质资源遗传多样性减少的威胁。

4. 品种更新时观念的误区

为了适应市场需要、生产技术创新和解决当前生产中问题的需要，品种更新是根本措施。然而，在品种更新时，产区的人们缺乏科技引导，总是简单地将原栽培品种全面抛弃，直接导致一些优良基因和基因型丢失，引起育种时基因资源紧缺。这是许多果树、蔬菜和花卉中的一些颇具特色的地方古老品种消失的重要原因之一。海南省在20世纪70年代以前，许多农家栽培的小南瓜地方品种，因为用大南瓜品种替代，导致小南瓜品种流失。

5. 基因污染与外来物种的威胁

转基因技术日益普及，转基因作物实质上就是一种外来物种。由于当前转基因作物主要是转化抗性基因，常导致这些新的种质类型具有超强的抗逆性和适应性。一旦出现转基因作物逃逸和杂草化，常常会引起生态群落中某些物种极度减少，乃至于灭绝。转基因作物的花粉飘移，引起原生野生种遗传连续性破坏，进一步导致遗传多样性破坏。在品种的

角度上，通过转基因技术育种，可能引起品种性状趋同，也间接引起遗传多样性破坏。因此，现代基因工程技术应用于园艺植物品种改良，固然能够提高育种工作效率，但是，其引起的潜在环境危害也不容忽视。

第二节　园艺植物种质资源的分类

种质资源的分类是种质资源研究的重要内容和开展与种质资源有关工作的基础。合理的分类可以反映种质资源的衍化关系、系谱关系、形态或生态相似性，揭示相互间的联系与区别，为种质资源的研究、保护和开发利用提供一定的理论指导。种质资源的分类方法很多，包括植物系统分类法、生态学分类法、栽培学分类法和按照来源分类的方法。植物学上的系统分类法也适用于园艺植物种质资源分类，能准确反映种质资源间的衍化和系谱关系。生态学分类能够反映种质资源的分布、生境特点和可以指导种质资源的引种、栽培利用。这两种分类方法在植物学中已经专门学习，本书重点介绍栽培分类法和起源分类法，并讨论各类种质资源的应用与遗传特点。

一、栽培学分类

1. 种

种（species）是植物分类学上的基本单位。它具有一定的形态特征与地理分布，常以种群形式存在。一般不同种群在生殖上是隔离的。但在某些园艺植物中，常出现种间杂交，甚至于属间杂交现象。如柑橘不同种间和属间常可远缘杂交；野生番茄与栽培品种杂交育成高抗（病）番茄；芥菜源自油菜和黑芥的远缘杂交种；花卉中的杏梅是杏和梅的远缘杂交种等。一般园艺植物也存在种间生殖隔离现象。

2. 变种

同种植物在某些主要形态上存在差异，则衍生出变种（Variants）。如光头荔枝是荔枝的变种；大叶花烛（*Anthurium andraeanum*）发生苞片和佛焰苞颜色、形态变化后形成var. *amoenum*、var. *closoniae*、var. *grandiflorum*、var. *lebaudyanum*、var. *lucens*、var. *monarchicum*、var. *obake* 和 var. *rhodochlorum* 共 8 个变种。佛手（*Citrus medica* var. *sarcodactylis Swingle*）是枸橼（*Citrus medica L.*）的变种。

3. 品种、品种群、群体品种

品种（Variety）是栽培学分类的基本单位，是育种的基本单位。经人工创造，具有高产、优质、高效的经济性状，且是遗传和性状相对一致的群体。园艺植物常易无性繁殖，许多品种实际上就是一个优良的无性系，是芽变或枝变（体细胞突变）的结果。在东湖春晓荷花中经芽变选种得到艳阳天荷花，在艳阳天中又经芽变选种得到大紫玉莲花和紫玉莲花，这四个品种系无性系品种。对于有性繁殖为主的园艺植物，品种实际上是一个优良的自交系或者利用杂种一代优势的群体。

品种群是由生态型或农业生物学特性相似的许多品种归类而成。如芒果包含印度芒、泰国芒和吕宋芒三大品种群；甜橙包含普通甜橙、无酸橙、脐橙和血橙等品种群；桃分为南方品种群和北方品种群等。

群体品种指某些通过实生繁殖的园艺植物品种，个体间在主要性状上基本一致，但次要性状则差异显著，这样的群体统称为群体品种。

4. 品系

品系（lines）包含两种含义。一是品种内不同类型，如妃子笑荔枝中真核荔枝和无核荔枝两种品系；本地早橘中有大叶系和小叶系。二是在育种中具有优良表现而有待审定为品种的育种材料，或称其为单株、优系等。

二、起源分类学

1. 本地品种资源

本地品种资源（Resources of local varieties）指在当地自然条件和耕作制度下，经过长期培育选择得到的地方品种和当前推广的改良品种。本地品种资源的最大优势就是对当地自然条件具有最优的适应性，并且在当地已经形成成熟和较为完善的栽培技术体系，当地消费者已经形成良好的消费习惯，因而，在种质资源的开发利用上，本地品种资源处于优先考虑地位，很多可以直接利用。我国自然资源丰富多样，因此各地均有形形色色的地方品种，总体上本地品种资源具有丰富的遗传多样性，有些还具有独特的优良性状，可以作为各地育种的原始材料。我国热带地区尽管土地面积不大，但是，各地热带园艺植物种质资源丰富，亟待加强基础研究和开发利用。如海南省选育的南岛无核荔枝，以果实无核为独特优良性状，果实可食率高、风味品质优良，市场售价高，具有较高的经济利用价值。又由于自然条件不断发生变化，农业生产技术不断革新，人们对园艺产品的消费要求不断提高，提出了新的育种目标。一些地方品种资源的性状出现与育种目标不相适应的现象，因此，急需对地方品种资源进行更新和进一步遗传改良。

2. 外地种质资源

外地种质资源（Resources of alien germplasm）指自国内外其他地区引入的品种或类型，其反映了各自原产地区的自然和栽培特点，具有一些本地种质资源所没有的遗传特性，引入后可以丰富当地遗传多样性，因此，是重要的育种材料，可以将其优良的性状有效地导入到本地品种资源中，或者，将本地资源的优良性状导入到引入的外地品种资源，培育出具有良好适应性的新品种。有些外地种质资源因其具有良好的抗逆性和较广的适应性，或者引种地区间主要自然条件相似而常可直接加以栽培利用。如热带地区广泛栽培的芒果，许多品种含有外地种质资源的种质。

3. 野生种质资源

野生种质资源（Resources of wild germplasm）指在自然条件下野生的、未经人们栽培和未接受人工处理的野生园艺植物，常为栽培品种的近缘植物。包含野生和半野生类型。这些野生种质资源长期处于严酷的自然条件下生长发育和经历自然选择，具有很强的适应性和抗逆性，具有丰富的抗性基因，并且抗性性状具有很强的遗传力或为显性遗传，是抗性育种的理想和首选材料。一般野生种质资源经济性差，常不能直接利用。对其开发利用可经驯化选种、远缘杂交、体细胞融合和基因克隆转化等途径将良好抗性基因导入到栽培品种中。另外，野生种质资源可以作为园艺植物栽培品种的砧木，如菲律宾荔枝（*Litchi philippinensis* Radlk）可用作栽培荔枝品种的砧木。

4. 人工创造的种质资源

人工创造的种质资源是指经过驯化引种、人工诱变、杂交、体细胞融合和转基因等育种途径而获得的变异类型、育种中间材料或新种质等。这些材料虽具有某些缺点而不能作为品种栽培利用，但往往具有某些特殊的性状或基因，从而成为进一步育种利用和供生物学理论研究的重要材料。

第三节　园艺植物起源与传播

园艺植物是栽培作物中的一个大类，要了解园艺植物的起源问题，先必须了解作物的起源问题。

一、世界作物起源中心

作物起源中心就是栽培植物野生类型最初集中分布的地区。关于世界作物栽培起源中心的划分，不同学者区划不相同。

1904 年得堪多尔（A. De Candolle）把世界作物分成两个起源中心：西部原生种群区和东部原生种群区。后者包括东亚的中国、日本和朝鲜等国家。

1926 年苏联的瓦维洛夫（Н. Н. Вавилов）把世界作物起源中心分为 8 个区：中国起源中心、印度缅甸起源中心、印度支那起源中心、中亚细亚起源中心、近东和小亚细亚起源中心、地中海起源中心、中美和墨西哥起源中心、南美起源中心。

1970 年茹考夫斯基（Н. М. жуковсклии）在瓦维洛夫的基础上增加 4 区，分为 12 个起源中心（图 2-1），东半球 9 个中心：①中国—日本起源和类型形成基因中心、②印度尼西亚—印度支那起源和类型形成基因中心、③澳大利亚起源和类型形成基因中心、④印度斯坦起源和类型形成基因中心、⑤中亚细亚起源和类型形成基因中心、⑥前亚细亚起源和类型形成基因中心、⑦地中海起源和类型形成基因中心、⑧非洲起源和类型形成基因中心、⑨欧洲—西伯利亚起源和类型形成基因中心、⑩南美洲起源和类型形成基因中心、⑪中美洲起源和类型形成基因中心、⑫北美洲起源和类型形成基因中心。

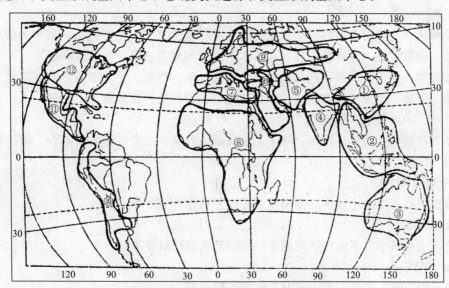

图 2-1　世界作物起源中心（Н. М. жуковсклии，1970）

注：图中数字序号与正文中各起源中心的序号一致。

二、热带园艺植物起源中心

在上述茹考夫斯基的 12 个起源中心中，主要热带园艺植物分布情况简述如下。

19

1. 中国—日本中心

主要果树：除仁果类、核果类、坚果类、柿枣类和部分浆果类落叶果树外，还包括如下南亚热带和热带常绿果树：荔果类中的荔枝、龙眼、红毛丹等；核果类中的枇杷、杨梅、毛叶枣等；柑果类中的宽皮柑橘、甜橙、香橙、宜昌橙、黄皮、枳、金柑、金豆、圆金柑、金橘等。

主要蔬菜：在瓜类、豆类和茄果类蔬菜中有一些海南热带地方栽培品种，其余蔬菜种类基本上为外地引入资源。独具热带特色的栽培蔬菜种类较少，极有希望开发利用的野生热带蔬菜资源包括酸豆、山蒜、山姜、落葵菜、野苋、野茼蒿、红顶芋、水生韭菜、野木瓜和野甜瓜等。

主要观赏植物：除人工栽培的热带兰花是热带特色鲜明的观赏花卉外，可以开发利用的热带花卉还包括杜鹃花科、苦苣苔科、野牡丹科和紫金牛科的野生花卉资源。

2. 印度尼西亚—印度支那中心

主要果树：这是热带果树种植资源较为丰富的区域，主要包括柚、柠檬、莱檬、酸橙等8种柑橘类、香蕉3种、面包果和木菠萝5种、椰子、槟榔、莽吉柿2种、红毛丹2种、芒果3种、榴莲3种、杨桃2种、橄榄和乌榄4种、杜英、榄仁树、莲心果等。

主要蔬菜：许多热带蔬菜的起源地在本起源中心，主要包括姜、冬瓜、黄秋葵、田薯、五叶薯、印度藜豆、巨竹笋等。

主要热带观赏植物：依兰、豆蔻等。

3. 澳大利亚中心

主要果树：沙橘、澳洲坚果、澳洲香蕉等。

主要观赏植物：木麻黄、桉树、金合欢、白千层等。

4. 印度中心

主要果树：为热带南亚热带常绿果树的重要原生地之一，主要包括芒果、木菠萝、卡西大翼橙、印度黄皮、莽吉柿2种、印度木苹果、印度木奶果、乌墨蒲桃等。

主要蔬菜：茄子、黄瓜、苦瓜、葫芦、有棱丝瓜、蛇瓜、芋、田薯、印度莴苣、红络葵、苋菜、刀豆、矮豇豆、四棱豆、扁豆、绿豆、葫芦巴、长角萝卜、莳萝、木豆、双花扁豆、芥菜、印度芸薹、黑芥等。

主要观赏植物：海芋、枸橼、椰子、余甘子、玫瑰、山柰、姜黄、檀香、散沫花、印度橡皮树、虎尾兰等。

5. 中亚细亚中心

本分布中心基本上不包含热带南亚热带园艺植物种植资源。

6. 前亚细亚中心

本分布中心基本上不包含热带南亚热带园艺植物种植资源。

7. 地中海中心

本分布中心鲜见热带南亚热带园艺植物种植资源。

8. 非洲中心

主要果树：海枣6种、樱桃橘、非洲星苹果、牛油树等。

主要蔬菜：豇豆、豌豆、扁豆、西瓜、葫芦、芫荽、甜瓜、胡葱、独行菜、黄秋葵等。

主要观赏植物：天竺葵、龙须牡丹、蝶豆等。

9. 欧洲—西伯利亚中心

本分布中心基本上不包含热带南亚热带园艺植物种植资源。

10. 南美洲中心

主要果树：腰果、凤梨2种、番木瓜3种、智利草莓、番樱桃3种、凤榴、蛋黄果3种、金虎尾2种、西番莲10种、黄酸枣、红酸枣、树莓3种、拟爱人木2种等。

主要蔬菜：马铃薯、番茄、秘鲁番茄、细叶番茄、多毛番茄、智利番茄、树番茄、笋瓜、浆果状辣椒、多毛辣椒、箭头芋、蕉芋、菜豆、豇豆、木薯、落花生等。

主要观赏植物：西番莲、金鸡纳树、球根酢浆草、番樱桃等。

11. 中美洲中心

主要果树：番荔枝7种、人心果2种、番木瓜、长山核桃、星苹果、秘鲁蛋黄果、刺梨仙人掌3种、油梨2种、番石榴4种等。

主要蔬菜：菜豆、多花菜豆、刀豆、西葫芦、黑子南瓜、灰子南瓜、南瓜、佛手瓜、甘薯、大豆薯、竹芋、辣椒、树辣椒、樱桃番茄等。

主要观赏植物：仙人掌、龙舌兰、凤梨、虎皮花、孤挺花、夏水仙、万寿菊、大丽花、百日草等。

12. 北美洲中心

本分布中心基本上不包含热带南亚热带园艺植物种植资源。

中国幅员辽阔、地形复杂，不同地区土壤、气候条件差异大，因此，中国园艺植物种质资源遗传多样性复杂和丰富。中国是世界上果树重要原生中心之一；中国蔬菜资源不仅丰富，而且很多具有独特的优良性状和品质；中国也是世界园林之母，即中国观赏植物资源丰富多样，世界上任何花园里都能找到带有中国花卉血统的观赏品种。

（一）中国热带果树种质资源

1. 柑橘类

中国是柑橘亚科某些野生种的初生基因中心，日本、意大利、西班牙、巴西和美国都是次生基因中心。云南、贵州有野生甜橙，广西有野生橘，云南发现枸橼的新类型和最原始的红河大翼橙、马蜂橙，湖南有柑橘属、金柑属和枳属的野生种。

2. 枇杷

中国西部发现野生种。

3. 龙眼

原产于中国，在广东和广西发现野生种。

4. 荔枝

原产于中国，云南、广西和海南均发现野生种。

起源于中国的柑橘、桃等，经引种传播到世界各地，成为世界性重要果树。其余果树如山葡萄是抗寒育种种质资源，秋子梨、杜梨为抗火疫病育种种质资源，枳为柑橘品种的重要砧木。可见，中国果树种质资源是世界果树育种的重要种质资源，为世界果业作出了重要贡献。荔枝和龙眼则是中国热带南亚热带特产水果，是重要的出口水果。

（二）中国热带蔬菜种质资源

中国在公元前的古人消费蔬菜种类达40余种，随后在各历史时期，国内外交流日趋频繁，引入了大量外地种质资源，从而更加丰富了中国蔬菜种质资源。有些蔬菜种类传入中国的历史悠久，经过祖先的栽培，发生自然突变和杂交，分化出许多新种和类型，使中国成为一些蔬菜种类的次生起源中心。新中国成立后，国际交往和蔬菜种质资源交流更为活跃，大量引种国外和国内种质资源，开展杂种优势利用育种，发现雄性不育系，创新种质资源而产生育种中间材料如突变体、单倍体和远缘杂种等，调查和收集得到许多有利用价值的半野生及野生种质资源，其中有一些资源可以直接利用，另一些则用作重要的育种材料。

我国热带地区能够表现地区特点的蔬菜资源尽管较少，但是野生蔬菜资源极为丰富，海南岛均有相同和不同野生种分布，山区和民族地区则野菜较多，不少可直接利用如山姜、野苣、野茼蒿、野木耳、野水生韭菜、野苋、落葵菜、红顶芋等。

表现热带蔬菜独特性的种植资源主要包括：喜阳、耐旱热的酸豆；抗逆性强、耐旱热、周年生长的山蒜；喜冷凉的水生韭菜；性喜阴凉的、分布于海拔 150～1000m 的香菜。

（三）中国热带花卉种质资源

中国是世界上许多名花的分布中心，以表 2-1 列举 44 科属为例，了解中国花卉种质资源在世界上的重要性。中国原产乔灌木多达 7500 种以上，其中以松柏和竹类尤为突出。目前，中国对野生花卉种质资源开发利用不够，许多在深山老林中自生自灭，亟待加强调查、收集和研究。中国花卉种质资源流失严重，作为药材采挖，如盛产春兰的贵阳在春节的一个节假日里，上市交易量达 500kg 以上；因生态保护不够而水土流失，导致植被破坏，引起种质资源濒危或灭绝。因此，亟待加强保护花卉种质资源。

我国园林植物占世界植物种数（程金水，1999）　　　　　　　　表 2-1

属　名	世界大致种数	我国大致种数	占世界总种数比例（%）	属　名	世界大致种数	我国大致种数	占世界总种数比例（%）
金粟兰	15	15	100	李	200	140	70
山茶	220	195	89	菊花	50	35	70
猕猴桃	60	53	88	金莲花	25	16	64
丁香	32	27	84.4	苹果（海棠）	35	22	63
卫矛	150	125	83	木犀	30	26	86.6
石楠	55	45	82	枸子	95	60	62
油杉	12	10	75	绣线菊	105	65	62
绿绒蒿	45	37	82	南蛇藤	50	30	60
木兰科	90	73	81	龙胆	400	230	58
杜鹃花	900	530	58.9	虎耳草	400	200	50
溲疏	50	40	80	紫菀	200	100	50
毛竹（刚竹）	50	45	90	蔷薇	150	65	43
蚊母树	15	12	80	乌头	370	160	43
报春花	500	294	58.8	忍冬	200	84	42
紫堇	200	150	75	飞燕草	300	113	38
荚蒾	120	90	75	铁线莲	300	110	37
槭	205	150	73	栎	300	110	37
萱草	15	11	73	银莲花	150	54	36
花椒	85	60	71	百合	80	40	50
蜡瓣花	30	21	70	芍药	35	11	31
含笑	60	35	58.3	凤仙花	600	180	30
椴树	50	35	70	冬青	400	118	30
落新妇	25	15	60	兰	40	25	62.5

属　名	世界大致种数	我国大致种数	占世界总种数比例（%）	属　名	世界大致种数	我国大致种数	占世界总种数比例（%）
蜡梅	6	6	100	日照花	12	9	75
爬山虎	15	10	66.7	泡桐	9	9	100
马先蒿	600	329	54.8	紫藤	10	7	70
花楸	85	60	71	—	—	—	—

在海南省发现了一些可以开发利用的野生花卉种质资源。杜鹃花科植物主要分布在五指山、霸王岭和尖峰岭等的常绿林中，主要种包括毛绵杜鹃、海南杜鹃、映山红和南华杜鹃等，其中毛绵杜鹃为海南特有种。苦苣苔科植物在海南省分布有 10 属 16 种，其中有 5 种可望直接开发利用为观赏植物，它们分布于南部、西南部和中部海拔 1000m 以上的常绿林阴湿地，它们是毛花马宁苣苔、海南旋蒴苣苔、红花芒毛苣苔和长蒴苣苔等。野牡丹科植物中除肖牡丹和细叶牡丹外，其他种资源丰富，可以驯化栽培，是一种优良的园林植物。

第四节　热带园艺植物种质资源的调查、收集与保存

园艺植物种质资源是园艺植物育种的关键，掌握的园艺植物种质资源遗传多样性越丰富，对其研究越透彻，则越容易在育种上取得突破。围绕育种目标，选择合理的园艺植物种质资源，其前提是必须寻找出、收集到和保存有相应的园艺植物种质资源。因此，在种质资源的科研和应用工作中，必须对种质资源进行调查、收集和保存。

一、种质资源调查

中国农业部自 1955 年在全国各地先后开展园艺植物种质资源调查开始，至 1980 年前后完成普查工作，基本摸清了中国园艺植物种质资源情况，收集了一些濒危品种材料，发掘了一些新品种，推广了一大批优良地方品种。中国热区除海南岛外，其他地区均在此次活动中一并完成普查任务。

热带园艺植物作为我国园艺植物中独具特色的组成部分，海南岛作为我国最大和最重要的热区，有必要摸清其种质资源状况。在 1987～1990 年间，海南岛古老地方品种资源流失严重，由于植被被人为破坏而使海南岛森林覆盖率不足 8.7%，许多热带植物资源濒危或灭绝。在此背景下，提出了一项"七五"科技攻关计划，由农业部科技司主持，由中国热带农业科学院和中国农业科学院品种资源研究所共同承担，首次对海南岛热带作物种质资源状况作全面普查。

本次普查取得了一些重要成果。搜集种质资源 5545 份，211 科 1452 属；活种质资源 4922 份，蜡叶标本 7437 份；发现新种 7 种；发现海南新纪录 5 科 39 属 93 种；发现中国红树林新纪录 1 科 3 属 8 种；挖掘热带作物近缘种 280 种，作为基础研究和育种利用的基础材料。通过本次调查，明确热带种质资源保护的重要性，并着手建立自然保护区和种质资源圃；寻找到一些有育种利用价值的种质资源，挽救了一批濒危种质资源；指导植物科学基础研究，明确建立种质资源信息网络的重要性。

经过本次热带作物种质资源普查，也摸清了海南岛热带园艺植物种质资源状况。

热带果树：有 47 科 96 属 325 种，其中野生资源 78 种，目前有利用开发价值的不足

10 种，源自海南或具有浓厚地方特色的有 86 种；榴莲、面包果、红毛丹、山竹、刺番荔枝等为典型的热带水果；芒果、菠萝蜜、尖蜜拉、人心果、杨桃、蛇皮果、金星果、蛋黄果、毕当茄、西印度樱桃等具明显地方特色；半野生酸豆、野生橄榄、乌榄、余甘和桃金娘分布普遍，具开发价值。

热带蔬菜：已知 39 科 96 属 142 种 775 品种，栽培种 26 科 63 属 95 种 688 品种；野生蔬菜 26 科 41 属 59 种；新发现野生水生韭菜 2 个种、山蒜 3 个种、野生木瓜 1 个种、野生甜瓜 1 个种；瓜、豆、茄果类有 7493 品种，占 71.66%，绝大多数为本岛原有地方品种，遍布全岛；外地引入蔬菜种质资源如菜心、白菜、蕹菜、早萝卜、菱角、荸荠、竹笋等广泛栽培。

热带观赏植物：海南岛野生花卉资源除野生兰外，有开发价值的还有：杜鹃花科、苦苣苔科、野牡丹科、紫金牛科等。

这次热带作物种植资源普查已过去了近 20 年，期间自然环境有所好转，并且对外交流更加频繁，引种种质资源很多，对于目前海南岛热带园艺植物种质资源和我国其他热区种质资源的当前状况，并不十分清楚，有必要进一步调查研究。

今后的热带园艺植物种质资源调查，应重点做好两个方面的工作。

一是品种资源的复查。经历"七五"科技攻关计划后，对 1977 年编纂的《海南植物志》作了重要修订，但尚无专门的园艺植物志；调查中虽挽救了一批濒危品种资源，但并不完全，因此有些品种资源已经十分稀有或者已经丢失；20 年来引进和新选育一批新品种，丰富了原有园艺植物种植资源。这都说明需要对品种资源重新复查，为编纂《热带园艺植物志》、《热带果树志》、《热带蔬菜志》等积累必需的素材。

二是野生种质资源调查。海南岛热带雨林资源丰富，其中物种遗传多样性复杂，在热带雨林中蕴涵大量可利用的热带果树近缘种、野生蔬菜种质资源和热带观赏植物资源。这些野生资源一方面可作为抗性育种的重要材料，另一方面，野生果树、蔬菜和观赏植物中有一些可以直接驯化栽培利用和用作砧木。因此，热带野生园艺植物种植资源需要进一步调查，为保护和利用野生热带园艺植物资源奠定基础。

种质资源调查的主要内容如下：

（1）地区情况调查。包括社会经济条件和自然条件，后者主要包括地形、气象、土壤和植被等。

（2）资源概况调查。包括栽培历史分布、种类、品种、繁殖方法、栽培管理特点、产品的供销和利用情况，以及当前生产中存在的问题和对品种的要求。

（3）种类品种代表植株的调查。一般概况包括来源、栽培历史、分布特点、栽培比重和生产反应；生物学特性包括生长习性、开花结果习性、物候期、抗性等；植物学形态特征包括器官组织形态特点；经济性状包括产量、品质、用途和贮运性等。

（4）图标标本采集和制作。调查的各种资源性状除按照表格所列项目记载外，对叶、枝、花、果等要制作浸渍或蜡叶标本。根据需要对果实及其他器官进行绘图、照相和制作视频，并进行器官组织的成分分析。

（5）调查资料的整理和总结。根据调查记录资料，应该及时做好资料整理和总结分析工作，如发现资料遗缺不全的应及时补充。总结内容包括：资源概况调查，即调查空间范围、生境自然条件、社会经济情况、栽培历史、种类、品种、分布特点、栽培技术、贮藏加工、自然灾害、存在的问题和解决途径，以及对资源利用发展的建议。品种类型的调查，即记载表及说明材料、图片、照片和视频文件等。绘制种类、品种分布图及编制分类检索表。

另外，种质资源调查工作应严密组织，事先应周密论证，充分做好组织准备和调查工具、方法、参考资料、行进路线等准备。

二、种质资源收集

在种质资源调查的基础上，明确不同种质资源的利用价值、当前分布状况和未来的变化趋势，对其中的一些种质资源是有必要加以收集的。从而，能够便利、有效地对种质资源开展科学研究和供育种加以利用。

（一）种质资源收集的原则

明确收集的对象要求。即收集有明确的目的性，依据单位的具体条件和工作任务确定收集对象及其类别和数量。或者，根据栽培与育种实践中的主要问题，寻找相应的遗传资源，从品种育种角度加以解决，使种质资源收集具有针对性。收集对象应为生理活性强、生长健壮、正常、遗传上具有代表性的种质材料。

明确收集的空间、遗传类型范围和类别重点。在空间上，考虑自然适应性，应由近及远进行；收集的对象应尽量保存生物多样性，仔细核实和严密登记，避免重复和遗漏，做到以少量的种质资源来包含尽可能多的遗传多样性；类别重点上应优先收集濒危、特色明显、经济和栽培性状稀有、当前育种中急需的种质资源。

种质资源收集中严格执行检疫制度。带有检疫性病、虫、草害的种苗和材料坚决不予收集。

（二）种质资源收集的方式

种质资源的收集方式主要有两种，即直接收集和交换、购买。前者身临其境，对种质资源亲自考察，在调查基础上，了解深入、透彻，往往收集效果好。利用互联网和各科研单位、公司的宣传材料，选择所需种质资源，可经信函、电话、网络交流等手段进行交换或购买，这种方式便捷、节省成本，但是，因未亲自考察，了解深度有限。

（三）种质资源收集的方法

第一步，做好收集对象概况记录，包括编号、种类、品种、征集地点、原产地、品种来源、征集点自然条件和社会条件、主要生物学特性和经济性状、主要优缺点、群众评价和发展利用建议。

第二步，依据收集对象的材料特点，确定收集时期和合理的繁殖方法。园艺植物常易无性繁殖，因此可以收集枝条、芽和愈伤组织等，可采取扦插、嫁接和组织培养等技术进行繁殖，应在最易繁殖的时期收集。种子是收集的另一种重要材料，注意收集饱满、无任何不良表现、生命力强的种子，在生理成熟时收集。也可收集苗木，应在适宜出圃时期选择优良苗木。

第三步，确定收集数量，综合考虑园艺植物生长习性、材料繁殖系数与形态特征、基础数量与种质资源保存条件等确定。原则上乔木 4～5 株/种，灌木或藤本 10～15 株/种，草本 20～25 株/种。

第四步，检疫和遗传真实性、纯度鉴定。检疫是生产和科研安全的需要，遗传真实性和纯度鉴定是确保避免重复收集和收集无误。

第五步，收集的种质资源应专人专门管理。建立健全种质资源档案资料，防止收集的种质资源失活和损坏。

三、种质资源保存

收集的种质资源常不能及时利用，需要慢慢研究和全方位、综合利用时，必须对种质资源进行保存，并且只有对濒危、稀有种质资源采取保存措施，才能保护遗传多样性。

（一）种质资源的保存方式

种质资源保存分为种植保存和离体保存两种基本方式。前者是对收集的完整植株，采取种植进行保存。后者收集的材料是园艺植物的某些器官、组织、细胞、DNA等，常常在实验室或仓储条件下对种质资源加以保存。

（二）种质资源的保存方法

1. 就地种植保存法

包含建立自然保护区和自然风景区。前者禁止人们私自在划定的区域内进行采伐和各种破坏活动，一般不对人们开放活动；后者除保护种质资源外，还可供人们参观游览，兼具观光娱乐功能，但禁止破坏种质资源的一切活动。对某些古代长寿单株常采取特殊加圈保护的方法，也属于就地保存方式。热带园艺植物资源可见于热带自然保护区、自然风景区和个别特护单株，如海南霸王岭自然保护区、五指山自然风景区和海南岛乡间的古树。

2. 异地种植保存法

包含建立植物园和种质资源圃。前者是人工经园林设计和种植而建成的集科研、观光娱乐于一体的种质资源保存方法，如热区的各地植物园，包括海口市金牛岭植物园、中国热带农业科学院兴隆植物园等。后者则专指用于科研的种质资源圃，一般不具观光娱乐功能，主要是科研和种质资源保护功能。种质资源圃常见于农业院校和科研单位，如中国热带农业科学院热带植物园。

3. 种子保存法

主要对园艺植物的种子加以保存，使其进入强迫休眠状态，维持发芽和成苗能力，实现长短不同时期的保存。园艺植物的种子分为正常型和顽拗型两大类，前者保持干燥条件，使种子进入强迫休眠状态，在不同的低温条件下，对应地实现不同保存期；后者则是含水量下降到12%～31%时失去活力，也不能在低温下保存，目前尚无良好的保存方法，如人心果等。正常型种子保存采用种质库保存，种质库建立在地下水位低、地势高燥、常年低温、交通便利、水电正常可靠供应、无污染、抗灾能力强、远离易燃易爆和强电磁场的安全地带。贮藏期随温度降低而延长，表2-2显示了不同的贮藏期条件。

正常型种子种质库不同保存期贮藏条件　　　　　　　　　　表2-2

类　别	期　限	温度（℃）	湿度（%）
短期贮藏	临时，2～5年	5～20	45
中期贮藏	10年	0～5	32～37
长期贮藏	30～50年	−10～15	32～50

入库种子要求质量纯净，生理成熟，无病虫害，种子含水量因种而异。当种子含水量为4%～14%时，则种子含水量每降低1%，可延长贮藏寿命2倍；在温度0～50℃时，温度每下降1℃则种子贮藏寿命延长2倍。低氧气和高二氧化碳含量、避光均有利于种子贮藏。因此，在低温、干燥和黑暗的密闭容器中保存种子，可延长种子贮藏寿命，较长期地

保持种子活力。长期库中种子发芽率下降到一定程度（65%～85%）或种子量下降到可接受最低限度时，则需要对贮藏的种子进行繁殖更新。

种子贮藏保存法的关键是干燥和低温条件，种子含水量干燥到 6%～8%，那么在 −1℃时可保存 150 年，−10℃时可保存 700 年。

4. 离体保存

离体保存就是将离体的分生组织、花粉、休眠的枝条等在适宜条件下进行保存。具有保存数量多、繁殖易、节省成本和劳力、避免不良条件影响等优点。分生组织保存就是将分生组织在分化培养基中进行组织培养得到试管苗，将试管苗转移到生长培养基上，待苗高 10cm 左右时，置于低温（5～10℃，因作物而异）条件下保存，经半年或一年后，取试管苗茎尖，继代保存。花粉保存条件为低温、干燥和黑暗，其保存寿命常比种子保存短。休眠枝条在低温（−2～2℃）湿润（96%～98%，塑料薄膜包扎）条件下可短暂贮藏。

目前，离体保存一般应用超低温保存法（玻璃化法）。其原理为：离体材料在 −80℃（干冰）或 −196℃（液氮）下速冻，细胞不结冰而不破坏组织细胞结构，并在这种低温下，细胞生理代谢和生长活动均完全停止，因此，组织细胞不会发生遗传变异，也不会丧失全能性，适合对园艺植物种植资源进行保存。尤其对濒危和稀有种质资源保存更具意义。其基本步骤为：

（1）材料选择，即在材料处于抗冻性较强时取样，选择培养 5～9d 的细胞或处于旺盛分裂时期的细胞，处理芽时应用冬芽。这样可保证较高的存活率。

（2）材料预处理，将材料放置于冰冻保护剂中浸渍，保护剂常为 DMSO、甘油、乙二醇、山梨醇和糖等中性溶质，在水溶液中具有强烈的水合作用，从而可增强水的黏滞性，阻止结冰或形成冰晶的速度。DMSO 则可增强细胞膜的通透性，加速胞内水分外流，降低胞内冰点，增强细胞抗冻性。一般复合抗冻剂处理比单一抗冻剂处理效果更好。加 0.3% 氯化钙溶液，能促进保持细胞稳定性，也具有一定的抗冻效果。

（3）降温操作，可以直接在液氮中快速冰冻，即快速冰冻法。快速冰冻法使胞内水分快速通过结冰危险区，避免结冰破坏细胞，此时细胞处于固化状态，但不是冰，即玻璃化状态。慢速冰冻则是在程序降温仪控制下，以 0.1～10℃/min 的速度降温，促进胞外结冰和胞内水分外流，减少包内水分而实现细胞玻璃化。两步冰冻法则是先慢速降温，使细胞保护性脱水，一般以 0.5～4℃/min 的速度下降到 −40℃；接着进入快速冰冻法，即投入到液氮中速冻。

（4）保存后，需要化冻时，则可以在 35～40℃的温水中快速化冻，目前多用此法；也可以在 0℃或 2～3℃或室温下化冻，即慢速化冻，冬芽玻璃化法保存化冻时常用。

（5）化冻后，对保存材料在使用前应鉴定活力。可以再培养调查成活率；可以采用二醋酸酯荧光素染色法检测发光细胞数；也可以采用 TTC 法显色来反映细胞活力。

5. 基因文库保存

基因文库保存就是利用 DNA 重组技术，将种质材料的总 DNA 或染色体所有片段链接到载体（如质粒、黏性质粒和病毒等）上，然后转移到寄主细胞（如大肠杆菌、农杆菌等）中，通过细胞增殖，构成各个 DNA 片段的克隆系。在超低温下保持各无性系生命，即可保存该种质的 DNA。

第五节　热带园艺植物种质资源的研究与利用

收集种质资源的目的是为了有效开发利用，作为完成一定育种目标的合理育种材料。合理地用于育种是以对种质资源有系统的了解为基础的，因此，必须研究种质资源的分类、鉴定、生物学特性、抗逆性和经济性状表现等，对种质资源作综合的、科学的评价，确定其利用价值和方向。

一、研究内容

（一）分类与鉴定研究

收集到种质资源以后，需要对种质资源的器官组织形态进行比较分析，确定相互间的差异，从而鉴定出其分类地位和相互间亲缘关系。器官组织形态观测的指标主要有形状、大小、数量、色泽、硬度和附生物特征等，对完整植株所有器官组织展开研究，再作综合比较分析。结合同工酶分析，从生化水平上作分类与鉴定研究。结合核型分析和染色体显带技术，从细胞遗传学上作分类与鉴定研究。

目前，除依据形态学、生理生化和细胞遗传学研究结果进行分类和鉴定外，人们关注于分子标记技术的应用，主要内容就是各种分子标记比较，这种研究是直接从遗传物质入手，避免环境差异对形态特征的影响，因而，分类与鉴定更加准确。

由于不同地区对同一种种植材料有不同的俗名，经常出现同物异名现象；与此相对应，还经常出现同名异物现象。这两种现象对种质资源的保存和利用常引起误导，不利于育种工作的开展。从这个角度讲，种质资源的分类与鉴定研究是必要的、是前期基础性工作，同时是种质资源理论研究的重要内容，其能够反映种质资源的相互衍化和亲缘关系。

（二）生物学特性研究

对种质资源进行利用价值评价，必须了解种质资源的生长发育规律和对环境条件的要求。这些内容来自对种质资源生物学特性的研究结果。需要研究根系形态、根系发生、生长和发育规律，常观测根系生长量、生长动态、物候规律等。需要研究新梢发生次数、时间、生长量、尖削度、新梢发育进程等。需要研究芽的特征、花芽分化过程和特点。需要研究开花结果习性如花期、授粉受精、生理落果、异常落果、果实生长发育动态、种子生长发育动态等。需要研究叶片光合产物的分配与运输、各种养分分配调节技术及其效果等。研究营养生长与生殖生长、地上部与地下部、果实与种子等生长发育相关性等。需要研究种质资源对温度、光照、水分、风、土壤肥力等的要求与适应性。

（三）园艺学特性研究

园艺学特性研究主要指研究园艺植物种质资源与栽培活动关系密切的性状，如丰产性、稳产性、早实性、成熟期、株高、株形、树姿、叶果比、品质和观赏植物的观赏性状表现等。常规品质因素包括单果重、果形指数、含糖量、含酸量、糖酸比、VC含量、可食率、出汁率等，特殊情况下还需要研究果品和蔬菜的有害成分含量。对于观赏植物，有些可以开发为香料和药材等，常需研究化学成分和生理活性成分含量与定性鉴定。

（四）抗逆性与适应性研究

对园艺植物种质资源抗逆性的研究中，主要包括抗旱、寒、涝、热、盐碱、病虫害等鉴定研究。尤其野生种质资源，这方面鉴定更为重要，通过综合评价，筛选合理的抗性育种材料。

（五）遗传学研究

对于种质资源的特色和优势性状，需要研究其遗传动态。对于数量性状应利用数量遗传学研究方法，构建性状的遗传模型，了解杂种优势表现，求出性状的遗传率，确定种质材料的配合力等；对于质量性状应研究性状的显隐性关系、控制性状的基因数量、基因间的互作和遗传模式；研究性状间的相关关系等。为在育种中选配合理亲本组合、确定变异群体大小和制定适当的选择方法等提供理论基础。

二、研究方法

种质资源利用价值的鉴定研究应当采取田间试验和室内观测相结合的方法进行系统研究。田间试验研究中按照田间试验设计要求，满足重复、随机性和局部控制三要素要求，遵守唯一差异原则，依据条件采取完全随机排列或完全随机区组排列设计，常见于种质资源分类、园艺学特性、生物学特性和遗传学研究。室内观测指实验室或设施条件下的试验研究，对于抗性鉴定、生物学特性和遗传学研究常采取盆栽、人工气候室（箱）试验等研究，需要设置重复和随机排列小区，随机取样观测。对于数量性状遗传研究常采用双因素试验设计或巢式试验设计等。

各种性状的观测指标测定分析方法可参阅植物生理生化、遗传学和园艺植物研究法等课程的实验实习指导材料。种质资源的分类鉴定、系统衍化等常作分子标记研究，常用的分子标记技术有 RAPD、RFLP、AFLP、SSR、SCAR 等，对于数量性状的遗传学研究常采用 QTLs 研究，具体实验和分析方法参见分子克隆等方面的实验指导材料，这些方法是当前的热门研究方法。所有这些观测分析方法中，尽量选用可靠性和重演性好的成熟方法。

在种质资源的研究中，应注意某些种质资源似乎无目标性状，但这不意味着该种质资源无利用价值，因为性状能否表现，有时与抑制基因有关，因此这类种质资源实质上是含有目标基因的，具有潜在应用价值，必须对种质资源作全面、细致的分析研究。

三、利用

种质资源经综合评价后，确定了利用价值，依据各种质资源的特点合理利用。利用方式大致有如下三种。

（一）直接利用

本地的种质资源或外地适应性广、抗逆性强的种质资源可以直接加以利用，在引种种质资源时，原产地和引种地主要自然条件相似时，种质资源也可以直接利用。如番木瓜、芒果和热带兰等，有许多品种经引种后直接利用。本地野生种质资源中，尤其某些观赏植物如二月兰、猬实等也可以直接栽培利用。

（二）间接利用

有些野生或者外地引种种质资源由于野生性状明显或者适应性障碍，常不能直接利用，那么可以经过驯化加以利用。主要办法就是通过种质转育来实现利用的目的。转育方法包括杂交、回交和系统育种等，也可以经基因克隆和遗传转化来实现目标基因与性状的转育。当然，有些可直接利用的种质资源也可以进一步经间接利用，实现其他种质资源的遗传改良，如国外引种的月季，既可直接用于观赏栽培，又可与国内月季杂交培育新品种；从国外引进的芒果品种可直接栽培利用，也可以与本地芒果品种杂交选育新品种。

（三）潜在利用

对于一些暂时不能直接利用和间接利用的种质资源，不能简单否定和遗弃，随着对种质资源研究的深入，遗传学基础进一步得到揭示，完全有可能得到一些有利用价值的基因资源，其潜在利用价值不可低估。

四、创新

新种质资源有三种主要来源：一是常规育种过程中的中间材料和新品系，如杂交育种、选种和诱变育种得到的变异群体；二是利用远缘杂交、倍性育种和组织培养技术得到的变异体，如自然界中没有的远缘杂种后代、二倍体的单倍体后代、三倍体等；三是采用生物技术得到的变异体，如体细胞杂种和转基因植物。无论哪一种来源的新种质资源，在育种实践中成功案例很多，如柑橘体细胞杂种全球达120余例、转基因番茄品系问世等。这些种质资源有望选育出新品种，特殊的种质资源促进育种工作中产生新的突破。

本章小结

植物种质资源是人类赖以生存和农业生产、科学研究的基础。为了植物育种有更广泛的遗传基础，必须挽救、保护和保存种质资源的多样性。种质资源包括本地种质资源、外地种质资源、野生种质资源和人工创造的种质资源。瓦维洛夫提出作物起源中心理论，并将世界作物确定为 8 个起源中心，茹考夫斯基将世界作物起源中心划分为 12 大基因中心。中国植物栽培历史悠久，有丰富的园艺植物种质资源；海南岛是中国最大的热区，蕴涵丰富的热带果树、蔬菜和观赏植物资源。种质资源的工作内容包括种质资源调查、收集、保存、研究、创新和利用，其中种质资源研究是合理利用和创新种质资源的关键。

思考题

1. 如何理解种质和种质资源的概念？
2. 种质资源的意义和保存紧迫的原因是什么？
3. 简述超低温保存法保存种质资源的原理、基本步骤和应用范围。

参考文献

[1] 曹家树，申书兴. 园艺植物育种学 ［M］. 北京：中国农业出版社，2001.
[2] 陈大成，胡桂兵，林明宝. 园艺植物育种学 ［M］. 广州：华南理工大学出版社，2001.
[3] 程金水. 园林植物遗传育种学 ［M］. 北京：中国林业出版社，2002.
[4] 中国热带农业科学院. 海南岛植物种质资源 ［M］. 北京：中国农业出版社，1990.
[5] 宋常美，文晓鹏. 分子标记在园艺植物上的应用与研究进展 ［J］. 山地农业生物学报，2005，24（5）：442-447.
[6] 易干军，谭卫萍，霍合强等. 龙眼品种（系）遗传多样性及亲缘关系的 AFLP 分析 ［J］. 园艺学报，2003，30（3）：272-276.
[7] 易干军，霍合强，陈大成等. 荔枝品种亲缘关系的 AFLP 分析 ［J］. 园艺学报，2003，30（4）：399-403.
[8] 张学宁，郭宝林，张开春等. 果树分子标记研究现状及发展前景 ［J］. 生物技术，2003，13（5）：

45-46.

[9] 周介雄，代正福. 园艺植物种质资源保存方法 [J]. 种子，1999 (1)：26-27.

[10] 尹俊梅，陈业渊. 中国热带作物种植资源研究现状与发展对策 [A] //中国热带作物学会 2005 年学术（青年学术）研讨会论文集，2005：123-131.

[11] 李文化，陈讨海，陈业渊等. 热带作物种质资源 e 平台的建设与应用 [J]. 热带作物学报，2010，31 (1)：25-30.

第三章 引　种

地球上植物的分布和栽培都有一定的地理、气候分布范围，在对所有种质资源进行考察和研究后，把外地植物的种类品种直接引入到本地区成为解决本地区育种问题的简便途径。从整个园艺发展史来看，现今世界各国栽培的多种园艺植物及其品种类型，大多数是通过相互引种，并不断加以改良、衍生，逐步发展起来的。

第一节　引种的概念和意义

一、引种的概念和意义

引种（Introduction）是将一种植物从现有的分布区域（野生植物）或栽培区域（栽培植物）人为迁移到其他原来没有栽培地区种植的过程。根据引入植物的适应性及环境特性，引种可分为简单引种（Introduction）和驯化引种（Domestication）。简单引种是由于植物本身的适应性广，以至不改变植物本身的遗传特性也能适应新的环境条件，或者是原分布区与引入地的自然条件差异较小，或引入地的生态条件更适合植物的生长，植物生长正常甚至更好。驯化引种则因植物本身的适应性很窄，或引入地的生态条件与原产地的差异太大，植物生长不正常甚至死亡，但是，经过精细的栽培管理，或结合杂交、诱变、选择等改良植物的措施，逐步改变遗传特性以适应新的环境，使引进的植物能正常生长。由此可见，引种的内容可包括三个方面：①引进育种的原始材料；②将野生园艺植物变为栽培园艺植物；③引进当地没有种植过的园艺植物。

翻开人类的历史，可以发现动物的饲养、植物的栽培都是从引种驯化开始的。人类赖以生活的栽培植物共2000种，它们都是引种驯化的成果。由于园艺植物种类、品种在地理分布上的不均衡和生产、消费上要求种类、品种的多样化，促使人类在园艺植物生产上广泛引用外地区原产的园艺植物种类、品种。概括起来引种驯化有以下几方面的意义：①引种驯化是栽培植物起源与演化的基础；②引种驯化是快速丰富本地植物材料的方法；③引种驯化是解决生产者、消费者对品种需求最为经济的手段；④引种驯化是保护濒危植物的有效措施；⑤引种驯化可为进一步育种工作提供丰富多彩的种质资源；⑥引种驯化可扩大园艺植物栽培区域，建立稳定的生产基地。

二、热带园艺植物引种概况

（一）中国品种被引到世界各地

中国有"世界园林之母"之称，也是世界八大作物起源中心之一，历史上有不少园艺植物种质材料和品种被引种到国外，如荔枝、龙眼、猕猴桃、宽皮橘、甜橙、牡丹、菊花、月季、山茶、杜鹃花等。在1903~1906年，美国传教士蒲鲁士两次从福建莆田引入荔枝苗木90株，分别在美国佛罗里达、夏威夷、加利福尼亚州种植，从中筛选出"宋家香"型荔枝新品种 Brewster，在佛罗里达州南部种植面积接近 400 亩。此后，美国人还从中国引进荔枝品种大造、甜岩、黑叶，成为当时在美国种植最多的荔枝品种。不仅如此，美国人还利用引进的中国板栗，解决了具有毁灭性的"栗疫病"；利用从中国引进的豆梨、秋子梨、杜梨，解决了梨的火疫病问题。据不完全统计，美国从我国引种去的乔木达 1500 种以上，而美国本土树种仅 750 种；英国收集我国杜鹃花属植物有 190 多个原种，引种报春花属植物 130 多个原种，从这些原种培育出的园艺品种都数以千计。

（二）世界各地品种到中国

尽管我国园艺植物资源很丰富，但生产上仍有许多热带园艺植物品种也是从国外引进的，如马哇椰子杂交良种、叶子矮种（红矮、黄矮、绿矮及香水椰子）、西非高种和一些其他类型的椰子，蝴蝶兰、卡特兰、大花蕙兰等热带花卉，番荔枝、番石榴、芒果、榴莲等热带水果。早在汉代张骞就出使西域，引进葡萄、无花果、石榴、核桃、扁桃等水果和黄瓜、西瓜、胡萝卜、菠菜、豌豆等蔬菜。到明清时期，我国通过海路从欧洲和美洲引入了芒果、菠萝、番木瓜、苹果、西洋梨、樱桃等和番茄、辣椒、花椰菜、洋葱、西葫芦、马铃薯等。新中国成立后政府更加重视引种工作，引入了很多园艺植物优良品种和资源，如 1950 年引进了一批矮种椰子，1973 年何康部长从菲律宾、1979 年华侨何瑶琨从马来西亚、1980 年文昌椰子试验站从泰国、科特迪瓦等引入了矮种和杂交椰子，对提高海南椰子产量起了重要作用。2002 年引入美国蓝莓（果实内天然色素的含量很高，花色素苷、SOD 的含量超过其他植物许多倍，蓝莓因此被 FAO 确定为人类的五大健康食品之一，具有抗人体衰老的功效）。2003 年昆明宜良花卉基地引种蝴蝶兰并选育了紫红蝶兰、黄斑蝶兰、红纹蝶兰等一批珍稀、名贵蝴蝶兰品种。2005 年云南从南美引进雪莲果成功。2008 年从美国引入了甜瓜野生近缘种角瓜、无花果叶瓜、西印度瓜等，正在育种上加以利用。此外，引入时期较早的葡萄、核桃已选育出不少当地的品种类型；而引入较晚的种类如苹果、西洋梨、甜樱桃等，至今仍以直接利用外引品种为主。

（三）国内地区间的引种

至于国内地区间的引种，更对丰富生产上的种类及品种组成起着非常重要的作用。如青岛市园林局先后引种国内外树种，其中常绿阔叶树达 40 余种，特别是忍冬、石楠、大叶黄杨、枇杷等，给北国园林增添了色彩。上海市植物园收集国内外小檗属、槭属植物各有几十种。海南省农业科技人员从广东、广西、福建、中国台湾等地引入了很多可在热带地区生长的园艺植物，如三月红、妃子笑荔枝、福建蜜柚、黑珍珠、红宝石莲雾、台农芒果等，其中从广东引入的茄子品种"长丰二号"，在海南推广面积累计达 80 万亩，创造了巨大的经济效益。

第二节　引种的理论与规律

在生产中我们可以看到很多植物的种类、品种的分布远远地超过它们的原产地区，这就是引种驯化成功的有力证明。然而，我们必须重视前人在引种工作中的失败，且就引种的数量来说，失败的事例往往远远超过成功的记录。实践证明，引种的成败决不是偶然的现象，必须重视和善于总结引种成败的经验教训，探索引种的规律用以指导今后的引种实践。

一、引种的理论依据

依据遗传学的原理：表现型（phenotype）是基因型（Genotype）与环境（Environment）相互作用的结果（即 P＝G＋E）。假如把 E 作为定数，那么 G 就成为决定引种效果 P 的关键因素。引种驯化的遗传学原理就在于园艺植物对环境条件的适应性的大小及其遗传基础。

基因型反应规范（Reaction normal）指一种基因型在多种环境条件下所显示的所有表现型。品种的遗传性适应范围，就是这个品种所代表的基因型在地区适应性方面的反应范围。基因型的稳定性是指基因型在不同环境下产生同一表现型。基因型的可塑性是指基因型适应不同环境变化而改变其表现型。基因型的可塑性小，反应规范窄，引种中表现为适应范围小，适应性范围小的植物引种驯化不容易成功，如荔枝只适应分布在岭南以南的地区；相反，基因型的可塑性大，表现为对异常环境条件影响有缓冲作用，适应范围广，引种驯化容易成功，如被称为活化石的水杉能在 $-30\sim46℃$ 的地方种植，历史表明其适应性范围为从北纬 $82°\sim40°$ 的广大地区。不同植物的适应性范围不同，同一植物不同品种的适应性范围也存在差异，如白凤和玉露桃分布范围很广，南到浙江、福建，北到河北、辽宁，都能成为主要经济生产品种；而肥城佛桃则适应范围狭窄，在北京和杭州都不适于经济生产。

达尔文认为，引种驯化是植物本身适应了新环境条件和改变了对生存条件的要求的结果，选择则是人类驯化活动的基础。简单引种是品种在其遗传性适应范围内的迁移。驯化引种属于引种植物向其原有适应性遗传反应范围以外的迁移，其包括遗传型本身的改变。人类在长期的大量引种实践中证明，改变植物的遗传适应范围，把它们引入原来不能适应的地区不仅是必要的，而且是完全可能的。如桃原产于我国西北干旱而气温较低的地区，引入南方后经过长期的培育选择，驯化成为耐高温、多湿的华中系品种群就是一个典型的事例。

二、影响引种驯化成败的因子

根据引种原理，要使引种成功，关键是从内因上选择适应的基因型，使引种材料能适应引种地区的综合生态环境条件；外因上要采取适当的农业技术措施，使其正常生长发育，符合生产要求。为此，法国林学家迈依尔（H. M. Mayr）提出了气候相似论，认为气候相似的原产地和引入地间引种最容易成功。实质上，植物生长发育与生态环境条件关系密切，温度、光照、水分、土壤、生物等生态因子影响着植物生长发育，同样，植物也会对变化着的环境产生各种不同反应和适应性。生态型（Ecotype）是植物对一定生态环境具有相应的遗传适应性的品种类群，是植物在特定环境的长期影响下，形成的对某些生态因子的特定需要或适应能力，这种习性是在长期自然选择和人工选择作用下通过遗传和变异而形成的，所以也叫生态遗传型（Ecogenotype）。植物生态型一般可分为三类：一是气候生态型；二是土壤生态型；三是共栖生态型。气候生态型指在温度、光照、湿度和雨量等气候条件影响下形成的生态型；土壤生态型指在土壤的理化特性、含水量、含盐量、pH 值等因素影响下形成的生态型；共栖生态型是指植物与其他生物（病、虫、蜜蜂等）间不同的共栖关系影响下形成的生态型。同一生态型的品种群，多数属于在相似的自然环境和栽培条件下形成的，因此在生长期、抗逆性和适应性方面常具有相似的特点。

在研究植物生态型与引种关系时，既要注意各种生态因子的综合作用，也要考虑到特时、特地或植物生长发育某一阶段综合生态因子中起决定性作用的某个生态因子，同时还要分析引入品种类型的历史生态条件。

（一）植物与生态环境的综合分析

分布于世界各地的果、蔬、观赏植物产区常依据不同地区间某些主要气候特征的相似程度划分成相应的生态地区（带）。依据菊池秋雄（1953 年）对世界果树产区生态型的划分，世界果树的主要产区可分为夏干带、夏湿带和介于前两者之间的中间带。中国果树可分为 6 大种植带（表 3-1）。属于同一生态带内不同产地的果树品种在气候适应性上具有较多的共性，相互引种比从不同生态带地区间引种成功的可能性大。

中国果树 6 大种植带（朱佳满，1997）　　　　　　　　　　　　　　　表 3-1

种植带名称	代表地区	年平均气温（℃）	1 月份平均气温（℃）	主要树种品种
中温带落叶果树种植带	辽宁中北部、西北部，吉林，黑龙江中南部	1~8	−22~−10	苹果属的花红、黄太平、大秋果，梨属的秋子梨系统，沙梨中的苹果梨、山葡萄、小浆果类（穗醋栗等）、山楂
中温带干旱落叶果树种植带	冀北、内蒙古大部、宁夏、甘肃、新疆等地	2~12	−17~−5	苹果属的黄太平、花红、海棠、大秋果，梨属的苹果梨、大小香水，仁用杏、苹果、梨、葡萄、桃、杏
南温带落叶果树种植带	辽宁南部、河北、山东、河南、北京、天津等地	8~15	−10~5	绝大多数北方落叶果树，苹果、梨、葡萄、桃、杏、李、枣、柿、山楂等
北亚热带落叶果树与常绿果树混交带	长江宜昌以下的中下游及汉水、秦巴山南麓地区	15~16	2~4	桃、梨、柑橘、李、柿、枇杷、梅、杨梅、草莓、猕猴桃
中亚热带常绿果树种植带	四川、重庆、浙江沿海、闽东、粤北、赣西南、川黔、川滇交界地、滇中等地	16~20	4~13	柑橘、李、梨、桃、柿、枇杷、梅、少量香蕉、龙眼
南亚热带常绿果树种植带	闽南、两广南部、海南、滇南、中国台湾	20~22	11~16	柑橘、香蕉、菠萝、荔枝、龙眼、芒果、椰子等

资料来源：朱佳满．试论中国果树种植带的划分［J］．中国农业气象，1997，18（1）：5-8.

地理位置是影响不同地区气候条件的主要因素，其中尤以不同纬度的影响最明显。纬度相近的东西地区之间比经度相近而纬度不同的南北地区之间的引种有较大的成功可能性。这主要是由于温度和日照是随纬度高低而变化的，水分也有一定程度相关，但不完全决定于纬度。在我国高纬度的北方，冬季温度低，夏季日照长；在低纬度的南方则相反，冬季温度高，夏季日照短。引种工作还必须考虑海拔高低。据估计，海拔每升高 100m 相当于纬度增加 1°，水分和光照因素并不一定这样。因此，同纬度的高海拔地区和平原地区之间的相互引种不易成功，而纬度偏低的高海拔地区与纬度偏高的平原地区的相互引种的成功可能性较大。还有特定地区的大风等，都对引种产生一定的影响。

（二）个别生态因子的分析

1. 温度

温度决定植物的生长发育，常是影响引种成败的具主导作用的限制性因子之一。温度条件不适合对引种植物的不良影响大体为两个方面：①温度条件不符合生长发育的基本要求，致使引种植物的整体或局部造成致命伤害，严重者则死亡。②引种植物虽能生存，但因温度条件不适，影响果实的产量、品质，使引种植物失去生产价值。在我国园艺植物从南方引向北方时要受到极限低温、低温持续时间、升降温速度、霜冻、有效积温等温度因素的影响，而园艺植物从北方引向南方时要受到冬季是否有足够的低温通过休眠、高温、日温差等温度因素的影响。如荔枝最低生长温度为 4℃，不耐冻害，限制了荔枝的北移。

低温持续时间有时也制约引种的成败。如 1976 年冬 1977 年春，低温持续期长，云南的桉树、银桦、西双版纳的三叶橡胶、海南岛的椰子等都受到不同程度的冻害。

低温会给引种植物造成严重伤害的另一种表现是霜冻。对于果树而言，开花期的晚霜常造成严重减产，甚至一无所获。如枇杷北引的主要问题是花器冻害。果树对晚霜的适应性常表现为两个方面：一是萌动开花晚的品种如大久保、白花桃可躲过晚霜危害；二是品种间花期对霜害的抗性。中纬度地区春季温度多变，引种时尤应注意。

高温是植物南引的主要限制因子。生育期短（1～2 年生）的蔬菜和花卉南引时可通过人为调整播种期和栽培季节来避开高温炎热。多年生的果树及观赏树木，不仅要经受栽培区全年各种生态条件的考验，而且还要经受不同年份经常变化的生态条件的考验。南引这类生长发育条件不易通过人为加以控制和调整的植物，更要注意分析高温对它们的影响。如生长期气温达 30～35℃时，一般落叶果树生理受到严重抑制，50～55℃时发生伤害。特别在水分不足的高温下常造成果树早衰以及局部日灼伤害。而高温伴随多雨高湿常造成某些病害蔓延，严重限制果树的南引。苹果南引到长江流域的成败关键是品种间对褐斑病和炭疽病的抗性；葡萄南引到长江流域的成败关键是品种间对黑痘病和白腐病的抗性。所以，北树南引时必须重视品种间对某些严重病害的抗性差异。

北树南引时还应考虑的另一影响因素是冬季是否有足够的低温，通过休眠或满足二年生植物的春化阶段（感温性）需要。没有正常通过休眠的果树，即使具备营养生长所需各种条件，也不能正常发芽生长，常表现为发芽不整齐、新梢呈莲座状、花芽大量脱落、开花生长不正常等。中国福建的南部，桃很少作为经济栽培的原因，就在于引入地冬季没有足够的低温通过休眠。

引种的园艺植物的产量、品质、成熟期、耐藏性等经济性状，也常因为在其整个生长期或某一特定的阶段出现了不适宜的气温、热量、日照差等而造成影响。如从印度、泰国、越南等国引入我国广东、广西、福建的芒果常由于花期气温较低而多雨，果实成熟期、着色和风味品质都受到影响，多数年份几乎没有产量。

2. 光照

光照因子中的日照强度、时间和昼夜交替的光周期对引种都有影响。光照的长短和光照的质量随纬度的变化而不同，一般纬度由高至低，光照由长变短；相反，纬度由低变高，光照由短变长。纬度愈高，一年中昼夜长短的差异愈大，夏季白昼时间愈长，冬季白昼时间愈短，而低纬度地区则夏季和冬季白昼时间长短差异不大。光周期现象就是长期在不同纬度的植物，形成对昼夜长短有一定反应的现象。

根据植物生长发育过程中对光周期的要求不同，将植物大致分为三种类型：一类是短日照植物，这类植物在日照长的时期进行营养生长，到日照短的时期进行分化花芽并开花结果，如菊花中的秋菊类。第二类是长日照植物，这类植物在日照短的时期进行营养生长，要到日照长的时期才能开花结果，如洋葱、甜菜、胡萝卜等。第三类是对日照长短反应不敏感，在日照长短不同条件下都能开花结果。如番茄的多数品种、茄子、甜椒等。果树中的多数种类、品种对日照长短较不敏感。大量引种实践证明，光周期不成为多类果树种类、品种引种成败的因素。引种时对光周期反应敏感的种类和品种，通常以纬度相近的地区间进行为宜。属于长日照植物的洋葱从北方引到南方种植，常引起地上部分徒长，鳞茎发育不良。其中原因就是南方采用秋播春收的栽培方式，在洋葱形成鳞茎的季节，恰好是短日照环境，所以只长地上部分而不结鳞茎。

光照的昼夜交替常关系到多年生木本园艺植物营养物质的积累和转化，能影响其进入休眠的早晚和越冬准备。因此"南树北移"时，生长季节内日照延长，使生长期延长，影响枝条封顶或促使副梢萌发，从而减少养分的积累，妨碍组织的木质化和入冬前保护物质的转化，因此降低了树体的抗寒性。如江西的香椿种子在山东泰安播种，由于不能适时停止生长，地上部分常被冻死；广西香椿种子引到湖北潜江也有类似现象。而"北树南移"时，大多数木本植物往往提早封顶，过早地封顶严重地缩短了生长期，窒息了植物正常的生命活动，更加剧了南方炎热气温的不良影响。如北方的银白杨、山杨引到江苏南京地区，封顶早，生长缓慢，常遭严重病虫害感染。但"北树南移"有时会出现相反情况，就由于第一次封顶过早，南方的高温促使顶芽二次萌发生长而延长了生长期，但这也同样削弱了树体对冬季不良条件的抵抗能力。

根据植物对光量的需要程度分为阳性植物、阴性植物、中性植物。落叶果树中的枣、桃、苹果、梨、葡萄等，常绿植物中的椰子、棕枣等属阳性植物。八仙花属、杜鹃花属、山茶属等属阴性植物。桧柏、侧柏、槐树等属中性植物。但是，各种植物对光的需要量不是固定不变的，随植物年龄、气候、海拔等不同而异。原产于分布区北界的比分布区南界的较喜光；处在高海拔的比处在低海拔的较喜光。所以，引种时必须掌握以上规律，同时引种后采取相应的措施，如遮阴、防寒等才能保证引种成功。

3. 降水和湿度

水分是植物生存的必要条件。影响植物生长发育的有关降水因子包括降水量、降水在四季的分布、空气湿度。雨量在我国不同纬度地区年相差悬殊，在低纬度地区年降水量多，集中在 4～9 月份，高纬度地区年降水量少，多在 6～8 月份，冬季干旱。而我国果树发展主要面向灌溉条件比较困难的山区，所以在引种中尤应考虑果树对水的需求及其耐旱耐涝性。

不同树种之间需水量与抗旱能力有差异。如核桃、棕枣、无花果、菠萝等需水量少，抗旱力强；梨、桃、柿、葡萄等次之；柑橘、枇杷、李、香蕉等需水量多，耐旱力较弱。同一树种不同品种类型间也有差异。如欧洲葡萄中东方品种群需水量少，有较强的抗旱和耐沙漠热风能力；黑海品种群多数需水量多，抗旱力差；西欧品种群则介于前两者之间。据研究，葡萄通常年需水量为 600～800mm，而 300mm 是使葡萄获得一定产量的最低限度降水量。果树需水量又和温度高低有密切关系，温度愈高需水量愈大，因此有用水热系数作为需水量高低指标的。水热系数是指一定时期内降水量（mm）和同一期内活动积温全值的比。如5～7月间水热系数1.5～2.5（决定于积温）是一般葡萄需水量的高限；而0.5则为旱地栽培葡萄需水量的低限。葡萄果实成熟期对降水量的要求原则是愈低愈好。干制葡萄要求收获前一个月降水不得超过20mm，外运鲜食葡萄不得超过100mm。苹果一般品种正常生长结果需要600～700mm的年降水量。

此外，大气温度和土壤含水量都与降水有密切关系，引种时也应引起重视。据中科院北京植物园观察，许多南方树种、在北京不是最冷的时候冻死，而是在初春干风袭击下因生理脱水而干死的。近年来黄河流域各省大量引种毛竹，凡湿度较大又注意灌溉的地区都获得成功，而大气湿度小的地方都落叶枯死。梅花在土壤含水量控制在10%～14%时，苗木多可安全越冬，土壤含水量少于10%或多于14%时则难安全越冬。

较耐旱的植物有柿、枣、石榴、桃、葡萄等；需空气湿度较大的植物有水杉、桂花、枇杷、广玉兰、夹竹桃、棕榈等。

4. 土壤

有些植物种类对日照、湿度等要求幅度都很广，唯独对土壤的性质要求很严格，在这种情况下，土壤生态条件的差异就成了引种成败的关键。土壤性质的差异包括有含盐量的差异、理化性质的差异、酸碱度的差异、肥力的差异、地下水位高低的差异等。其中，土壤含盐量与酸碱度常成为影响植物分布范围的制约因子，也是果树引种成败的主要因素之一。根据植物对土壤酸碱度的要求分酸性土植物（如马尾松、油茶、杜鹃、栀子花、棕榈等）、中性土植物（大多数园林植物属之）、碱性土植物（如柽柳、紫穗槐、桂香柳等）。

在引种过程中可以用适当的人为措施来改良土壤的某些不利因素。但园艺植物中的果树类往往种植面积很大，要人为改良土壤条件常受限制且改良效果也难以持久。所以，引种时须重视土壤生态因子，同时选择与引种地土壤性质相适应的生态型植物。

我国华北、西北地区有较多的碱土带，而华南的红壤山地则主要是酸性土。沿海涝洼地带多是含盐量高的盐碱土或盐渍土。如栀子花在华中一带普遍分布，生长良好，适应性也很强。但引到华北地区后由于土壤过碱即使盆栽也难以成活，在栽培1～2年后，叶片逐渐转黄，终至枯亡。而在河南用能使土壤酸化的特殊钒肥水灌溉，则能生长良好。

果树不同树种间对土壤酸碱度的适应性差异较大。浆果类果树多适于酸性和微酸性土壤；荔果类和仁果类果树适于微酸性和中性土壤；核果类果树适于中性和微碱性土壤；葡萄的土壤适应性较广，从微酸到弱碱的土壤中都能正常生长和结果；在碱性土上，桃反应敏感，核桃能生长结果良好，而栗则难以成活。

不同种类的果树的耐盐能力也有差异。枣、葡萄、石榴等抗盐力较强；苹果、梨、桃、杏等抗盐力较差。同一树种内不同品种类型对土壤含盐和酸碱度的适应性也有明显差异。如欧洲葡萄中的东方品种群内的品种多数在抗盐性方面显著强于黑海群和西欧群。

5. 其他生态因子

生物之间的寄生、共生以及其与花粉携带者之间的关系，某些病、虫害和风害等的影响也是引种成败的因子。如南亚原产的一种专供制优质干果的斯米拉无花果，本身只着生雌花，需野生或半野生的卡布力无花果来授粉才能结实，但供花粉的无花果无实用价值，只是一种小蜂的寄主。小蜂对无花果起了特殊的传粉媒介作用。美国引种斯米拉无花果很久没有收益，只有引入卡布力无花果和小蜂后才真正成功，而日本没有引入小蜂就一直没有成功。还有一些植物的根部要与土壤中的真菌形成共生关系，如兰花、松属、楠属、椴属、桦属等。这类植物一旦失去与微生物的共生条件就会影响其正常生长发育与成活。有些植物的引种成败却与一些病虫害的发生有关。如浙江、广东某些柑橘产区溃疡病猖獗，限制了甜橙的发展；华北、东北、华东一些枣产区的枣疯病成为枣树引种的限制因素，引种时必须特别重视品种间抗病性的差异。又如华南风害严重的地区香蕉的引种受到限制，但若能引种抗风性强的品种则可显著减轻风害。

综上所述，引种时既要分别分析各个生态因子的影响又要综合研究它们与引种适应性的关系。因为引种植物所适应的不是个别生态因子，而是由多种生态因子构成的综合生态环境。在综合生态环境中常有某一生态因子对引种起主导的决定性作用，但也是和其他生态因子相互联系的。

（三）历史生态因子的分析

植物适应性的大小，不仅与原产地或现有分布范围的生态条件有关，而且和它在进化过程中经历的历史生态条件有关。凡在系统发育过程中经历的生态条件越复杂，其潜在的适应能力可能越大，引种时也较易获得成功。如许多国家引种水杉，大都获得成功，而华北地区广泛分布的油松，引种到欧洲各国却屡遭失败。分析其原因是水杉在历史上曾有过广泛的生态适应性，而油松过去的分布范围比较狭窄。

有些植物现有分布还可能只是它们适应范围的部分表现，而不一定是最适于本性的表现。当它们被引种到进化过程中曾经经历的更适宜的生态环境时，可能生长发育得更好，能表现出更好的栽培效果。如山西、陕西、甘肃等地引种砀山酥梨，不仅产量、品质、耐藏性等方面超过当地优良品种而列为大量发展的主栽品种，而且上述特性还显著超过它在原产地的表现。

对引种植物进行历史生态条件的分析，不仅给"和现时生态条件相适应"的原理以必要的深化和补充，同时也可丰富和开阔引种思路，更好地指导引种工作者正确地选择引种材料。

第三节　园艺植物引种程序和方法

一、引种程序

引种工作除了要熟悉上述的理论基础外，还要确定引种的程序。园艺植物引种程序由确定育种目标→收集引种材料→引种材料的登记与检疫→引种试验→分析引种成功的可能性→引种材料的配套栽培技术试验→引入品种的推广等组成。

（一）确定育种目标

在育种目标确定上，引种应该着眼于解决当地生产上的实际问题和若干年内可能出现的品种问题，如海南椰子产量、黄灯笼辣椒的病毒病抗性、兰花品种的缺乏、蔬菜耐热和抗病性可作为当前海南园艺植物的引种目标。

（二）收集引种材料

世界范围的园艺植物品种类型是极其复杂多样的，为了完成一定的引种任务，不可能也没必要进行盲目的、包罗万象的引种，而应该是按计划有目的地选择引种材料。一般选择引入材料的原则有两方面：一是引入材料的经济性状必须符合已定引种目标的要求。如要解决的引种目标是生产上缺少高产优质耐贮的苹果品种，那么就可以把一些产量较低、品质不好、不耐贮藏的品种排除在外。二是引入材料对引入地区的风土条件适应的可能性。

在引种以前当然无法完全肯定所引材料是否能适应引入地的风土条件，但是依据引种原理中介绍的遗传基础、生态因子、栽培措施和引种的关系，完全有可能作出比较接近实际情况的分析。而这种分析对于选择引种材料来说是非常重要的。如在沈阳对各地新育成的梨品种进行引种时，通过对各品种适应性的分析估计，实行逐步淘汰，大大缩小了入选品种的数量（从 17 个缩小到 9 个），从而避免了人力、物力和时间上不必要的浪费。下面介绍前人在引种实践中的一些经验，作为选择引种材料的参考依据。

1. 找出对引种材料适应性影响最大的主导因子，作为估计适应性的重要依据。如辽宁省中北部苹果、梨等果树的引种，影响适应性的主导因素常常是冬季的低温及其持续时间，可以用旬平均温度是否低于$-14℃$作为估计一般美国原产苹果品种适应可能性的衡量指标。

2. 研究引入材料的原产地及分布界限，估计它们的适应范围，或者对比原产地或分布范围和引种地的主要农业气候指标，从而估计引种适应的可能性。

植物的遗传性适应范围和它们原产地的气候、土壤环境有着密切的关系。如我国华中、日本等地原产的桃品种耐高温多湿，而我国华北、西北原产的桃品种多耐寒抗旱。原产于美国纽约、马萨诸塞、印第安纳等地的苹果品种多质优而抗寒力较差，原产于加拿大、俄罗斯中部地区的苹果品种则抗寒力较强而品质较次。了解引种材料原产地的农业气象资料也可分析引种适应可能性的大小。与引种适应性有关的常用气象数据包括：纬度、年平均温度、$10℃$以上平均气温、低温纪录、4~9 月降水量、年降水量等。

从国外引种时，必须考虑我国的气候特点。我国地处欧亚大陆的东南部，由于冬季寒流频繁，与地球上同纬度的地区相比，冬季温度显著较低。如我国沈阳与美国的马萨诸塞州纬度相近，但 1 月份平均温度沈阳为$-18.7℃$，马萨诸塞州为$-2.5℃$；我国广州和古巴的哈瓦那纬度相近，但 1 月份平均最低温度比哈瓦那低 8℃。

3. 分析引种材料中心产区和引种方向之间的关系。

植物的每一个种类或品种都有一个中心产区，也是该种类或品种最适应的中枢地区。如我国白梨分布范围大概为北纬$30°~40°$附近，其中心产区为北纬$36°~39°$附近。根据前人的经验，将材料从现栽培区引向中心产区方向种植比较容易成功，而将材料引向离开中心产区的方向种植则不易成功。

4. 参考适应性相近的种类、品种在本地区的适应性情况，大体判断引入材料的适应性。如上海水蜜桃、玉露桃、企园水蜜桃等在共同栽培的区域表现为抗寒抗霜能力相近。在不少地方，上海水蜜桃能正常生长，那么可以预测在这些地方引种玉露桃等成功的可能性大。属于同一无性系的芽变品种适应性通常很相近，因此可以根据一个品种的适应性，大体上判断另一个品种的适应性。在缺少相近品种比较借鉴时，也可利用其他树种。如杨梅可以经济栽培的地区，引种适应性一般的柑橘、枇杷都较易成功。

5. 研究引入材料的亲缘系统。因为引种材料的亲缘系统反映了它们的系统发育条件，且与它们的适应能力有密切的关系。如那些原产于比较温暖的南方地区，但亲本中有抗寒类型的品种，往往秉承其祖先的遗传特性，仍具有较强的抗寒能力。所以，研究引入材料的亲缘系统就可估计引入材料对生态环境的要求以及对引入地的适应可能性。

6. 广泛参考前人对品种相对适应性进行研究的资料和在当地或相近地区的引种实践活动，从中吸取经验教训，尽可能少走弯路。

7. 从病虫害及灾害经常发生的地区引入抗性品种类型。某些病虫害和自然灾害经常发生的地区，在长期自然选择和人工选择的影响下，常常形成对这些因素具有抗性的品种类型。

（三）引种材料的登记和检疫

引种材料可通过实地调查收集或通信邮寄等方式收集，条件许可的情况下尽可能通过实地调查收集。因为这样既可获得引种材料在原分布地区性状特性的第一手资料，便于查对核实，防止混杂，还便于从品种特性典型、高产优质、无慢性病虫害的优株上采集繁殖材料。引入的种类、品种收到后应立即登记并编号。登记项目包括种类、品种名称（学名、原名、通用名、别名等）；繁殖材料种类（种子、接穗、插条、苗木等，嫁接苗还应注明砧木名称）；材料来源和数量；收到日期及收到后采取的措施（包括苗木的假植、定植等）。凡收集到的任一份材料，只要来源不同或收到日期不同都要分别编号，并将每份材料的相关资料如植物学性状、经济性状、原产地风土条件特点等记载说明资料分别装入相同编号档案袋内备查。

检疫是引种工作的重要环节。在以前的引种工作中因检疫不严格，导致了有害生物入侵，如 20 世纪 80 年代初日本赠送我国的樱花苗，就带进了樱花根癌病。目前，该病在我国许多樱花栽培区泛滥，既严重影响了苗木的生产，又破坏了城市园林景观。因此，为了避免危险性病、虫、杂草或其他有害生物随引种材料而被引入，必须对引种材料进行严格检疫。对有检疫对象的繁殖材料应及时消毒处理，必要时在特设的检疫圃内进行隔离种植，如发现有检疫对象，坚决采取根除措施。

（四）引种试验、驯化与选择

引种试验是引种的中心环节，俗话说："引种未试验，空地一大片"，引种必须遵循"栽培—繁殖—再栽培—再繁殖"的过程，直到选择到适生优良品种和相关的生物学、生态学数据以及配套栽培、繁殖技术。

1. 试引观察

即少量试引，将初引进的材料先在小面积范围进行试种观察，初步鉴定其对本地区生态条件的适应性和生产上的利用价值。少量引种每品种可 3～5 株，在育种资源圃和生产单位的品种圃、百果园内栽植。多年生的植物，为了缩短引种试验年限，在进行少量试引的同时，将外引的品种类型高接在当地品种成年树的树冠上，促进其提前开花结果，从而提前进行经济性状的研究鉴定。

2. 品种比较试验和区域试验

通过试引观察后，对表现优良的材料繁殖一定的数量，再参加比较试验和区域试验，淘汰不适合进一步试验的种类。品种比较试验的土壤条件必须均匀一致，耕作水平适当偏高，管理措施力求一致，试验应采用完全随机排列，设重复。以当地有代表性的良种作对照。草本植物试验时间可短些，乔灌木、宿根花卉试验时间可长些，一般 2～5 年，以确定引种材料的优劣及适应性。区域试验应在完成或基本完成比较试验后进行。在品种比较中表现优异的选入区域化试验，以确定其适应地区和范围。区域试验的每个试点应有专人负责，建立健全的管理制度，建立技术档案，详细记载各项技术措施的执行情况和效果。

对比较试验和区域试验的结果，应进行鉴定和评价，确认引种植物优良性状和推广价值（观赏价值、经济价值）、推广范围、潜在用途、有无病虫害等。

（五）分析引种成功的可能性

为了确定引种试验是否成功和可行，选择到的品种能否推广，要依据引种成功的标准和经济效益对引种结果进行分析。对于生产性引种，一般应达到如下标准：①与原产地比较，不需特殊保护而能露地越冬、度夏、正常生长、开花、结实；②保持原有的产量和品质等经济性状；③能用适当的繁殖方式进行正常繁殖。但园艺植物中以营养器官为收获对象的种类和品种能否正常开花结籽可不作为引种成功的主要标准，只要能保证在新地区这些园艺植物的经济利用器官的产量和品质不受影响就可视为引种成功。而经济效益主要由生产成本和市场价格构成。

（六）栽培性试验和推广

在品种比较试验和区域试验中表现适应性好，经济性状优异的引种材料，可进行大面积的栽培试验，在进一步了解其种性的基础上作出综合评价，划定其最适宜、适宜和不适宜的发展区域，同时采取各种措施加速繁育，使引种材料迅速在生产中推广。

二、引种的方法

1. 利用遗传性动摇的可塑性大的作为引种驯化材料

根据米丘林的经验，用实生苗来进行驯化，种子最好来自幼龄植株第一次所结的果实，因幼龄植物遗传可塑性大，易于适应它们所不习惯的环境。上海植物园从浙南引种毛竹，用移植的方法几次都失败，结果用种子播种获得成功。在引种驯化中，杂种实生苗比纯种实生苗容易适应新环境，在杂种实生苗中，其亲缘关系远的比亲缘关系近的适应性强。

2. 在引种驯化中采用逐渐迁移播种的方法

实生苗对新的环境条件，虽有较大的适应能力，但新地区与原产地的气候条件相差太大，超越了幼苗的适应范围，驯化很难成功，所以不能把杂种直接播种在与原产地相差太远的新地区里，而是采用逐渐迁移播种的方法。

3. 引种驯化与栽培技术相配合

有时外地品种虽能适应当地的自然条件，但由于栽培技术没有跟上以致错误否定了该品种在引种上的价值。"会种是个宝，不会种是根草"的农谚，反映了引种还必须与良法相结合才能达到好效果。与引种过程有关的栽培技术有：播种期、栽植密度、肥水、光照处理、防寒遮阴等。

1）播种期

对南树北移的树木来说，适当延期播种，能适当减少生长量，增加组织充实度，枝条成熟较早，常具有较强的越冬性。相反，北树南移时，则常采用适当早播的办法增加植株在长日照下的生长期和生长量，提高引入植物的抗热能力。

2）栽培密度

适当密植也可在一定程度上提高南树北移的越冬性；对北树南移的植物则相反，适当加大株行距可能是有利的。

3）肥水管理

适当节制肥水有助于提高南树北移的越冬性，使其枝条较为充实，封顶期也有所提前。相反，对北树南移的植物，为了延迟其封顶时间，应该多施些氮肥或多追肥，使枝条生长用以抵制短日照的伤害。增加灌溉次数不仅增加了土壤湿度，同时也提高了空气湿度和降低了低温，对于延迟封顶和减少炎热也有一定的意义。

4）光照处理

在南树北移时可以在幼苗期间进行 8～10h 的短日照处理，遮去早晚光。这样的做法对植物的影响是提前形成顶芽，生长期缩短，植株生长量少，枝条组织充实，木质化程度提高，植株内积累的糖分增多等，这样有利于提高植物的越冬性。北树南移时，可以采用长日照处理延长植物的生长期，以增加生长量。足够的生长量是抵抗夏季炎热和病害的物质基础。

5）防寒、遮阴

对南树北移时的苗木在第一、二年冬季要适当进行防寒保护，依据其抗寒性的强弱可分别采用暖棚、风障、培土、覆草等措施。北树南移或引种高山和耐阴植物的幼苗越夏，需要适当的遮阴，并自夏末起逐步缩短遮阴时间，以达到逐步适应。

6）种子的特殊处理

在种子萌动时，给以特殊剧烈变动的外界条件处理，有时能增强对外界条件的适应性。如种子萌动后的干燥处理，有时有利于提高抗旱性能。

4. 引种要结合选择来进行

引入的种或品种栽培在不同于原产地的自然条件下，必然有的适应有的不适应，因此必须加以选择，选择适应的基因型或生长良好的单株，以扩大繁殖。如用种子繁殖的植物，一般采用混合选择的方法。在引入品种的群体中亦可选择优良单株，建立适应性强的优良单株无性系，培育新品种。

通常在引种工作中，当肯定某个品种引入本地有显著成效后，即可向原产地大量引入。

本章小结

引种是解决生产实际问题的一条简单和快捷的育种途径。影响引种的主要因素有植物基因型、光温水热等生态因子、历史变迁等因素，引种时要考虑主要生态因子的作用。园艺植物引种程序由确定育种目标→收集引种材料→引种材料的登记与检疫→引种试验→分析引种成功的可能性→引种材料的配套栽培技术试验→引入品种的推广等组成。

思考题

1. 名词解释：简单引种与驯化引种。

2. 试论述引种的原理。

3. 椰子是热带果树，是海南的特产，但多年来，困扰椰子的综合利用的因素有品质、产量等，特别是产量远远低于东南亚国家椰子产量，导致海南椰子加工原料大量依靠进口，因此在椰子原产地或主栽地区引进高产量椰子品种或野生种成为解决产量制约瓶颈的途径之一，试写一份椰子引种计划，查阅椰子的种质资源分布，解决椰子产量低的问题。

参考文献

［1］ 国外蔬菜种质资源的引种应用［J］. 作物品种资源，1998（4）：43-45.

［2］ 石家庄种子站. 浅谈引种驯化及要掌握的原则［Z］.

［3］ 林夏珍. 中国野生花卉引种驯化及开发利用研究综述［J］. 浙江林业科技，2001（6）.

第四章　选　择　育　种

选择育种是一种古老的育种方法，直至 20 世纪 60 年代以前，一直是采用最广泛、育成品种最多的一种育种途径。随着杂交育种的兴起，选择育种在整个农作物新品种选育中的重要性也随之下降，但作为作物育种方法体系的一个组成部分，仍在发挥着重要作用。对于许多园艺作物，尤其是采用无性繁殖的果树和观赏园艺植物，即便是生物技术日新月异的今天，选择育种在新品种选育中仍然占有重要地位。

第一节　选择育种的概念及重要性

选择育种（Selective breeding），简称选种，是根据育种目标，从现有品种群体内出现的自然变异类型中，选出优良的变异个体，通过比较、鉴定，培育出新品种的育种方法。

选种是人类应用最早的一种传统育种方法，园艺作物的许多古老品种大都是选择育种的产物。长期以来，人们按照自己的需要挑选那些有用的，淘汰那些表现较差的植物，使植物向着符合人们要求的方向进化。这种育种方法技术简单，容易掌握，省去了人工创造变异的过程。由于变异个体是在当地生态条件下形成的，对当地环境条件有很好的适应性，育成的新品种易于在当地快速推广。

据中国农科院品种资源所统计，1970～1979 年，我国在 25 种作物中通过选种育成品种 282 个，占整个育成品种数的 36.7%，仅次于杂交育种（王慧军等，1986 年）。另据 C. Fideghelli 的统计，1990～1992 年三年间，世界范围新育成的桃 68 个和李 258 个品种，其中来自杂交育种的分别占 48% 和 25%，通过实生选种育成的分别占 22% 和 35%，通过芽变选种育成的分别占 6% 和 17%。在未来的园艺植物育种中，选择育种仍然是不可忽视的重要育种途径，仍是操作简便且十分有效的育种途径之一。

通过选择，把优良的变异类型挑选出来，有些性状，特别是自花授粉植物的质量性状，通过一次选择就能收到明显效果，更重要的是，对发生了变异的生物体，按照一定的方向和目标，通过连续选择，能使变异逐渐积累、巩固和加强，最终形成一个原群体中没有的新类型。有一些性状，特别是异花授粉植物的数量性状，如品质和产量因素等，需要通过多次选择，借助有利基因的积累和基因的累加效应，才能收到预期的效果。

当然，选择育种具有一定的局限性：首先，它依靠的是自然变异，不能有目的地进行种质创新；其次，对个别性状的改进有效，综合性状上较难突破；最后，这种方法通常适用于主要经济性状基本符合要求，只有少数经济性状较差且这些表现较差的性状在个体间变异较大的群体。

第二节　选择的基本原理与方法

一、选择的基本原理

选择（Selection）就是选优去劣，就是从自然的或人工创造的群体中，选取某些个体而淘汰其余个体。选择是选择育种的中心环节，也是各种育种途径和良种繁育不可缺少的手段。从生物学观点看，选择的实质就是造成个体基因型间有差别的繁殖率，提高群体某些性状的平均水平，从而定向地改变群体的遗传组成。

变异是选择育种的物质基础，没有变异就没有选择。变异在表现形式上可以有形态特征的变异，如株形、花型、花色等；可以有生理特性的变异，如适应性、抗寒性、抗热性、抗盐性等。变异在性质上可分为遗传的变异和不遗传的变异。遗传的变异是指性状的变异能够在繁殖后代中继续表现，也就是变异的性状能够遗传给后代，这种变异是产生新品种的重要来源。而不遗传的变异只发生于当代，并不遗传给后代。例如，栽培菊花时，可因整形和繁殖方式不同而影响花朵的大小和数量，这不是遗传物质改变的结果，因而属于不遗传的变异，在育种上没有利用价值。花卉的变异是广泛存在的，对于形态、花色的变异是较易于区分的，而有些变异在一般情况下不表现，无法选择出来加以利用，如抗寒性、抗病性等，这些变异只有在发生寒害、病害时才会表现出来。所以，当大面积发生寒害、病害时，妥善保留少数存活下来的个体，这些个体很有可能是抗寒变异、抗病变异。

遗传、变异和选择既是生物进化的三个重要因素，也是人工选育新品种的作用基础。遗传、变异是进化的内因和基础，选择决定进化的发展方向。育种过程实际上是发现或创造可遗传的变异，并对这些变异加以选择和利用。变异是选择的基础，为选择提供材料，没有变异就无从选择，遗传是选择的保证，没有遗传，选择就失去了意义。通过选择把有利的变异保留和巩固下来，同时选择还促进变异向有利的方向发展，使微小的变异逐渐发展成为显著的变异，从而创造出各种各样的类型和品种。

选择分为自然选择和人工选择。自然选择就是生物生存所在的自然环境条件对生物所起的选择作用，这是生物自身进化的动力，它遵循"适者生存，不适者灭亡"的自然法则，淘汰那些不适应环境条件的变异，使生物沿着与环境相适应的方向进化。例如，早春低温霜冻使一群体内大部分植株冻死，只有一小部分存活下来繁殖后代，从而使后代群体再遇到同样的低温寒潮时死亡率较上一代有所降低。人工选择是人类根据自身的需要，按照自己的意愿对植物有目的地选择、比较，将符合要求的个体或植物保留下来，不符合的则被淘汰。

选择不能创造变异，但选择可对变异产生创造性的影响。选择具有创造性的作用，即对某一变异性状进行连续定向选择，可以积累该变异性状，并创造出原始群体中没有的新类型。如布尔班克曾记述了 W. Wilks 和他自己对虞美人进行的多代定向选择实验。在一块开满猩红色的虞美人的地里发现一朵有很窄白边的花，保留种子，第二年从 200 多株后代中找到四五个花瓣有白色的植株。在以后若干年中，大部分花增加了白色的部分，个别花色变成很浅的粉红色，最后获得了开纯白花的类型。用同样的选择方法，把花的黑心变成黄色和白色，新育成的品种 Shirley 成为极受欢迎的花卉。以后布尔班克从无数 Shirley

植株中发现 1 株在白花中似乎有一种若隐若现的蓝色烟雾，留种繁殖，经过多代选择后终于获得了开蓝花的珍稀类型。

二、株选

（一）选择标准的确定

在选种过程中，无论采用哪一种选择方法，都必须对植株进行选择。对植株的鉴定选择是否准确，是整个选种工作进展快慢和取得成果大小的关键。园艺植物种类繁多，用途各异，不可能有一个普遍适用的株选标准，以下是制定选择标准需要考虑的几个原则：

1. 目标性状及选择标准必须具体、明确

根据园艺作物的种类，按照选种计划，每项选择的性状必须具体，便于株间比较。例如，选育适合设施栽培的西瓜品种，单瓜重 1.5～3kg，中心糖 12％～13％，边糖 10％～11％。苹果的含糖量应在 13％以上，75％的果面可着色等。

2. 分清目标性状的主次

作物的经济性状都不是独立存在的，如产量、品质、抗病性、生育期等，不同性状都是相互联系、相互影响的，选择育种往往需要兼顾多个性状，对众多的性状要分清主次，抓住主要矛盾，根据性状间相对重要性的差别，制定各自的取舍标准。

3. 对性状的选择标准要适当

每一个目标性状都需要设定一个选择标准，高于这一标准的植株才能作为当选植株。选择标准太低，入选植株太多，会加大后期的工作量，选择效果不明显；标准太高，则会使一些综合性状优良的个体落选。因此，在进行株选之前需要先对供选材料的性状变异情况作一大致的了解，然后按照计划选留的单株数和株选方法来确定各性状的当选标准。

（二）单一性状选择

根据性状的重要性或性状出现的先后次序逐次进行选择，每次根据一种性状选择，称单一性状选择。单一性状选择法比较容易进行株间比较。

1. 分项累进淘汰法

根据性状的相对重要性顺序排列，最重要的性状排在最前，次要性状置后。先按第一重要性状进行选择，在入选的单株内按第二重要性状选择，顺次累进。

如在芒果早熟品种选种中，先按不同的成熟期，选择成熟较早的植株，在早熟植株内选择丰产性好的个体，在入选植株内再选择果实品质佳的。

这种方法每次性状选择单一，田间对比明确，但应提高先选性状的入选率（入选标准不宜过高），以防止后选性状中最优良的植株被淘汰。

2. 分次分期淘汰法

按选种目标性状出现的先后，分次分期选择，出现一个性状淘汰一次。在第一个目标性状显露时进行第一次鉴定选择，选留群体做好标记；至第二个目标性状出现时，在作了标记的群体内淘汰第二性状不合格的单株，除去标记，以后依次进行。这种方法对那些一二年生草本园艺作物较为适用。

（三）综合性状选择

根据植株的综合经济性状进行选择，按经济性状的重要性规定不同评分标准，积分高的为当选植株，这样选择出来的植株比较符合生产上的需要。

1. 多次综合评比法

这是最常用的一种方法，通常分为初选、复选和决选三次鉴定选择。如萝卜的株选，可在收获时先按植株的长势、开展度、感病情况等进行初选，做好标记。初选植株应多于计划植株的 0.5～1 倍。在初选株内再按较高的综合性状入选标准进行复选，淘汰一部分植株，然后拔起萝卜集中到一起进行决选，根据肉质根的形状、大小、重量等性状，按更高标准进行比较鉴定，确定最终的当选植株。

2. 加权评分比较法

根据各性状的相对重要性给予适当的加权系数，测定各植株的各个性状数值乘以加权系数后积加，即得该植株的总分数，根据总分高低择优选取。选择指数的计算公式如下：

$$Y = \frac{W_1 h_1^2}{M_1} X_1 + \frac{W_2 h_2^2}{M_2} X_2 + \frac{W_3 h_3^2}{M_3} X_3 + \cdots + \frac{W_n h_n^2}{M_n} X_n$$

式中，Y 代表选择指数

M_1、M_2、M_3、$\cdots$、M_n，第 1 到第 n 个性状的群体平均数；

X_1、X_2、X_3、$\cdots$、X_n，第 1 到第 n 个性状的观察值；

W_1、W_2、W_3、$\cdots$、W_n，第 1 到第 n 个性状的加权系数；

$h_1{}^2$、$h_2{}^2$、$h_3{}^2$、$\cdots$、$h_n{}^2$，第 1 到第 n 个性状的遗传力。

这种根据选择指数选择优良单株的方法，最大的难处在于不易拟定一个合理的加权系数。

3. 限值淘汰法

将需要鉴定的性状分别规定一个最低的入选标准，低于规定标准的淘汰。只要一个性状不够标准，不管其他性状如何均不能入选。这种方法简单易行，但要制定切合实际的入选标准，过高，没有入选单株；过低，入选植株太多；都会影响选择效果。

三、影响选择效果因素

选择是针对性状表现不一的个体类型，保留少数符合育种目标个体的后代，淘汰另一部分。可见，选择的实质就是造成有差别的生殖率或叫差别繁殖，从而定向地改变群体的遗传组成。由于目标性状遗传机制不同，直接影响选择效果。

（一）质量性状

质量性状受一对或少数几对主效基因控制，表型呈不连续性分布，各变异类型间存在明显区别，一般不易受环境影响而发生变异，能稳定遗传给后代，如豌豆的红花与白花，豆粒的黄色与绿色；桃的粘核与离核、黄肉与白肉、果皮上的有毛与无毛等。这些性状在后代分离群体中，可以采用经典遗传学分析方法，研究其遗传动态。由于表型受环境因素影响较小，基因互作的类型相对简单，选择效果较好。

目标性状为隐性基因时，经过一代选择便可使下一代群体隐性基因和隐性基因频率达到 100%。目标性状为显性类型时，经过一代单株选择的后代鉴定，可以选出显性纯合类型。

显性基因可能以纯合体的形式存在，也可能以杂合体的形式存在，两者在表型上并无差异，因而对显性基因的选择，不仅需要淘汰隐性性状的个体，还需要区分显性纯合体和杂合体，以淘汰杂合体。于是，对显性基因的选择需要分两步进行。第一步：根据表型淘汰隐性纯合体，用具有显性性状的个体作亲本。第二步：将选作亲本的显性个体进行自交，然后根据自交结果，淘汰杂合体，选出显性纯合体。由此可见，质量性状的选择只需一代或两三代的个体表现选择就可以选好。

（二）数量性状

数量性状由多基因控制，其变异是连续的，中间有一系列的过渡类型。表现为由小到大，由少到多的渐变，个体间仅有数量上或程度上的不同，而无类型或本质上的差别。据研究，生物体的性状中，95％以上属数量性状，重要的经济性状绝大多数都是数量性状，如植株生育期、果实大小、营养成分含量、产量高低、花的直径等，表型呈连续性分布，各变异类型间无明显区别。数量性状一般容易受环境条件的影响而发生变异，而这种变异是不能遗传的。数量性状能遗传的变异和不能遗传的变异混合在一起，再加上基因型与环境的互作效应，使性状的遗传分析更加复杂化。

1. 选择群体大小

选择的群体越大，数量越多，则选择效果越好。一个大的群体，里面的变异类型通常比一个小的群体多而复杂，这样就为选择提供了更多的机会，可以实现"优中选优"，选择效果会相对提高。反之，供选群体越小，对所需变异选择的机会就越小，选择效果相对降低。所以，选择育种要求有足够大的选择群体，至于具体的株选数量，视具体情况而定。育种材料变异程度、育种者对材料特征特性的熟悉程度和观察鉴别能力都对其有影响。由于群体越大，工作量越大，所以选种前要对其作出充分估计。

2. 群体变异幅度

选择育种是建立在自然变异的基础上的，一般来说性状在原始群体内的变异幅度愈大，则选择的潜力愈大，选择的效果也就愈加明显。因此，在作物育种中，在开始确定供选群体时，除了考虑群体具有较高的性状平均值外，还必须考虑供选群体在主要改进性状上有较大的变异幅度。

3. 入选率

入选率是指入选个体在原群体中所占的百分率。对某一数量性状进行选择时，入选群体平均值将与原始群体平均值产生一定的离差，这个差值叫选择差。选择差在一定程度上反映了选择的效果，但由于受环境条件等多种因素影响，其不能全部遗传给后代，子代的平均值通常在原始群体平均值和入选群体平均值之间。入选率越大，选择差越小，选择效果越差。在实际应用中，可以通过降低入选率，也就是提高入选标准，增大选择强度。

4. 性状遗传力

遗传力（率）（Heritability）又称遗传传递力，是指亲代将某一性状传递给子代的能力。它是反映生物某一性状上亲代与子代间相似程度的一项指标。

生物体的性状表现，既受环境条件的影响，又受基因型的控制，通常把某一性状的表现型测定值称为表现型值（P），由基因型决定的那一部分称为基因型值（G），环境条件引起决定的部分，可以认为是表现型值与基因型值之差，称为环境差值（E）。则任何性状的表型值可表示为：$P=G+E$

各种变异用方差来表示，表型变异用 V_P 表示，遗传变异用 V_G 表示，环境变异用 V_E 表示，则：

表型方差＝遗传（基因型）方差＋环境方差，即 $V_P=V_G+V_E$

遗传力又分为广义遗传力（H_B^2，Broad-sense heritability）和狭义遗传力（H_N^2， narrow-sense heritability）。

1）广义遗传力

$$H_B{}^2 = \frac{基因型方差}{表现型方差} = \frac{V_D}{V_P} \times 100 = \frac{V_D}{V_G + V_E} \times 100$$

广义遗传力其遗传方差实际上包括了加性方差、显性方差和上位性方差三个部分。通过广义遗传力的估算，可了解一个性状受遗传效应的影响有多大，受环境影响有多大。

（1）加性方差（Additive variance）：是指等位基因间和非等位基因间由加性效应所引起的变异量，这部分变异是可以稳定遗传的。

（2）显性方差（Dominance variance）：是等位基因间相互作用所引起的变异量，由于显性效应是有条件的，在纯合状态时会消失，其变量随世代的增加而递减，因此是不稳定遗传的。

（3）上位性方差（Epitasis variance）：是非等位基因间相互作用所引起的变异量，是不能固定的变量。

在广义遗传力中，遗传方差包括了三个成分，其中只有加性方差这一部分是稳定遗传的。所以，为更精确地预测亲子代间的相似程度，在遗传力的估算中，应在遗传方差中去掉显性和上位方差，即用狭义遗传力进行估算。

2）狭义遗传力

$$H_N{}^2 = \frac{育种值方差}{表现型方差} = \frac{V_D}{V_P} \times 100 = \frac{V_D}{V_G + V_E} \times 100$$

指数量性状的加性遗传方差占表型方差的比率。加性方差是育种值方差，它在世代遗传中可以稳定遗传，在育种上具有重要意义，通常所说的遗传力多指狭义遗传力。

一般地说，遗传率高的性状容易选择，遗传率低的性状选择的效果较小。遗传率在育种上的应用，有以下几条规律：

遗传率高的性状，在杂种的早期世代选择，收效较好。而遗传率较低的性状，则应在杂种后期世代选择才能收到较好的效果。

5. 环境条件

性状的表现是基因型和环境因素共同作用的结果。不同的环境可使植物发生不遗传的变异，为了选出真正属于遗传性的变异，选择育种要在环境因素相对一致的条件下进行，从而提高选择效果。如在选择时，应注意选出的优株，是否在光照、土壤、温度、水肥、湿度等方面和原始材料一致。在对比试验时，应使选出的群体和标准品种环境一致。个体的表现型是由基因型和环境因素共同决定的，即：$P = G + E$，由环境因素引起的性状值是不能遗传的，因此，选种时必须考虑影响个体性状表现的环境条件，在环境条件（土壤肥力、水分、营养面积、温度、光照等）相对一致的条件下选种，消除由环境因素引起的误差。

当进行优良个体选择或进行遗传测定时，一定要注意可比性，进行环境条件的局部控制。

第三节　有性繁殖植物的选择育种

选择的方法虽然很多，但基本的只有两种：单株选择法和混合选择法，其他选择方法都是由这两种基本选择方法衍生出来的。

一、两种基本的选择法

（一）单株选择法（Individual selection）

按选择标准，从原始群体中选出一些优良单株，以个体为单位，分别编号，分别留种，下一代单独种植一个小区形成株系，根据各株系的表现，鉴定上年各入选单株基因型的优劣，所以单株选择法又称为系谱选择法或基因型选择法。根据选择的次数，又分为一次单株选择和多次单株选择。选择次数的多少决定于小区内当选个体后代的性状是否整齐一致，凡通过一次选择产生的后代，不发生性状分离的，就不再进行单株选择，如果当选单株的后代继续出现分离，就要进行多次选择。种子繁殖的园艺作物通常需要进行多次单株选择。当小区内所有植株的性状已趋于一致的时候结束单株选择。

1. 一次单株选择法

单株选择只进行一次，在株系谱内不再进行单株选择，叫做一次单株选择法。通常隔一定株系种植一个小区的对照品种，株系通常设二次重复，根据各株系的表现淘汰不良株系，从当选株系内选择优良植株混合采种，然后参加预备试验（图4-1）。

2. 多次单株选择法

又叫系谱法，在第一次株系比较圃选留的株系内，继续选择优良单株分别编号，分别采种，播种成第二次株系比较圃，比较株系的优劣。这样进行二代就叫二次单株选择，进行三代就叫三次单株选择。实际究竟进行几次单株选择，根据株系内株间一致性来决定（图4-2）。

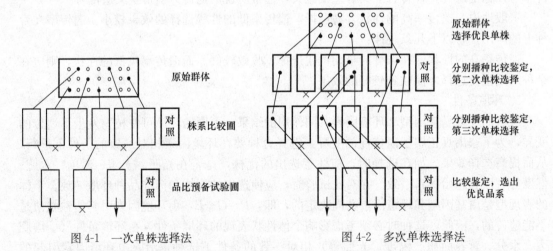

图4-1　一次单株选择法　　　　　　　　图4-2　多次单株选择法

（二）混合选择法（Bulk selection）

又称表型选择法，是根据植株的表型性状，从原始群体中选取符合选择目标的优良单株、单果或单荚混合留种，下一代播种在混选区内，相邻种植对照品种（当地同类优良品种）及原始群体，以便进行比较鉴定的选择方法。其优点一是简单易行，保持广泛的遗传基础，花费人力、物力较少；二是一次就可以选出大量植株，获得大量种子，能迅速应用于生产；三是不会导致异花授粉植物因近亲繁殖而产生生活力退化。其缺点是由于所选各单株种子混合在一起，不能进行后代遗传性鉴定，不能准确而彻底地淘汰掉误选的不良个体的后裔，因此选择速度慢、效果差。混合选择法较适用于混杂严重的异花授粉植物的提纯复壮。根据选择次数的多少，可分为一次混合选择法和多次混合选择法。

1. 一次混合选择法

对原始群体只进行一次混合选择，当选择的群体表现优于原群体或对照品种时即进入品种预备试验圃（图4-3）。

2. 多次混合选择法

进行连续多次的选择，也就是在第一次混合选择的群体中继续进行第二次混合选择，选择优良的单株或单果混合留种，混合播种，在以后几代连续进行混合选择，直到所有植株表现优良，性状表现稳定一致为止（图4-4）。

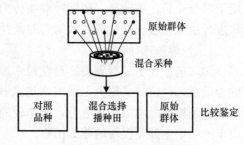

图4-3　一次混合选择法

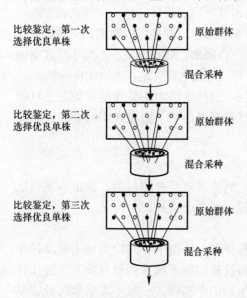

图4-4　多次混合选择法

（三）两种基本选择法比较

单株选择法优点：①单株选择法是根据后代的表现来鉴定所选单株的优劣，因此，选择的效率大大高于混合选择；②由于株系间设有隔离，可加速性状的纯合与稳定，增强株系后代群体的一致性；③多次单株选择可定向累积变异，因此有可能选出超过原始群体内最优良单株的新品种。

单株选择法缺点：①单株选择法技术比较复杂，需专设实验圃地，小区占地多；②对异花授粉植物需进行隔离，成本较高，而且异花授粉植物多代近亲交配易引起后代生活力衰退；③一次选择获得的种子量较少，难以迅速应用于生产。

混合选择法优点：①不需要隔离，操作简单，不需要很多土地、劳力及设备就能迅速从混杂原始群体中分离出优良类型，便于普遍采用；②一次选择就可以获得大量种子，因此能迅速应用于生产；③异花授粉植物可以任其自由授粉，不会因近亲繁殖而产生生活力衰退。

混合选择法缺点：由于所选各单株种子混合在一起，不能进行后代鉴定，选择进度慢，选择效果不如单株选择法。

二、两种基本选择法的综合应用

混合选择法和单株选择法各有其优点和不足，为了利用两种选择法的优点，克服缺点，在实际工作中可将两种方法结合在一起。

（一）单株—混合选择法

先进行一次单株选择，在株系比较圃内淘汰不良株系，再在选留的株系内淘汰不良植株，然后使选留的植株自由授粉，混合采种，以后再进行一代或者多代混合选择。其优点是后代不会出现衰退，而且从第二代就可生产大量种子，便于生产推广。这种选择方法常用于混杂退化品种的提纯复壮。

（二）混合—单株选择法

先进行几代混合选择，再进行一次单株选择，适合株间有较明显差异的原始群体。常用于对杂交后代的选择，初期针对遗传力较强的性状进行混合选择，后期对产量等数量性状进行系统比较选择，选择效果有时能接近多次单株选择法。

（三）母系选择法

对入选植株不进行隔离，对花粉来源不加控制，选择只是根据母本的性状进行，所以称为母系选择法，又称为无隔离系谱选择法。由于本身是异花授粉作物而又不进行隔离，选择只是根据母本的性状进行，操作较简单，也不会引起生活力衰退，但纯合速度慢。常用于一二年生异花授粉的草本植物。

（四）集团选择法

这是改进异花授粉作物现有品种的常用方法。其是在原始品种内有几个明显不同的类型或性状而且分离的幅度较大时采用。根据原始群体内植株不同的特征特性，将性状相似的单株选出归并到一起，形成几个集团，如按植株高矮、果实形状、颜色、成熟期归类，组成每一集团的单株混合采种，任其相互授粉，集团间则应予以隔离，防止杂交。不同集团收获的种子分别播种在一个小区内，以便在集团间和标准品种间进行比较鉴定，选出优良的集团。

集团选择法的优点是纯合的速度比混合选择法快，后代生活力不易衰退。缺点是只能根据表现型来鉴别株间的优劣差异，纯合速度比单株选择慢，为了防止集团间杂交还需设隔离设施。

三、有性繁殖作物的选择育种程序

选择育种从原始材料搜集、选择优良个体开始，到育成新品种的过程，是由一系列选择、淘汰、鉴定工作环节组成的，选种程序一般设置以下几个圃地。

1. 原始材料圃

将收集的各种原始材料种植在能代表本地区气候条件的环境中，并以当地主栽品种作为对照，不设重复，对这些材料进行初步的选择，将收获的种子或系列材料供下一选择环节应用。如果在当地品种中进行选种，可以直接在生产田中选，一般不需要专门设置原始材料圃。原始材料圃的设置年限因材料类型不同而异，一二年生草本植物设置年限短；而对于多年生的园艺植物，如木本果树、多年生观赏植物，原始材料圃的使用时间较长，可设置成稳定的种质资源圃。

2. 株系圃

用来种植从原始材料圃选出的优良个体或集团的后代，进行比较鉴定，从中选出优良株系供品种比较预备试验或品种比较试验。每个株系或混选后代种植一个小区，设二次重复，以标准品种为对照。种植及选择代数视情况而定，一般进行2~3代后，株系内性状稳定一致且达到目标要求的升级到品种比较预备试验圃。

3. 品种比较预备试验圃

对株系比较选出的优良株系或混选系，进一步鉴定一致性，继续淘汰一部分性状表现较差的株系或混选系，以及对当选的系统扩大繁殖，以保证播种量较大的品种试验所需，品比预备试验一般为期一年。

4. 品种比较试验圃

对在品比预备试验或在株系比较中选出的优良株系或混选系后代，按育种目标要求对产量、品质、抗性及其他经济性状进行全面比较鉴定，了解它们的生长发育习性，最后选出比对照品种更优良的一个或几个新品系。

品种比较试验必须按照正规的田间试验要求进行，设置对照，有 3 次以上的重复，随机排列并设保护行，以控制环境误差。经 2～3 年严格筛选后入选的优良品系，可申请参加区域试验和生产试验。

5. 区域试验和生产试验

区域试验就是将品种比较试验入选的新品系分送到不同生态环境地区，参加由国家级或省级农业主管部门组织的品种比较试验，以评价其适应性和适宜推广的区域范围。一般进行 2 年以上，每年至少 5 个点，各区试点的田间设计、观测项目、技术标准力求一致。最后区试结果必须汇总统计分析。多年生果树品种的区域试验中，还应考虑到不同地区的适宜砧木问题。

生产试验是将品种比较试验及区域试验所选出的优良品系进行大面积的生产栽培试验，以评价它的增产潜力和推广价值，并起到示范作用。以当地主栽品种为对照，一般不设重复。生产试验的同时，进行栽培技术的研究和探索，以利今后推广。生产试验和区域试验可同时进行，时间 2～3 年。

为了加速新品种的推广应用，在不影响品种选育试验正确性的前提下，可以灵活运用各种选择法，对表现特别优异的株系，可适当减少圃地的年限，或同时进行两项试验，条件允许时一年进行多代繁殖选择，以缩短选种年限，提前进行品种审定（登记）和推广。

第四节 园艺植物的授粉习性与常用的选择方法

对于有性繁殖的园艺作物而言，不同种类的生长发育习性不同，授粉方式各异，其遗传组成及遗传行为也不同，应分别采取不同的选择方法。

（一）自花授粉植物（Self-pollinated crops）

自花授粉作物天然异交率在 5% 以内。遗传上多为纯合体，自交不会发生生活力衰退。蔬菜中的豆类（除蚕豆、多花菜豆外）、茄果类（除辣椒外）、莴苣，花卉中的凤仙花、桂竹香、紫罗兰、香豌豆、半枝莲、风铃草、金盏花等属于此类。一般采用一到二次单株选择，连续多代选择效果并不显著，只有在结合生产进行品种纯化时，为了及时提供大量生产用种子，才采用混合选择法。

（二）常异花授粉植物（Often-cross pollinated crops）

常异花授粉植物以自花授粉占优势，又有相当高的异交率（5%～15%），遗传组成比自花授粉植物复杂，自然群体常处于杂合状态，只是杂合程度不如异花授粉植物显著，同时连续自交其后代不会出现异花植物那样显著的退化现象。如蚕豆、辣椒、芥菜、黄秋葵、翠菊等，在选择育种时通常采用多次单株或母系选择法。在品种纯化时，根据种子繁殖系数的大小和生产对品种需要的缓急情况，可采用多次单株选择或多次混合选择法。

（三）异花授粉植物（Cross-pollinated crops）

异花授粉作物天然异交率在 50% 以上，遗传背景复杂，同一群体内不同个体之间、亲本与后代之间及同一亲本的各子代个体之间的遗传基础各不相同，个体之间性状都存在程度不同的变异。如白菜、萝卜、甘蓝、瓜类、石竹、矮牵牛、万寿菊、波斯菊、虞美人、一串红、旱金莲、月季等均属此类。在原始群体株间性状差异小时，可采用单株—混合选择法，原始群体差异大时采用混合—单株选择法。自交衰退明显的种类可采用母系选择法和集团选择法。木本植物的有性世代较长，多世代的选择育种在应用上受到明显限制。

第五节　无性繁殖植物的选择育种

利用植物的营养器官（根、茎、叶）繁殖产生的后代群体，称无性系（clone）。园艺植物中，果树绝大多数都是采用无性繁殖，观赏植物及蔬菜中的一部分也是采用无性繁殖，其中马铃薯、莲藕、菊花、石刁柏等，既可无性繁殖，也可开花结实进行有性繁殖。无性繁殖过程中，出现变异的频率较低，因此，从群体而言，无性系内个体间基因型基本一致，但从个体而言，无性系的遗传基础具有高度的杂合性。这些特点决定了无性繁殖植物的选择育种与有性繁殖植物有很大区别。

一、芽变选种

（一）芽变选种的概念

芽变选种（Selection by bud sport）是指利用发生变异的枝、芽进行无性繁殖，使之性状固定，通过比较鉴定，选出优良株系，培育成新品种的选择育种法。

芽变（Sport）来源于体细胞中自然发生的遗传物质变异，属于体细胞突变的一种。变异的细胞发生于芽的分生组织中或经分裂、发育进入芽的分生组织，形成变异芽。只有当变异芽萌发成枝或被无意识地用来繁殖成新植株，并且在性状上表现出与原品种的性状有明显差异时，才易被发现，所以芽变总以枝变或株变的形式表现出来。另外，由变异细胞长成的组织，与原始部分表现出性状上的差异，虽然并不形成芽，也通常称为芽变，例如在植物的花瓣和叶片上出现有不同彩色的条纹或斑块。

在植物的无性系品种内，除由遗传物质变异而发生的芽变外，还普遍存在着由各种环境因素的变化引起的不能遗传的饰变（彷徨变异）。芽变选种的一个重要内容就是正确区分这两种不同性质的变异（芽变和饰变），选出真正优良的芽变。

（二）芽变的特点

1. 芽变的多样性

芽变的表现是多种多样的，包括突变部位的多样性：突变可发生于根、茎、叶、花、果各器官的各个部位。突变性状的多样性：从主基因控制的明显的变异到微效多基因控制的不易觉察到的变异，表现出生长习性、物候期、果实品质、抗性及育性等的变异，这些众多的变异为芽变选种提供了选择的物质基础。突变类型的多样性：包括染色体数目和结构的变异，常见的有多倍性芽突变；除频繁发生的核基因突变外，还有胞质基因突变，如雄性不育和叶绿素合成障碍型芽变。

2. 芽变的嵌合性

体细胞突变最初仅发生于个别细胞。就发生突变的个体、器官或组织来说，它只是由突变和未突变细胞组成的嵌合体（Chimera），即是正常细胞和变异细胞相嵌而存。这两种细胞在不断进行"竞争"，若突变细胞占了上风，则突变性状表现出来，出现新株与母株不同的性状；若正常细胞占了上风，突变性状就被抑制，出现与母株性状一样的新株，或者已出现变异性状的新株恢复正常，这两种结果在自然情况下出现的比例大概是1：1。为了让更多的突变性状表现并稳定下来，可以采取一些人为措施帮助突变细胞"战胜"竞争细胞。通常有效的办法就是分离—定向培育，使芽变达到100％同型化，从而育成在无性繁殖中能稳定遗传的变异品种。有些观赏植物，某种程度的异型嵌合状态不影响甚至可以提高观赏性，如岛锦是1974年日本品种太阳的芽变，与中国的二乔是牡丹品种中最著名的2个嵌合体品种，一花双色，姿态绝美。

3. 芽变的同源平行性

在相近植物种和属中存在遗传变异的平行规律，体细胞突变也存在这一规律，且对芽变选种具有重要的指导意义。如李、杏、桃、梅、樱桃等都是蔷薇科李亚科植物，桃的芽变中出现过重瓣、红花、花粉不育、粘核、垂枝、短枝型、早熟等芽变，人们就能有把握地期待在李亚科的其他属、种，如杏、梅、樱桃中出现平行的芽变类型，甚至能预测梨亚科、蔷薇亚科的不同植物，如苹果、蔷薇会发生除粘核以外的其余所有芽变类型。在种内品种间和同品种的植株间，这种平行性芽变概率会更高一些。如自美国20世纪50年代从元帅系苹果中选育出短枝型芽变品种新红星以来，中国各地不仅从元帅系品种，而且从金冠、富士、国光、青香蕉等苹果品种中陆续选育出系列短枝型新品种。

4. 芽变性状的局限性和多效性

芽变是体细胞遗传物质发生的变异，往往基于个别细胞，而同一细胞中同时发生两个以上基因突变的概率极小。因此，突变表型效应通常局限于个别性状。如苹果果实的片红芽变红冠、新倭锦和原品种元帅、倭锦的差异仅限于果色由条红变片红。

但芽变有时也表现多效性，即伴随着某一芽变性状的出现，而带来一系列其他性状的改变。如苹果的短枝型芽变的变异性状，枝条变粗、叶片变厚、成花易、坐果早、丰产性增强等。多倍体芽变也常发生由细胞变大引起的一系列性状的变异，如果实变大、含糖量增加等。

（三）芽变选种的意义

（1）芽变发生的普遍性及变异的多样性，使芽变成为无性繁殖植物产生新变异的丰富源泉。芽变产生的新变异，既可直接从中选育出新优良品种，又可不断丰富原有的种质库，为其他途径新品种选育提供新的种质资源。

芽变普遍存在于无性繁殖的园艺植物中，据A. D. Shamel及C. S. Pomerey 1936年调查，在苹果、梨、桃、李、樱桃、葡萄、扁桃、杏、黑莓、醋栗、椰枣、柿、无花果、油橄榄、菠萝、香蕉、核桃等22种果树中，仅果实和叶片的芽变就发现987个。观赏植物的芽变也是异常丰富，据统计，通过芽变选出的菊花品种有400多个，月季品种300多个，其他如大丽花、郁金香、风信子、矮牵牛、水仙等也都有芽变发生，并产生了许多著名的品种。在著名杜鹃花五宝株系、四海波系中就成功选育出几个至十几个芽变品种，月季品种"良辰"是来自于"刺美"的芽变，"红妃醉酒"是"贵妃酥麻酒"的浓红型芽变。荷兰1987年发布的2400个郁金香品种名录中，利用芽变育成的郁金香占10％，其中"Mouliro"产生了108个芽变品种，达尔文型的"Bartigon"产生了49个芽变品种。

在果树中，苹果是遗传组成高度杂合的多年生木本植物，芽变频率较高，无性繁殖为芽变的固定、保存和利用提供了有利条件。因而，芽变选种在苹果育种中占有十分重要的地位。现有栽培品种中，约有10％来源于芽变选种，全世界的苹果总产量中，大约50％来源于芽变品种（伊凯等，2006）。

（2）芽变选种操作简便，无须复杂的仪器设备，"一把尺子，一杆秤，用牙咬，用眼瞪"，便于开展群众性的芽变选种工作。由于芽变多为部分甚至个别性状的变异，因此育成新品种工作量小，节省人力、物力、财力。

（3）芽变的选择是在对主栽品种某一性状修缮的基础上进行的，是优中选优，因而易达到获得优良品种（系）的目的。

（4）芽变选种具有育种周期短、育种进程快的特点，一经选出，即可进行无性繁殖提供生产长期利用，投入少、见效快。因此，芽变选种是无性繁殖园艺植物所特有的品种改良的有效途径。所有果树，从南方的柑橘、荔枝到北方的苹果、桃、葡萄都有很多由芽变产生的品种。

（四）芽变的细胞学和遗传学基础

1. 芽变的细胞学基础

1）嵌合体与芽变的发生

被子植物顶端分生组织有三个组织发生层，分别为表皮原细胞层、皮层原细胞层和中柱原细胞层。各个组织发生层按不同方式进行细胞分裂，并且衍生成特定的组织。用 L_I、L_{II}、L_{III} 表示这三个组织发生层，L_I 层的细胞分裂方向与生长锥呈直角，叫做垂周分裂，形成一层细胞，衍生为表皮；L_{II} 层的细胞分裂方向与生长锥呈垂直或平行，既有垂周分裂，又有平周分裂，形成多层细胞，衍生为皮层的外层及孢原组织；L_{III} 层的细胞分裂与 L_{II} 相似，也形成多层细胞，衍生为皮层的内层及中柱。植物种类不同，各组织发生层在分化衍生组织时，存在着一定的差异。在正常情况下，这三层细胞的遗传物质是相同的，称同质体。芽变是细胞中遗传物质的突变，但是只有顶端组织发生层的细胞发生突变时，将来才可能成为一个芽变。在一般情况下，只有个别层中的个别细胞发生突变，三层同时发生同一突变的可能性几乎是不存在的。层间或是层内不同部分之间含有不同的遗传物质，这种情况就叫做嵌合体，芽变开始发生时总以嵌合体的形式出现。如果层间不同部分含有不同的遗传物质，叫做周缘嵌合体；如果层内不同部分含有不同的遗传物质，叫做扇形嵌合体。周缘嵌合体根据发生的部分又可分内周、中周、外周和外中周、外内周、中内周六种不同类型；扇形嵌合体又分为外扇、中扇、内扇、外中扇、中内扇及外内扇等六种类型（图 4-5）。嵌合体发育越早，则扇形体越宽；发育越晚，则扇形体越窄。

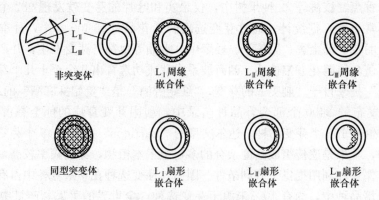

图 4-5　嵌合体的主要类型

2）芽变的转化

任何一种嵌合体都不是很稳定的，往往会在以后的生长发育或营养繁殖过程中发生转化（图4-6）。

一个扇形嵌合体在发生侧枝时，由于芽的部位不同，产生的结果不同。处于变异扇形面内的芽，萌发后将转化为具有周缘嵌合体的新枝；处于扇形面以外的芽，萌发后将长成非突变枝；而恰好正处于扇形边缘的芽，萌发后将长成仍是扇形嵌合体的枝条。由于先端优势、自然伤口或人为短截修剪等因素，往往使枝条上不同节位的芽具有不均等的萌发成枝的机会，从而使一个原是扇形嵌合体的枝条出现不同情况的转化。短截控制发枝可以改变扇形嵌合体的类型，剪口芽在扇形体内时，从此往上的新生枝条都是突变体；与此相反，剪口芽在扇形体以外时，则从此往上就不会再出现突变体；如果恰好在扇形边缘，则新生枝条仍然是扇形嵌合体。

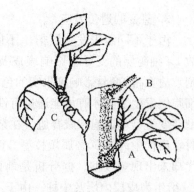

图4-6　嵌合体的自然转化示意图
A：由扇形嵌合体长出的周缘嵌合体枝
B：由扇形嵌合体长出的扇形嵌合体枝
C：由扇形嵌合体长出的非嵌合体枝
（资料来源：果树育种学，1998 年）

各种周缘嵌合体芽变会在继续生长发育过程中出现不同变化，这种变化是由于突变部分与非突变部分的竞争，一方排挤与取代另一方的结果，这叫"层间取代"。当嵌合体受到自然伤害时，也可以发生嵌合类型改变，如正常枝芽受到冻害或其他伤害而死亡，不定芽由深层萌发出来，而该树原来是中周或内周嵌合体时，就可能表现为同质突变体。

2. 芽变的遗传学基础

芽变是体细胞的遗传物质发生了变化而引起的表现型差异，遗传物质的变异包括：染色体数目的变异、染色体结构的变异、基因突变、核外突变等。

1）染色体数目的变异

包括多倍性、单倍性及非整倍性变异，较多见的为染色体多倍性突变，其特征是具有因细胞巨大性而出现的各种器官的巨大性。

2）染色体结构的变异

包括染色体的倒位、易位、缺失和重复，在无性繁殖的园艺植物中经常存在。由于染色体结构重排，造成基因线性的变化，从而使有关性状发生变异。这一类突变对无性繁殖的植物有特殊作用，因为这一类突变在有性繁殖中，常由于减数分裂而被消除掉，而在无性繁殖中可照样保存下来。

3）基因突变

包括点突变和组码移动突变。个别基因位点的变异，会引起三联体密码的变化，三联体密码通过转录和翻译合成的酶类就会发生变化，进而影响到性状表现。如直立的桑树为隐性纯合基因型，一个基因位点发生突变，称为杂合，表现为曲枝的龙爪型。

4）核外遗传物质突变

胞质基因突变也会影响到植物表现。细胞质控制的变异有雄性不育、性分化、质体及线粒体控制性状等。如天竺葵由于质体突变而出现叶片上绿白镶嵌的性状，提高了其观赏价值。

3. 芽变的遗传效应

由于不同组织发生层衍生不同的组织，因而各层的遗传效应不同。L_I 只衍生表皮，故 L_I 细胞层的变异只影响表皮及其附属物如绒毛、针刺等。L_{II} 衍生皮层外层和孢原细胞，故 L_{II} 的变异影响到果实的色泽及叶片叶绿素的多少以及生殖细胞。所以，只有 L_{II} 层细胞层发生变异才有可能通过有性过程传递给下一代。例如，苹果品种旭产生的两个短枝型芽变类型本迪旭和威赛旭，在杂交育种中都可将短枝性状传递给后代，当它与金帅杂交时，后代中约有 50％属短枝型。而旭的另一个人工诱发短枝型变异，在与金帅杂交时，后代却未出现短枝型。据分析是前两个自然变异包含 L_{II}，后一个诱发变异没有包含 L_{II}。L_{III} 衍生为皮层内层及中柱。由于不定根、不定芽起源于中柱，故 L_{III} 细胞层的变异可通过不定根及不定芽所产生的枝条表现出来。

（五）芽变选种的方法

1. 芽变选种的目标

芽变选种主要是从原有的优良品种中进一步发现、选择更优良的变异。要求在保持原有品种优良性状的基础上，通过选择而修缮其存在的个别缺点，或获得经济价值更高的新类型。育种目标针对性较强，如针对花型的菊花芽变品种选种、针对花的重瓣的选种、针对花期的选种等，与杂交育种相比，选种目标较简单、明了，通常是为了完善品种而进行的。

2. 芽变选种的时期

芽变选种原则上应该在植物整个生长发育过程的各个时期进行细致的观察和选择，为提高芽变选种的效率，除经常性的观察和选择外，还必须根据育种目标，抓住目标性状最易发现的时期，集中进行选择。例如，对观花植物芽变选种，应着重在开花期；以果实经济性状变异为目标的，主要在果实采收期进行；而选择早熟芽变则应在采收前 2～3 周开始；可根据选种目标发掘果实成熟期、品质、着色、结果习性、丰产性等变异；以抗性为选种目标时，应着重抓住灾害发生之后的时期；选抗寒性强的芽变，应在霜冻、倒春寒、特大冻害发生过后进行选择。

3. 对变异的分析和鉴定

芽变选种的关键是区别变异的性状是遗传的变异还是非遗传的变异，即是芽变还是饰变。一个变异是芽变还是饰变，可从以下几个方面分析：①变异的性质如属于典型的质量性状，一般可断定是芽变，如有毛与无毛、果皮颜色、花粉育性的改变、果实香味、风味、成熟期、抗性发生明显变异等，一般可判定为芽变。②变异体发生范围如是不同地点、不同栽培技术下出现多株相同的变异，就可排除环境和技术的影响，确定为芽变。对于枝变，如明显是一个扇形嵌合体，可肯定是芽变。③变异的方向，凡是与环境的变化不一致，如树冠下部或内膛荫蔽处发现果实浓红色变异，很可能是芽变。④变异性状经不同年份的环境变化而表现稳定，可判断是芽变。⑤性状的变异程度超出基因型的反应范围之外，可能是芽变。对于难以肯定的变异个体，进行移栽鉴定。

4. 芽变选种的程序

无性繁殖植物的芽变选种过程较为简单，分两级进行。第一级是从生产园（栽培圃）内选出变异优系，即初选阶段；第二级是对初选优系的无性繁殖后代进行比较筛选，包括复选和决选。对其无性后代进行 2～3 年的系统观察、记载，最后定为品种时，应该有其来源、选种历史、2～3 年的性状鉴定结果及综合评价等资料（图 4-7）。

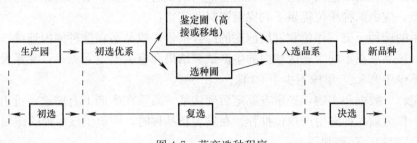

图 4-7　芽变选种程序

1）初选

发掘优良变异：芽变选种一般在大面积种植园里采用目测预选，根据已定的育种目标，采取座谈访问、群众选报、专业普查等多种形式，将专业选种工作与群众性选种活动结合起来。对变异植株进行编号及标记，对预选植株进行仔细的现场调查，填写记载表，选好生态环境相同的对照植株，进行比较分析。

分析变异：在芽变选种中，开始选报出的变异系往往数量较多，其中有不少是属于非遗传的饰变。所以，最好是在移地鉴定前，先设法筛除大部分显而易见的饰变，肯定少数证据充分的遗传性优良变异，然后将剩下的一部分尚难以肯定的变异个体，进行移栽鉴定，从而可节省土地、人力和物力。如果枝条变异范围太小，不足以进行分析，可通过修剪、嫁接等措施，使变异部分迅速增多以后再进行分析鉴定。

2）复选

主要是对初选植株再次进行评选，通过繁殖成为营养系，在选种圃里进行比较，结合生态试验和生产试验，复选出优良单株。

鉴定圃：用于对变异性状虽十分优良，但仍不能肯定其为芽变的个体，与其原品种类型进行比较，为深入鉴定变异性状及其稳定性提供依据，同时也为扩大繁殖提供材料来源。鉴定圃可采用高接或移植的形式。对个体大、进入结果期迟的果树等园艺作物，以采用高接鉴定圃为宜，这种方法具有结果早，可在短期内为鉴定提供一定数量果品的优点。对于一些树体较小者，通常采用扦插、分株等方法繁殖的园艺植物，可采用移植鉴定圃，将变异体的无性繁殖后代与原品种类型栽植于同一圃内进行比较鉴定。

选种圃：是对芽变系进行全面而精确鉴定的场所。将选出的多个芽变系及对照的无性繁殖后代，每系不少于 10 株，在圃内采用单行小区，每行 5 株，重复 2 次。对照用同品种的原普通型，砧木用当地习用类型，株行距应根据株形确定，选种圃内应逐株建立档案，进行观察记载。从开花的第一年开始，连续 3 年组织评定，对花、叶、果实和其他重要性状进行全面鉴定，将鉴定结果记入档案，根据不少于 3 年的鉴评结果，由负责选种的单位提出复选报告，选出最优秀的单系进入决选。

对有充分证据表明变异是十分优良的芽变，并且没有相关的劣变，可不经高接鉴定圃及选种圃，直接参加复选。由于芽变往往以嵌合体的形式存在，为使变异体达到同型化和稳定，可采用分离繁殖、短截或多次短截修剪、嫁接、组织培养等方法，使突变体同型化。使嵌合体转化，变成稳定的突变体，达到纯化突变体的目标。

3）决选

在选种单位提出复选报告之后，由主管部门组织有关人员，对入选系进行决选。参加决选的品系，应由选种单位提供下列完整资料和实物：

该品系的选种历史、评价和发展前途的综合报告；该品系在选种圃内连续 3 年以上的鉴评结果；该品系在不同生态区域内的生产试验结果和有关鉴定意见；该品系及对照的实物，果实不少于 25kg，单株不少于 50 株。

上述资料、数据和实物，经审查鉴定后确认某一品系在生产上有前途，可由选种单位予以命名，作为新品种向生产单位推荐。在发表新品种时，应提供该品种的详细说明书。

（六）芽变的保存和利用

芽变在植物中有较高的发生频率，尤其以发生在高度杂合的多年生木本果树和一些观赏植物上较常见。芽变既可为杂交育种提供新的种质资源，又可从中选出优良品种，从而大大丰富园艺植物的品种类型。

许多果树和观赏植物都是采用无性繁殖，这类植物虽然遗传上高度杂合，但不用通过有性繁殖阶段，不会产生分离现象，在其生长过程中发生的芽变，只要得以分离繁殖就可以保持稳定。因为决定有性过程的孢原组织是由 L_{II} 层产生，因此，通过有性繁殖的作物，只有当突变包含 L_{II} 层时，才能在有性过程中产生遗传效应。同时，能产生遗传效应的变异，有些是稳定的，而有的需要经过有性分离过程才能使其稳定，以作进一步利用。因此，一般说来，只要可用无性繁殖的植物，都可以将其在生长过程中发生的芽变，通过分株、扦插、压条或嫁接的方式将它们分离出来，从而获得稳定的突变系，繁殖为无性变异系，供直接或间接利用。但是，芽变在许多情况下都表现出嵌合体结构，常常会出现不稳定性。

随着植物组织培养技术的发展，分生组织培养、茎尖培养等作为无性系繁殖的手段得以进一步拓展，组织培养技术不仅用于获得有益突变体，而且用于加速突变系的繁殖和脱毒。

对于嵌合体的分离，组织培养技术具有独特的优势。例如，上海园林科学研究所曾以花瓣上红、下黄的"金背大红"品种已经显色的花瓣作为外植体进行组织培养，其再生植株开出了不同花色的花，表明从上、下表皮愈伤组织再生的植株，使双色品种的花色分离即形成了新的品种（卢钰，2004 年）。在柑橘芽变选种中，Fukuhara 甜橙果实嵌合体黄色果皮对应的种子再生的植株所结果实的果皮颜色全部为黄色，而从其正常的橙色果皮对应的种子再生植株所结果实全部为红色（Iwamasa 等，1977 年）。Bowman 等（1991 年）分离 Orlando 橘柚和 Valencia 橙果皮凸出类型的果实嵌合体中的种子，培养获得了四倍体植株。果实扇形嵌合体中最常见的类型为果皮颜色的变化，可利用此类嵌合体培育出早熟、晚熟及具有更鲜艳的果皮颜色的新品种。

生产中能直接利用的优良变异，经分离纯化后，直接选优繁殖成新品种。对于生产中难以确定优劣或者是优劣并存的变异，也应注意保存，并对变异性状进行深入分析，作为后备的种质资源，探讨其在栽培和育种中应用的可能性。

二、实生选种

（一）实生选种的概念和意义

1. 实生选种的概念

生产上进行无性繁殖的园艺作物，很多种类既可利用其营养器官进行无性繁殖，同时也可利用种子进行有性繁殖，种子繁殖称为实生繁殖，其后代称为实生群体（家系），对实生繁殖群体进行选择，从中选择出优良个体并培育成无性系品种，或改善继续实生繁殖下一代的群体遗传组成，均称为实生选择育种（Selection by seedling），简称实生选种。

2. 实生选种的特点和意义

实生群体常来源于自然授粉的种子，这些实生后代，实质上大部分是品种间和类型间的杂种，由于亲本材料长期进行无性繁殖，遗传组成复杂，杂交后产生的变异非常广泛，变异性状多、变异幅度大，大大增加了从群体中选出具有更多优良性状类型的可能性。而无性后代中，除个别枝芽或植株发生遗传变异外，多数个体间的遗传组成是完全相同的，因而芽变选种有较大的局限性。就数量性状的变异幅度来说，实生变异也常常超过无性变异。因此，在选育新品种方面实生选种有很大潜力。由于实生选种是利用自然杂交的变异，比杂交育种省去了有目的地选配杂交亲本进行人工杂交的过程，而且实生群体的变异类型是在当地条件下形成，一般说来它们对当地土壤、气候等环境条件具有较好的适应能力。而且，实生选种通常只进行一次有性繁殖，入选个体的优良变异即可通过无性繁殖在后代固定下来，既不需要设置隔离以防止杂交，也不存在自交生活力退化问题，选出的新类型可以较快地在当地繁殖推广，有投资少、收效快的特点。

实生选种是园艺作物，尤其是果树育种中历史最悠久、应用最广泛同时也是最有效的一种育种途径。通过实生选种，我们的祖先把许多植物的野生类型驯化成了今天的栽培类型。果树的古老品种都是来自实生选种，如元帅、金帅、国光、青香蕉、旭等苹果品种；鸭梨、雪花梨、砀山酥梨、莱阳梨等梨品种；兰州大接杏、北京骆驼黄杏、泰安巴旦水杏等杏品种；大久保、爱保太等桃品种。据 R. M. Brooks 统计，美国 1929～1972 年期间育成的 723 个苹果品种中，通过实生选种获得的新品种有 295 个之多，占 40.8％。观赏植物也有许多优异品种是通过这一育种途径育成的。例如，中山陵梅园从 20 世纪 90 年代初全面开展了实生选种工作，每年采收重瓣的天然授粉梅花种子，单独播种，目前已有 20 余个新品进行了国际登录。武汉中国梅花研究中心通过实生选种育成了 36 个梅花新品种，在现有的品种中约有 58％来自实生选种，大大丰富了我国的梅花品种。20 世纪 80 年代以来，中国荷花研究中心从自然杂交后代中选出新品种 128 个，从中株型、重瓣、白花的'白婉莲'实生苗中选出了小株型、重台型、白花'玉碗'，从'玉碗'中又选出了'玉碟托翠'。

实生选种对具有珠心多胚现象的柑橘类更具有特殊的应用价值，因为多胚的柑橘实生后代中既存在着有性系的变异，也存在着珠心胚实生系的变异，而且珠心胚实生苗还具有生理上的复壮作用。

（二）实生选种的方法和程序

1. 原有实生群体的实生选种

有些果园长期以来一直沿用粗放的实生繁殖方法，使得单株个体间性状存在较大差异，其中不乏综合性状优良的单株，可从中选出优良个体，通过嫁接、扦插等繁殖方法形成无性系品种，快速实现良种化。选种程序如下：

（1）报种和预选：先组织果农讨论和明确选种的意义、具体方法、要求和标准，在此基础上，开展群众性的选种报种。然后组织专业人员对果农选报的优树到现场调查核实，剔除显著不符合选种要求的单株后，对其余的进行标记、编号和登记记载，作为预选树。

（2）初选：由专业人员对预选树进行现场调查、采样、鉴定，经连续 2～3 年对预选树进行产量、品质、抗性等的复核鉴定后，根据选种标准，将其中表现优异而稳定的单株入选为初选树。在对初选优株继续观察的同时，要及时嫁接育苗 50 株以上，作为选种圃和多点生产鉴定用苗。另外，在不影响母株生长结果的前提下，可以剪取一些接穗，对附近的低产劣树进行高接换种，使其提早结果并进行鉴定。

（3）复选：对选种圃里初选优树的嫁接繁殖后代，结果后经连续 3 年的比较鉴定，汇同对母树、高接树和多点试验的调查资料，对每一初选优树作出复选鉴评结论。其中，表现特别优异的作为复选入选品系，并迅速建立能提供大量接穗的母本园。

2. 新建群体的实生选种

无性繁殖植物其遗传基础杂合性强，一旦通过有性过程，即便是自交，也会出现复杂分离。利用这一遗传特点，凡能结籽的无性繁殖园艺作物，可对其有性后代通过单株选择法而获得优株，再采用无性繁殖法固定其优良性状而建成营养系品种。

方法是将获得的供选材料的种子（自交或天然杂交），播种种植于选种圃中，经单株鉴定选择其中若干优良植株分别编号，然后采用无性繁殖法将每一入选单株繁殖成一个营养系小区进行比较鉴定，其中优良者入选为营养系品种。例如，青岛梅园通过近十年的实生选种，培育出'变丰后'、'舞丰后'、'丰后跳枝'、'青岛淡丰后'、'小杏梅'等 5 个新品种，与其母本具有明显区别，并具有较高的观赏性和抗逆性。西昌农科所于 1995 年用凉薯 97 作母本，A17 作父本，进行有性杂交获杂种实生籽，1996 年培育实生苗，1997 年选种圃鉴定建立株系，经一系列鉴定筛选及品种比较试验，最终育成高产优质抗病新品种'凉薯 8 号'。又如广西自 20 世纪 60 年代末开始进行芒果实生选种，先后选出 300 多个具优良性状的实生单株，经多年选育研究，从中选育出一批优良品种（系），从泰国芒（Okrong）的实生后代选育出紫花芒，从象牙芒 26 号实生后代选育出红象牙芒，这 2 个花期迟、丰产、稳产的中晚熟品种，并于 1987 年通过自治区技术鉴定。

与有性繁殖园艺作物的单株选择法相比，本法通常只进行一代有性繁殖，入选个体的优良变异即通过无性繁殖在后代固定下来。既不需设置隔离以防止杂交，也不存在自交生产力退化问题。

本章小结

本章主要包括三个方面的内容：选择与选择育种的基本原理与方法、有性繁殖植物的选择育种、无性繁殖植物的选择育种。

选择是选择育种的中心环节，也是各种育种途径和良种繁育不可缺少的手段。通过学习，掌握选择的基本原理、影响选择效果的因素。在株选过程中，针对单一性状和综合性状，分别采用分次分期淘汰、分项累进淘汰、多次综合评比、加权系数评分、限值淘汰等方法进行。有性繁殖植物根据不同授粉习性，采用单株选择、混合选择法或综合应用两种基本选择方法。选择育种要经历原始材料圃、株系圃、品比预备试验圃、品种比较试验圃、品种区域试验和生产试验。无性繁殖植物主要通过芽变选种和实生选种程序进行新品种选育。通过学习，要求学生掌握有性繁殖植物选种的几个环节、无性繁殖植物芽变选种和实生选种的操作程序。学习时应该理论联系实际，注重学生操作能力的培养，必要时增加田间教学。

思考题

1. 比较两种基本选择方法的异同及优缺点。
2. 有性繁殖的园艺作物，根据其开花授粉习性可采用哪些选择方法？
3. 选择受哪些因素影响？这些因素如何影响选择的效率？如何提高选择效率？
4. 何谓芽变？芽变有什么特点？如何鉴定芽变和饰变？
5. 试述芽变选种的关键和特点。
6. 何谓无性繁殖植物的实生选种？有何特点和意义？

参考文献

[1] 景士西主编. 园艺植物育种学 [M]. 北京：农业出版社，2000.
[2] 沈德绪主编. 果树育种学 [M] 第二版. 北京：农业出版社，1998.
[3] 伊凯，闫忠业，刘志等. 苹果芽变选种鉴定及应用研究 [J]. 果树学报，2006，23 (5)：745-749.
[4] 宋希强，王芳，钟云芳，张玄兵. 论花卉新品种的起源与形成途径 [J]. 云南林业科技，2003 (4)：84-88.
[5] 张敏，邓秀新. 柑橘芽变选种以及芽变性状形成机理研究进展 [J]. 果树学报，2006，23 (6)：871-876.
[6] 栾非时，王勇主编. 园艺作物遗传育种与生物技术 [M]. 北京：气象出版社，2009.
[7] 邵则夏，陆斌，郑子英，徐跃，李顺荣. 云南板栗实生选种 [J]. 云南林业科技，1995 (4)：42-47.
[8] Moore J. N., Janick J. Method in Fruit Breeding [M]. Purdue University Press，1983.
[9] Iwamasa M., Nishiura M., Okudai N., Ishiuchi D. Characteristics Due to Chimeras and Their Stability in Citrus Cultivars [J]. Proc Intl Soc Citriculture Orlando，1977，2：571-574.
[10] Bowman，K. D., Gmitter F. G, Moore G. A., Rouseff R. L. Citrus Fruit Sector Chimeras as a Genetic Resource for Cultivar Improvement [J]. J Amer Soc Hort Sci，1991，116 (5)：888-893.
[11] 王慧军，高书国. 系统育种在我国的产生、发展与展望 [J]. 河北农业大学学报，1986，9 (1)：84-90.
[12] 卢钰，刘军，丰震等. 菊花育种研究现状及今后的研究方向 [J]. 山东农业大学学报（自然科学版），2004，35 (1)：145-149.

第五章 有性杂交育种

杂交是自然界普遍存在的现象，是生物进化的一个动力。杂交既可是无性的，也可是有性的；既可是自然的，也可是人工的。不管是哪种类型的杂交，因杂交产生的基因重组和变异，无疑对热带园艺植物新品种选育具有重要的推动作用。本章主要介绍人工的有性杂交育种及其两种重要实用类型——回交和远缘杂交育种。

第一节 杂交育种的概念及意义

有性杂交育种指通过人工杂交手段，把分散在不同亲本上的优良性状组合到杂种中，对其后代进行多代培育选择，比较鉴定，以获得遗传相对稳定、有栽培利用价值的定型新品种的育种途径。杂交指遗传类型不同的生物体相互交配或结合而产生杂种的过程，它可以使生物的遗传物质从一个群体转移到另一个群体，是增加生物变异性的一个重要方法。

杂交按亲本亲缘关系的远近，可分为远缘杂交和近缘杂交，近缘杂交指不存在杂交障碍的同一物种内，不同品种或变种之间的杂交，如甘蓝与紫甘蓝之间的杂交；远缘杂交指植物学上不同种、属以上类型间的杂交，如白菜与甘蓝之间的杂交。杂交还可按对后代的影响分为常规有性杂交和优势杂交，前者主要是综合两个亲本的优良性状，而后者则出现超过亲本优点的性状。

杂交育种在现代育种方式中具有重要意义：①杂交可以实现基因重组，获得变异类型，从而为优良品种的选育提供更多的机会，如利用结荚青豆与无限结荚黄豆进行杂交，可产生有限结荚黄豆。②可改变基因间的互作关系，产生新的性状。如花卉中黄色花与红色花杂交产生橙色花，两个感染霜霉病的大豆品种杂交，后代中出现抗病新个体（9 抗：7 染）。③有利于打破不利基因间的连锁关系。在这方面，番茄的抗病基因往往与黄化基因连锁，通过杂交或回交可打破这种连锁。④杂交育种是与某些新的育种途径和方法结合的重要育种途径。采用理化因素诱变、染色体倍性操作、现代生物技术等手段处理育种的原始材料，仅仅使原始材料的遗传物质发生了变异，其直接产品往往仍是育种的原始材料，需要通过常规育种途径，尤其是通过杂交育种途径，进一步修饰改良或进一步杂交重组，才能从中选育出符合生产要求的新品种。

第二节 杂交亲本的选择和选配

亲本的选择和选配是杂交育种成败的关键。亲本选择指根据育种目标选择具有优良性状的品种类型，亲本选配是从入选亲本中选用恰当的亲本配制合理的杂交组合，亲本选择是选配的前提，而好的配组是获得优良杂交新品种的保证。根据国内外园艺植物杂交育种在亲本选择和选配上的经验教训，亲本的选择选配应遵循如下原则。

一、杂交亲本选择的原则

1. 从大量种质资源中选择亲本

应尽可能多地搜集种质资源，不仅要收集生产中推广的品种，优良的地方品种，各育种的中间材料，还要收集近缘种和野生种，避免育种的遗传基础愈来愈狭窄，然后从中精选具有育种目标性状的材料作亲本。

2. 亲本应尽可能具有较多的优良性状

选择的亲本优良性状越多，需要改善的性状就越少，可以缩短育种进程。

3. 明确亲本的目标性状，突出重点

目标性状很多都可以分解到更具操作性、选择效果更好的构成性状上，如产量性状，大白菜亩产量是由单位面积株数、单株叶片数、平均叶片重和净菜率等性状构成的。当育种目标设计的性状很多时，还要分清主次，有限考虑重要的目标性状，如罐头荔枝育种对果实大小、果肉颜色、质地、粘离核、早果性、丰产性都有一定要求，但和果肉白色、果形大小相比，果肉不溶质应该放到更重要的地位上。

4. 重视选用优良地方品种

地方品种是在当地长期自然选择和人工选择的条件下形成的，既适合当地的自然和栽培条件，具有与本地区复杂环境条件相适应的优良基因，又适合当地的消费习惯，容易在当地推广。如浙江一带的白花水蜜桃、玉露水蜜桃，东北地区原产的南果梨、苹果梨，华南地区的短棒状、无刺瘤黄瓜等都是比较好的育种亲本。

5. 亲本的一般配合力要高

一般配合力是指某一亲本品种或品系与其他品种或品系杂交的全部组合的平均表现。它主要决定于可以固定遗传的加性效应。一般配合力高，反映了杂种后代的表现受亲本性状值的影响较大。但是一般配合力高低目前还不能根据亲本性状的表现估算，只能根据杂种的表现来判断。

6. 先考虑数量性状，再考虑质量性状

亲本选择时应尽可能避免把在数量性状上表现低劣的类型作为亲本，否则消除数量性状亲本带来的不良影响需要更多的育种时间，如栽培葡萄和野生山葡萄杂交，F1代与白果品种回交，第二代就出现白果类型，但要分离出大果、风味可口的类型，即使经过4～5代以上的回交也难达到要求。

7. 优先选用珍稀材料作亲本

现有种质资源中，有些性状出现的频率比较高，有些性状出现的频率很低，出现频率低的珍稀材料要及时收集，因为育种工作的重大突破往往来自于珍稀资源的发现与开发利用，如抗热而且品质优良的夏秋甘蓝，大果、耐贮、抗－35℃低温的苹果新帅，绿色、黄色、枝端开花型的凤仙花等。

二、杂交亲本选配的原则

1. 尽可能使父母本性状互补

任何亲本都不可能没有缺点，但应注意不能有共同的或相互助长的缺点，亲本一方的每一缺点，都要尽可能从另一亲本上得到弥补。如上海植物园为了培育成在国庆节开花的品质优良的菊花品种，选用花型大、色彩多但花期晚的普通秋菊同花型小、花色单调但花期早的

"五九菊"杂交，结果综合了双方的优点，成功地育出了大批在国庆节开花的早菊新品种。

2. 选用不同生态类型和地理起源的亲本配组

应选择在生态地理起源上相距较远的亲本进行杂交，一是杂交后代分离出的变异类型多，出现符合育种目标类型的机会大，二是在杂种后代可获得较大的非加性效应。

3. 以具有较多优良性状的亲本作母本

育种学家米丘林认为母本在性状传递方面具有显著优势，因而如果发现某一亲本中出现结实力强、较多优良性状或胞质基因控制的有用性状时，应以该亲本作母本，如栽培品种与野生类型杂交、外地品种与本地品种杂交时，分别以栽培品种和本地品种作母本。

4. 亲本之一的性状应符合育种目标

亲本之一应具备育种目标所要求的性状，如要育出黄色牡丹品种，则亲本之一要具备黄色牡丹基因。野生的黄牡丹和大花黄牡丹都具备黄色基因。单花色选育时可按"加色"或"减色"的方法来选配亲本，如粉红色牡丹品种和深红色牡丹品种杂交可使花色加深至桃红色；淡黄色牡丹品种和浓黄色牡丹品种杂交，可使黄色加深；白色加白色品种会使花色更白，黑色加黑色品种会使花色更黑等。

5. 用一般配合力较高的亲本配组

前人所得出的成功经验可以反映所用亲本材料具有较高的一般配合力。

6. 注意父母本的开花期和雌蕊的育性

如果两个亲本的花期不遇，则用开花晚的材料作母本，开花早的材料作父本。因为花粉可在适当的条件下贮藏一段时间，等到晚开花亲本开花后授粉。

用雌性器官发育正常和结实性好的材料作母本；用雄性器官发育正常，花粉量多的材料作父本。

第三节　杂交方式和技术

园艺植物种类繁多，花器结构和授粉习性复杂，因此亲本确定之后，采用什么杂交组合方式，选择怎样的杂交技术，也关系到育种的成败。本节在介绍杂交方式之后，再介绍共性的杂交育种技术。

一、有性杂交育种的杂交方式

用于杂交的亲本用 P1、P2、P3……表示，父母本代表符号分别为♂和♀，×表示杂交。杂交所得种子种植而成的个体群称杂种一代（子一代），用 F1 表示。F1 群体内个体间交配或自交所得的子代为 F2、F3、F4 等表示随后各世代。

根据参加亲本的数目，有性杂交育种有如下杂交方式：

（一）两亲杂交

又叫单杂交（single cross），指只有两个亲本参加的杂交，以 P1（♀）×P2（♂）表示。单杂交适合于两个亲本优缺点互补性好，性状总体上符合育种目标时采用，如日本人将麝香百合与台湾百合杂交，获得了在一年多时间内就能开花的"新铁炮百合"。单杂交要注意正反交，如 P1×P2 为正交，则 P2×P1 为反交，在某种性状受细胞质遗传物质控制时，最好选择含该性状亲本作母本。单交方法简单，易于控制变异，组合后代分离大小及稳定快慢，取决于亲本间差异和亲缘关系远近。

（二）多亲杂交

又叫复合杂交（Multiple cross），指有三个或三个以上亲本参加的杂交。根据参加亲本的数目、先后次序和参加次数不同，多亲杂交分为添加杂交、合成杂交、多父本杂交和回交。

1. 添加杂交

指多个亲本逐个参与的杂交，因图解呈阶梯状，又称"阶梯杂交"（图 5-1）。如杂种香水月季的育成过程：中国的月月红与香水玫瑰杂交产生波邦蔷薇，波邦蔷薇又与法国蔷薇杂交得到杂种波邦，杂种波邦再与中国的月月红杂交得到杂种长春月季，杂种长春月季以后又与中国云南的香水月季杂交育成杂种香水月季，它综合了四季开花、花香浓郁、花蕾秀丽、花色丰富艳丽、花型多样、花梗长而坚韧等多种优良性

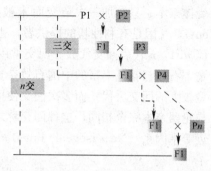

图 5-1 添加杂交示意图

状。后来杂种香水月季与"苏来娥"（Soleidor）杂交得到的普纳月季，是 HT 系列中一个著名支流，如著名品种"和平"便属于此类。

当然，对于添加杂交要注意如下问题：

（1）并不是参加亲本数越多越好：添加的亲本越多，杂种综合优良性状会越多，但亲本越多可能带入的不良性状越多，选择育种年限会延长，因此亲本数目一般以 3～4 个为宜，如香石竹的非洲野生种与开黄花的巴尔干种纳普石竹杂交产生开黄花的杂种，该杂种再与中国石竹杂交育出能周年供花的麝香石竹。

（2）参加杂交的亲本出现的先后次序因遗传力而异：参加亲本数目越多，早期参加杂交的亲本在杂种遗传组成中所占比例越小，因此要将性状遗传力高的亲本优先杂交，而综合性状好、适应性较强及丰产潜力较大的亲本安排在最后一次杂交，以便使其核遗传组成在杂种中占有较大的比例，从而增强杂种后代的优良性状。

（3）出现隐性性状先自交：如果杂交 1 代出现隐性基因控制的优良性状，则宜先自交，从分离的 F_2 中选出综合性状优良且含目标形状的个体与下一个亲本杂交。

（4）一般要将综合性状好、适应性较强及丰产潜力较大的亲本安排在最后一次杂交，以便使其核遗传组成在杂种中占有较大的比例，从而增强杂种后代的优良性状。

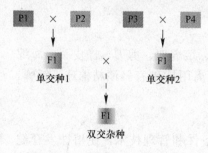

图 5-2 合成杂交示意图

2. 合成杂交

指参加杂交的亲本先两两杂交，形成单交种，然后两个单交种杂交的方式（图 5-2）。合成杂交形成的杂种不仅遗传基础丰富，而且来自于亲本的核遗传组成均等，有利于育成综合性状优良、经济性状更多、适应性更强的高级品种，如 Crall 等（1977 年）使用 W5、Summit 等 6 个亲本通过合成杂交育成了多抗、优质的西瓜品种 Sugarlee 和 Dixlee。

3. 多父本授粉

以一个以上的父本品种花粉混合授给一个母本品种的方式，称为父本混合授粉。去雄后任其自由授粉实质上也是多父本混合授粉。这种授粉方式虽然有时父本不清楚，但比较

简单易行，而且后代分离类型比较丰富，有利于选择。

　　4. 回交（Back cross）

　　子一代和两个杂交亲本的任一个进行杂交的方法叫做回交（图 5-3）。在回交育种中，多次参加回交的亲本称为轮回亲本（Recurrent parent），又因是有利性状的接受者，也称受体亲本；只参加一次杂交而未被用来回交的亲本称为非轮回亲本（Nonrecurrent parent），又因是有利性状的提供者，也称供体亲本；回交所产生的后代称为回交杂种，记为BCnF1，n 代表回交代数。回交常用来加强杂种个体中某一亲本的性状表现，如大花型的麝香石竹与花色丰富的中国石竹杂交，因 F1 花型不够大，就与麝香石竹回交，取得了花型较大的回交后代。而多次回交使回交后代的性状除了目标性状有差异外，其他遗传背景与轮回亲本完全相同，这种回交称之为饱和回交，此时的回交后代与轮回亲本之间关系为近等基因系（Near isogenic lines）。

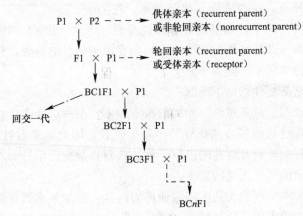

图 5-3　回交过程示意图

二、有性杂交技术

　　有性杂交的基本技术流程为：制订杂交计划→准备器具→亲本株及杂交花的培育选择→隔离和去雄→花粉采集和贮备→授粉→标记和登录→授粉后的管理。

　　1. 制订杂交计划

　　要根据杂交育种计划要求和育种对象的开花授粉习性，确定杂交组合数、具体的杂交组合以及每个杂交组合的花数。

　　2. 准备器具

　　包括镊子、放大镜、指形管（或小玻璃瓶）、干燥器、培养皿、剪刀、橡皮头、海绵头、毛笔、蜂棒等授粉用具，硫酸纸袋、网室、废纸等隔离用具和 75％酒精棉球、纸牌、铅笔等记录用具。

　　3. 亲本株及杂交花的培育选择

　　选择具有亲本典型特征特性的植株，用适当的栽培条件和管理技术，使植株发育健壮，性状充分表现，以保证有足够数量的母本植株和杂交用花，并能获得充实饱满的杂交种子。如果种株生长瘦弱，既会影响柱头接受花粉的能力以及父本花粉的生活力，也会影响杂交种子的发育，严重时得不到杂交种子。种株的培育还应注意亲本花期的调节。通常采取以下措施：

（1）调节播种期：1年生花卉和蔬菜通过这种方法调节开花期一般是有效的。通常将母本按正常时期播种，父本分期播种。

（2）植株调整：对开花过早的亲本，可摘除已开花的花枝和花朵，达到调节花期的目的。

（3）温度、光照处理：很多园艺植物的开花与温度和光照有关。可以通过控制温度和光照来调节花期。一般而言，低温能促进二年生园艺植物如萝卜、甘蓝等提前开花，短日照促进短日性植物如瓜类、豆类、矮牵牛、一串红等花芽形成，长日照促进长日性植物如翠菊、蒲包花等提前开花。

（4）采用适当的栽培管理措施：通过控制氮、磷、钾施用量与比例及土壤湿度等均可在一定程度上改变花期。一般来说，氮肥可延迟开花，断根具有提早花期的作用。

（5）植物生长调节剂处理：如赤霉素、萘乙酸等可改变植物营养生长和生殖生长的平衡关系，起到调节花期的效果。

（6）切枝贮藏、切枝水培：对于父本可以通过这一措施延迟或提早开花。对母本一般不采取这种方法，因为一般来说，切枝水培难以结出饱满的果实和种子。但杨树、柳树、榆树等的切枝在水培条件下杂交也可收到种子。

在杂交前还要选择健壮的花枝和花蕾、花朵，以保证杂交种子充实饱满。十字花科和伞形科植物应选主枝和一级侧枝上的花朵杂交。百合科植物以选上、中部花杂交为宜。番茄以第二花序上的第1～3朵花较好。葫芦科植物以第2～3朵雌花杂交才能结出充实饱满的果实和种子。豆科植物以下部花序上的花杂交为好。菊科植物以周围的花适合。

4. 去雄和隔离

1）去雄

（1）去雄的目的：除去隔离范围内的花粉来源，包括雄株、雄花和雄蕊。

（2）去雄时间：去雄的最适时间是在开花的前1～2天。过早，花蕾过嫩，容易损伤花的结构；过迟，花药容易裂开，导致自花授粉。

（3）去雄方法：去雄的方法很多，如夹除雄蕊法、剥去花冠法、温汤杀雄法、热气杀雄法和化学药剂杀雄法等。各种作物因花的结构不同，去雄方法也常不一样。但大多采用夹除雄蕊法进行去雄。夹除雄蕊法是用镊子将母本花中的雄蕊一一夹除。

夹除雄蕊法的成败关键是谨慎细心而又要注意消毒工作。去雄时，一朵花中的雄蕊务必全部夹除干净，而且夹除时，不能夹破花药。如果花中的雄蕊未夹净，或花药破裂散落出花粉，都会招致杂交工作失败。消毒工作也很重要。在去雄以前，一切用具及手指都须用70％酒精消毒，以免带入其他花粉。一个品种或一朵花去雄完毕后，如果接连进行另一品种或另一朵花去雄时，必须将用具重新消毒。消毒后应在镊子上的酒精蒸发干净后方能使用，以免去雄时损害柱头。

2）隔离（Isolation）

为了防止其他花粉侵入母本花朵，在去雄后和授粉前后，都必须进行隔离，有时为了保证父本花粉的纯度，对父本也要预先隔离。隔离的方法有很多，大致可分为空间隔离、器械隔离和时间隔离三类。空间隔离一般用于种子生产，时间隔离因为隔离与花期相遇矛盾很少采用，因而杂交育种常用的隔离方法是器械隔离，即用白色纸袋（硫酸纸袋或尼龙网或废纸等）套住花朵或花序，纸袋下方用回形针或大头针夹住。授粉后，经过几天，当柱头枯萎脱落时，可将纸袋摘除，使幼果在自然条件下发育。

5. 花粉的采集和制备

花粉采集一般在每天早上 6～8 时进行，如遇低温、阴雨天可适当推迟。因为开花当天花粉的萌发率显著高于开花前后，开花后花粉的萌发率急剧下降，应挑选父本植株上将要开放的花蕾（花冠充分发白，前端稍裂）或刚开放而花药未裂开的花，带回室内，立即用镊子取出花药置于培养皿内。在室温和干燥条件下，经过一定时间，待花药自然裂开，将散出的花粉集于小三角瓶中，贴上标签，注明品种，并尽快置于盛有绿化钙或变色硅胶的干燥器内，放在低温、黑暗和干燥条件下贮藏备用。

生产过程中，一般都使用当天的新鲜花粉，少用或不用贮藏的花粉，因为新鲜花粉生活力强。对于长期贮藏或从外地寄来的花粉，杂交前应先检验花粉的生活力，常用方法有：形态检验法、染色法和培养基发芽检验法等。

6. 授粉

1）授粉时间

在母本去雄后的 1～2 天，柱头上分泌出黏液，此时最适宜接受花粉。一般的授粉时间以该作物开花最盛时刻的效果最好，因为此时能够获得大量的花粉。但此时往往也是其他品种的盛花期，空气中各种花粉混杂，所以授粉时应防止污染。为了减少污染，授粉人最好头戴宽檐草帽，选择无风或风力较小、温度为 20～25℃下进行授粉。每日授粉时间因气温和 RH 变化而略有变化，温度较高、RH 较小，则开花时间提前，需早授粉；温度较低、RH 较大，则开花时间延迟，需推迟授粉。一般情况下，上午 7～10 时为宜，其中 8～9 时为最佳，因为这段时间柱头分泌物增多；下午可在 3 时后授粉，如一天中温度适宜，也可整天授粉。

2）授粉方法

将父本成熟的花粉收集在容器中，然后用毛笔蘸取涂抹在母本柱头上。有时，也可将父本的整个花药塞到母本的花朵中去，进行授粉。要注意授粉植株花朵节位的选择，节位不能太低或太高，节位太低，会影响到植株的营养生长，太高则产生的果实种子重量轻、质量差，如辣椒以 2～5 节为授粉最佳节位。

7. 标记和登录

为了防止收获杂交种子时发生差错，授粉后要及时套袋，对套袋授粉的花枝必须挂牌标记，用铅笔标明父母本及其株号、授粉花数和授粉日期等，将牌子挂在杂交花枝下面的节位上。同时，在杂交记录本上记载杂交组合、花数、日期、果实成熟期、结果数、结果率、有效种子数等。

8. 授粉后的管理

杂交后的最初几天要检查纸袋，如脱落、破碎则可能发生了意外的杂交，这些杂交花就无效了，应重新补做杂交。一周左右，花瓣开始凋谢，幼果渐渐长大时，就可以除去纸袋，以便幼果得到充分发育，同时要防止风、鸟以及病虫的危害。果实达到生理成熟后及时采收，检查结实率。

第四节　杂交后代的培育与选择

通过合理选配亲本进行杂交，只是有意识地创造了变异材料，必须将这些材料进一步加以培育和选择，才能从中选育出符合育种目标的新品种。

一、杂种的培育

培育是选择的前提和基础，因为选择的依据是性状表现，而性状能否表现，表现得充分正确与否，在于栽培管理是否得当，所以要想提高选择（人工）的可靠性，需加强培育措施，杂种的培育应遵循下列原则：①根据不同作物和不同的生长季节需要，提供杂种生长所需的适宜条件，使杂种能够正常发育，以供选择；②培育条件应均匀一致，减少环境和人为因素对杂种植株的影响，以便正确选择；③应创造使目标性状遗传差异能得以充分表现的培育条件，该条件不一定与生产栽培条件完全一致，如抗病育种要有意识地创造发病条件，通过试验找出一个感病对照和抗病对照，创造一个使感病对照感病而抗病对照不出现明显症状的最适条件。

二、杂种的选择

园艺植物杂种后代的选择常用系谱法、混合法和单子传代法。

（一）系谱法（pedigree method）

自杂种分离世代开始连续进行个体选择，并予以编号记载，直至选获性状表现一致且符合要求的单株后裔（系统），按系统混合收获，进而育成品种。这种方法要求对历代材料所属的杂交组合、单株、系统、系统群等均有按亲缘关系的编号和性状记录，使各代育种材料都有家谱可查，故称系谱法。系谱法是自花授粉和异花授粉植物常用的方法，以自花授粉植物为例，其工作程序和内容如图 5-4 所示。

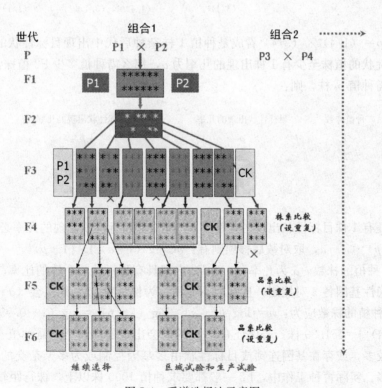

图 5-4　系谱选择法示意图

1. 杂种一代（F1）

种植方式：选择选配的亲本组合杂交以后，按组合混收产生的是 F1 代种子，每一组合 F1 代种植 50 株左右，两边种植母本和父本。组合内 F1 植株间不隔离，但应与父母本和其他材料隔离。

选择特点：根据育种目标评选优良杂交组合，淘汰假杂种和组合内的个别劣株，以组合为单位混收种子，因此入选个数小于 50 个单株。

2. 杂种二代（F2）

种植方式：以组合为小区，将从 F1 中收获的种子分区播种，以亲本和当前主栽品种为对照，组合、亲本对照和当前主栽品种对照间隔离。由于 F2 是性状强烈分离的世代，F2 种植株数要多，才能使每一种基因型都有表现的机会。理论上 F2 种植株数可通过如下方法计算获得：

若控制目标性状的隐性基因对数为 r 对，显性基因对数为 d 对，而又无连锁时，则 F2 出现具有目标性状个体的比率应为：$p = (1/4)^r \times (3/4)^d$

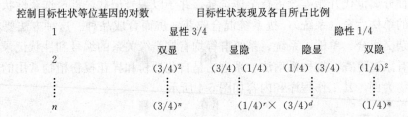

可以把 $p = (1/4)^r \times (3/4)^d$ 看成是种植 1 株杂种后代中出现目标性状的机会，若要保证具目标性状的植株至少有 1 株出现的几率为 a，那么需种植多少 F2 植株？

设至少需种植 m 株，则：

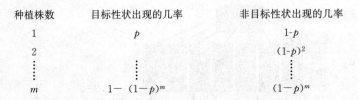

若要保证有 1 株目标性状出现的几率为 a，那么非目标性状出现的几率必为 $< 1-a$

即 $(1-p)^m < 1-a$，取对数后移项则有：$m > \lg(1-a)/\lg(1-p)$

m 为 F2 种植的株数，a 为几率，p 为 F2 出现具有目标性状个体的比率。若目标性状为主效显、隐性基因各 3 对控制，且基因不连锁，为保证有 95% 的机会（$a=0.95$）出现 1 株，则 F2 种植的株数应为：$m = \log(1-a)/\log(1-p) = \log(1-0.95)/\log[1-(1/4)^3 \times (3/4)^3] = 451.39$ 株。若保证有 99% 的机会出现 1 株，至少需种植 694.4 株。如果目标性状较多，或存在基因连锁或目标性状由多基因控制或为多亲杂交的后代，F2 种植株数会更多。实际育种工作中，F2 一般都要求种植 1000 株以上，株行距较大的园艺植物如瓜类，F2 群体可适当减少。F2 可不设置重复。

选择特点：一是进行组合间的比较选择，淘汰综合性状表现较差的组合；二是重点针对质量性状，在优良组合中选择优良个体，以单株分株收获种子，并标记组合号、行号、株号。

3. 杂种三代（F3）

种植方式：每个株系（一个 F2 单株的后代）种一个小区，按顺序排列，每个小区种植 30~50 株，每隔 5~10 个小区设一个对照小区。

选择特点：根据以质量性状选择为主，开始对数量性状进行选择的原则，先比较株系间优劣，选择优良株系，淘汰不良株系；再从优良株系中选择优良单株，如果被淘汰株系内确实有个别优株，也可当选。F3 入选的系统（株系）应多一些，每个当选系统选留的单株可以少一些（每系统入选 6~10 株），以防优良系统漏选。选择的单株自交留种，若发现确有比较整齐一致而又优良的系统，则可系统内混合留种，下一代升级鉴定。

4. 杂种四代（F4）

种植方式：F3 入选优良单株的后代（株系）种一个小区，每个小区种植 30~100 株，每隔 5~10 个小区设一个对照小区，重复 2~3 次，随机排列。

选择特点：将来自 F3 同一系统的不同 F4 系统称为一个系统群（Sib group），同一系统群内系统为姊妹系（Sib line）。不同系统群之间的差异一般比同一系统群内不同姊妹系之间的差异大。F4 代对质量性状和数量性状进行同时选择，评选优良系统群，在优良系统群内选择优良系统，再从优良系统内选择优良单株。对 F4 可能出现的稳定系统，可系统内自由授粉，下一代升级鉴定。

5. 杂种五代（F5）及以后世代

种植方式：每个系统种植一个小区，每个小区种植 30~100 株，随机排列，设置 3~4 次重复。

选择特点：以数量性状选择为主，进行数量性状统计分析，表现一致系统混合留种，性状分离系统仍需隔离，选择方法同 F4 代。F5 和 F6 代出现稳定系统的可能性大，这些系统经品种比较试验、区域试验和生产试验后可用于推广。

系谱法具有基因型稳定速度快，容易追溯亲本来源等优点，但比较复杂，费工费事。

（二）改良混合法（Derived bulk method）

在杂种分离世代，按组合混合种植，除淘汰明显的劣株和假杂株外，一般不加选择，直到杂种后代纯合百分率达到 80% 以上时（约在 F5~F8）或在有利于选择时（如病害流行或某种逆境条件如旱害、冻害严重年份）才进行个体选择，下一代种成系统（株系），然后选择优良系统升入比较试验，进而育成新品种的方法，称为混合—单株选择法，或改良的混合选择法。混合法工作程序如图 5-5，从 F1 开始分组合混合播种，直到 F4 或 F5 进行一次单株选择，入选的株数为 200~500 株。F5 或 F6 按株系种植，每个小区 30~50 株，随机区组设计，入选少数优良株系（5%）升级鉴定。

混合选择法适合于株行距比较小的自花授粉植物，其优点有：①分离世代群体大，丢失最优良基因型的可能性小；②方法简便易行，选择效率高；③可利用自然选择的作用，获得对生物有利的性状；④适于多系杂种的选择；⑤可能得到育种目标以外的优良类型。该法的缺点：①人工选择与自然选择目标不一致的性状易丢失；②未选择，存在许多不良基因类型；③杂种后代要求大群体，高世代选择工作量大；④亲缘关系无法考证。

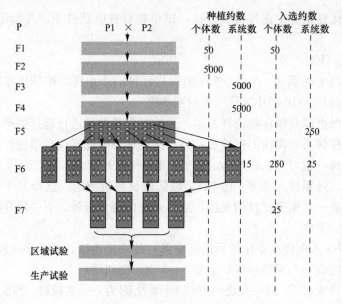

图 5-5　混合选择法示意图

（三）单子传代法（Single seed descent method）

对自花授粉植物，从 F2 代开始，每株取一粒健康饱满种子，混合后种成下一代，各代均不进行选择。当繁殖到遗传性状稳定不再分离（一般 4～5 代）时，再从每一单株上多收获一些种子，按株系播种成小区。进行株系间比较选择，一次选出符合育种目标要求、性状整齐一致的品系的方法称为单子传代法（简写为 SSD）（图 5-6）。

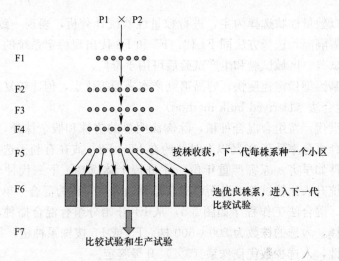

图 5-6　单子传代法示意图

单子传代法与混合选择法比较的优点：①限制 F3～F5 代群体的大小不超过 F2，而且群体不大，可以节约土地和人力，适于株行距大的植物和在保护地内加代繁殖选择；②在栽培条件和措施都有保障的情况下，可保证每个 F2 个体都有同样的机会繁殖后代，保证基因资源不会丢失。

单子传代法与系谱法比较的优点：①减少了 F3、F4 分系种植和选择的工作量；②保证高世代选留单株较多时，仍有大量性状差异较大的纯育株系供比较选择。

单子传代法的缺点：①影响种子生长发育的因素可能导致优良基因型丢失；②无法考证亲缘关系；③F3、F4、F5代缺少株系评定，不利于某些性状选择，如在温室或加代繁殖时对抗逆性选择就有困难。

第五节 回交育种

一、回交育种的定义及遗传学效应

两品种杂交后，以F1回交于亲本之一，从回交后代中选择特定植株再回交于该亲本，如此循环进行若干次，再经自交选择育成新品种的方法，称回交育种（Back-cross breeding），其基本工作程序见图5-3，一般可以表达为：$[(P1×P2)×P1]×P1$ 或 $P1^3×P2$ 或 $P1×3/P2$。

回交的遗传学效应如下。

1. 在增加基因型纯合速度上，回交快于自交

假设两亲本只有一对基因控制，则回交和自交各世代遗传组成不同。不论是回交还是自交，每增加一个世代，杂合体减少1/2，纯合体增加1/2；所不同的是，在自交后代，纯合体中AA和aa基因型各占一半，而回交后代的全部纯合体均属于与轮回亲本相同的AA基因型。

2. 回交可增强杂种后代轮回亲本的性状

在选择的情况下可得到非轮回亲本的目标性状＋轮回亲本综合性状的后代，即将供体亲本的目标性状转移到受体亲本。回交结束，轮回亲本基因频率 $1-(1/2)^{n+1}$，非轮回亲本基因频率 $(1/2)^{n+1}$。

3. 有利于打破连锁

若非轮回亲本中目标性状基因与不良基因连锁时，则轮回亲本优良基因置换非轮回亲本的相应不良基因的进程将要减缓，其减缓程度依连锁的紧密程度即交换价（C）的大小而异。例，抗病亲本乙（抗病基因R与不良基因b连锁）：

在不施加选择的条件下，轮回亲本的相对基因置换连锁的不良基因获得重组的概率是：$1-(1-P)^{m+1}$，其中，P是连锁基因的重组率，m是回交次数（表5-1）。

自交及回交后代消除非目标性状基因的概率（Allard，1960年） 表5-1

重组率	消除非目标性状基因的概率	
	回交5次	自交5代
0.50	0.98	0.50
0.20	0.74	0.20
0.10	0.47	0.10
0.02	0.11	0.02
0.01	0.06	0.01
0.001	0.006	0.001

每增加一次回交，即可增加一次基因置换的机会而增加重组型在群体中的比率，说明

回交还具有打破连锁的作用。即使存在不利基因的连锁且不加选择的情况下，回交仍是使杂种群体聚合到轮回亲本基因型的有利手段。

二、回交育种程序

回交育种的基本步骤：确定育种目标→亲本选择选配→杂交与回交→后代的培育与选择→自交稳定→株系比较鉴定→获得新品种。以番茄抗病（目标性状为显性单基因控制）回交育种为例，回交育种程序如图 5-7 所示。由于育种目标确定、杂交、回交、杂交后代选择与培育技术等在相关章节已有介绍，本节只介绍回交育种过程的注意事项。

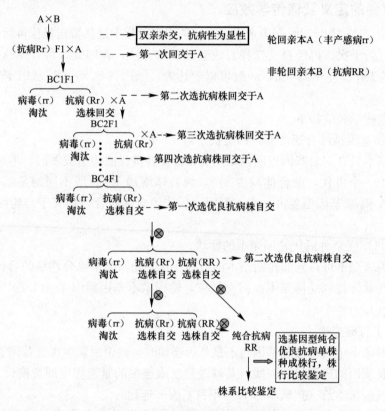

图 5-7 番茄抗病回交育种示意图

（一）回交亲本的选择与选配

1. 轮回亲本

新品种除了目标性状外其余都是轮回亲本的遗传基础，因此，轮回亲本是未来品种丰产性和适应性的基础。轮回亲本要求综合性状优良，被改良的性状就少，可保证回交后代经济性状的优良，否则育种世代会延长。回交亲本使用的寿命长，保证新品种能在生产上有较长时间的使用价值。此外，为了防止多代近交导致生活力衰退，保持轮回亲本综合优良性状在回交后代中的强度，可选用同类型的其他品种作轮回亲本。

2. 非轮回亲本

一是要求非轮回亲本的目标性状突出，遗传力高，易于鉴定选择的质量性状，且最好是显性的，转移到新品种后不因遗传背景的影响而减弱过大。二是非轮回亲本尽可能没有严重缺点，最好不要与不良性状连锁，这样可使回交育种进程快些。

（二）回交次数的确定

回交次数以轮回亲本的特征特性基本得到恢复为准，园艺植物多数情况下回交 4～6 次，便可将目标性状转移到综合性状优良的后代中，但园艺植物种类多样，实际育种中应灵活掌握。当双亲差异小时，回交的次数可少些；若双亲差异大，目标性状基因与不良基因连锁时，增加回交次数；回交过程中，增加对轮回亲本性状的选择可减少回交次数。

（三）回交后代的群体规模

为了保证回交后代的植株带有目标基因，每一回交世代必须种植足够的植株数，可用下式计算：$m > \lg(1-a)/\lg(1-p)$，当不存在连锁时 $p=(1-1/2^r)^n$，存在连锁时 $p=1-(1-C)^r$，m 为所需植株数，p 为在杂种群体中合乎所需的基因型的期望比率，a 为概率水平，r 为回交次数，n 为独立基因的对数。

例如，在一项回交育种中，需要从非轮回亲本中转入的抗病性受基因型 AABB 控制，回交一代植株有 4 种基因型：AaBb、Aabb、aaBb 和 aabb，其频率各占 1/4。其中，抗病类型为 AaBb，占 1/4，其余为不抗病类型，占 3/4。为有 99％的把握（也称概率水准、可靠性）至少选 1 株抗病类型，该回交群体至少应种多少株？

设该群体容量为 m，已知 $p=0.99$，$f=(1/2)^2=1/4$。则 $m \geqslant \lg(1-0.99)/\lg(1-1/4)=16$ 株

即该群体容量应不少于 16 株。

估计回交后代群体容量，在概率水准约定以后，仅与控制目标性状的基因对数有关。控制目标性状的基因对数越少，回交后代群体容量就越小，回交后代的可控性就越强。

三、回交育种的特点及在园艺植物育种上的应用

（一）回交育种的特点

与常规有性杂交育种比较，回交育种具有下列优点：

（1）遗传变异易控制，使其向确定的育种目标发展：由于回交过程中选择依据明确，从非轮回亲本得到一两个目标性状，从轮回亲本得到综合性状，即选具有目标性状且综合性状像轮回亲本的个体即可，加上回交的遗传效应，易控制杂种群体向着育种目标发展，不像杂交种，分离广泛、类型多。

（2）目标性状易操作，可加速育种进程：回交后代群体一般只需几十、几百株。选择主要针对被转移的目标性状，只要目标性状显现，在任何环境条件下均可进行选择，为异地异季加代提供方便。

（3）利于打破基因连锁，增加基因重组频率。

（4）育成品种与原品种（轮回亲本）相似，易推广。

尽管如此，要注意回交育种的缺点：①回交育种只改进原品种的个别缺点，不能选育具有多种新性状的品种。在生产上品种更换频繁时，若轮回亲本选择不当，造成选育的新品种变得不适用。②回交改良品种的目标性状多限于少数主基因控制的性状，其遗传力高，易于获得新品种。但对数量性状则难以奏效。③从非轮回亲本转移某一目标性状的同时，由于与不利基因连锁或一因多效，可能将某些不利的非目标性状基因也一并带给轮回亲本，为此，必须进行多次回交打破连锁。④回交的每一世代都需要进行较大数量的杂交，工作量较大。

（二）回交育种在园艺植物上的应用

回交育种可用于培育近等基因系，转育胞质雄性不育系和核不育系，转育单体、缺体、三体，打破基因连锁，创造新种质，有利于克服远缘杂交不育性，在园艺作物育种上已得到广泛应用。

第六节　远缘杂交育种

一、远缘杂交的定义及特点

（一）远缘杂交的定义

远缘杂交（Wide cross 或 Distant hybridization）：通常指植物分类学上属于不同种（Species）、属（Genus）或亲缘关系更远的植物类型间所进行的杂交。所产生的杂种称远缘杂种。

种是植物分类学上的基本单位，是隔离的种群，也叫物种。生物在长期的进化过程中，因隔离的影响，造成了许多不同的种属类别。生物之间存在三种形式的隔离：一是地理隔离（Geographic isolation），即由于某些地理的阻碍形成的隔离，如欧洲葡萄和美洲葡萄地理分布上远隔重洋，不能发生杂交。二是生态隔离（Ecological isolation），是由于所要求的食物、环境及其他生态条件差异形成的隔离，如季节隔离，生长在一起的银槭和红槭不发生杂交，因为花期不遇，红槭开花时，银槭花期已过。三是生殖隔离（Reproduction isolation），指不能杂交或杂交后代不育形成的隔离，如把赤松亚属的花粉授到红松亚属的雌花球上很难得到杂种。

一般而言，同种植物的不同类型、品种间因在遗传、形态和生理上基本特点的相似性，容易杂交，而种间、属间和亲缘关系更远的植物因遗传组成和细胞结构上差别很大，不易杂交，从而保证物种遗传上的相对稳定性。但植物之间能否杂交具有相对性，一些亲缘关系较远的植物间也能杂交，如柑橘属（Citrus）中，不仅同属的种间容易交配，而且柑橘属与金柑属（Fortunella）、枳属（Poncitrus）之间都容易形成属间杂种，栽培番茄与同属的秘鲁番茄不亲和程度超过栽培番茄与茄属的 Solanum pennellii 属间杂交，正是物种间的杂交保证了物种的多样性。

（二）远缘杂交的特点

与种内杂交比较，远缘杂交有以下特点。

1. 亲本的选择、选配难度大

除考虑亲本选择、选配的一般原则外，还要研究不同类型种间、属间杂交的亲和性。如杏属、核桃属、真葡萄亚属、真桃亚属内几乎所有的种间杂交都亲和，柑橘类、仙人掌类不同属间有较好的亲和性，而番茄属、芸薹属、悬钩子属、樱属、李属等种间杂交多数不亲和。

2. 远缘杂交存在障碍

远缘杂交存在诸多障碍，如远缘杂交的不亲和性、远缘杂种的不育性及远缘杂种的不稔性。

3. 远缘杂种的异常分离

由于亲本亲缘关系远，基因组存在较大差异，远缘杂交后代分离强烈，出现很多后代类型，如杂种类型，与亲本相似的类型，还有亲本祖先类型，以及亲本所没有的新类型。同时，由于孤雌生殖和孤雄生殖的存在还可能出现假杂种，这种分离的多样性为选择提供了宝贵的机遇，但也带来不少困难。

4. 远缘杂种的优势

虽然远缘杂种常由于遗传上或生理上的不协调而表现出生活力的衰退，且上下代之间的性状关系难以预测和估计，但有些远缘杂种能表现出非常明显的优势，特别是生活力、抗性、品质等表现明显。

二、远缘杂交障碍及克服途径

（一）远缘杂交不亲和性及其克服途径

杂交不亲和（Cross-incompatibility）：指远缘杂交时，由于双亲的亲缘关系较远，遗传差异较大，生理上也不协调，从而影响受精过程，使雌、雄配子不能结合形成合子。一般而言，亲缘关系越远，杂交越不易成功，但不绝对。

1. 远缘杂交不亲和的现象

不亲和常见的现象有：①花粉不能在异种柱头上萌发；②花粉虽能萌发，但花粉管不能伸入到柱头；③花粉管虽能进入柱头，但生长缓慢或破裂；④花粉管太短，不能进入子房或胚囊；⑤花粉管能进入胚囊，但不能正常完成双受精作用等。

2. 远缘杂交不亲和的原因

（1）花期不遇与花器构造的隔离：有些植物花器构造特殊，花柱特别长，即使其他种的花粉在柱头上能发芽生长也无法到达胚囊。

（2）生理差异的隔离：细胞渗透压、酶的组成，激素以及酸碱度的微小差异，都可阻止外来花粉的发芽。

（3）遗传上的差异：染色体数目、结构及基因组成的差异都可以导致不易交配。例，在小麦与黑麦的远缘杂交中发现，它们的可交配性受一两个隐性基因 K1、K2 影响，如果将这些基因由易与黑麦杂交的品种中转移到不易与黑麦杂交的品种中，可增加后者与黑麦的交配性。染色体数目，结构及基因组成的差异都可以导致不易交配。

3. 克服远缘杂交不亲和的方法

1）注意亲本的选择、选配

同种植物不同的变种或品种，由于其细胞、遗传、生理等的差异，会影响其接受另一种花粉进行受精的能力，即配子间的亲和力有很大差异。所以，为了提高远缘杂交的成功率，必须注意亲本的选配。研究和实践表明：在亲本选配上应注意：

（1）在栽培种和野生种杂交时，应以栽培种为母本。

（2）在染色体数目不同的远缘杂交中，一般以染色体数目多的作母本，容易成功。

（3）以杂种为母本的效果好。

（4）广泛测交。

2）染色体加倍法

在用染色体数目不同的亲本杂交时，先将染色体数目少的亲本人工加倍后再杂交，可提高杂交结实率。秘鲁番茄与多腺番茄杂交时，如先将母本诱导成同源四倍体，可显著提高结籽率。野生马铃薯 2 倍体与栽培种不能杂交，但若将野生马铃薯加倍成四倍体后，再杂交则能成功。

3）有性媒介法

如果两个种直接杂交有困难，可先通过第三者作为桥梁，以亲本之一与桥梁品种杂交，将其杂种人工加倍后，再和另一亲本杂交，便可获得成功，如普通番茄×秘鲁番茄获得 32 粒种子，4 粒能发芽；普通番茄×醋栗番茄→F1×秘鲁番茄获得的 152 粒种子中，82 粒发芽。

4）特殊的授粉方法

混合授粉法：利用不同种类花粉间的相互影响，改变授粉的生理环境，可以解除母本柱头上分泌妨碍异种花粉萌发特殊物质的影响。如在父本不亲和性花粉中掺入少量母本亲和性花粉，苹果×梨，梨花中加少量苹果花粉；不亲和性花粉与亲和性花粉混合授粉，利用亲和性死花粉的蛋白质，使柱头识别上发生误差，"蒙骗"过关。

重复授粉法：利用雌蕊不同发育程度、受精选择性的差异，在母本花的不同时期如花蕾期、开花期和临谢期进行多次重复授粉，以提高结籽率。

射线处理法：通过射线处理花粉或柱头，改变生理特性，克服杂交不亲和性。

5）柱头移植或花柱短截法

一是柱头移植，即将父本花粉授在同种植物柱头上，然后在花粉管尚未完全伸长之前切下柱头，移植到异种的母本花柱上；或先进行异种柱头嫁接，待 1～2 天愈合后进行授粉。二是花柱截短，将母本花柱切除或剪短，直接授上父本花粉；或将花粉的悬浮液注入子房（人工授粉），不需花柱直接胚珠授精（对蒴果型的子房较方便）。这些方法操作要求高。

6）理化因素刺激

GA、萘乙酸、硼酸、吲哚乙酸等涂抹或喷洒处理母本雌蕊，促进花粉发芽和花粉管生长。如梅花 GA50～100mg/L 处理柱头，结实率高 3～10 倍。又如中棉×陆地棉杂交，用萘乙酸滴入苞叶内，结铃率高、种子数多。

此外，随着组织培养等生物技术的不断发展，已创造出一些可用来克服远缘杂交不亲和性的方法，如柱头手术、子房受精、试管受精、体细胞融合等。

（二）远缘杂种不育性及克服途径

杂种不育性（hybrid inviability）：指远缘杂交中虽产生了受精卵，但因其与胚乳或母本生理机能不协调，在个体发育中表现出一系列不正常发育，以致不能长成正常植株的现象。

1. 远缘杂种不育性的主要表现

远缘杂交时，受精后的幼胚不发育，发育不正常或中途停止；杂种幼胚、胚乳和子房组织之间缺乏协调性，特别是胚乳发育不正常，影响胚的正常发育，致使杂种胚部分或全部坏死；虽能得到包含杂种胚的种子，但种子不能发育，或虽能发芽，但在苗期或成株前夭亡。

2. 远缘杂种不育原因

（1）由于两亲的遗传差异大，引起受精过程不正常和幼胚细胞分裂的高度不规则，因而使胚胎发育中途停顿、死亡。

（2）由于小苗在生理上的不协调，因而影响了杂种的成苗、成株。例如，梨与苹果的杂种，种子发芽后正常，但不久根渐渐坏死并整株死亡。这是由于苹果和梨叶片中所含的酚类物质不同，杂种苗中含有梨叶的绿原酸、异绿原酸和熊果甙配糖物与苹果叶的根皮甙配糖物等所有酚类物质，互相起毒害作用，因而引起杂种苗的死亡。

（3）胚及母体组织（珠心、珠被）间的生理代谢失调或发育不良，也会导致胚乳发育不良及杂种幼胚死亡。如果没有胚乳或胚乳发育不全，胚便会中途停止发育或解体。

3. 克服杂种不育的方法

（1）胚的离体培养：当受精卵只发育成胚而无胚乳，或胚与胚乳的发育不适应时，可用胚培养技术获得杂种苗。这在许多植物的远缘杂交中得到应用。方法是将授粉十几天（或更长）的幼胚，在无菌条件下，接种在适宜的培养基上培养成幼苗，生根后再移入土壤。麦类一般在授粉后 10~16 天剥取幼胚进行培养，张启翔（1992 年）将授粉后 66 天的北京玉蝶梅×山桃的属间杂种幼胚在培养基上培养成苗。

（2）改善发芽和生长条件：远缘杂种由于生理不协调引起的生长不正常，在某些情况下可通过改善生长条件，恢复正常生长。例如，育苗移栽，当远缘杂交种子种皮过厚时，可刺破种子以利幼胚吸水和促进呼吸。如果种子瘦小，可用经过消毒的腐殖质含量高的营养土在温室内盆栽，为种子发芽创造良好的条件。

（3）嫁接：幼苗出土后如果发现由于根系发育不良而引起的夭亡，可将杂种幼苗嫁接在母本幼苗上，使杂种正常生长发育。

（三）远缘杂种不稔性原因及克服方法

杂种不稔性（Hybrid infertility）：远缘杂交后代由于生理上的不协调而不能形成正常的生殖器官，或虽能开花，但由于减数分裂过程中染色体不能正常联会、不能产生正常配子导致不能繁衍后代的现象。

1. 杂种不稔性的表现

杂种营养体生长正常，但不能正常开花；能正常开花但花功能不正常，不能产生有生活力的配子；配子有生活力，但不能正常受精结籽。

2. 杂种不稔性的原因

（1）基因不育：由于植物的基因型不同造成的不育称为基因不育，可分为二倍体不育和单倍体不育。二倍体不育是由于二倍体组织中一些基因活动使生殖器官的发育至减数分裂的过程中发生异常造成的。单倍体不育是由杂种减数分裂后配子所携带的基因使配子或配子体在形成时出现异常。

（2）染色体不育：由于染色体结构上的差异，使这些染色体在减数分裂过程中不能联会或不均衡联会，形成的配子不育，有时还出现染色体不育和基因不育综合作用的情况。

（3）细胞质不育：杂种一代不育常是由于一个种的细胞质与另一个种的某些基因之间相互作用引起的。

（4）杂种的基因组是由差异较大的基因组物质组合的结果，其生理机能往往不协调。因而在其生长发育过程中受到不良环境条件的影响也更大。外界环境对其减数分裂至配子形成过程影响的结果往往造成杂种不育。

3. 克服杂种不稔的方法

（1）染色体加倍法：当远缘杂交的双亲染色体组或染色体数目不同而缺少同源性，致使 F1 减数分裂时染色体不能联会或很少联会，不能形成足够数量的、具有生活力的配子体而导致不稔，可采用染色体加倍法克服。如日本育成大白菜与甘蓝的远缘杂交就是采用杂种株染色体加倍，$2n=4x=38$，恢复了稔性，选育成功"白兰"。

（2）回交法：实践表明，回交法可显著提高稔性。回交时以远缘杂种作母本，以亲本之一作父本，如果两个亲本回交提高稔性的差异很大，应选用提高稔性高的亲本作轮回亲本；如两个亲本回交提高稔性的效果相似，应根据选育目标选择轮回亲本，使杂种后代加强选育目标所期望的性状。

（3）蒙导法：将远缘杂种嫁接到亲本或第三种类型的砧木上，或用已结实的带花芽亲本以及第三种类型的芽条作接穗嫁接在杂种植株上，也可以克服杂种由于生理不协调引起的难稔性。

（4）逐代选择法：远缘杂种的难稔性在个体间存在差异，同时在不同世代或同一世代的不同发育阶段也有差异，利用逐代选择可提高难稔性。

（5）改善营养条件。

三、远缘杂交育种程序

远缘杂交育种的基本步骤：确定育种目标→选择、选配亲本→杂交→杂种的分离→杂种的选择和培育→比较试验→获得新品种。在实际育种工作中，除了必须克服种间隔离而带来的不亲和和不育等问题，因而要注意亲本的选择和选配外，另一重要问题是怎样对杂种后代进行鉴定、选择和培育，获得生产上有利用价值的新品种。

（一）远缘杂种的分离和鉴定

远缘杂种分离十分复杂，一是分离的世代不确定，有的从 F1 代开始，有的从 F3 或 F4 代开始，持续多代难以稳定；二是杂种后代会表现出多种类型，常见的有如下三种类型：

（1）综合性状类型：杂种具有两个杂交亲本综合的性状，但是不稳定，随着有性繁殖世代的增加，继续发生分离，有的可能向两亲性状分化，有的可能形成新种类型。

（2）亲本性状类型：杂种的性状倾向于原始种或亲本，甚至与原始亲本完全一致，包括由于受精过程的刺激形成无融合生殖等原因所产生的非杂种。

（3）新物种类型：杂种产生了"突变"性质的变异，出现了新性状，成为另一个新种植物。

由于远缘杂交后代表现出复杂性，因此，必须对杂交后代作出严格的鉴定，鉴别它是否为真正杂种或伪杂种，鉴定的方法有：形态学比较、电镜技术、同工酶分析、分子标记技术、核型分析等方法，通过综合多方面的分析结果，才能比较准确地鉴别杂种的真伪。

（二）杂种的培育和选择

远缘杂交获得的杂种，仍只是一个育种资源，其后代分离世代长、稳定慢，造成育种周期长、效率低，因此在远缘杂交中，加强对后代分离的控制和选择，以获得具有优良性状且稳定的新类型，显得尤为重要。

对后代分离的控制常采用的方法有：①F1 代的染色体加倍，可提高育性，获得双二倍体的新类型；②回交，可克服杂种不稳性，增加杂种后代的优良性状比率；③诱导远缘杂种产生单倍体，将 F1 代花粉进行离体培养可产生单倍体植株，经过加倍便可获得纯合稳定的二倍体；④诱导染色体易位，利用物理或化学方法处理远缘杂种，诱导双亲染色体发生易位，即可避免杂种向两极分化，又可获得兼有双亲性状的杂种。

对远缘杂种的选择常用改良系谱法，其基本过程如图 5-8 所示，具体为：F1 代，选择优良组合，组合内不选择单株，混合收种；F2 代，既比较组合优劣，还要挑选优良组合内的优良单株，按株系收种；F3 代，选择优良株系；F4 代，选择优良系统群中的优良系统，再从优良系统中选择优良单株，如此，直到出现性状稳定且优良的系统或系统群，进入品种比较试验。

选择世代	选择对象及方法
F1	组合，组合内不选择
F2	组合，组合内选优株
F3	优系 —→ 优株
F4	优良系统群— —→ 优系 —→ 优株
≥F5	优良系统群 —→ 优系

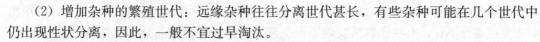

图 5-8　远缘杂交基本选择法

根据远缘杂种的特点，选择过程中应遵循下列原则：

（1）扩大杂种的群体数量：远缘杂种由于亲本的亲缘关系较远，分离强烈，因而杂种中具有优良新性状组合的比例不会很多，而且常伴随一些不利的野生性状，因此必须尽可能提供较大的群体，以增加更多的选择机会。

（2）增加杂种的繁殖世代：远缘杂种往往分离世代甚长，有些杂种可能在几个世代中仍出现性状分离，因此，一般不宜过早淘汰。

（3）再次杂交选择：由于远缘杂种后代分离延续世代长，因此，对于杂种一代中存在的一些比较优良类型可以进行杂种单株间的再杂交或回交，并对以后的世代继续进行选择，随着选择世代的增加，优良类型的出现率将会提高。特别是在利用野生资源作为杂交亲本时，野生亲本往往带来一些不良的性状，因此，还常将 F1 代与某一栽培亲本回交，以加强某一特殊性状，并去除野生亲本伴随而来的一些不良性状，以达到品种改良的目的。

（4）培育与选择相结合：对于远缘杂种，应给予充足的营养和优越的生育条件，选好适合的优良砧木，以及与多倍体育种等手段相结合起来，将有助于加速杂种性状的稳定，促进杂种优良性状的充分发育。

四、远缘杂交在园艺植物上的作用

1. 创造作物新类型

远缘杂交在一定程度上就能够打破物种之间的界限，促使不同物种的基因交流，从而形成新物种。现已查明：很多物种都是通过天然的远缘杂交和染色体加倍演化而来的，如普通小麦、陆地棉、普通烟草、甘蔗等。在园艺植物上：

通过天然远缘杂交获得了很多新类型，如：芸薹属中芜菁（$2n=20$）×甘蓝（$2n=18$）种间杂交形成芜菁甘蓝（$2n=38$）；油菜（$2n=20$）×黑芥（$2n=16$）杂交形成芥菜（$2n=36$）；樱桃李（$2n=16$）×黑刺李（$2n=32$）杂交形成欧洲李（$2n=48$）；摩天柱属仙人掌×金灿柱属仙人掌属间杂交形成 *Pachgerocereus* 属。

在人工远缘杂交获得新种质方面，如：苏联园艺学家米丘林（1960 年）以普通花楸（*Sorbus acuparia*）和山楂（*Cratasgus* sp.）进行杂交，获得了属间杂种'石榴花红楸'。美国著名的园艺学家布尔班克（1962 年）以杏（*Prunus armeniaca*）和中国李（*Prunus salicina*）进行种间杂交，创造了十几个有价值的种间杂种，其中有些结出硕大而品质风味良好的果实，有些则开花较迟，能避春霜和抗病等。匈牙利的 H. B. Tamaw（1980年）曾用山葡萄（*Vitis amurensis* R.）与葡萄（*V. vinifera* L.）杂交，选育了一些强抗寒性和抗病性，并具有玫瑰香味果实的杂种。С. С. Калатыков（1980 年）用核桃（*Jag-*

lans regia L.）与山核桃（*Carya cathoyensis Sarg*）杂交，得到的属间杂种，高度抗寒、高产、感染卷叶蛾很轻以及具有很高价值的果实。Sedov（1980 年）用梨和苹果进行种间杂交，育出了 6 个苹果新品种及 3 个梨新品种，分别在高产、早熟、优质、抗病、抗寒等方面表现良好。Lesnichii（1979 年）用李子与樱桃李远缘杂交得到很高的坐果率。Zhukov 和 Kharitonova（1974 年）用酸樱桃与 *Prunus padus* 杂交获得了高抗冷性类型杂种。Tywntkov（1974 年）用黑醋栗与鹅莓远缘杂交得到耐寒且抗病的鹅莓新品种。Shoferistou（1989 年）在油桃育种中应用野生桃子种 *Prunus davidiana* 与 *P. mira* 杂交产生了新的类型，果肉无纤维，果实略扁，叶子为红色。Len. Kov（1990 年）报道，用桃品种（Zholeznyi Kantsler）和巴旦杏（Posrednik）杂交获得了 3 个果实。波波娃（Popova，1965 年）用野生辣椒与栽培辣椒杂交，选育出了高产、果实密集而适于机械收获的新类型。

2. 创造雄性不育新类型

在一代杂种优势利用中，利用雄性不育系是简化制种手续的重要手段。但是一些作物尚未发现雄性不育，有些作物虽发现不育类型，但还没有找到保全不育的保持系。那么，利用远缘杂交的手段导入胞质不育基因或破坏原来的核质协调关系可获得雄性不育和保持系。

如温州市农科院利用远缘杂交成功将甘蓝型油菜细胞质雄性不育系转育到青花菜中（2006 年）。

3. 提高作物抗病性和抗逆性

由于长期自然选择的结果，野生种往往具有栽培种所欠缺的优异性状，如高度抗病性及免疫力，抵抗恶劣气候条件的能力。而植物栽培类型，通过长期人工选择，使得植物对不良环境条件的适应性受到削弱。因此，通过远缘杂交可以在栽培品种中引入有利基因。

如 *S. Tuberosum*×*S. demisum*，提高了马铃薯对晚疫病的抗性。栽培番茄×秘鲁番茄获得了番茄抗花叶病毒的亲本 Tm-2nv，后者作为亲本对番茄抗花叶病毒育种起到非常重要的作用。现代月季与东北月季杂交提高抗寒性。栽培牡丹与黄牡丹杂交提高抗病性。

4. 改良作物品质

作物的野生种往往干物质含量高，某些营养物质的含量显著高于现有的栽培品种。番茄一般品种干物质含量为 4％，糖 2％，维生素 C 为 11mg/100g。达斯卡洛夫（Daskaloff，1965、1966 年）用栽培番茄与秘鲁番茄进行远缘杂交，育成了富含维生素 C 的早熟品种，果实中干物质含量达 7％～11％，糖 5.0％～6.8％。奇米列乌斯基等用野生绿色番茄（*L. minutum*）与栽培番茄杂交选育出维生素 A 和番茄红素高含量品系。

5. 诱导单倍体

虽然远缘花粉在异种母本上常不能正常受精，但有时能刺激母本的卵细胞自行分裂，诱导孤雌生殖，产生母本单倍体。据不完全统计：通过远缘杂交已在 12 个物种中成功地诱导出孤雌生殖的单倍体。

6. 用于研究生物进化

大量育种实践证明，远缘杂交后代中可再现物种进化过程中所出现的一系列中间类型和新种类型，这为研究物种的进化历史和确定物种间的亲缘关系提供了实验根据，有助于进一步阐明某些物种或类型形成与演变的规律。

远缘杂交是高等植物基因组进化和新物种形成的主要动力之一，高等植物杂交与进化的关系一直是进化生物学上有争议的热点问题之一。一种观点认为，由于种间杂种在适合度（fitness）上的普遍劣势，杂交阻碍了进化；另一种观点则认为，杂交可以综合亲本种的适应性或创造出新的适应性，丰富基因库、拓宽生境，进而促进基因组进化和新种形成。可成活远缘杂种有三种主要命运：形成多倍体，二倍体重组或与亲本种之一回交（又称渐渗杂交）。

7. 利用杂种优势

某些物种之间的远缘杂种具有强大的杂种优势，如驴和马杂交产生的骡子具有强大的杂种优势，这是畜牧业利用远缘一代杂种优势的突出事例。前面介绍的自然产生的远缘杂种芜菁甘蓝也具有强大的杂种优势。蔬菜作物上利用远缘杂交优势有着广阔的前途，如马铃薯等无性繁殖蔬菜作物。花卉生产上通过多球悬铃木与一球悬铃木杂交产生的二球悬铃木已经成为长江流域主要的行道树。

本章小结

有性杂交育种是园艺作物育种最主要的方法之一，本章介绍了有性杂交育种的意义，杂交方式有双亲杂交和多亲杂交，有性杂交技术包括去雄、授粉、授粉后培育等关键步骤。重点是有性杂交亲本的选择和选配原则，要掌握杂交后代选择的方法，即系谱选择法和混合选择法的特点。学会制作回交和远缘杂交育种程序来解决生产实际问题，掌握克服远缘杂交障碍的方法。

思考题

1. 植物有性杂交育种的方式有哪些？各在什么情况下适用？
2. 如何确定园艺植物多亲杂交时亲本配组的先后顺序？
3. 在有性杂交育种中，系谱法、混合法和单子传代法各有什么优缺点？
4. 举例说明园艺植物有性杂交后代的培育条件与育种目标的关系。
5. 回交和自交的遗传效应有何不同？
6. 在园艺植物回交育种中亲本的选择、选配应注意什么问题？
7. 如何确定回交育种中后代的回交次数和选择方法？
8. 根据育种目标，试提出一种园艺植物的回交育种程序。

参考文献

[1] Recurrent Selection for Increased Protein Content in Yellow Mustard（*Sinapis alba* L.）[J]. Plant Breeding，2005（124）：382-387.
[2] 辣椒新品种鄂椒1号的选育 [J]. 中国蔬菜，2006（3）：26.
[3] 抗逆、早熟、优质鲜食杏新品种选育 [J]. 河北林果研究，2005，20（2）.
[4] 王小佳等. 蔬菜育种学 [M]. 北京：中国农业出版社，2011.
[5] 曹家树主编. 园艺植物育种学 [M]. 北京：中国农业大学出版社，2011.
[6] 沈德绪主编. 果树育种学 [M]. 北京：中国农业出版社，2008.

第六章 优势育种

在现代农业生产中，杂交 F1 代品种使用越来越多，如番茄、茄子、辣椒、甘蓝、白菜等有 50％以上使用杂交 F1 代，这些品种不仅产量高、品质优良，而且抗病性和抗逆性优于地方品种和当地主推品种，表现出很强的杂种优势。所谓杂种优势，指两个遗传性不同的亲本杂交产生的杂种，在生长势、生活力、繁殖力、适应性，以及产量、品质等性状方面超过其双亲的现象。利用杂种优势选育出杂交新品种的过程叫优势育种（Heterosis breeding）。

第一节 杂种优势的表现与利用

一、自交衰退

与杂种优势出现 F1 代超过亲本相反，大多数异花授粉植物会出现自交衰退（self-cross depression），自交衰退指异花授粉植物由于长期异交，不利的隐性基因被保存下来，一旦自交，隐性不利基因就表现出来，从而使自交后代出现生长势变弱、产量下降等现象。衰退程度因植物种类而异，如甘蓝、白菜、萝卜等自交衰退较严重，而瓜类中的甜瓜衰退较轻。

二、杂种优势的表现

（一）杂种优势表现的特点

1. 复杂的多样性

（1）杂种优势方向复杂：有的与人工选择方向一致，称正向优势，而与人工选择不一致的为负向优势，狭义的杂种优势或未作特别说明的一般指正向优势；

（2）杂种优势受组合不同和性状不同的影响，自交系间杂交优势优于自由授粉品种；杂种优势不是某一两个性状单独表现突出，而是综合性状表现突出。

2. 杂种优势强弱与亲本性状的差异及纯度关系密切

一般来说，在亲本自然杂交亲和前提下，亲本间的亲缘关系、生态类型、地理距离及性状上差异大且性状具有互补性时，其 F1 代的优势往往较强。在双亲的亲缘关系和性状有一定差异的前提下，亲本基因型纯合程度不同，杂种优势强弱也不同，纯合度越高，优势愈强。

3. F1 代的杂种优势效应值与双亲性状效应值不一定具相关性。即亲本性状好，F1 代不一定好，亲本性状差，其 F1 代不一定差。F1 代的杂种优势是由双亲的配合力决定的。

4. F2 代及以后世代杂种优势的衰退

构成杂种优势的基本条件是 F1 代群体间基因型的高度杂合和表现型的整齐一致，如单个基因型 AA 与 aa 杂交，F1 代全是 Aa 杂合基因型，因而杂种优势在杂种第一代表现最为明显，F2 代构成群体的基因有 AA、Aa、aa，出现了若干分离，因此表现出一定程度的衰退。一般而言：①杂交优势越强的组合，优势下降程度越大；②控制 F1 代性状的杂合位点数与杂种优势的衰退速度有关，杂合位点数越多，则 F2 代群体的纯合体越少，杂种优势的下降越慢；③作物授粉方式也影响 F2 代以后世代杂种优势的变化，一般异花授粉作物，F2 代群体内自由授粉，如不经过选择和不发生遗传漂移，其基因和基因型频率不变，则 F3 代基本保持 F2 代的优势水平。但如进行自交，或是自花授粉作物，则后代基因型中的纯合体将逐代增加，杂合体将逐代减少，杂种优势将随自交代数的增加而不断下降，直到分离出许多纯合体为止。

5. 杂种优势的利用决定于 F1 代的实际经济效益与生产 F1 代成本之间的相对效益。如某 F1 代的增产效益还抵不上生产 F1 代而增加的成本，那么这样的一代杂种就没有什么实用价值了。

（二）杂种优势表现的类型

杂种优势在功能上可分为体质型、生殖型和适应型。

1. 体质型（Luxuriance）杂种优势

也称旺势杂种优势，即杂种营养器官如茎、叶生长好，产量高，超过双亲，但繁殖能力却无增益，进化遗传学家往往把它归于"假"杂种优势。对于以营养器官为食用器官的园艺植物来说，体质型杂种优势具有较大的经济效益和应用前景。

2. 生殖型（Euheterosis）杂种优势

也称真杂种优势，即杂种生殖器官生长发育超过双亲，如结实器官增大、结实性增强，种子和果实产量高，但个体生长不一定超过亲本。对于以繁殖器官为食用产品的和种子繁殖的园艺植物来说，生殖型杂种优势也具有较大的经济效益和实用意义。

3. 适应型（Adaptation）杂种优势

杂种具有较强的生活力、适应性和生长竞争能力。对于综合性状优良的园艺植物来说，获得适应型的杂种优势有利于杂种 F1 代的推广。

三、杂种优势的度量方法

杂种优势度量的方法有：

（1）中亲优势（Mid-parent heterosis）：又叫超中优势，指杂交种（F1）的产量或某一数量性状的平均值与双亲（P1 或 P2）同一性状平均值差数的比率。计算公式为：中亲优势 $Hm=[F1-(P1+P2)/2]/(P1+P2)/2\times100\%$

式中，Hm 为杂种优势；F1 为杂种 1 代的平均值；P1、P2 分别为两个亲本某一性状的平均值。

意义：中亲优势可用于比较同一性状和不同性状间杂种优势的大小，但衡量的实用价值不大，因为即使 Hm 比较强，但若未超过大值亲本，也没有推广价值。

（2）超亲优势（Over-parent heterosis）：又称高亲值优势，是以双亲中较优良的一个亲本的平均值（Ph）作为衡量尺度，F1 平均值与 HP 差数的比率。计算公式为：超亲优势$=(F1-Ph)/Ph\times100\%$。

意义：若 F1 不超过优良亲本就没有利用价值，因此该法可直接衡量杂种的推广价值。

（3）超标优势（Over-standard heterosis）：指杂交种（F1）的产量或某一数量性状的平均值与当地正推广的品种（CK）同一性状的平均值差数的比率。也有的称为竞争杂种优势。计算公式为：超标优势 $Hs=(F1-CK)/CK\times100\%$。

意义：该法经济上能反映杂种在生产上的推广价值，若选育的 F1 杂种不能超过 CK，则没有推广应用价值。若不能提供任何与亲本有关的遗传信息，没有固定的可比性，一旦标准品种变了，Hs 值也就变了。

（4）杂种优势指数（Index of heterosis）：是杂交种某一数量性状的平均值与双亲同一性状的平均值的比值，也用百分率表示。计算公式如下：杂种优势指数 $H_i = F1/ (P1 + P2) /2 \times 100\%$。

意义：该法可以用来比较不同性状之间杂种优势的大小。

（5）离中优势（Off-mean heterosis）：是以双亲平均数之差的一半作为尺度衡量 F1 优势的方法。计算公式为：$Ho = [F1 - (P1 + P2)/2][(P1 - P2)/2] = h/d$，式中，h 为显性效应，d 为加性效应，加性效应是可以固定遗传的，而显性效应是基因型处于杂合状态时才有的，不能固定遗传。

意义：该法以遗传效应来度量杂种优势，可以反映杂种优势的遗传本质。

最后，可将杂种优势归纳为四类：当 F1 值大于 HP 值时，称为超亲优势；当 F1 值小于 HP 值而大于双亲平均值（MR）时，称为中亲优势或部分优势；当 F1 值小于 MP 值而大于 LP 值时，称为负向中亲优势或负向部分优势；当 F1 值小于 LP 值时，称为负向超亲优势或负向完全优势。

四、杂种优势利用

（一）杂种优势利用概况

杂种优势在中国的利用已有 1000 多年的历史，在《齐民要术》中有马和驴杂交产生骡子超过双亲的现象，1637 年出版的《天工开物》一书中有关于养蚕业利用杂种优势的记载。国外最早在烟草上发现杂种优势是在 18 世纪，19 世纪 60 年代达尔文首先发现玉米的杂种优势，1914 年 Shull 首次提出"杂种优势"的术语和选育单交种的程序，Pearson 在 1932 年首先提出利用自交不亲和系配制甘蓝杂种一代，Jones 等（1943 年）最先利用雄性不育系生产洋葱杂种一代。目前，杂种优势在蔬菜、水果、花卉、林木、饲养等上进行了大规模的应用，蔬菜方面，在日本，番茄、白菜、甘蓝杂种一代的使用占同类作物栽培面积的 90% 以上，黄瓜为 100%；在美国，胡萝卜、洋葱、黄瓜杂种一代占 85% 左右，菠菜为 100%；在中国，20 世纪 70 年代以来已有 50% 以上面积的黄瓜、西瓜、甘蓝、番茄、茄子、辣椒使用杂种一代品种，育成的蔬菜杂种一代品种数百个。在林木和花卉上，利用杂种优势的有金鱼草、三色堇、紫罗兰、蒲包花、四季海棠、藿香蓟、石竹、凤仙花、牡丹、丽春花、矮牵牛、万寿菊等。

（二）影响杂种优势利用的因素

杂种优势能不能利用取决于杂种产生的经济效益，而经济效益又与生产杂种种子的成本与杂种种子的推广有关。杂种种子的推广是市场因素，多数与种子质量和用种量有关，而杂种种子的生产成本主要决定于种子的繁殖系数、去雄授粉的劳动力成本，一般而言种子繁殖系数高则成本低，使用不需要人工去雄和授粉方法的劳动力成本低。

对于育种家和种子生产单位来说，利用杂种优势还可以保护自己的品种权益，因不能自己留种，农户只能从育种者中买种，取得了较好的经济效益。

（三）杂种优势的早期预测与固定

对于杂种优势的测定，较准确可靠的方法是使用群体遗传学方法，即测定亲本的配合力和遗传图距来估计，但这种方法工作量大，且易受环境和栽培条件的影响。为了降低育种成本，提高育种效率，有时可根据原始材料的情况对杂种优势进行早期预测，目前已报道的方法有：生理遗传学法和分子遗传学法。

1. 酵母测定法

单独利用或混合两亲本浸出液对酵母生长的刺激作用来区别，若两亲本混合液刺激酵母生长速度大于单个亲本浸出液的刺激作用，则用这两个亲本配组得到的 F1 可能具有较强的杂种优势。

2. 线粒体、叶绿体匀浆互补法

分别从亲本中分离出线粒体和叶绿体，测定单个亲本线粒体和混合线粒体的呼吸率，若混合液呼吸率高于单个亲本单独的呼吸率，则两个亲本配组可能有较强的杂种优势。叶绿体主要比较光合作用效率。

3. 同工酶法

如果两个亲本的同工酶谱不一样，则它们配组所得的 F1 可能有较强的杂种优势。

4. 分子标记法

利用 RFLP、AFLP、RAPD、STS 等标记来预测，若两个亲本谱带差异大，则这两个亲本配组出现杂种优势的机会就大。

因为杂种优势利用的成本较高，一旦获得就需要想办法固定下来，很多学者在这方面做了大量的工作，提出了如下杂种优势固定的办法：

(1) 染色体加倍法：根据显性假说，F2 之所以优势下降是因为 F2 出现了 25％的 aa 基因型，若将 F1 加倍成双二倍体 Aaaa，再自交，下一代出现 aaaa 的个体只占 6.25％。但此法只能减缓优势下降的速度，随着杂交世代的增加，基因型为纯合隐性的个体会逐渐增加，因此，此法的使用价值不大。

(2) 无性繁殖法：对于无性繁殖植物来说是固定杂种优势常用和有效的方法，但多数有性繁殖植物不容易进行无性繁殖，或成本过高，甚至有的比每年制种所需要的费用还大，因此对多数植物来说一时还难以实现。

(3) 无融合生殖法：无融合生殖实际上是无性繁殖的一种特殊形式。

(4) 平衡致死法：有些染色体片段处于杂合状态时表现正常的性状，处于纯合状态时表现植株致死，使存活下来的个体都有杂种优势。因此，利用此法可固定杂种优势。

第二节　杂种优势的遗传基础

围绕杂种优势的遗传基础 20 世纪初以来就作了很多深入的研究，但至今没有一个全面的解释，大家比较公认的是显性假说（Dominance hypothesis）和超显性假说（Overdominance hypothesis）。

一、显性假说

该假说由 Bruce 于 1910 年提出，1917 年 JonesD. F. 完善。显性假说认为：杂种优势来源于等位基因间的显性效应和非等位基因间显性基因的加性效应。多数显性基因是有利基因，而隐性基因多是不利基因，当两个遗传组成不同的亲本交配时，来自一个亲本的显性有利基因就会将来自另一个亲本的隐性有害基因遮盖住，从而使杂种 F1 个体表现出优势。因此，优势是异交生物群体赖以抵消有害突变的一种保护性机制。

显性效应（dominant effect）：指杂合位点上的显性或部分显性基因对隐性基因的互补效应。显性基因的加性效应（additive effect）：指非等位位点上显性效应的聚合，即不同位点显性基因的累加效应。

显性假说的不足：①该假说只考虑等位基因的显性效应，没有考虑等位基因的杂合本身所起的作用。无法解释数量性状是多基因遗传的，等位基因间往往不存在明显的显隐性关系。②该假说只考虑非等位基因间显性基因的加性效应，没有考虑非等位基因间的互作效应，无法解释 F1 出现的杂种负优势，无法解释自交系的产量与其杂交种的产量间没有高度的相关性，如 F1 产量超过双亲之和。③该假说没有涉及细胞质和环境对杂种优势所起的作用。

二、超显性假说

由 Shull 于 1908 年提出，East 和 Hull 于 1936 年完善，该假说认为：处于杂合态的等位基因间的互作效应和非等位基因间的上位效应是产生杂种优势的根本原因。如：一个基因 A 由于突变产生复等位基因 a_1、a_2、a_3 等。在杂合状态下彼此没有显隐关系，但在生理机能上，则各有微小的差异。纯合个体（a_1a_1、a_2a_2）只有一种代谢功能，杂合个体（a_1a_2、a_2a_3）则有两种代谢功能，因此 a_1a_2 的效应值有可能大于 a_1a_1 的效应值，出现超显性现象。

上位效应（Epistasis）指某一对等位基因的表现受到另一对非等位基因的影响，随着后者的不同而不同，也称非等位基因间的互作。上位效应会导致新的代谢途径，产生新性状。

超显性假说的指导意义：根据超显性假说，优势来源于基因的杂合状态，一旦纯合，优势便会丧失，因此该假说可以说明为什么杂交亲本要求选配亲缘关系远的、地理位置和生态类型差别大的自交系间杂交，该假说又称等位基因异质结合假说。

超显性假说的不足之处：着重基因的杂合性，同样不能解释所有的杂种优势现象。

三、对显性假说和超显性假说的评价

共同点：①显性假说和超显性假说都有大量的实验依据，都在一定程度上解释了杂种优势产生的原理。都承认杂种优势的产生是来源于杂交种 F1 等位基因和非等位基因间的互作；都认为互作效应的大小和方向是不相同的，从而表现出正向或负向的中亲优势或超亲优势。但认为基因互作的方式是不同的。②两种假说都忽视了细胞质基因和核质互作对杂种优势的作用。而叶绿体遗传、细胞质雄性不育性遗传以及某些性状表现的正反交差异等事例，都证实了细胞质和核质互作的效应，显然是两种假说的不足之处。

不同点：显性假说认为杂合等位基因间是显隐性关系，非等位基因间也是显性基因的互补或累加关系，就一对杂合等位基因来讲，只能表现出完全显性和部分显性效应，而不能出现超亲优势，超亲优势只能由双亲显性基因的累加效应而产生。超显性假说则认为杂合性本身就是产生杂种优势的原因，一对杂合性的等位基因，不是显隐性关系，而是各自产生效应并互作，因此，也可能产生超亲优势。如果再考虑到非等位基因间的互作，即上位性效应，出现超亲优势的可能性就更大了。由此可见，两种假说是互相补充的，而不是对立的。

第三节　优势育种的程序

一、优势育种的程序

优势育种的基本程序为：确定育种目标→收集原始材料→选育自交系→亲本配组及配

合力测定→确定制种途径及杂交方法→品种比较、区域及生产试验→品种推广。育种目标、材料收集、杂交技术在前面相关章节都有介绍，本章只介绍优势育种的两个最重要的步骤，即自交系选育和亲本配组。

（一）自交系的选育

自交系（Bred line）一般指异花和常异花授粉植物经过多年、多代连续的人工强制自交和单株选择，所形成的基因型纯合、性状整齐一致的自交后代。广义的自交系也包括自花授粉植物的纯系。

1. 选育自交系的原因

（1）通过自交，可使亲本的不利基因表现出来；

（2）通过自交可获得基因型纯合的亲本，用于配组，F1 表现才会整齐一致；

（3）选育不同优良性状的自交系，杂种优势会更加明显。

2. 优良自交系应具备的条件

优良自交系需具备如下条件：①具有较高的一般配合力；②具有优良的农艺性状；③基因型纯合，表型整齐一致。

3. 选育自交系的基本材料

要获得优良的自交系，首先必须有大量的原始材料，选育自交系的原始材料最好是具有栽培价值的农家定型品种和大面积推广的定型品种，因地方品种适应性强，有一些优良性状，但综合农艺性状较差，有些还出现自交衰退如大白菜、萝卜、甘蓝等，推广品种是经过选择改良的优良品种，具有较高的生产力和更多的优良农艺性状，是产生优良自交系的好材料，如广东新会苦瓜。其他类型的材料有自交系间杂交种、综合品种等，但需要花很长的时间才能纯合。而野生或半栽培种中的个别优良性状则须通过杂交、回交转移到栽培种中才能利用。

4. 选育自交系的方法

1）系谱选择法（图 6-1）

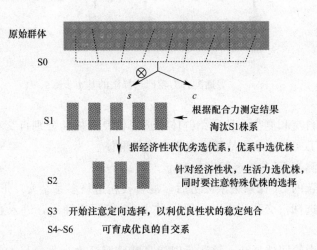

图 6-1 系谱法选择自交系的程序

（1）原始材料：尽可能选择优良的定型品种，如地方品种，使用杂种需要自交 5 代以上才能纯合。

（2）选株自交：在原始材料圃中选择优良单株自交，一般选 5～10 株自交，保证每株自交后代有 50～100 株。若原始材料是杂交种，S0 少选单株自交，若是高度自交不亲和品种，可选变异类型相似或相同的单株做成对交。

（3）逐代系间淘汰选择：首先进行株系间比较鉴定，在当选株系内选择优良单株自交。优良单株多的当选自交系多选单株自交，但也不能过分集中在少数当选株系内。一般每个自交二代需种植 20～200 株，高度自交不亲和种 S2 代需种植 200～2000 株。

（4）混合花粉提高生活力：待形成主要经济性状不分离、生活力不继续明显衰退的自交系后利用群体内混合授粉提高生活力。

（5）配合力的测定：在每一自交世代，对选择的优良自交系进行配合力的测定，淘汰配合力低的株系。

2）轮回选择法

该法是通过反复选择、杂交将分散在杂合群体中的各个个体、各条染色体上的优良基因集中，尽可能地增加后代选择和基因重组的机会，以提高品种或自交系群体内有利基因频率的方法。包括一般配合力轮回选择法和特殊配合力轮回选择法。

（1）普通配合力轮回选择法：该法是以提高普通配合力为主要目的的轮回选择法。具体步骤（图 6-2）为：

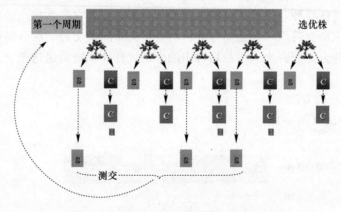

图 6-2　普通配合力轮回选择法的基本步骤

第一步：选株自交和测交。从原始群体中选择优良单株，分别自交和测交。需要特别注意的是测验种（Tester）必须是基因型杂合型的群体。

第二步：比较测交 F1，入选相应的 S1。

第三步：对入选的 S1 株系去杂去劣后，混合授粉进行多系杂交，形成改良群体。

第四步：重复选株自交和测交。一般经过 1～3 轮回选择后，进入系谱法程序选育自交系。

（2）特殊配合力轮回选择法：该法是以提高特殊配合力为主要目的的轮回选择法。其选择程序基本与普通配合力轮回选择法相同，不同之处就是测验种必须是基因型纯合的自交系或纯系。该法在选育出自交系的同时，选配出优良杂交组合。

（二）配合力

1. 配合力的概念及计算

在实践育种过程中发现，有些亲本本身表现好，其 F1 表现不一定好，相反，有些 F1 的优势强而它的两个亲本表现一般。配合力就是衡量亲本关系在其所配 F1 中生产力高低的指标。Spragne 和 Tatam（1942 年）提出配合力的概念，并将它分为一般配合力和特殊配合力。

1）一般配合力（General combining ability，GCA）

指某一亲本系与其他亲本系所配的几个 F1 某种性状平均值与该试验全部 F1 的总平均值相比的差值。计算公式为：

$$GCA = \overline{X} - \mu$$

如表 6-1 中所示，亲本 A 的一般配合力为 10.7－10.6＝0.1，亲本的 1 的一般配合力为－0.6。

4 个父本和 5 个母本所配 20 个 F1 小区平均产量与一般配合力的计算　　表 6-1

		1	2	3	4	平均	一般配合力
某亲本组合 性状调查值	A	10.2	11.0	10.6	10.8	10.7	0.1
	B	10.1	10.0	9.6	9.8	9.9	－0.7
	C	9.2	12.0	11.6	10.8	10.9	0.3
	D	10.6	10.3	11.1	11.5	10.9	0.3
	平均	10.0	10.9	10.7	10.7	10.0	
	一般配合力	－0.6	0.3	0.1	0.1		

一般配合力是个相对值，可以取正、负和零。一个亲本一般配合力高，说明该亲本与其他亲本杂交 F1 的平均水平有较高的期望值，那么两个一般配合力高的亲本配组，其 F1 是否也高呢？不一定。这主要取决于一般配合力的性状，可以通过组合育种途径育成定型品种。

2）特殊配合力（Specific combining ability，SCA）

也称组合配合力，是指某两个亲本所配特定的杂交组合与所涉及的一系列杂交组合平均值相比，其生产力高低的指标。即指某种特定组合的实际观察值（如产量或其他性状值）与根据双亲的普通配合力所算得的理论值的离差。计算公式为：

$$SCA_{ij} = X_{ij} - E(X)_{ij} = X_{ij} - \mu - G_i - G_j$$

SCA_{ij} 表示第 i 个亲本与第 j 个亲本杂交组合的特殊配合力效应，X_{ij} 表示第 i 个亲本与第 j 个亲本的杂交组合 F1 的某一性状的观测值；μ 表示群体的总平均值；$G_{i(j)}$ 表示 i（j）亲本的一般配合力。

如表 6-1 所示，$SCA_{C3} = X_{C3} - u - G_C - G_3 = 11.6 - 10.6 - 0.3 - 0.1 = 0.6$

2. 配合力在育种上的意义

遗传分析表明，自交系的性状是由纯合基因的加性效应决定的，是可遗传的，即无论是 A、a、B 还是 b，它们传递到下一代基本不会改变，A 还是 A，无论亲本间发生杂交与否，它本身所含的遗传信息不变。所有这些效应的积加构成加性效应。亲本携带的优良基因多，它与其他个体配组产生的优良性状也就多，表现为一般配合力好，因而一般配合力高的可采用常规杂交育种，进行优良性状的综合。

而 F1 性状除基因加性效应外，最主要的是由显性效应和非等位基因的上位效应所决定的，是非遗传的组分。杂种优势也是由基因的显性效应和上位效应决定的，所以主要取决于特殊配合力的性状，应该采用优势育种途径育成 F1 代杂种。

综合上述可知，当一般配合力高而特殊配合力低时，可采用常规杂交育种；当一般配合力和特殊配合力均高时，可采用优势育种；当一般配合力低，特殊配合力高时也可采用优势育种，而一般配合力和特殊配合力低则将株系和组合淘汰。因此，配合力测定是优势育种中必不可少的步骤之一。

3. 配合力测定的方法

配合力测定指设计一系列杂交试验，用统计分析方法从 F1 性能好坏角度出发评价亲本系的优劣，配合力测定结果因测验者、测验时间和测验方法而不同。

1）顶交法

又称同一亲本测配法，是指用 1 个自交系或品种作测验种，其他自交系为被测验种，测定各被测验种的配合力（图 6-3）。3～4 次重复，随机区组设计，按下列公式计算一般配合力和特殊配合力，并进行方差分析及显著性检验。

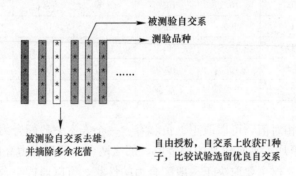

图 6-3　顶交法示意图

$$GCA = \frac{1}{n-2}\sum_i^n X_i - \frac{4}{n(n-2)}\sum_i^n \sum_{j<i}^n X_{ij}$$

$$SCA = \sum_i^n \sum_{j<i}^n X_{ij} - \frac{1}{n-2}\left(\sum_i^n X_i + \sum_j^n X_j\right) + \frac{4}{(n-1)(n-2)}\sum_i^n \sum_{j<i}^n X_{ij}$$

顶交法的优点：①所配组合数少，便于比较，统计方法简单。②测验者为自交系或纯系时所测结果近于特殊配合力，测验者为杂合品种或杂交种时，其结果近于一般配合力。③适用于雄性不育系或自交不亲和系作测验种，筛选配合力高的自交系来配制一代杂种。

顶交法的缺点：①试验结果不能分别测算一般配合力和特殊配合力，只能测算混合的配合力。②所测结果随测验种不同而不同，代表性差，一般只用于亲本的早代粗略测定。

2）轮配法，又称双列杂交（Diallel cross）

轮配法是指一套系统既作父本又作母本，有四种双列杂交配组方法（表 6-2）。此法不但可以估算一般配合力和特殊配合力，而且还可以深入揭示亲本性状遗传本质及与环境的关系。不同的轮配法，采用的统计公式不同，所获得的遗传信息也是不同的。轮配法试验一般按完全随机区组设计，重复 4～6 次，每小区随机抽取 5～20 个单株。

双列杂交轮配方法 表6-2

Ⅰ	A	B	C	D	Ⅱ	A	B	C	D	Ⅲ	A	B	C	D	Ⅳ	A	B	C	D
A	×	×	×	×	A	×	×	×	×	A		×	×	×	A		×	×	×
B	×	×	×	×	B		×	×	×	B	×		×	×	B			×	×
C	×	×	×	×	C			×	×	C	×	×		×	C				×
D	×	×	×	×	D				×	D	×	×	×		D				

注： Ⅰ. 包括正、反交和自交组合，组合总数为 $N=P^2$，P 为亲本数。
Ⅱ. 包括一套正交或反交和自交组合，组合数为 $N=P(P+1)/2$。
Ⅲ. 包括正、反交，但不包括自交组合，组合数为 $N=P(P-1)$。
Ⅳ. 只包括正交或反交中的一套组合，组合数为 $N=P(P-1)/2$。该法常称作半轮配法。

（三）亲本配组的方式

1. 单交种（Single cross cultivar）

指用两个自交系杂交配成的杂种一代，是目前用得最多、最重要的配组方式，其优点有：基因杂合程度最高，杂种优势强；株间性状一致性高；制种程序简单。更适合外观商品性要求严格的园艺作物。缺点是：自交系种子产量低，成本高，若缺乏制种手段，其应用受到限制。

在利用单交种配组时，亲本要注意下列原则：①选用一般配合力高的自交系，按轮配法或不规则配组法选配优良组合。②双亲经济性状差异大时，一般以优良性状多者或本地的自交系为母本。③选择繁殖力强的自交系母本，以花粉量大、花期长的自交系作父本。④选择具有苗期隐性性状的自交系作母本，以便苗期淘汰假杂种。

2. 双交种（Double cross cultivar）

指由四个自交系先配成两个单交种，再用两个单交种配成用于生产的杂种一代品种。

优点：种子繁殖数量经过 2 次放大，生产成本低，F1 适应性强；

缺点：株间一致性差，故园艺作物较少采用，除非以种子为商品的园艺作物。

3. 三交种（Three-way cross cultivar）

先用两自交系配成单交种，再与第三个自交系杂交得到的杂交种。优点是可降低杂种种子的生产成本，缺点是杂种优势与群体的整齐度不及单交种。

4. 综合品种（Poly-way cross cultivar）

由多个配合力高的自交系，在隔离区内任其自由授粉而得到的杂交种。其特点是遗传基础复杂，适应性强，制种简单，但一致性差，不同年份 F1 差异大，生产中表现不稳定。

二、有性杂交育种与优势育种比较

第五章中我们介绍了有性杂交育种，与本章优势育种在育种程序上有很多的相同点和差异，如都要经过确定育种目标、收集种质资源、选择选配亲本、进行有性杂交和品种比较试验、区域试验、生产试验、品种审定等育种步骤，结果都是获得杂交种。两者的差异表现在下面几方面：

1. 育种程序不同

第五章有性杂交育种是先杂后纯，而优势育种是先纯后杂，即先选育自交系，经过配合力分析和亲本配组，最后选出优良的基因型杂合的杂交种品种。

2. 利用的遗传效应不同

常规有性杂交育种利用的主要是加性效应和部分上位性效应，是可以固定遗传的部分。优势育种利用的是加性效应和不能固定遗传的非加性效应（显性效应和上位性效应）。

3. 制种方法不同

常规有性杂交育种方法简单，每年从生产田或种子田内植株上收获的种子可供下一年生产播种之用，因此成本较低。优势育种选育的杂交种不能在生产田留种，每年必须设置亲本繁殖区和生产用种地，程序繁杂，成本高。

4. 保护方式不同

常规有性杂交育种，一旦新品种育成推广，育种者便无法控制原种，新品种将会长期保存（繁殖）在民间，这种保护有利于保持生物多样性。优势育种中，育种者或种子生产者可以控制杂交亲本，控制种子生产的规模和数量，这有利于保护育种者和种子生产者的权益。

第四节　杂种一代的制种方式

在实践利用杂种优势中，制种途径十分重要，正确的制种途径不仅可生产出优质的种子，而且还可降低制种成本，提高效益，为此，育种者提出了很多的杂种一代的制种方式。

一、简易制种法

该法是利用植物的天然异花授粉习性，将2个或2个以上自交系置于一个隔离区内，任其自由受粉获得杂交种的途径。适用于花器小，人工去雄困难，又无其他有效的制种手段，且杂种优势强的异花授粉植物。简易制种法具有方法简单、制种成本低的优点。缺点是杂交率较低，一般在50%～90%。在没有其他好的制种方法的前提下，该法是一种原始且行之有效的制种途径。使用简易制种法要注意：①当正交＝反交时，父、母本按1∶1采用混播法、间行配置法、间株配置法种植，混收杂交种。②当正交≠反交时，父、母本按1∶x间行配置法，分别从两个自交系上收获正、反交杂交种。③父、母本分别在隔离区繁殖，用于下一年制种。

二、人工去雄杂交制种法

人工去雄也是一种原始的制种法，指人工去掉母本雄蕊（雌雄同株同花的植物）、雄花（雌雄同株异花的植物）、雄株（雌雄异花异株的植物），然后利用父本自然授粉（异花授粉植物）或人工辅助授粉（自花授粉植物），从母本上收获杂交种的制种途径。适用于花器大、去雄容易、种子繁殖系数大、每亩种植株数少的园艺植物，如茄科、葫芦科作物。人工去雄制种法父母本的种植方式、繁殖方式因园艺植物授粉习性而不同（表 6-3）。

人工去雄制种法示意图　　　　　　　　　　　　　　　　　　　表 6-3

	特种区				隔离母本繁殖区
异花授粉植物	雌雄异株花植物（如菠菜）	♀ ♂ 1：1			♀
	雌雄同株异花花植物（如瓜类、玉米）	♀ ♂ 3~4：1			♀
	雌雄同花的异花授粉植物（如洋葱、胡萝卜及十字花科蔬菜）	混播			♀
自花及常异花授粉植物	雌雄同花的自花授粉植物（如茄果类、豆类）	间行播种			♂

（右侧：隔离）

（1）对雌雄异株异花的异花授粉植物如菠菜，在隔离制种区内将父母本按 1：1 的行比种植，在雌雄可辨时，把母本行的雄株拔掉，要求每隔 2～3 天拔一次，连续 2～3 周，开花时依靠风力或昆虫传粉。这样在母本株上收获的种子即是杂种一代种子，在父本行雌株上所结的种子是父本的繁殖种子，可用作下一年制种的父本种子。但母本的繁殖需要另设隔离区。

（2）对雌雄同株异花的异花授粉植物如瓜类、玉米，在隔离的制种区内将父母本按 1：（3～4）的行比种植，在雌雄可辨时把母本行的雄花摘掉，这样在母本行上收获的种子就是杂种一代种子，父本行上收获的种子为父本的繁殖种。母本繁殖同样需单独设立隔离区。

（3）对雌雄同花的异花授粉植物如洋葱、胡萝卜等，可将父母本混合播种在隔离的制种区内，任其自由授粉，在母本株上收获的种子为杂种一代种子，父本株上收获的种子为父本的繁殖种。母本需另单独设立隔离区繁殖。

（4）对雌雄同花的自花授粉植物如茄果类、豆类植物，可在隔离的制种区内按间行播种父母本植株，在开花前将要杂交的母本花的雄蕊去掉，进行人工授父本花粉，这样在母本株杂交花上收获的种子为杂种一代种子，母本株未杂交的花上收获的种子为母本的繁殖种。父本需要另设立隔离繁殖区繁种。

三、利用苗期标记性状制种法

1. 定义与应用

苗期标记性状制种法指利用双亲和 F1 杂种在苗期的某些植物学性状的差异，对杂交后代较准确地鉴别出杂种苗和亲本苗的制种方法。苗期标记性状如结球白菜叶片的有毛与无毛，番茄的叶、绿茎，西瓜的全裂叶等，一般是可稳定遗传的质量性状，容易目测。该法较适用于异花授粉植物和常异花授粉植物。

2. 父母本种植和繁殖方式

在隔离的制种区，父母本行比为 1:(2~4)，母本应具有苗期隐性性状，父本具有相对应的显性性状。在苗期将具有母本隐性性状的假杂种拔除。利用自然授粉或人工授粉（自花授粉植物）。在母本上收获的种子为杂种一代种子。父本只提供花粉，花期结束后可拔掉父本，或留果实作为商品采收。另设父、母本繁殖区。

3. 优缺点

优点：方法简单易行，杂种种子生产成本低，能在较短的时间内生产大量的杂种一代种子。缺点：只适用于具有明显苗期性状的园艺作物。苗期标记性状拔除不干净可能产生假杂种。

四、化学去雄制种法

1. 定义与利用

指利用化学去雄剂或称化学杂交剂（Chemical hybridization agents，CHA），在植株生长发育的一定时期喷洒于母本，直接杀伤或抑制雄性器官，造成生理雄性不育，配制 F1 代化学杂交种（Chemical hybrid）的制种方法。我国在水稻、小麦、油菜、黄瓜、西瓜、菠菜等作物上得到应用。

2. 化学去雄剂要求及种类

理想的化学去雄剂要求：①去雄效果好，而不影响雌花或雌蕊的育性；②对用药剂量和施用时期的要求低；③与基因型和环境的互作效应小；④对作物药害轻、无残毒、价格低廉等。

目前，用于园艺作物化学杂交育种实践的化学去雄剂有：乙烯利、二氯异丁酸钠（FW450）、马来酰肼（MH）、甲基砷酸锌（杀雄一号）、达拉朋（三氯丙酸）、二氯乙酸、核酸钠、萘乙酸、矮壮素等。

3. 化学去雄法的特点

该方法的优点是亲本选择范围广，易选配强优势组合；缺点是杀雄不彻底、负效应大、成本高。目前的关键是筛选高效、便宜、无残毒的化学去雄剂。

另外，要选择适宜的施用化学去雄剂时期和剂量。所谓适宜的施用时期，是指能诱导最大的雄性不育度，而对雌蕊育性无影响或影响甚小，并不产生或极少产生其他不良效应的施用时期。在花粉母细胞形成前或减数分裂或更早些进行喷射。

五、利用雌株系制种法

1. 定义

雌株系指雌雄异株作物，如菠菜，通过选育获得遗传稳定，系统内全部为纯雌株或大部分为纯雌株，少部分为雌二性株（同一株上有大量雌花、少量雄花）系的系统。

2. 制种方法

在隔离的制种区父、母本按 1:(2~3) 的行比种植，开花期除去雌株系中个别发生的两性花或雄花，任其自由授粉。在雌株系上收获 F1 代杂交种。在父本上收获种子下一年继续作父本，或另设父本繁殖区。

3. 母本雌株系的选育与繁殖

选育：以纯雌株为母本，以雌二性株为父本两两配对测交，同时父本自交，通常选育 4～6 代，分别获得雌株系及相应的保持系（雌二性株系）（图 6-4）。

繁殖：以 100％纯雌株作母本，以雌二性系作父本杂交，在母本上收获的种子为 100％纯雌株。

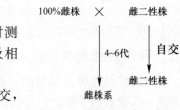

图 6-4　雌株系选育示意图

六、利用雌性系制种法

1. 定义

雌性系（Female flower line）是指雌雄同株异花的作物如瓜类的黄瓜，全部为纯雌株的纯雌系和全部或大部分为强雌株，少部分为纯雌株的强雌株系。

2. 利用雌性系制种的方法

在隔离区内，父、母本行比为 1：（3～6），开花期摘除母本出现的少量雄花，任其自由授粉，在雌性系上收获 F1 代杂种，在父本行收获父本种子或另设父本繁殖区。

3. 雌性系的选育与繁殖

（1）选育：雌性系可从国内外引进雌性系直接利用或转育；也可从以雌性系为母本的 F1 代杂种自交分离选育出来；还可用雌雄株与完全花株或雌全株杂交，可以从后代内分离出纯雌株，再经回交、诱雄、自交得到。

（2）繁殖：可以强雌株系作保持系，以雌性系为母本，在母本上收获雌性系。也可在隔离区用赤霉素（GA₃）、硝酸银或硫代硫酸钠处理促使部分雌性株产生雄花，利用天然授粉，采收的种子供下一代母本之用。赤霉素诱雄的有效浓度是 $1\sim1.5g/L$，硝酸银为 $50\sim500mg/L$，硫代硫酸钠为 $920mg/L$。

雌性系选育与应用举例：绿秋菠菜的选育过程（林碧英等，2007）

从 1999 年开始，选育者先后从国内外收集到 57 份菠菜种质资源材料。

母本的选育：母本 48-1 是从福建地方品种中筛选出的优良单株，经连续 4 年自交分离纯化、鉴定，与此同时开展雌性系选育工作。即同一品种内进行纯雌株和雌二性株（雄花率在 5％以下）两两配对杂交，也就是在开花时，把雄株全部拔除，用性状相似的雌二性株人工给纯雌株授粉，再将纯雌株的后代进行各个单株系（系统）间比较鉴定，系统内再选留雌株率较高的若干纯雌株，翌年在相应的系统内选择若干雄花率在 5％以下的雌二性株再两两配对测交；同时，对雌二性株人工隔离授粉、单株采种（作为保持系）。如此逐年进行定向选育、测交筛选，2002 年从中筛选出生长速度快、株系内雌株率较高的 14 份材料。2002 年秋季重点对其中株形、抗逆性表现突出的材料进行各个单株系（系统）间比较鉴定，筛选出生长快、产量高、抗逆性强、株形好、性状相对稳定、雌性比较强的株系 48，并在 48 强雌株系内选择 10～20 株同相应的父本继续进行测交。经过连续 4 年的选择，从中筛选出 4 个雌株系（雌株率由原来的 65％提高到 95％），及雄花率在 5％以下的保持系。其中 48-1 植株直立，叶面光滑，叶片尖形、淡绿色，单株较小，耐热性好，早熟。

父本的选育：引进的圆叶材料经 4 代连续自交分离选择，选出稳定自交系 54，株形直立，生长快，耐热，植株大，叶片肥厚，叶柄中长，品质佳，适宜秋、冬种植。

2002 年春配制组合，其中 48-1×54 组合表现突出，生长整齐，叶片宽大，产量高，耐热性好。2002～2003年秋进行品种比较试验，2004～2006年参加福建省菠菜区域试验和生产示范，2006年10月通过福建省非主要农作物品种认定委员会认定，定名为绿秋。

七、利用雄株系制种法

石刁柏是雌雄异株植物。雄性为XY，雌性为XX。雄株产量高、品质好，选育全雄株的一代杂种用于生产，采用花药或花粉培养获得Y和X的单倍体植株，经过染色体加倍成为超雄株（YY）和纯合雌株（XX），以无性繁殖将其固定下来，育成超雄株系和纯合雌株系。

制种时按1∶（12～13）的行比种植超雄株系（父本）和纯合雌株系（母本），在隔离区内任其授粉，在母本上收获全雄株F1代杂交种（XY）。

八、利用雄性不育系和自交不亲和系制种法

雄性不育系和自交不亲和系内容很多，后两节分别作介绍。

第五节　雄性不育系的选育与利用

一、雄性不育的概念与作用

（一）基本概念

雄性不育（Male sterility，简称MS）是指两性花或雌雄同株的植物，雌性器官正常，雄性器官畸形退化，不能产生功能正常的雄配子——花粉的现象。

雄性不育系（Male-sterile line，简称A系）是指通过人工选育，在雌性器官发育正常的两性花或雌雄同株植物中获得遗传性稳定的雄性不育系统。作为母本的雄性不育系要求经济性状优良、配合力高、雌性器官发育正常。

（二）雄性不育在育种中的作用

（1）利用雄性不育系配制一代杂种是杂种优势利用最优化的制种途径，可节省大量的去雄的人力和时间，降低杂种种子的生产成本。

（2）可避免人工去雄由于操作创伤而降低结实率和由于去雄不及时、不彻底或天然杂交率不高而混有部分假杂种的弊病，大大提高杂种种子生产产量和质量。

（3）为一些因花器小、人工去雄困难、种子产量低但杂种优势显著的十字花科、百合科、伞形科等园艺植物的杂种优势利用开辟了新途径。

二、雄性不育的类型及遗传机制

（一）雄性不育的表型分类

1. 结构性雄性不育（Structural male sterility）

表现为花药缺失或发育不全、瘦小、萎缩，雄蕊退化或畸形，如瓣化、丝化、心皮化，从而导致小孢子组织不能发育或小孢子发生不能正常进行。

2. 小孢子发生性雄性不育（Sporogeneous male sterility）

雄蕊外观正常，但小孢子或雄配子发生出现障碍，导致花粉不能产生或花粉成熟前败育。这种类型包括了整个减数分裂过程的雄性不育突变体。

3. 功能性雄性不育（Functional male sterility）

能形成有生活力的花粉，但花粉不能到达柱头完成受精。这些障碍包括花药不开裂散

粉或迟熟迟裂；雌蕊异长（长花柱）无法自花授粉；花粉外壁发育不完全，花粉粘连在一起。

4. 产雌性（Gynecious）

在雌雄同株异花植物上，如葫芦科，只产生雌花，雄花退化或早期脱落。

（二）雄性不育的基因型分类

1. 细胞核雄性不育（Genic male sterility，GMS）

简称核不育，雄性不育性受核基因控制，控制基因有隐性的，也有显性的，如：番茄花粉败育基因 Ge、大白菜的雄性不育基因 Sp 等；基因对数有一对的，也有多对的；有的有主效基因，有的有修饰基因。

2. 细胞质雄性不育（Cytoplasmic male sterility）

不育性完全由细胞质控制。所有可育系给其授粉均可保持其不育性，找不到相应恢复系。

3. 核质互作雄性不育（Gene-cytoplasmic male sterility，CMS）

雄性不育既受细胞核基因又受细胞质基因的控制。核质互作不育系可实现"不育系、保持系、恢复系"三系配套，是以果实或种子为产品的农作物较理想的雄性不育类型。

（三）雄性不育的遗传机制

1. 细胞质雄性不育的遗传机制

遵循母系遗传规律。

2. 细胞核雄性不育的遗传机制

GMS 仅受细胞核基因控制，遵循孟德尔遗传规律。GMS 基因常见为 1～2 对，表现为"两用系"的特征。

（1）一对隐性核基因控制的雄性不育

现在发现的 GMS，88% 属于隐性核基因控制的雄性不育。对隐性核基因控制的雄性不育，假设不育基因为"ms"，则不育植株基因型为"msms"，可育株基因型为"Msms"（杂合体）或"MsMs"（纯合体）。

遗传模式为：msms（不育株）×
Msms（可育株），后代出现 50% Msms
（可育株）和 50% msms（不育系），可育
株自交 F2 代出现 3：1 的可育与不育之
比。不育株与父本株杂交可获得杂种 1 代
用于生产（图 6-5）。

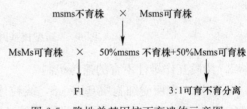

图 6-5　隐性单基因核不育遗传示意图

通常隐性单基因核不育找不到完全的保持系，不育株只能通过测交获得，但只能获得不育株率稳定在 50% 左右的雄性不育两用系（甲型两用系或 AB 系）。

（2）一对显性基因控制的雄性不育

显性核基因控制的不育仅占植物雄性不育的 10%。假设不育基因为"Ms"，则不育株基因型为"Msms"和"MsMs"，但 MsMs 是一种理论上的存在，实际上没有办法获得。可育株基因型为"msms"。显性核不育找不到完全的恢复系，不育株也只能通过测交获得，也只能获得不育株率稳定在 50% 左右的雄性不育两用系（乙型两用系）。利用乙型两用系作母本制种的时候，需要拔除其中的可育株（图 6-6）。

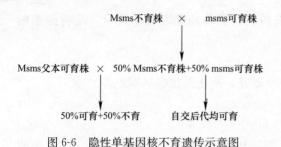

图 6-6 隐性单基因核不育遗传示意图

（3）新型核基因控制的雄性不育

在育种过程中发现，利用结球白菜甲型两用系的不育株作母本与乙型两用系可育株杂交，后代某些组合可获得 100% 的不育株率，对此提出了新的两种不育假说。

一种是核基因互作假说：认为不育性由两对核基因控制，显性核不育基因 Ms 对能育基因 ms 为完全显性，显性抑制基因 I 对非抑制基因 i 为完全显性，不育株基因型为 MsMsii 和 Msmsii，可育株有 MsMsII、MsMsIi、MsmsII、MsmsIi、msmsII、msmsIi、msmsii 七种基因型。

另一种是复等位基因假说：认为控制育性位点的是三个复等位基因 Ms^f、Ms 和 ms，Ms^f 为显性恢复基因，Ms 为显性不育基因，ms 为隐性可育基因，三者之间的显隐关系为 $Ms^f > Ms > ms$，不育株基因型为 MsMs 和 Msms，可育株基因型有 Ms^fMs^f、Ms^fMs、Ms^fms 和 msms 四种。甲型两用系的不育株 MsMs 与乙型两用系的可育株 msms 杂交，可获得 100% 雄性不育系。

两种假说的遗传模式如图 6-7 所示。

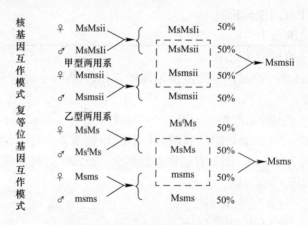

图 6-7 新型核基因控制不育的遗传模式

3. 核质互作雄性不育的遗传机制

不育性一方面受细胞质基因（S，线粒体 DNA、叶绿体 DNA 及质粒和附加体 DNA）控制，呈母系遗传，另一方面也受细胞核基因控制。此种类型的雄性不育有下列特点：

（1）不育株基因型为 S（msms），可育株基因型：F(MsMs)、F(Msms)、F(msms)、S(MsMs)、S(Msms)。S—细胞质中的不育因子；F—细胞质中正常的可育因子。

（2）既能筛选到保持系，又能找到恢复系，可以实现"三系"配套，是以果实或种子为产品的农作物理想的不育类型。由于白菜的产品器官是营养体，所以无需筛选保持系。

（3）不育性的表达有一定的环境敏感性，如水稻上的光敏和温敏不育。

遗传模式：S(msms)×F（msms)→S(msms)，即 F(msms) 为雄性不育保持系。

S(msms)×F（MsMs) 或 S(MsMs)→S(Msms)，即 F(MsMs)、S(MsMs) 为雄性不

育恢复系。

已发现或人工转育的核质型雄性不育园艺植物包括洋葱、萝卜、胡萝卜、辣（甜）椒、大白菜和菜薹等。

三、雄性不育的选育

（一）雄性不育材料的获得与临时保存

1. 自然突变

植物 MS 自然突变率约万分之几到千分之几，一般在古老农家品种或异花作物的自然突变率高于新品种或自花授粉作物。目前应用于生产的雄性不育源大多数都来自自然突变。

2. 人工诱变

理化诱变剂诱发细胞质或细胞核基因突变，从而产生 MS。但多数变异不能稳定遗传，目前做到定向诱变还很困难。

3. 远缘杂交

将某物种细胞核置换到另一种不同的细胞质中，通过核质互作产生雄性不育。这是创造和转育新的雄性不育源的主要途径之一。在已发现的雄性不育材料中，其中约 10％的 GMS 材料，约 70％以上的 CMS 材料是通过种间或属间杂交而获得的。

4. 地理远距离品种间、不同生态型品种间杂交及自交

地理或生态隔离，基因型差异大，杂交易产生不育株；雄性不育多为隐性性状，通过自交可使隐性基因纯结合，出现不育株。

5. 生物工程创造 MS

通过原生质体融合、染色体易位、倒位，基因工程构建雄性不育基因等。

6. 引进不育源转育雄性不育系

引进雄性不育杂交种，进行自交分离，可得到雄性不育系。

（二）优良雄性不育系应具备的条件

1. 雄性不育遗传性稳定，不易受环境等因素影响。

2. 雄性不育彻底，不育株率为 100％，不育度为 95％以上。

不育度（Degree of sterility）即雄性不育的程度，通常指雄性不育花占总花数的百分数。单株不育度是指雄性不育花占单株总花数的百分数。群体不育度是指雄性不育花占群体总花数的百分数，调查时一般把单花或单株按雄性不育程度进行分级，采用加权法统计单株和群体不育度。

$$不育度＝(\Sigma 株数\times级别)/(最高级别\times总株数)\times100％$$

3. 雌蕊、蜜腺、花冠等正常。

4. 容易找到保持系。

5. 配合力高，抗病性强，经济性状优良。

6. 雄性不育恢复谱广，即容易找到恢复系（产品是果实、种子器官的园艺作物）。

（三）雄性不育系的选育

1. 细胞质雄性不育系的选育

选择配合力高、性状优良的自交系或其他优良材料为轮回亲本，细胞质不育的雄性不育株为供体亲本，进行饱和回交，即可获得该轮回亲本的细胞质雄性不育系（图 6-8）。

2. 细胞核雄性不育系的选育

将受一对隐性核基因支配的 GMS 经选育可获得一个既作不育系用又作保持系用的稳定遗传的系统。两用系的选育就是把同一品种中的不育株 msms 和杂合可育株 Msms 筛选出来，再进行多代兄妹交即可（图 6-9）。

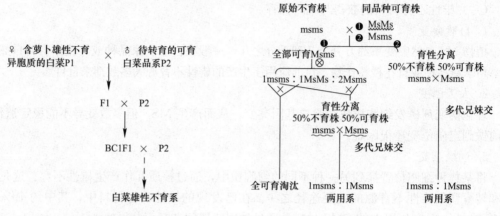

图 6-8 胞质雄性不育的选育　　　　　图 6-9 GMS 系选育示意图

（1）测交：以原始不育株为母本，同品种或其他品系可育株作父本，进行成对测交，下一代鉴定各测交组合育性。

（2）自交，回交及兄妹交：如测交 F1 全部可育，测交后代自交。如测交 F1 出现育性分离，选择不育株率高的组合中的不育株为母本，进行成对回交，相应父本自交。或选择不育株率高的组合中的不育株为母本，可育株为父本进行成对兄妹交。

（3）继续回交及兄妹交：对回交及兄妹交进行育性鉴定，如果连续回交和兄妹交，其不育株率稳定在 50% 左右，即获得细胞核控制的雄性不育"两用系"，进一步鉴定甲、乙型两用系及核基因互作雄性不育系。

3. 细胞核雄性不育系的转育

通过选育或引种获得的雄性不育系，如果配合力不高或其他经济性状不符合育种目标时，就需要把雄性不育系的不育性转移到配合力高、经济性状符合要求的系统上去，这个育种过程就称为雄性不育系的转育。转育方法：回交自交交替法（图 6-10）。

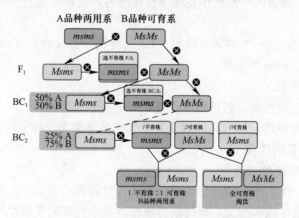

图 6-10 GMS 系的转育

4. 质核互作雄性不育系的选育

胞质雄性不育系能否育成，首先取决于是否能找到相应的遗传稳定的保持系。雄性不育保持系，又称 B 系，是用来给雄性不育系授粉，使每个后代植株继续保持着雄性不育特性的纯合自交系，基因型为 F（msms）。雄性不育系是在与保持系的连续回交中产生的，又是与保持系的连续回交中保存的，所以，保持系与不育系除育性外，其他经济性状完全相同，这种保持系为"同型保持系"，只有同型保持系的性状稳定、纯合，不育系的性状才能稳定遗传，才能使杂种一代具有稳定的优势。选育保持系常用的方法有测交连续回交筛选保持系和人工合成保持系两种。

雄性不育恢复系，又称 C 系，是用来给雄性不育系授粉，使杂种一代品种群体中每个植株恢复雄性繁殖能力的纯合自交系，基因型为 F（MsMs）、S（MsMs）。恢复系是杂种一代的父本，应具有良好的综合性状和高配合力，若杂种一代以种子为产品，父本育性恢复度要高而稳定。

（1）测交及连续回交筛选保持系

成对测交及自交：以不育株为母本，以其他品种或原品种的若干正常可育株为父本，进行成对测交，同时相应的父本株作自交。鉴定每一个测交 F1 的育性，如果某一个测交后代的不育株率为 100%，不育度为 95% 以上，则这就是雄性不育系；它的父本自交系就是保持系。

连续回交及自交：通常各测交 F1 不育株率不同，选用不育株率高的 F1 作母本，用相应的父本成对回交，对应父本自交。下一代鉴定回交一代育性，选择不育株率高者再继续回交和自交，一般经 3~6 代饱和回交即可选育出雄性不育系，相应的父本系就是保持系。在从测交 F1 开始的选育过程中，如果发现某一测交组合 F1 或回交组合不育株率为 0，则相应的父本系就是恢复系（图 6-11）。

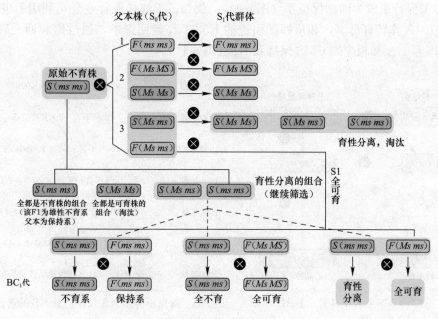

图 6-11　测交筛选保持系示意图

（2）人工合成保持系

在被筛选的品种群体中，若不存在基因型为 F（msms）或 F（Msms）的植株，则无法在该品种群体中获得保持系，此时可采用人工合成保持系的方法。即采用人工杂交的方法，把不育株 S（msms）的核基因转移到恢复系 F（MsMs）的可育细胞质中，合成出保持系 F（msms）（图 6-12）。

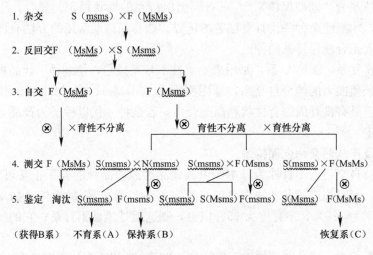

图 6-12　人工合成保持系示意图

5. 雄性不育系的转育

如果引进或选育的雄性不育系经济性状不符合要求或配合力不高时，就需要进行不育系的转育。直接转育法：选经济性状好、配合力高的品种内植株与不育系测交，从中筛选对不育性保持能力高的植株（即异型保持系）。然后用获得的不育株与异型保持系反复回交，使异型保持系成为同型保持系（图 6-13）。例如，天津神农种业公司利用引进的 CMS 不育源 9701A 作转育母本，和从韩国引进的 K9267 作轮回亲本，通过饱和回交转育得到新的 CMS 系 KA 和相应的 CMS 保持系 KB（图 6-14）。

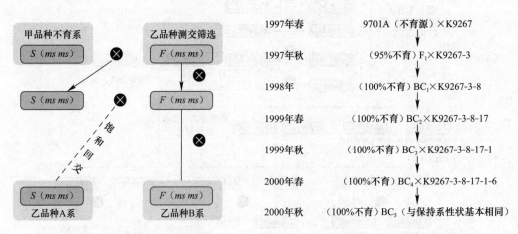

图 6-13　CMS 系直接转育示意图　　6-14　辣椒不育系 KA 及保持系 KB 的选育示意图

间接转育法：是用乙品种作轮回亲本与甲品种保持系反复回交，不断增加乙品种的遗传物质，使甲保持系变成乙保持系。与此同时，也和甲不育系回交，使之变成乙不育系（图 6-15）。

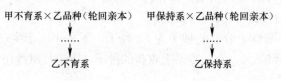

图 6-15　CMS 系间接转育示意图

四、雄性不育在制种上的利用

（一）利用 GMS 系生产一代杂种种子

选育优良的两用系作母本配制杂种一代，是利用 GMS 的唯一有效方法。两用系中一半是可育株，在授粉前必须拔除。若拔除不干净，会造成假杂种。最好利用苗期标记性状除去可育株。对于还没有育成切实可用的 CMS 系的作物种类，GMS 系无疑具有重要利用价值。

GMS 制种通常采用三区三系制种法（图 6-16）。一是隔离的杂种一代制种区，在区内雄性不育两用系（AB 系）与父本系（恢复系）按（3～5）：1 行比种植，调整花期相遇，AB 系株距为正常密度的 1/2。从初花期开始，拔除 AB 系中 50％ 的可育株，然后任其自由授粉或人工辅助授粉，在不育株上收获 F1 杂种用于生产。在父本株上收获的种子，下一年可继续作

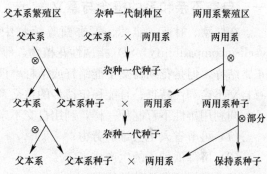

图 6-16　GMS 三区三系制种示意图

父本种子用于生产 F1 种子。二是父本系繁殖区，在繁殖区任其自由交配，收获父本种子。三是隔离的雄性不育两用系繁殖区，在这个区内只种植两用系，开花时标记好不育株与可育株，只从不育株上收获种子，可育株在花谢后可拔除。不育株上收获的种子一部分继续作繁殖用，另一部分用于制种。

（二）利用质核互作（CMS）系生产一代杂种种子

CMS 系是杂种一代的母本，要求农艺性状好、配合力高；父本与 CMS 系的配合力要高（注意：以营养器官为产品时，父本不一定要是恢复系。若以种子和果实为产品时，父本一定要是恢复系）。CMS 系的利用，使杂种率达到 100％，特别适合于异花授粉作物中花器小的作物。利用 CMS 系制种可采用"两区三系制种法"（图 6-17）或"三区三系制种法"。

CMS 两区三系制种法即设立隔离的杂交一代制种区、不育系和保持系繁殖

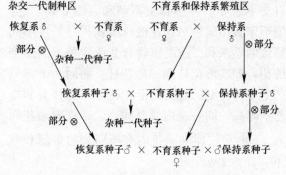

图 6-17　GMS 三区三系制种示意图

区。在不育系和保持系繁殖区内按 1：（3～5）的行比种植保持系和不育系，隔离区内任其自由授粉或人工辅助授粉（对自花授粉植物）。在不育株上收获的种子大部分用作下一年 F1 种子的生产，少部分用作不育系的繁殖，在保持系上是后货的种子仍作保持系用。在 F1 代制种区，按 1：（3～5）的行比种植父本（恢复系）和雄性不育系。隔离区内任其自由授粉或人工辅助授粉，在雄性不育株上收获的种子为 F1 种子，下一年用于生产。如果雄性不育系的不育株率和不育度均为 100%，在父本系上收获的种子，下一代继续用于 F1 制种，否则另设父本隔离区繁殖父本系。

CMS 三区三系制种法基本上同 GMS 三区三系制种法，只是将两用系繁殖区变成雄性不育系繁殖区，即 CMS 三区为制种区、父本繁殖区和不育系繁殖区。CMS 在生产利用上还有人采用四区三系制种法，即设立 F1 制种区、恢复系繁殖区、保持系繁殖区、雄性不育系繁殖区四个区，但实际应用很少。

第六节　自交不亲和系的选育与利用

一、自交不亲和系的概念与意义

在白菜、甘蓝、雏菊、藿香蓟等植物中普遍存在自交不亲和的现象，自交不亲和（self-incompatibility，SI）指两性花植物，雌雄性器官正常，在不同基因型的株间授粉能正常结籽，但是花期自交不能结籽或结籽率极低的特性。通过连续多代自交选择，育成具有自交不亲和性特点、且能稳定遗传的自交系叫自交不亲和系。

同利用雄性不育制种一样，利用自交不亲和具有：

（1）可节省人工去雄的劳力；

（2）可降低种子的生产成本；

（3）可保证高的种子质量。

自交不亲和发生在受精的不同时期和不同的部位，表现为：①花粉在柱头上不能正常萌发。②花粉萌发后花粉管不能进入柱头。③花粉管进入柱头后在花柱中不能继续延伸。④花粉管到达胚囊后精卵不能结合。

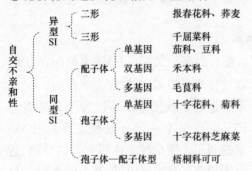

图 6-18　植物自交不亲和分类及代表植物

二、自交不亲和性的遗传和生理机制

（一）自交不亲和的类型和遗传机制

根据花系的不同，自交不亲和可分为同型自交不亲和和异型自交不亲和（图 6-18）。异型不亲和指同种植物花的雌雄蕊相对长度不同导致的不亲和。这类植物有 2 或 3 种不同类型的花，即二形花柱和三形花柱，而同一个体只产生一种类型的花。二形花柱即雌蕊柱头和雄蕊不等高，同一花内雄蕊同高，这样同型花间授粉不亲和，异型花间授粉亲和（图 6-19a）。三形花柱即同一花内有不同高的雄蕊和雌蕊，同一花内授粉不亲和，异型花间授粉亲和（图 6-19b）。

同型不亲和，指雌雄蕊相对长度相等但仍自交不亲和。关于同型不亲和，现在普遍认

可的是 East 提出的"对立因子学说"。他的
基本点是：当雌雄性器官具有相同的 S 基因
时，交配不亲和，雌雄双方的 S 基因不同时，
交配能亲和。S 基因控制的不亲和性可分为
配子体型和孢子体型不亲和两类。

1. 配子体型不亲和 （gamatophytic self
incompatibility，GSI）

亲和与否取决于花粉本身所带的 S 基因是
否与雌蕊所带的 S 基因相同。亲和关系类型有
三种：①完全不亲和，即双亲携带的 S 基因完
全相同，如 $S_1S_1 \times S_1S_1$、$S_1S_2 \times S_1S_2$；②部分
亲和，即双亲所携带的 S 基因部分相同，如
$S_1S_1 \times S_1S_2$、$S_1S_1 \times S_1S_3$；③完全亲和，双亲
携带的 S 基因完全不同，如 $S_1S_2 \times S_3S_4$。烟草
和秘鲁番茄的自交不亲和属于单位点配子体
型，而禾本科植物属于二位点配子体型。

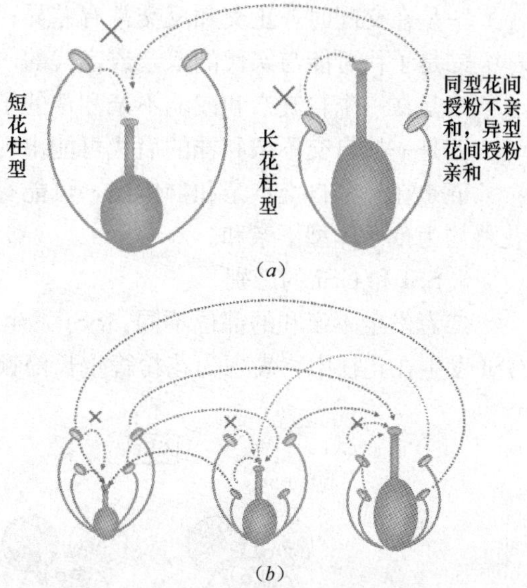

图 6-19　异型不亲和类型
(a) 二形花柱；(b) 三形花柱

2. 孢子体型不亲和 （SSI）

亲和与否取决于产生花粉的亲本携带的 S 基因是否相同，若雌、雄孢子体基因型中无
相同的 S 基因，表现亲和；若雌、雄孢子体有一个相同的 S 基因，如 $S_1S_2 \times S_1S_3$，若 S_1
为隐性，则亲和；若相同的 S 基因在雌雄双方都起作用，即不存在显隐性关系，表现为不
亲和。

孢子体型杂合的 S 基因之间，在雌雄之间存在着独立遗传、显隐性、显性颠倒、竞争
减弱四种关系。独立是指两个不同等位基因分别呈独立、互不干扰作用；显隐性是两个不
同等位基因，仅有一个起作用，而另一个基因则表现完全或部分无活性；竞争减弱是指两
个基因的作用相互干扰而使不亲和性减弱或甚至变为亲和；显性颠倒是指在花粉中，Sx
对 Sy 为显性，但在花柱中 Sx 对 Sy 为隐性。

(1) 显隐关系：Sx＞Sy （或 Sx＜Sy）

例：$S_1S_1 \times S_1S_2$，若 $S_1＞S_2$，不亲和；若 $S_1＜S_2$，亲和。后代基因型为 $S_1S_1＋S_1S_2$。

(2) 独立关系：Sx＝Sy，Sx、Sy 各自独立地起作用

例：$S_1S_1 \times S_1S_2$，不亲和。

(3) 竞争减弱

Sx 存在影响或削弱 Sy，Sy 存在影响或削弱 Sx，使 Sx、Sy 都不能正常发挥各自的作用，
结果为不亲和性减弱或弱亲和。如 $S_1S_1 \times S_1S_2 \rightarrow S_1S_1＋S_1S_2$ （这两种基因型比例不是 1：1）。

(4) 显性颠倒关系

Sx 在父本对 Sy 为显性，而在母本对 Sy 为隐性。

例：父本 $S_2＞S_1$，$S_1S_1 \times S_1S_2 \rightarrow S_1S_1＋S_1S_2$，表现亲和；母本 $S_1＞S_2$，$S_1S_2 \times S_1S_1 \rightarrow$
表现不亲和。

综上所述，只有获得组合相同等位 S 基因型的个体，才能保证世世代代稳定遗传自交
不亲和性。孢子体型不亲和性遗传表现主要有以下特点：

一是在交配时，正交和反交常有差异；

二是子代可能与亲代的双亲或亲代的一方不亲和；

三是在一个自交亲和或弱不亲和株的子代可能出现自交不亲和株；

四是一株自交不亲和株的后代可能出现自交亲和株；

五是在一个自交不亲和群体内，可能有两种不同基因型的个体。十字花科、菊、旋花科均为孢子体型不亲和。

3. SSI 和 GSI 的区别

二者发生不亲和的部位不同：SSI 发生于柱头表面，表现为花粉管不能穿过柱头，而 GSI 发生在花柱中，表现为花粉管生长停顿、破裂（图 6-20）。

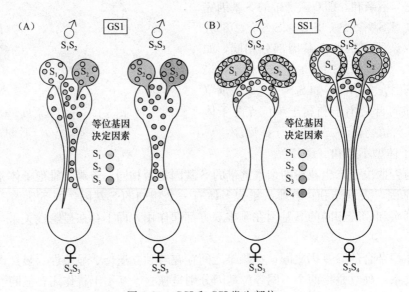

图 6-20　GSI 和 SSI 发生部位

（二）自交不亲和的生理机制

关于自交不亲和的解释有许多假说，被多数人接受的有免疫学说和乳突隔离假说。

（1）免疫学说

该假说是 East（1929）提出的，认为植物表现不亲和时，从花粉管分泌出"抗原"刺激花柱组织形成"抗体"，从而阻止花粉管的伸长，柱头与花粉具有相同的基因型，才能产生这种抗原—抗体系统。后来有人从甘蓝自交不亲和性材料中分离出了与不亲和性相关的 S 蛋白，并得出结论：凡是基因型相同的植物相互授粉的亲和指数较低，基因型不同的植株相互授粉亲和指数较高。

（2）乳突隔离假说（认可反应）

该假说认为十字花科等植物柱头的表皮层具有乳突细胞，外面覆盖有角质层，它可能是自交不亲和植株阻止自花花粉发芽的物质。扫描电镜下发现，乳突细胞角质层被许多肿块所覆盖，肿块是一种含蜡的物质。Ockendon（1972、1978 年）在观察甘蓝的自交不亲和的时候，发现自花授粉恰好落在两个乳突细胞之间，1h 内没有任何变化，此后有些花粉粒萌发，但花粉管不能侵入乳突细胞。而不同基因型的花粉落在柱头上半小时后，乳突细胞就安生萎缩水解,花粉管迅速侵入乳突细胞。不亲和株蕾期授粉能结实是因为幼嫩的花蕾开花前 3~4 天的柱头上乳突细胞的蜡层覆盖尚不完全。

三、优良自交不亲和系的选育方法

(一)优良自交不亲和系应具备的条件

(1)具有高度的花期系内株间交配自交不亲和性,且遗传性稳定,不受环境条件、株龄、花龄等因素影响。

(2)具有较高的自我繁殖能力,即采用克服自交不亲和性的方法,能够恢复其亲和性,如蕾期授粉有较高的亲和指数(计算公式见下)。

(3)具有较多的优良经济性状,自交多代生活力衰退不显著,胚珠和花粉有正常的生活力,抗病性强。

(4)具有较高的配合力。

$$花期自交亲和指数=\frac{结籽数}{花期自交花数} \qquad 蕾期自交亲和指数=\frac{结籽数}{蕾期自交花数}$$

(二)选育方法

在白菜、甘蓝等作物中自交不亲和性是普遍存在的,也通过自交不亲和育成了很多 F1 代种子。具体选育自交不亲和的办法有:

1. 从外地引进

即引入外地已育成的自交不亲和品种。

2. 从现有品种选育

选育过程重点针对经济性状、配合力和自交不亲和性选择,具体步骤及说明如下:

第一步选择经济性状优良、配合力高的单株。

第二步在同一单株上人工进行花期自交和蕾期授粉,花期自交的目的是测定自交亲和性(SI),用花期自交亲和指数来表示;蕾期授粉的目的是,在具有 SI 时获得自交种子,供继续选择之用。

第三步确定花期和蕾期自交亲和指数范围,一般要求花期亲和指数小于 1,蕾期亲和指数大于 5。但因不同园艺植物和环境而定,如生产上花期亲和指数一般是结球甘蓝 $K<1$,大白菜 $K<2$,萝卜 $K<0.5$。

第四步选择花期亲和指数低而蕾期亲和指数高的植株继续自交分离、选择,一般 4~5 代,直到自交不亲和与经济性状遗传性趋于稳定为止。

第五步测定系统内兄妹交亲和指数,如果系统内株间兄妹交为自交不亲和,该系统才能成为自交不亲和系。测定方法有:

(1)全组混合授粉法

把 10 株等量花粉混合后,分别授予这 10 株的柱头上面,测定亲和指数。该方法简便、评价较准,但如出现亲和指数高的情况,则难以淘汰和选择。

(2)轮配法

任选 10 株进行正反交轮配,即 $n(n-1)=90$ 个组合。测定各组合亲和指数,该法准确可靠,可用于基因型分析,但工作量大。

(3)隔离区自然授粉法

将待测的株系分别种植在不同的隔离区、花期任其自由授粉、统计亲和指数,该法简便省工，接近实际，但不能进行遗传基因型分析。

四、利用自交不亲和系制种的方法

（一）自交不亲和系作母本，与自交亲和系杂交（SI×SC）

利用自交不亲和系作母本，与父本亲和系杂交产生杂种一代，需要设置隔离的制种区和父本繁殖区（图6-21）。在隔离的制种区内，不亲和系和父本系按（2～4）：1的行比种植，花前2～4天进行蕾期人工自交以繁殖自交不亲和亲本，花期自由授粉或人工辅助授粉。除蕾期授粉需要套袋，除单独收留种子外，其余母本上收获的种子即为杂种一代种子。父本设置单独的繁殖区，严格选优去劣，进行套袋姊妹交，收获种子用于下一年制种。

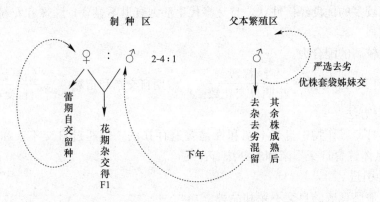

图 6-21　SI×SC 制种法示意图

该法的优点：仅需一种自交不亲和系，父本选择范围广，易选出配合力高的组合。缺点：①只能从 SI 上收获杂种一代种子，种子量较少。②父本上收获的种子不能用于生产。

（二）利用不同的自交不亲和系作父母本（SI×SI）

该法适合于以营养器官为产品的园艺作物，可采用一区制种法、二区制种法和三区制种法，三区制种法比较常用，即设置制种区、母本繁殖区和父本繁殖区。在隔离的制种区内，花期任其自由授粉，在两种不亲和系上收获的种子都是杂种一代种子，在亲本繁殖区要严格进行套袋的蕾期授粉，然后分别收获种子。这种方法通常要考虑正反交：①正反交经济性状不同时，可分别在两个自交不亲和系上采收两种杂交种。②正反交经济性状相似，双亲的亲和指数、种子产量相近时，父、母本为1：1行比，混收 F1 杂交种。③正反交经济性状相似、种子产量不同或亲和指数不同，则按1：（2～3）的行比种植亲和指数高的低产亲本和亲和指数低的高产亲本。

五、自交不亲和系的繁殖

一般都采用蕾期授粉的办法繁殖亲本。在开花前4～5天剥蕾，用当天开的花粉传粉。此法费时费工，亲本种子生产成本高。下面几种方法是能降低生产成本的方法。

（一）食盐水处理

开花期用5％的食盐水作喷雾处理，每隔2～3天喷一次，任其自由授粉。在甘蓝亲本种子生产中已得到应用。

（二）钢丝刷授粉

主要在开花时用此法破坏柱头的蜡质层。

（三）电助授粉

开花期对花柱通直流电以破坏柱头的蜡质层。

（四）化学药剂处理

开花期用乙醚、氢氧化钾溶液处理花柱。

还可通过热助授粉，提高温度等措施来提高花期自交结实率。目前，繁种中应用的主要是水处理。

本章小结

杂种优势在园艺植物育种中正发挥越来越重要的作用，杂种优势可用显性假说和非显性假说来进行解释。杂种优势育种的一般程序是"先纯后杂"，即先选育纯合自交系，然后利用自交系间杂交产生 F1 代。配合力在自交系配组方面起着重要的衡量作用。杂种种子的生产方法有人工杂交、化学去雄、苗期标记性状、雌性系、雌株系、雄性不育系和自交不亲和系等。在生产过程中，最好做到两系或三系配套。

思考题

1. 杂种优势育种与有性杂交育种的主要异同点是什么？

2. 自交不亲和系选育与自交系选育的主要异同点是什么？

3. 与有性杂交育种相比，杂种优势育种亲本选配的特点是什么？

4. 对异花授粉植物来说，为什么自交系间杂种一代较自交系×品种、品种×品种间杂种一代优势强？

5. 一般配合力和特殊配合力的测定方法及两者关系是什么？

6. CMS 系、GMS 系、自交不亲和系、雌性系和雌株系的利用价值是什么？简易制种法、苗期标记性状制种法、化学去雄法、雄性不育系制种法、自交不亲和系制种法、雌性系制种法的基本方法及主要优缺点是什么？

7. 雄性不育性的遗传特点及测交筛选保持系的基本程序是什么？

8. 试设计一雄性不育系的转育方案，将波里马油菜的 CMS 基因转育到大白菜上。

9. 以营养器官为产品的园艺植物在利用 CMS 系配制杂种一代时不要恢复系，而甜椒、番茄等以食用器官为果实的园艺植物需要恢复系，为什么？

10. 配子体型和孢子体型不亲和性的遗传特点有哪些？

11. 杂种优势是一复杂的遗传现象，影响因素较多。国内外学者就杂种优势产生的原因提出了众多的学说。围绕杂种优势形成的遗传学基础，说说你对这些学说是怎样看的？

参考文献

[1] http：//210. 44. 48. 109/resource/courseware/02＿03yuanyiyuzhongxue/kecheng/zajiao/2-5-5. htm#0.

[2] 王小佳主编. 蔬菜育种学（各论）[M]. 北京：中国农业出版社，2000.

[3] 吕增仁等. 果树杂交育种 [M] 上海：上海科学技术出版社，1985.

[4] 曹家树主编. 园艺植物育种学 [M]. 北京：中国农业出版社，2001.

[5] 胡建广等. 作物杂种优势的遗传学基础 [J]. 遗传，1999.

[6] 侯喜林等. 园艺作物育种学精品课程网站.

[7] 山东农业大学. 园艺植物育种学课程网站.

［8］ Retransformation of a Male Sterile *Barnase* Iine with the *Barstar* Gene as an Efficient Alternative Method to Identify Male Sterile‐Restorer Combinations for Heterosis Breeding ［J］. Plant Cell Reports，2007，26（6）：727-733.

［9］ Effect of Cytoplasm and Cytoplasm—Nuclear Interaction on Combining Ability and Heterosis for Agronomic Traits in Pearl Millet（*Pennisetum Glaucum*（L）Br. R）［J］. Euphytica，2007，153（1-2）：15-26.

［10］ Comparisons of Genetic and Morphological Distance with Heterosis between *Medicago Sativa* subsp. *Sativa* and subsp. *Falcata*［J］. *Euphytica*，2003，131：37-45.

［11］ 林碧英，高山，林峰. 菠菜新品种绿秋的选育. 中国蔬菜，2007（4）：33～34

第七章 诱 变 育 种

诱变育种（Mutation breeding）是指人为地采用物理和化学等手段，诱发生物体产生遗传变异，经分离、选择、培育成新品种的育种途径。根据诱变所用方法的不同又可分为物理诱变和化学诱变。物理诱变（Physical mutation）是利用物理因素，如各种射线处理生物体而诱发遗传性变异的方法，目前应用最广泛的是辐射诱变（Radiation-induced mutation）。化学诱变（Chemical mutation）是用化学诱变剂处理生物体，使其遗传性发生变异的方法。化学诱变剂（Chemical mutagens）是指能与生物体的遗传物质发生作用，使后代发生变异的化学物质。

诱变育种是 20 世纪发现和使用的一种新的育种途径，是将常规育种与现代理化技术结合而成的现代育种技术。这种育种途径的使用对推动世界园艺植物优良品种的培育工作具有重要的理论和现实意义。

自然界中生物自发突变的频数很低，而且一般对生物体是有害的。但突变被视为物种进化的推动力，是一种比较有效的育种手段。自 20 世纪 20 年代起，学者们开始用 X 射线和化学药剂对生物体进行诱变试验后，才发现其后代的突变频率要比自然突变大得多，从而肯定了物理与化学诱变的作用，开创了诱变育种工作。

1927 年，美国遗传学家穆勒（Muller H. J.）用果蝇进行实验，第一次报道用 X 射线能诱发果蝇的突变，该发现使穆勒获得了 1946 年的诺贝尔奖。随后，植物育种学家斯塔德勒（Stadler L. J.）于 1928 年发现 X 射线对玉米、大麦有诱变效果，从此在作物育种领域内开始了辐射诱变育种工作。1934 年，印度尼西亚科学家托伦纳（Tueluena）利用 X 射线照射烟草，育成了世界上第一个辐射诱变的烟草品种，开创了农作物辐射育种的新纪元。但由于当时人们对诱变缺乏正确认识，加之第二次世界大战的影响，辐射诱变育种工作进展缓慢，直到 20 世纪 50 年代才有较快的发展。20 世纪 60 年代，由于核技术的发展，诱变因素增多，而且诱变作用的规律逐渐为人们所认识，从而使物理诱变中的辐射诱变育种获得了突破性的进展。1960 年，美国用热中子处理哈德逊葡萄柚种子，得到了著名的星路比（Star Ruby）葡萄柚新品种。20 世纪 60 年代以后，以辐射诱变为主体的诱变育种得到更广泛的应用和更多进展。

化学诱变开始于 20 世纪 40 年代。1941 年，奥尔巴克（Auerbach C.）和罗伯逊（Robson J. M.）发现芥子气（二氯二乙硫醚，$C_4H_8Cl_2S$）可以诱发基因突变。1943 年，奥义尔克尔（Oehlkers F.）首次发现脲烷（氨基甲酸乙酯，$NH_2COOC_2H_5$）处理月见草等植物能够诱发染色体畸变，标志着植物化学诱变工作的开始。此后，化学诱变经过近几十年的研究，分别应用于水稻、玉米、马铃薯、棉花、大豆、番茄、蚕豆、豌豆、燕麦、花生、油菜、烟草、向日葵、亚麻等多种植物，并分别获得了有价值的突变体、甚至是品种。

我国大量地开展诱变育种工作起始于 20 世纪五六十年代，迄今为止，取得了较大的成就，通过诱变育种育成的品种数量和种植面积居世界首位，为我国农业和世界农业的发展作出了较大贡献。

数十年来的经验证明，诱变育种是一种简单易行、投资少、回报高的育种技术。以日本为例，该国在1959～2001年期间利用诱变技术培育的作物创造了近620亿美元的经济效益，而投资额为6900万美元，投资回报率达到900倍。我国也一直积极利用突变育种技术，到2005年，总共推出了42个植物品系的638个突变品种，种植面积达到900万hm^2，仅谷类作物每年带来的经济效益就达到约4.2亿美元。

第一节　诱变育种的特点

（一）提高突变率，扩大变异谱，创造新的基因型

自然突变频率低、范围窄，而采用人工理化因素诱变可使突变率提高100～1000倍，而且变异的范围广、类型多，甚至可能产生自然界尚未发现的新基因型。诱变后，植物的突变率高，变异多样，为选择提供了丰富的材料。如印度用射线处理含毒素不能食用的香豌豆种子，在变异后代中选育出毒素含量低的品系。

（二）诱变的变异较易稳定，缩短育种年限

杂交育种涉及多个基因的分离与组合，要使其纯合并稳定大多要经4～6代。而诱发的变异大多只是引起一个或少数几个主效基因发生了突变，因此稳定快，一般第3代就可稳定，大大缩短了育种年限。但是，如果利用杂合基因型作为诱变材料，由于原材料的杂合性，其后代变异往往需要经过与杂种后代相似的分离稳定过程，育成新品种的进程也要长些。

（三）打破基因连锁，提高遗传重组率

常规杂交育种常出现伴性遗传、优良性状与不良性状的基因紧密连锁或一因多效的现象，其后代难以分离出理想的重组类型。例如，禾谷类作物的高产性状与晚熟性状连锁，矮秆性状与早衰性状连锁。在常规杂交育种中，由于染色体上的基因交换值太低，出现优良重组的概率极小。经诱变处理，可使染色体结构产生变异，如染色体易位、倒位、重复和缺失等，增大基因间的重组频率，增大后代出现理想变异类型的频率。

（四）有效地改良个别性状

应用杂交育种的方法，虽然可以把优良性状引入杂种后代，但不良性状也能同时引入。因此，杂交得到的优良品种都或多或少地存在一些缺点，往往需要改良个别不良性状，以提高品种的利用价值。而诱变处理可以使受处理的品种产生点突变，从而有可能使原有品种既改良不良性状，也不影响其他优良性状。采用诱变处理的方法，特别对园林植物，可以保持其他性状不变而只改变某一两个性状，如在原花色、花型的基础上诱变，使某些性状发生改变，就可获得一系列的花色、花型的突变体，丰富植物的观赏类型。

（五）克服远缘杂交的不亲和性，促进远缘杂交成功

在亲缘关系远的种或属间杂交不能结实时，可对花粉进行诱变处理，然后再杂交，以提高杂交结实率。日本放射育种场用钴照射番茄幼蕾期植株，克服了远缘杂交不亲和性，使抗病的野生种和丰产的不抗病的栽培种番茄杂交成功，经过回交选育，育成了抗花叶病和萎蔫病的番茄新品种。

（六）需与其他技术和育种方法结合使用

在育种过程中，诱变育种需要与杂交育种、离体培养、体细胞杂交、原生质体融合和基因工程等技术密切结合，同时谋求技术上的自我完善，才能实现诱变育种的实际意义。例如，许多无性繁殖植物用营养器官如球茎、块茎、鳞茎片等进行离体培养，也易产生不定芽，因此给诱变育种与离体培养技术的结合应用提供了更多的可靠性，从而能较快地选育出人们需要的新品种。

与其他技术一样，诱变育种也有自身的弱点和局限性，主要表现在：

（1）有益变异少，无益变异多。因此，为了提高后代有益变异的个体频率，必须使诱变处理后代保持相当大的群体，以增加选择机会，这就需要较多的人力、物力和土地。

（2）诱发突变的方向和性质难以控制。这是因为目前我们对各种物理、化学因素的诱变机制尚未完全查明，诱变技术仍不能达到定位诱变的要求，所以突变的位点是随机的，突变方向带有偶然性，甚至会发生逆突变。

（3）易产生嵌合体。诱变处理所产生的突变体，特别是用营养器官作材料时，易产生嵌合体。在后续的育种程序中，必须根据嵌合体的类型分别进行分离和选择，才能获得表现稳定的纯突变体。

此外，由于诱变往往是点突变，因此对某些受多基因控制的数量性状改良不大，只有当主基因发生突变时，表型改变才明显。而且，由微效基因控制的数量性状鉴定很困难，大多数变异是不遗传的。另外，诱变的剂量和处理的时期难以掌握等。总之，诱变育种工作尽管取得了很大的进展，是创造新种质、选育新品种的有效途径，是常规育种的一个有效补充，但有一定的盲目性，可预见性小，有待于今后的研究中去完善和填补。

第二节　辐射诱变育种

一、辐射的种类及特征

辐射诱变是物理诱变的主要手段，包括电离辐射和非电离辐射。电离辐射是指所使用的射线能量较高，能够直接或间接地使物质电离，包括 X 射线和 γ 射线等电磁波辐射，还包括 α 射线、β 射线和中子等粒子辐射。非电离辐射的能量不足以使原子电离，只能产生激发作用，如紫外线、激光、微波等。现将一些主要射线的特性进行介绍：

（1）γ 射线波长一般为 0.0001~0.001nm，具有极强的穿透本领。它不带电，不具有直接电离的功能，但可以通过和物质的相互作用间接引起电离效应。γ 射线是育种应用最普遍的射线，是一种高能电磁波，波长短、射程远、穿透力强，可以同时处理大量材料，而且剂量较均匀，并能于植物的整个生长期内进行，也可以在自然的田间条件下进行长期照射。γ 射线照射场必须有严格的安全防护设备和措施，一般需要采用厚的混凝土墙或重金属（如铁、铅）板块。γ 射线源主要有 ^{60}Co 和 ^{137}Cs 两种，二者的半衰期分别约为 5 年和 30 年。

（2）X 射线又称伦琴射线、阴极射线，是不带电荷的中性射线，其波长比 γ 射线长，穿透力较 γ 射线弱。X 射线源为 X 光机，根据 X 光和工作电压的高低可分为硬 X 射线（波长 0.001~0.01nm）和软 X 射线（波长 0.1~1nm）。在育种中，一般用硬 X 射线。X 射线是辐射育种中历史最久、应用最普遍的一种射线源。X 射线源造价比其他辐射源低廉，不用时可随时关闭，易于防护，而且剂量容易计算，便于进行精确的控制和分析。

（3）α射线是天然或人工的放射性同位素衰变产生的，是高速运动的带正电的氦原子核。已发现的天然同位素有钍、铀镭和锕铀等三个系列，还有人造放射性同位素镎系皆能放射α射线。它的质量大、电荷多、电离本领大，虽然穿透能力差，在空气中的射程只有1～2cm，但它产生的电离密度大，因此，诱发植物染色体断裂的能力强，而且造成的损伤小。诱变育种主要用于内照射，即将放射性元素引入植物体内，由它放射出的射线在体内进行照射。目前在育种上应用较少。

（4）β射线是高速运动的电子流，带负电荷，质量小，贯穿本领比α射线强，电离能力比α射线弱，只能用于内照射。辐射源为放射性同位素^{32}P和^{35}S。

（5）中子是不带电的粒子流，辐射源为核子反应堆、加速器或中子发生器。按其能量由低到高分为热中子（小于0.5电子伏）、慢中子、中能中子、快中子、高能中子（大于10兆电子伏）。目前，辐射育种中应用较多的是热中子和快中子。中子的诱变能力较强，较其他射线的诱变效果好，出现有利突变的频率高，染色体以外的损伤比较轻，在育种中的应用日益增多。

（6）紫外线是一种穿透力很小的非电离射线，波长在250～290nm范围为核酸吸收波长，诱变效力也最大。DNA的吸收光谱为260nm，所以紫外线对诱发遗传物质的变异有很好的效果。紫外线穿透能力极弱，只能用来处理植物的花粉粒。紫外线辐射装置通常使用紫外灯，其中以15W低压石英水银灯效果最好。

（7）激光是20世纪60年代发展起来的一种新光源，是一种低能的电磁辐射。激光具有方向性好、单色性好等特点。除光效应外，还伴有热效应、压力效应、电磁场效应，是一种新的诱变因素。在辐射诱变中主要利用波长为200～1000nm的激光。因为这段波长较易被照射生物体吸收而发生激发作用。目前，常用的激光器有二氧化碳激光器、氮分子激光器、红宝石激光器、钕玻璃激光器等。处理的材料包括种子、花粉、子房、合子等。

（8）微波是一种低能电磁辐射，是一项新的物理诱变剂，其较强的生物效应频率范围在300MHz～300GHz，对生物体具有热效应和非热效应。在这两种效应的综合作用下，生物体会产生一系列突变效应，虽然突变率高但强度不大，其辐射产生用普通的微波炉就可以进行，操作简便、安全、经济，因而，微波也被用于多个领域的诱变育种。

二、辐射诱变的剂量

（一）辐射的剂量及单位

（1）放射性强度也称为放射性活度，是指放射性核素放射性大小的物理量，符号为A。国际单位为贝可（Bq），1Bq表示放射性核素在1s发生1次核跃迁。放射性强度的另一个单位是居里（Ci），1Ci＝3.7×10^{10}Bq。由于居里这个单位太大，通常用毫居里（mCi）和微居里（μCi）来表示。

（2）照射量是指X射线或γ射线在空气中任意一点处产生电离本领大小的物理量，符号为X。国际单位为库伦/千克（C/kg），1C/kg表示X射线或γ射线在1kg干燥的、标准状态下的空气中产生电离电荷为1C的正离子和等量负离子的照射量。照射量的另一个单位是伦琴（R），1R＝2.58×10^{-4}C/kg。

照射量率表示单位时间内的照射量的增量。其国际单位为库伦/（千克·秒）(C/(kg·s))。

（3）吸收剂量是指单位质量物质吸收任何电离辐射的平均能量，符号为D。它适用于

β、γ、中子等任何电离辐射。国际单位为戈瑞（Gy），1Gy 表示 1kg 任何物质吸收电离辐射的能量为 1 焦耳（J），即 1Gy＝1J/kg。吸收剂量的另一个单位是拉德（rad），1rad＝10^{-2}Gy。

吸收剂量率是指单位时间内的吸收剂量，其国际单位为 Gy/s。

（4）粒子的注量是指辐照场中通过与辐射进行方向垂直的单位面积的粒子数。粒子的注量率或通量密度表示单位时间内粒子注量的增量。如中子辐照时，国际单位制注量为 10^{11} 中子/cm^2，注量率为 10^5 中子/（$cm^2 \cdot s$）。

（二）对植物诱变的剂量

辐射诱变育种成败的关键是采取适当的辐射剂量，既达到有较多的有利变异，又不致过大地损伤植株。一般剂量的选择通常采用介于半致死剂量和临界剂量之间。致死剂量（1ethal dosage）是指经辐射处理后引起全部植株死亡的最低剂量；半致死剂量（LD50）是指辐射后成活率占 50% 时的剂量；临界剂量（LD60）是指辐射后成活率占 40% 时的剂量。植物辐射敏感性因植物种类、品种、器官、生理状态以及照射时外界条件的不同而有差异。辐射剂量的确立需在有关文献的基础上进行预备实验（表 7-1）。

某些花卉的适宜辐射剂量（γ 射线）　　　　表 7-1

花卉种类及材料	诱变剂量（Gy）	花卉种类及材料	诱变剂量（Gy）
菊花	25.4±10.4	美人蕉根茎	9.2～36.8
瓜叶菊种子	50	百合鳞茎	2～3
大丽花种子	46.5	郁金香休眠鳞茎	20～50
君子兰种子	7.7	菊属发根枝条	10～30
荷花种子	0.5～1.5（万伦）	山茶花插条	10～30
叶子花发根枝条	3～3.59（万伦）	蔷薇属夏芽	20～40
月季	53.1±20.1	月季休眠插条	28.5～47.5

三、辐射诱变的方法

（一）外照射

外照射是指放射性元素不进入植物体内，只是利用其射线照射植物器官的辐射诱变方法。外照射操作方便，便于集中处理大量材料，一般没有放射性污染和散射问题，故比较安全，是目前应用最普遍、最主要的照射方法。

根据照射剂量强度外照射可以划分急性照射（又称快照射）和慢性照射（又称慢照射）。快照射是在短时间内进行高剂量照射，后者是在长时间内进行低剂量缓慢照射。具体操作中采取快照射还是慢照射要视被处理材料的代谢活性而定，代谢活性弱的材料，无论是快照射还是慢照射，一般总剂量相同，效果也会相同。但如果材料的代谢活性强，则快照射效果优于慢照射。

根据照射处理植物的部位和方法不同，又分为以下几种：

（1）种子照射。种子是有性繁殖植物辐射育种中使用最普遍的照射材料。种子照射的方法很多，可以照射干种子、湿种子和萌动的种子。辐射萌动种子还可利用最有利的细胞分裂时期进行照射，以提高诱变效率。用射线处理种子可以引起生长点细胞的突变，由于种胚具有多细胞的结构，辐射后会形成嵌合体。种子照射操作简单，一次处理数量多，并易于贮存和运输。供照射处理的种子应精心挑选，保证种子纯净、饱满。此外，要求种子的成熟度一致，并测定出种子的含水量和发芽率。经过辐射处理的种子，应及时播种，否则会因贮藏时间的延长而降低辐射效应。

（2）花粉照射。花粉照射的最大优点是很少产生嵌合体，对其后代的选择也比较简便。花粉照射的方法有两种，一种是将花粉收集于容器内进行照射，经照射后立即授粉，这种方法适用于花粉生活力强、寿命长的植物，可与单倍体育种结合进行；另一种是直接照射植株上的花粉，这种方法限于有辐射圃或有便携式辐照仪的单位，可以进行田间照射。用辐射诱变的花粉进行受精，所得后代由于携带杂合的突变基因，便可分离出许多突变体，以供进一步筛选之用。照射花粉的剂量一般较低。

（3）子房照射。子房照射与花粉照射具有同样的优点，即不易出现嵌合体。用射线直接作用于卵细胞，对后代变异影响很大，除能引起雌性的细胞变异外，还能影响受精作用，有时可诱发孤雌生殖，产生良好的诱变效果。对自花授粉植物进行子房照射时，在照射前应进行人工去雄，对高度自交不亲和的雄性不育的材料照射子房时可不必去雄，更为简便。由于卵细胞对辐射较为敏感，处理时宜采用较低剂量。

（4）植株照射。植株照射是指辐射场在植株一定的发育阶段或整个生长期进行长期照射。该照射方法的优点是能同时处理大量整株材料，并能在植物整个生长期内在田间自然条件下进行长期照射。由于这种照射场辐射强度极高，故必须有严格的安全防护设备和措施。进行植株照射时，受照射植物可按所需剂量大小，计算出离辐射源的适宜距离，然后以辐射源为中心，按照已确定的距离，呈辐射状同心圆在其四周进行照射，靠近射线源的植物受到的剂量高于远离射线源的植物。一般在辐射圆中处理的植物，照射达一定剂量后，可栽植到无处理区，必要时也可留在辐射圆内，直至结实，次年将其种子播种于无处理区。植株照射所用辐射源一般为钴源。

（5）营养器官照射。营养器官照射适用于无性繁殖植物，如薯芋类、鳞茎类及母本植物等，通常用块茎、鳞茎、球茎、枝条等营养器官进行照射处理，是无性繁殖园艺植物辐射育种常用的方法。射线所用器官应组织充实、生长健壮、芽眼饱满，利于照射后成活或嫁接。解剖学研究表明，受处理的芽原基所包含的细胞数越少，照射后可得到越多的突变体。

（6）其他植株器官组织的照射。叶片、胚状体、愈伤组织、单细胞、原生质体以及单倍体等器官组织的辐射都是近年发展起来的新方法，已日益受到重视。

（二）内照射

内照射是将一定剂量的放射性同位素引入植物体内，使其所放射出的射线在植物体内进行照射的辐射诱变方法。该方法需要一定的防护条件，易造成污染，且被吸收的剂量不易精确测定，故应用受到一定限制。但内照射具有剂量低，持续时间长，大多数植物都可以在生育阶段处理等优点。进入植物体内的放射性元素，除其本身释放的放射性效果外，还要考虑到由衰变产生的新元素的蜕变效应。通常用作内照射的放射性同位素，主要有 ^{32}P、^{35}S、^{45}Ca（放射 β 射线）及 ^{65}Zn、^{60}Co（放射 γ 射线）等。内照射的方法一般有以下几种：

（1）浸种法，将放射性同位素配制成一定比例强度的溶液，对需诱变的种子或枝芽进行浸泡。为确定放射性溶液用量，使种子吸胀时能将溶液全部吸干，种子需先进行吸水量实验。所用剂量范围一般是 $0.1\sim10\mu\text{Ci}/$粒。

（2）施入法，用放射性同位素施入土壤或加入培养基中，例如用^{32}P磷肥，植物在吸收肥料时，便可将其吸入体内。

（3）涂抹法，用放射性同位素溶液与适当的湿润剂配合，涂抹在植物叶面、芽、嫩梢、枝条刻伤处或枝上，以便引入植物体内照射。

（4）注射法，用注射器将放射性同位素溶液注入植物组织内，如嫩枝、幼芽、花蕾、块茎、鳞茎等。

（5）在示踪研究的植株上采取种子或枝条，如用^{32}P进行肥料试验或用^{14}C进行光合试验的植株，其体内和所结种子，均接受过同位素的内照射，也可用作辐射诱变的研究材料。

在进行放射性同位素操作时，一定要十分注意安全防护。内照射处理的材料，必须在专门的放射性实验室中进行操作，并严格遵守放射性实验室的操作规程。用放射性溶液处理的种子、枝条都带有放射性物质，应作妥善处理，不能造成对周围环境的放射性污染。放射性废液、废物必须按要求作专门处理。

四、太空育种

（一）太空育种的概念、特点及意义

随着20世纪中叶航天技术的飞速发展，太空育种迅速发展起来，成为辐射诱变育种的重要部分。太空育种（Space mutation breeding），又称航天育种、空间诱变育种，是指通过卫星或宇宙飞船等返回式航天器搭载植物材料到太空中，利用太空特殊的环境（空间宇宙射线、微重力、高真空、弱磁场等）使材料发生基因突变或染色体畸变，进而导致生物体性状发生遗传变异，经地面繁殖、栽培、选择，培育新品种的育种技术。

太空育种具有变异频率高、变幅大、生理伤害小、变异性状稳定快、大多数变异可遗传等特点，不但能出现一些如产量、株高、品质、生育期、抗病性等常规诱变育种的变异，还能出现一些其他理化因素处理较少出现的特殊变异类型。空间诱变不需要人为设置诱变源，因而对环境无污染。此外，因空间诱变因素多、诱变范围广、诱变幅度大，有利于加速育种进程，有可能获得目前植物育种中较难突破的、对产量和品质及其综合经济性状产生突破性影响的特殊变异材料。关于空间育种植物的食品安全性问题，目前联合国的国际粮农组织、国际卫生组织、国际原子能机构已经联合认定：太空种子是安全种子，太空种子培育出的农作物是健康食品。经过太空育种的植物并无外来生物基因导入与整合，物种没有发生本质的变化，完全可以放心食用。

20世纪60年代初，苏联及美国的科学家将植物种子搭载卫星进入太空，在返回地面的种子中发现染色体畸变频率有较大幅度的增加。20世纪80年代中期，美国将番茄种子送上太空，在地面实验中获得了变异的番茄，种子后代无毒，可以食用。1996～1999年，俄罗斯等国在"和平号"空间站成功种植小麦、白菜和油菜等植物。我国太空育种研究开始于1987年，到2009年，我国利用返回式卫星、神舟飞船等先后进行了20次300多种农作物的空间搭载试验，特别是863计划实施以来，我国太空育种关键技术研究取得重大进展，在水稻、小麦、棉花、番茄、青椒和芝麻等作物上诱变培育出一系列高产、优质、多抗的农作物新品种、新品系和新种质，为现代化农业发展作出了卓越贡献。搭载"神七"进入太空的种子预计2012年它的后代就可以进入市场。我国作为目前世界上仅有的三个（美国、俄罗斯、中国）掌握返回式卫星技术的国家之一，在太空育种领域取得了一系列开创性研究成果。2003年，我国太空育种工程项目正式启动。

民以食为天，优良品种是农业发展的决定性因素，对提高农作物产量、改善农作物品质具有不可替代的作用。我国大部分农作物品种都是用常规育种、经过若干年的地面选育培育而成的。把航天这一最先进的技术领域与农业这一古老的传统产业相结合，利用航天诱变技术进行诱变育种，对加快育种步伐、提高育种质量、探索新兴育种研究领域具有十分重要的意义。

（二）空间诱变的生物学及遗传学效应

与地球表面相比，太空具有强辐射、高真空、微重力和一些不明的其他因素，使太空成为一个特殊的环境。当地球生物离开它已经适应的生存环境而进入太空时，生存环境的突然改变，必然会引起生物学效应的改变，首先表现在种子萌发上，经空间条件处理的小麦、大麦、玉米、棉花、大豆、向日葵和黄瓜等种子的发芽率明显提高，而高粱、西瓜、萝卜、茄子和丝瓜等植物种子经空间处理后，种子的萌发受到抑制，发芽率降低。空间诱变后能得到诸如株高，节数，茎粗，叶片大小、长短，花色、花期、花型，果实大小、形状、颜色及结实率等形态学发生变化的后代。空间诱变育种在提高农作物产量、改善农产品品质等方面具有不可替代的作用，如华南农业大学育成的华航一号水稻比对照增产4.5%（王慧等，2003年），黑龙江农业科学院育成的宇番1号Vc含量比对照提高33.3%、可溶性固形物比对照提高70.6%（郭亚华等，2001年）。空间诱变后还会引起一系列生理生化的变化，如光合作用和呼吸作用的变化，主要是因为植物经诱变后体内叶绿体、线粒体以及一些酶的变化。此外，一些细胞学效应也会发生，如细胞壁变薄、细胞大小不均、液泡化加剧甚至细胞退化等。空间诱变引起的生物学效应较为复杂，不同植物或同一植物的不同品种对空间诱变的敏感度存在较大差异。

空间诱变的遗传效应主要是太空环境引起生物体染色体畸变和基因突变。生物体经空间诱变后，染色体发生断裂、缺失、倒位、易位、重复等畸变，也可以引起染色体数目的改变而发生倍性改变。空间诱变引起的染色体变化在有丝分裂中自我复制，并在以后的细胞分裂中保持下来。DNA是重要的遗传物质，空间诱变的遗传效应，从分子水平来说是引起基因突变，即DNA分子在太空环境作用下发生了变化，包括碱基变化、碱基脱落、氢键断裂、单键断裂、双键断裂及各种交联现象。上述DNA结构上的变化、紊乱，使遗传信息在复制、转录、翻译等过程中发生错误，最后导致生物体的突变。通常空间诱变的遗传效应并不在受到照射的个体本身出现，而是出现在该个体所繁衍的某些后代身上，因而效应的产生与个体受照射情况的联系不易被发现；从生物体受照射到显现出遗传效应之间相隔的时间过长，一般会超过了生物体寿命，甚至需要几个世代。

第三节 化学诱变育种

一、化学诱变剂的种类

化学诱变剂的种类很多，应用广泛。经过半个世纪以来的筛选，现在已发现的诱变剂有300多种，并且还在不断增加，主要有下列几类：

（1）烷化剂（Alkylating agents）是指具有烷化功能的化合物，带有一个或多个活性烷基，能转移到其他分子上置换氢原子，实现烷化作用。烷化剂对生物系统作用的重点是核酸，对 DNA 修复酶的钝化也有一定的作用。烷化剂是诱发植物发生突变的最重要的一类诱变剂，常用的种类有：甲基磺酸乙酯（EMS）、乙基磺酸乙酯（EES）、甲基磺酸甲脂（MMS）、丙基磺酸丙酯（PPS）、甲基磺酸丙酯（PMS）、甲基磺酸丁酯（DES）、亚硝基乙基脲（NEH）、硫酸二乙酯（DES）、芥子气类等。EMS 的毒性较小，是最好的诱变剂之一。

（2）碱基类似物（Base analog）是与 DNA 碱基的化学结构相类似的一些物质，且能与 DNA 结合，又不妨碍 DNA 复制。当碱基类似物与 DNA 结合时或结合后，DNA 复制时电子结构发生了变化，导致碱基配对错误，从而引起有机体的变异。常用的有胸腺嘧啶类似物 5-溴尿嘧啶（BU）、5-溴去氧尿核苷（BudR），腺嘌呤类似物 2-氨基嘌呤（AP），尿嘧啶的异构体马来酰肼（MH）等。

（3）叠氮化物（Azide），常使用的是叠氮化钠（NaN_3），是一种动、植物的呼吸抑制剂，它可使复制中的 DNA 碱基发生替换，引起基因突变，而且无残毒，是目前诱变效率高且安全的一种诱变剂。

（4）其他化学诱变剂，生物碱类，如秋水仙碱、长春碱、喜树碱等；无机化合物类，常用的有氯化锂、亚硝酸等；简单的有机化合物，如甲醛、乳酸、重氮甲烷、重氮乙烷、氨基甲酸乙酯等；复杂的有机化合物，如吖啶类化合物、羟胺、苯的衍生物、磺胺药物，以及各种麻醉剂，如三氯甲烷、水化氯醛等；某些抗生素，如重氮丝氨酸、链霉素、丝裂霉素 C 等。这些化合物在植物诱变中报道很少。

二、化学诱变应注意的问题

植物的各个部分都可用化学诱变剂进行处理，处理种子较为普遍，也可处理正在生长的植株、芽、插条、花粉、合子、胚等。常用的处理方法有浸渍法、滴液法、注射法、涂抹法、施入法和熏蒸法等，需根据所选材料采取适合的方法。应注意的问题有：

（1）材料预处理。在诱变处理种子之前，先用水浸泡，一方面可提高细胞膜的透性，加速对诱变剂的吸收速度；另一方面使种子的细胞代谢活跃，提高对化学诱变剂的敏感性，以提高诱变效率。浸泡的时间取决于不同种子达到 DNA 合成期所需的时间。

（2）药液处理。通常需将药剂配制成一定浓度的溶液，待处理的材料应完全被化学诱变剂接触。在化学诱变剂的处理过程中，诱变剂溶解度、处理的时间、处理时的温度、pH 值、诱变材料的组织结构、生长特性等都会影响诱变效果。先在低温（$0\sim10℃$）下把植物材料在诱变剂中浸泡适宜的时间，其作用是延缓诱变剂的水解，使药剂吸收过程中保持相对稳定的浓度，并抑制在诱变剂吸收期生物体代谢的变化，然后把材料转移到新鲜的诱变剂中，在高温（$40℃$左右）下进行处理，以提高诱变剂在种子内的反应速率。

（3）诱导后处理。处理完的植物材料应立即漂洗，一般用流水冲洗 $10\sim30min$，甚至更长时间，使诱变剂残留量降低到最低水平，也可使用硫代硫酸钠等化学试剂清洗。处理的材料应立即使用，有些不能立即使用的材料，应经干燥后贮藏在 $0℃$左右的低温条件下，使细胞代谢处于休止状态。

（4）安全问题。化学诱变剂大部分是潜在的致癌剂，对人体危害大，有一定的致癌作用，因此，操作时应做好防护工作，避免与皮肤接触或吸入，并妥善处理残液，用过的工具也要严格处理并收藏，避免造成污染。

三、化学诱变与辐射诱变的比较

（1）处理方法不同。化学诱变只需配制一定浓度的化学诱变剂，不需昂贵的仪器设备，使用起来经济方便，但由于化学诱变剂大多数是致癌物质或剧毒物质，因此，操作者进行化学诱变处理时必须采取必要的防护措施，如戴手套、口罩，甚至防护面具等，操作时不是很方便。而辐射处理操作却相对较简便、安全，但需要较昂贵的设备，如 X 光机或钴源等 γ 射线源等。

（2）诱变专一性不同。化学诱变剂的诱变作用有一定的专一性，使用某些化学诱变剂可优先获得点突变；而辐射诱变作用无明显的专一性，染色体的断裂是随机的。

（3）诱变作用产生的突变谱不同。化学诱变产生的突变谱比辐射诱变产生的突变谱宽，即化学诱变产生的突变类型比辐射诱变多。

（4）诱变机制不同。化学诱变是通过化学诱变剂的化学特性与生物体细胞中的遗传物质发生一系列生化反应实现的，而辐射诱变是通过射线的高能量转移造成的。化学诱变剂造成的突变多数是基因点突变，而辐射诱变多数是染色体结构改变。

（5）诱发突变产生的时间和程度不同。化学药剂的作用是在处理以后、化学诱变剂与遗传物质发生生化反应后发生的，而辐射诱变是在照射时发生的。辐射诱变的作用不仅比化学诱变的作用表现较快速而且程度也较强烈，特别是在对营养器官的诱变上，化学诱变剂处理较难渗入营养器官的细胞中。

第四节　诱变育种程序

诱变育种从确定育种目标开始，其基本程序为：选择诱变材料及诱变部位→确定诱变的方式及适宜方法→对诱变材料进行鉴定和选择→进行品比试验→生产试验和推广。

一、诱变材料的选择

诱变材料的正确选择是诱变育种成功的基础。植物因不同种类、品种的遗传特性差异很大，不同组织、不同器官，发育阶段、生理状态不同，对诱变的敏感度也不同。因此，在诱变育种中，要合理选择植物材料，一般应注意选择以下材料：

（1）选择综合性状优良的品种。由于诱变育种能有效地改良植物品种的个别性状，因此根据育种的目标，选择综合性状好，只是个别缺点的优良品种作为诱变的材料，能有显著效果。

（2）选用杂交种。选用杂交种子作诱变材料，可以扩大变异类型，较易获得成功。因为杂合材料产生隐性突变，如 Aa→aa，其性状容易表现出来，而纯合基因（AA）产生突变则不容易表现出来。一般认为以选用杂交优势强、经济性状表现好的组合的未定型品系或杂交当代和低世代材料进行处理效果较好。近些年来的育种成果表明，杂交与诱变相结合，能提高有益变异率。

（3）选用单倍体和多倍体。为了缩短育种时间，单倍体是诱变的好材料，如直接诱变花药、小孢子等生殖细胞，其特点是诱发的突变易于识别与选择，将突变单倍体加倍后易于固定，但单倍体生活力弱，诱变处理后死亡率高，结实率较低，所以诱变剂量不宜过高。选用多倍体作诱变材料，是因为多倍体比二倍体突变率较高，而且适应性强，减少突变体的死亡率。

（4）无性繁殖植物的诱变，一般是选择处于活跃状态的组织，如各种不定芽、处于减数分裂时期的花芽、嫁接用的休眠枝条和接芽、生根前后的插条和叶片、根茎及匍匐茎等。选择易产生不定芽的材料。近十多年来国外育种家利用叶片、鳞茎片诱生不定芽进行诱变育种，特别是辐射育种取得了较大进展。不定芽来自单个或少数几个细胞，诱发不定芽突变可减少嵌合体的产生，获得纯合突变。

（5）选择繁殖器官小的材料。选择繁殖器官小的材料如种子、珠芽、不定芽、组培苗或蕨类植物的孢子进行诱变，一次可获得多个个体，增加了诱变后代选择的几率。

目前，诱变处理还难以实现定向突变，为了提高辐射育种的效果，关键是要正确地选择辐射处理的亲本材料，以取得理想的效果。

二、诱变材料的鉴定选择

（一）以种子为诱变材料的鉴定选择

诱变处理后的种子称为诱变当代，用 M_0 表示；播种后所形成的植株称为诱变一代，用 M_1 表示；由 M_1 收获的种子长成的植株称为诱变二代，用 M_2 表示；以后各代以此类推。

1. M_1 代

由于诱变后所产生的突变多为隐性，可遗传的变异在 M_1 代通常不显现，M_1 代所表现的变异大多为生理变异，如生理损伤、畸形等，导致植株生长不良、生育期延迟和结实性下降等。这些变异一般不遗传。因此，M_1 代不必进行选择淘汰，应全部留种。M_1 的群体大小应综合育种目标、诱变处理的方法、突变率、存活率、结实率和 M_2 的种植规模的大小决定。为确保诱变材料的存活率，应注意播种质量和提高田间管理水平，一般在网室、温室等隔离条件下进行。由于 M_1 代植株常为嵌合体，即植株的某一部分发生了遗传变异，所以对 M_1 代最好能将单果、单穗、单荚或单株分别采收种子，然后分别播种成一个小区，以利于计算变异频率和发现各种不同的变异。

2. M_2 代

M_2 代会出现各种各样的性状分离，诱变产生的各种突变性状多在这一世代表现，是突变显现最多的世代，因此，对 M_2 代植株的整个生育期都要进行仔细观察、比较和记录。由于大多数突变是不利突变，而出现优良株形、抗病、抗逆、优质和其他有应用价值的性状的突变频率很低，故 M_2 代应尽可能扩大群体数目。M_2 代是育种目标选择的关键世代，对于出现的优良突变要及时做好标记，便于后续选出有经济价值的突变株留种。需要注意的是，某些突变在 M_3 代才能表现出来，所以也有研究者在 M_2 代随机选择正常植株，在 M_3 代和以后世代中进行选择。

M_2 代是计算诱变频率的世代，其主要方法有两种，一是用产生突变的穗行或株行数与 M_2 代的总穗行或株行数的比率来计算，二是用 M_2 代发生突变的株数与 M_2 代的群体总株数的比率来计算。

3. M_3 代

M_3 代仍然是突变体显现的世代，隐性突变可继续出现，有些突变体在 M_3 代才开始显现，如种子产量、籽粒大小等。将 M_2 代中各个变异植株分株采种，分别播种一个小区，进一步分离和鉴定突变。一般在 M_3 代已可确定是否真正发生了突变，并可确定分离的数目和比例，淘汰 M_2 代的不良株系，在优良的株系中再选出最优秀的单株留种。而异

花授粉植物的 M_3 代是突变性状显现的世代，是选择突变体的重要世代。

4. M_4 代与 M_5 代

将 M_3 代株系中的优良单株分株播种为 M_4 代，进一步选择优良的株系，如果该株系内各植株的性状表现相当一致，便可将该系的优良单株混合播种为一个小区，成为 M_5 代，至此突变已稳定，便可与对照品种进行品种比较试验，最后选出优良品种。

（二）以花粉为诱变材料的鉴定选择

花粉可以认为是一个细胞，所以当诱变处理后，如果花粉产生突变，即整个细胞发生了变异，用它授粉所得后代植株便可带有这种变异，不会出现遗传上的嵌合体，故当 M_1 代的种子播种得到 M_2 代时，不必分穗（果）播种，只要以植株为单位分别播种即可，其他程序同上。

（三）以无性繁殖器官（薯块、接穗、插条）为诱变材料的鉴定选择

无性繁殖植物突变世代的划分，一般以营养繁殖的次数作为突变世代数。无性繁殖植物的亲本世代、突变世代、突变二代、突变三代，分别以 VM_0（或 M_0）、VM_1（M_1）、VM_2（M_2）、VM_3（M_3）等符号表示，一般简写为 V_0、V_1、V_2、V_3 等。

同一营养器官（如枝条）的不同芽，对诱变的敏感性及反应不同，可能产生不同变异，诱变后同一枝条上的芽要分别编号，分别繁殖，以后分别观察其变异情况，如果发现了有利突变，便可用无性繁殖法使之固定成为新品种。在无性繁殖下不会产生分离，因此薯类、果树及某些观赏植物等无性繁殖植物诱变后在当代就可表现出来，诱变育种程序极为简单，所以后代选择可从 V_1 代进行。V_2 代可以进行正式的鉴定和选择，所选出的优变枝或优变株系，可进行高接鉴定和营养繁殖，以观察鉴定其变异的稳定性。一般至 V_3 代才能确定突变株系的稳定性。

但是，无性繁殖植物经诱变处理后突变细胞和其他细胞会发生竞争。由于突变细胞开始有丝分裂时受到抑制和延迟，因而不易表现出来。应采取一些人工措施，如将诱变处理的材料采用组织培养技术，对分生组织分别进行组织培养，使嵌合体得到分离，以分离变异的组织，快速得到突变体；又如，在栽培上采取修剪或摘心的方法，一方面抑制顶端优势，使枝条下部的隐芽能正常生长，促使突变细胞发育，排除或抑制非突变细胞的生长，另一方面促进枝条基部不定芽的产生，促使变异频率的发生。

三、突变体的鉴定方法

（一）形态鉴定

形态鉴定是诱变育种最常用的方法，即将所获得的突变体和对照一起种植于田间，在各个生育阶段观察植株表型，如株高、花期、花数、花色、果数、果实大小、成熟期等，做好记录，进行统计分析，从表型上直接识别。但由于气候、土壤、种植密度等会不同程度地引起表型变化，因此形态鉴定缺乏一定的标准，不宜作为主要的鉴定方法。

（二）遗传学鉴定

为了鉴定熟性、抗病性等遗传学特性，可将突变体与原品种杂交、回交，以确定控制突变性状的显隐性以及该性状的遗传规律和遗传力。遗传学鉴定要在形态鉴定的基础上进行，田间工作量较大。

（三）细胞学鉴定

细胞学鉴定主要的工作是在显微镜下观察染色体，如染色体的数目，染色体形态结

构，包括染色体的长度、长短臂比、着丝点位置等，特别是减数分裂过程中染色体的动态变化，观察是否有异常现象发生。因为这些都比较容易进行，而且能说明变异情况，所以广泛用于突变体的鉴定。

（四）生化鉴定

一般来讲，品质突变需要进行生化鉴定，如蛋白质含量、淀粉含量、糖含量等，以及各种酶含量和活性的变化。这种鉴定工作量较大，但数据可靠，便于分析。但生化分析常常不稳定，因此使用时需设置多次重复，而注意试剂配制及人员操作，需谨慎进行。

（五）分子生物学鉴定

随着分子生物学的发展，各种分子标记技术的日渐成熟，分子生物学鉴定日益凸显了它在突变体鉴定上的优点，如所需样品量少，不受取材部位、取材时间、发育时期等方面的影响，信息量大、准确性高等。目前，应用较多的分子标记技术有 RFLP（DNA 限制性片段多态性）、RAPD（随机扩增多态性 DNA）、AFLP（扩增片段长度多态性技术）、SSR（简单重复序列）等。

（六）离体筛选鉴定

对一些抗病、抗逆突变体利用离体培养技术进行筛选。将潜在的突变体在添加致病菌或其他胁迫因子的培养基中培养，如果正常生长，可通过连续胁迫培养得到突变体。该方法可显著提高诱变筛选效率。

本章小结

诱变育种是人为地采用物理、化学因素，诱发有机体产生遗传物质的突变，经选育成为新品种的育种途径。诱变育种的特点在于突破原有基因型的限制，用各种物理或化学的方法，诱发并利用新的基因型，用以丰富种质资源和创造新品种。本章重点论述了辐射诱变育种和化学诱变育种。此外，随着我国航天技术的发展，对太空育种也作了详细论述。最后论述了诱变育种的程序。诱变育种对于园艺植物的育种具有非常重要的意义。

思考题

1. 诱变育种的概念及优缺点。
2. 简述 5 种以上辐射的种类及辐射源。
3. 化学诱变及最常用的化学诱变剂。
4. 比较化学诱变与辐射诱变的异同。
5. 太空育种的概念及意义。

参考文献

[1] 陈大成，胡桂兵，林明宝. 园艺植物育种学 [M]. 广州：华南理工大学出版社，2001.
[2] 景士西. 园艺植物育种学总论 [M]. 北京：中国农业出版社，1999.
[3] 徐冠仁. 植物诱变育种学 [M]. 北京：中国农业出版社，1996.
[4] 郭亚华，邓立平，谢立波. 空间辐射诱变育成番茄新品种宇番 1 号 [J]. 中国蔬菜，2001（6）：29.
[5] 王慧，张建国，陈志强. 航天育种优良水稻品种华航一号 [J]. 中国稻米，2003（10）：18.

第八章　倍性育种

倍性育种（Ploidy Breeding）是指通过人工诱变使植物染色体数目发生倍性变化，用以培育植物新品种或者育种中间材料的育种技术，是植物育种的重要途径。由于大多数园艺植物可进行无性繁殖，产品对象及食用部分不是种子，因此，多倍体育种对园艺植物育种有特殊的意义和优势。

第一节　染色体倍性及其种类

染色体是遗传物质的载体，染色体数目的变化可导致生物形态、生理、生化等诸多遗传特性的变异。自然界各物种的染色体数目是相对稳定的，而且体细胞染色体数为性细胞的二倍，一般用 $2n$ 和 n 表示体细胞和性细胞的染色体数。体细胞中成双的染色体可以分为两套染色体，经减数分裂形成的配子只含一套染色体，叫做一个染色体组（Genome），用 x 表示。

染色体倍性分整倍体和非整倍体两种，目前育种利用最多的是整倍体，通常的倍性育种主要指多倍体育种和单倍体育种。

生物染色体倍性的类型可用图 8-1 表示。

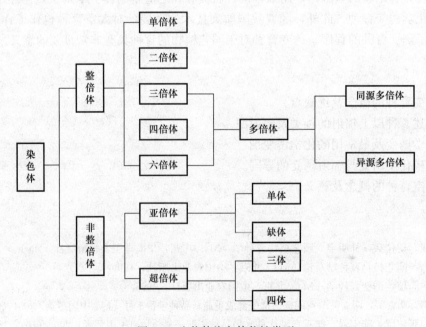

图 8-1　生物体染色体倍性类型

第二节　多倍体育种

一、多倍体的有关概念

多倍体（Polyploid）是指植物体细胞中含有 3 个或 3 个以上染色体组的个体。多倍体在高等植物中普遍存在，其中多倍体占裸子植物的 13%、单子叶植物的 42.8%、双子叶植物的 68.6%（表 8-1）。按照多倍体的来源可分为自然存在多倍体和人工创造多倍体，按照多倍体间关系又可分为同源多倍体和异源多倍体。

显花植物中的多倍体物种数　　　　表 8-1

	属的数目	种的数目	二倍体物种数（%）	多倍体物种数（%）
裸子植物	44	138	120（87.0%）	18（13.0%）
双子叶植物	1954	10169	5942（57.2%）	4227（42.8%）
单子叶植物	725	4886	1535（31.4%）	3351（68.6%）
总数	2723	15193	7597（50.0%）	7596（50.0%）

同源多倍体（autopolyploid）指多倍体的几个染色体组来源于同一物种。一般是由二倍体的染色体直接加倍产生的，如 AAAA 为同源四倍体。

异源多倍体（allopolyploid）指来自不同种属的染色体组成的多倍体。一般是由不同种属间的杂交种染色体加倍形成，如 AABB 为异源四倍体（又叫双二倍体）。

二、园艺植物中的多倍性现象

多倍体作为高等植物中一种普遍存在的现象，在园艺植物中也广泛存在。如香蕉、草莓、无籽西瓜、菊花、马铃薯等都是多倍体。苹果、梨、葡萄、柑橘、大丽菊、郁金香、山茶、百合、报春花等植物类型中都存在相当多的多倍体种。在被子植物中约占 70% 有过多倍化现象，但多倍体的分布很不规则，如景天科、蔷薇科、锦葵科、禾本科、鸢尾科内多倍体种较多，而葫芦科内几乎没有多倍体种。另外，同一科内不同属间多倍体频率差异也较大，如杨柳科的柳属内倍性变异多，而杨属内却少见；石竹科的石竹属多倍体较多，而蝇子草属却少有。因此，有些学者认为多倍体的发生与类群在进化中的地位无关。从染色体基数来看，园艺植物多数属只有一个染色体基数，如：草莓属、树莓属、蔷薇属的 $x=7$；萝卜属、胡萝卜属、报春花属、柑橘属、菊属的 $x=9$；有些属内有不同倍性系列的种，如蔷薇属月季、玫瑰为二倍体，法国蔷薇某些种为 $3x$，香水玫瑰为 $4x$，欧洲野蔷薇为 $5x$，莫氏蔷薇为 $6x$，针刺蔷薇为 $8x$；少数属内种间有不同染色体基数，如芸薹属黑芥 $x=8$，甘蓝 $x=9$，白菜 $x=10$；有些属内种间无染色体倍性变化，如苏铁属、松属、核桃属、栗属、桃属、杏属、豌豆属、南瓜属；还有个别属内种间染色体数极其复杂，很难确定其染色体基数，且倍性变化也大，如鸢尾属有三倍体、四倍体、五倍体、八倍体等。

三、园艺植物多倍体育种及意义

多倍体育种指利用自然变异或人工诱变，通过细胞染色体组加倍获得多倍体品种或育种材料的技术。园艺植物多倍体的利用由来已久。如三倍体的香蕉、苹果、梨、大枣，四倍体的树莓、葡萄、欧洲李、马铃薯，八倍体的凤梨、草莓以及大量的花卉植物等。但有意识地创造多倍体，直到 20 世纪 40 年代后才有了较大发展。

1937 年，A. F. Blakeslee 和 P. Avery 用秋水仙素诱变多倍体成功，标志着人工创造多倍体时代的开始，众多育种工作者开始关注多倍体育种。

目前，世界上已经在 1000 多个植物种上获得了人工多倍体，其中多数为园艺植物。如：西瓜、甜瓜、番茄、豌豆、甘蓝、白菜、花椰菜、萝卜、莴苣、金鱼草、石竹、凤仙花、一串红、彩叶草、美女樱、樱草、百日草、桂香竹、罂粟、矮牵牛、紫罗兰、雏菊、麦秆菊、万寿菊、波斯菊、菊花、百合、枇杷、柿、苹果、大枣、李、葡萄、树莓、草莓、柑橘、菠萝等。

Derman（1954 年）用秋水仙素诱导的多倍体在欧洲葡萄×圆叶葡萄杂交中克服了杂种不育的障碍。日本的木原均等（1939～1949 年）育成了无籽西瓜，是多倍体育种的成功典范。

利用多倍体育种具有下列意义：

（1）能利用无性繁殖固定多倍体的优良性状。

（2）可利用奇倍数的多倍体，产生大果无籽或者少籽的果实。如巨峰葡萄、无籽西瓜等。

（3）利用多倍体改善育性：本来孕性低或不孕杂种，通过染色体加倍，成为可孕的新种质。如：樱桃李（$2x$）和黑刺李（$4x$）杂交，得到不育杂种（$3x$），再经加倍得到可孕的欧洲李（$6x$）。

（4）可利用高倍性的多倍体。

四、多倍体的特点

（一）巨大性

随着染色体的加倍，细胞核和细胞增大，多倍体植物的组织器官相应增大，一般表现为茎粗、叶宽厚、颜色深、花大、果大、种子大而少。

如柑橘四倍体形态表现为叶片阔而厚，叶色浓，叶翼广，花粉和叶细胞大，刺大，根大，生长缓慢，强枝抽生少，枝短而密生，开花期和结果期比二倍体迟，一般结果少，果面粗糙等特点。三倍体、四倍体葡萄果粒大；四倍体萝卜主根粗大。

（二）可孕（育）性低

同源多倍体一般结实率低。主要原因是同源多倍体在减数分裂时，染色体间配对不正常，易出现多价体，致使多数配子含有不正常染色体数，因而表现出育性差、结实率低等特性。但园艺植物大多数同源多倍体为无性繁殖植物，育性差并不影响其在生产中的应用。对果树及瓜果类蔬菜来说，其食用部分主要是果肉而不是种子，因此，无籽或少籽为优良性状。三倍体表现为高度不育（如三倍体的无籽西瓜及三倍体香蕉）。原因也是减数分裂不正常，不能形成正常的配子。但三倍体的风信子（$2n=3x=24$）例外，它高度可育。

（三）抗逆性强

多倍体随着遗传物质含量的增加，新陈代谢旺盛，适应环境的能力强。表现为抗病、抗旱、耐寒，分布广。

（四）有机合成速率增加

由于多倍体染色体数增多，有多套基因，新陈代谢旺盛，酶活性加倍，从而提高了蛋白质、碳水化合物、维生素、植物素以及单宁等有机物质的合成速率。多倍体的甜菜的产量较高，多倍体的花卉香味较浓。如四倍体番茄 Vc 含量比二倍体高一倍。四倍体紫罗兰、桂竹香芳香性强、蜜腺多，三倍体甜菜（$3x=27=9Ⅲ$）含糖量高于二倍体甜菜等。

五、多倍体的获得途径

（一）自然变异

自然界极端的气候环境条件等可能诱发体细胞的染色体数目变异，从而产生多倍体。植物多倍体主要起源于三种不同的途径，即未减数配子的融合（$2n$ 配子）、体细胞染色体加倍和多精受精（Polyspermy），其中未减数配子的融合（$2n$ 配子）和体细胞染色体加倍被认为是多倍体形成的主要途径。

天然多倍体的获得主要通过对实生后代进行筛选，梁国鲁等通过对枇杷实生后代的筛选获得天然三倍体枇杷。

（二）有性杂交

有性杂交可产生奇数多倍体、异源多倍体。异源多倍体具有更高的杂合性、育性；二倍体基因渗入，创造遗传多样性，得到杂合多倍性群体。杂合性是多倍体的基本特性，多倍体比二倍体具有更多的杂合位点和更多的互作效应，自然界多倍体形成的主要路线是有性多倍化，即杂交在多倍体形成中起重要作用。

有性杂交获得多倍体的途径：一是利用 $2n$ 配子；二是利用多倍体亲本。$2n$ 配子是亲本在形成配子的过程中染色体没有减半。$2n$ 配子产生的可能原因是基因突变、远缘杂交及极端环境等现象。

$2n$ 配子的发生在自然界广泛存在，据 Veilleux R.（1981 年）、丛佩华（1998 年）等报道，目前发现自然发生 $2n$ 配子的植物有 13 个科超过 100 个种（或杂种、变种），但是，不同的种或品种出现 $2n$ 配子的频率不一样。$2n$ 配子也可人工诱导，已报道成功诱导 $2n$ 配子的化学药剂有：N-亚硝基-N-乙基脲、N-亚硝基-N-甲基脲、氯仿、秋水仙素等（Sanford J. C.，1983 年；Veilleux R.，1985 年；Shidakov R. S.，1986 年），其中以秋水仙素诱导效果最好，但价格较昂贵，也可用除草剂戊炔（Pronamide）、安黄灵（Oryzalin）、氟乐灵（Trifluralin）代替秋水仙素诱导毛新杨获得 $2n$ 花粉（黄权军等，2002 年）。N-亚硝基-N-甲基脲可以把甜樱桃的 $2n$ 花粉比率由自然状态的 3% 提高到 15%～25%；秋水仙素处理甜樱桃枝条可获得 55% 的 $2n$ 花粉（Sanford J. C.，1983；Veilleux R.，1985 年）；谷晓峰等（2003 年）用秋水仙素处理柿子可获 40.6% 的 $2n$ 花粉；郑思乡等（2005 年）以东方百合为材料，用 0.1%～0.4% 的秋水仙素处理二倍体品种的花蕾成功获得了 $2n$ 配子；向素琼等（2005 年）通过秋水仙素的不同浓度与作用时间处理促进了柑橘 $2n$ 花粉的发生，将长寿沙田柚 $2n$ 花粉发生比例由当年的自然发生率 0.87% 提高到 9.76%；杨晓伶等（2006 年）用 0.25% 的秋水仙素处理'土佐文旦'柚花蕾诱导 $2n$ 配子，结果表明：开花前 1 周，可诱导 $2n$ 配子自交亲和，经对发芽存活的自交后代植株的叶片细胞核 DNA 量检测和细胞学鉴定，确定 25% 的自交后代植株为自交三倍体；肖亚琼等（2007 年）以多年生开花鹤望兰植株为试验材料，采用不同浓度秋水仙素对鹤望兰处于减数分裂Ⅰ期的幼小花蕾进行诱导，成功诱导出 $2n$ 花粉。

马铃薯育种实践证明：$2n$ 配子在杂种优势利用、实生选种、传递主效显性基因、综合和转移二倍体野生种有利基因的应用上具有巨大潜力。营养系品种在二倍体间杂交，利用 $2n$ 配子得到多倍体，可以减少由非加性效应解体而导致的经济性状退化，从而提高育种效率。

多倍体亲本间及多倍体与二倍体间的杂交也是创造多倍体的有效途径，无籽西瓜的培育就是成功的例子，在园艺植物育种上最有发展前景的是二倍体果树与四倍体果树间的杂交，该方法是目前获得三倍体的最有效途径，市场上的三倍体果树如'京早晶'、'红标'无核葡萄，'路奥'、'北斗'、'新金冠'苹果等均系杂交产生（蒲富慎等，1978 年；Wendel，2000 年；张育明等，1986 年）。

（三）化学诱变

目前，诱变多倍体最常用且效果最好的化学诱变剂是秋水仙素。秋水仙素是从百合科植物秋水仙的器官和种子中提取出来的一种剧毒的植物素。纯品为无色或淡黄色针状结晶，熔点 155℃，有苦味，易溶于冷水、酒精、氯仿和甲醛，通常用水或酒精作溶媒。

（1）秋水仙素诱导多倍体的原理

秋水仙素作用于分裂的细胞后，可抑制微管的聚合过程，不能形成纺锤丝，使染色体无法分向两极，从而产生染色体加倍的核。适宜浓度的秋水仙素溶液，能阻碍纺锤丝的形成，但对染色体结构无明显影响。处理的细胞在一定时间内可恢复正常，重新进行分裂。

（2）秋水仙素诱导多倍体的方法

① 浸渍法

指将幼苗、新梢、插条、接穗、种子及球根类蔬菜、花卉等材料浸渍于所需浓度的秋水仙素溶液中进行多倍体诱导的方法。不同的处理材料所需的浓度及处理时间不同，一般发芽种子处理数小时至 3 天或多至 10 天左右。秋水仙素能阻碍根系的发育，处理后要用清水洗净后再播种。发芽种子的胚根，处理后往往受到抑制，发根较慢，为利于根的生长，可在药液中添加适当生长素。处理插条、接穗一般 1~2 天，处理后也要用清水洗干净。处理幼苗时，要避免根系受害，只使茎端生长点浸入秋水仙素溶液中。

② 涂抹法

把秋水仙素按一定浓度配成乳剂，涂抹在幼苗或枝条的顶端，处理部位要适当遮盖或套袋，以减少蒸发和避免雨水冲洗。

③ 滴液法

对较大植株的顶芽、腋芽处理时可采用此法。常用的水溶液浓度为 0.1%~0.4%，每日滴一至数次，反复处理数日，使溶液透过表皮渗入组织内部。如溶液在上面停不住时，可将小片脱脂棉包裹幼芽，再滴加溶液，浸湿棉花，并套袋。

④ 套罩法

保留新梢的顶芽，除去顶芽下面的几片叶，套上一个防水的胶囊，内盛有含 1% 秋水仙素的 0.65% 的琼脂，经 24h 即可去掉胶囊。这种方法的优点是不需加甘油，可避免甘油引起药害。

⑤ 毛细管法

将植株的顶芽、腋芽用脱脂棉或纱布包裹后，将脱脂棉与纱布的另一端浸在盛有秋水仙素溶液的小瓶中，小瓶置于植株旁，利用毛细管吸水作用逐渐把芽浸透，此法一般多用于大植株上芽的处理。

⑥ 注射法

用注射器将一定浓度的秋水仙素溶液注射到要处理的部位的方法。

此外，秋水仙素诱导与物理辐射等方法结合使用可提高诱变效果。如山川邦夫（1973年）报道，将好望角苣苔属中的一些种用秋水仙素处理 11 天，再用 0.05Gy 的 X 射线照射，结果显示：单独用秋水仙素处理时加倍株的出现率为 30%，而兼用 X 射线照射时可提高到 60%，并且在取得的多倍体植株中发现有两株为八倍体。

（3）秋水仙诱导多倍体应注意的问题

① 注意诱变材料的选择

选择主要经济性状优良、染色体组数少、能单性结实的品种，尽量选多个品种进行多种浓度的处理。

② 注意处理部位的选择

处理的组织应该是生长活跃、分裂旺盛的部位，如植物茎尖生长点、萌动的种子、根尖、幼苗、花蕾等。

③ 注意药剂浓度

要选择适宜浓度的秋水仙素溶液，浓度不宜过高或过低。过高，会引起伤害，以至致死；过低，达不到诱变效果。

④ 处理时期的选择

处理时期应以细胞分裂周期为转换，一般于减少分裂前期进行。

秋水仙素处理果树、观赏树木的参考浓度范围是 1%～1.5%；蔬菜、草本花卉的参考浓度范围是 0.01%～0.2%。王鸣等（1960 年）在甘蓝、白菜、南瓜、萝卜上试验表明，在 0.01%～0.2% 的范围内，随浓度增高，引变的百分率也显著提高。

（四）利用生物技术创造多倍体

现代生物技术的发展，为倍性育种工作提供了新的手段，可利用胚乳培养、细胞融合、遗传转化等手段创造多倍体。

（1）胚乳培养

二倍体的被子植物胚乳是双受精产物之一，由 3 个单倍体核融合而成，其中 1 个来自雄配子体，2 个来自雌配子体。因此，胚乳是天然的三倍体组织，具有双亲的遗传成分。对育种后代性状有一定的预见性。而且，胚乳同样具有一般细胞的全能性，通过胚乳细胞的培养可获得三倍体植株。目前，已有获得枇杷、葡萄、柿子、西番莲、猕猴桃、柑橘、马铃薯等的胚乳植株的报道。在胚乳培养中，胚乳愈伤组织和再生植株的染色体数常发生变异，如苹果胚乳再生植株中三倍体细胞只占 2%～3%。

（2）愈伤组织培养

在细胞、愈伤组织培养中常发现染色体倍性的变化，从中可以筛选和培养出多倍体植株，如石刁柏、胡萝卜的组织培养过程中很容易形成多倍体。另据章文才等的研究结果表明：柑橘愈伤组织中染色体变异是一种普遍现象，从锦橙中分离出 A、B、C 三种类型的愈伤组织，其中 A 型变异最大，有 0.4% 的 X、3.8% 的 3X、49.1% 的 4X、1.3% 的 6X、0.4% 的 8X、0.09% 的 10X、9.9% 的非整倍体。

（3）体细胞融合

20 世纪 70 年代开始建立和完善体细胞融合技术，1972 年获得烟草种间体细胞杂种，80 年代初，由模式植物转向农作物，成为创造新种质的育种手段，80 年代末，有大量木本植物体细胞杂交成功的报道，现已成为一种育种手段。从 Carlson 于 1972 年建立第一个体细胞杂种植株以来，原生质体育种得到迅速发展，该技术最为诱人之处就是可以用来产生体细胞杂种和体—配杂种，能克服有性杂交不亲和、性器官败育和珠心胚干扰等常规育种途径不能解决的问题，扩大了远缘杂交的范围，开辟了育种的新途径。体细胞间融合和体—配融合的结果是分别产生四倍体细胞和三倍体细胞，经过进一步培养形成四倍体和三倍体植株。邓秀新等通过原生质体融合已经成功地培育出一些柑橘类果树的体细胞杂种植株，而体—配融合尚处于研究阶段。

六、多倍体的鉴定

（一）诱变材料的鉴定

（1）形态鉴定法

形态鉴定指通过植株的器官等外部形态进行鉴定，该方法的特点是直观、简便；缺点是准确度不高。多倍体植株表现为茎短、叶厚、叶形指数小、色深、生长慢、花果比二倍体大、可育性低。

可将整体、叶片、茎、果、花、种子等进行比较。如瓜类多倍体表现为发芽和生长缓慢；子叶及叶片肥厚、色深、茸毛粗糙而较长；叶片较宽、较厚或有皱褶；茎较粗壮、节间变短；花冠明显增大，花色较深；果实变短、变粗，果肉增厚，果脐增大；种子增大。果树多倍体一般茎变短、叶变厚，叶形指数变小；颜色变深，表面皱缩粗糙、生长缓慢；花、果变大，可育性低。根据形态特征可作出初步判断。

（2）气孔鉴定法

多倍体植株的气孔较二倍体的大，叶片单位面积上的气孔数量相对减少，保卫细胞内叶绿体的数目增多。这是一种较为可靠的鉴定方法。但是处理和对照必须在同一发育时期和同一外界条件下才可比较判断。

（3）花器官鉴定法

多倍体植物的花蕾和花药比二倍体的体积增大。通过观测比较两者花蕾和花药的大小可初步作出判断。

（4）花粉粒鉴定法

与二倍体相比，多倍体花粉粒体积大，生活力低。有些多倍体甚至完全不育，如三倍体。但不同的植株类型及多倍体的不同倍数，其不孕的程度存在差别。如双二倍体就比产生它的杂种二倍体结实率高。在单核中央萌发孔沟出现期，可以检查萌发孔沟的数目。

（5）梢端组织发生层细胞鉴定法

用切片染色法比较组织发生层的三层细胞和细胞核的大小，多倍体的比二倍体的大。该方法的优点是可同时对组织发生层的三层细胞进行鉴定，能说明变异体的结构特点。

（6）小孢母细胞的大小

多倍体的小孢母细胞大于二倍体的小孢母细胞。

（7）小孢母细胞减数分裂中染色体的行为

三倍体或同源四倍体，小孢母细胞在减数分裂中都有异常行为。表现为染色体配对不正常，有单价体和多价体；染色体分离不规则，数目不均等；有多极分裂及微核小孢数目和大小不一致等，通过观察小孢母细胞减数分裂过程中染色体的行为，也可判断多倍体，但操作技术要求较高。

（8）染色体计数法

通过对诱变材料的染色体的直接观察计数，可较准确地鉴定多倍体。

（二）变异体的选择和利用

（1）对通过多倍体鉴定后确定为多倍体的个体进行培育、观察。

（2）在倍性变异上表现优良的类型，可进入选种圃，进行全面鉴定。

（3）对不稳定的嵌合类型进行分离纯化。

（4）保留不能直接成为品种但在育种上有价值的材料，淘汰没有育种价值的劣变类型。

第三节　单倍体育种

印度的古哈等（1966 年）利用曼陀罗花药培养单倍体获得成功以来，世界各国对许多植物进行了大量的花药培养试验，已在 40 多种植物上获得了成功。我国自 1970 年以来已对 30 多种主要农作物、果树、蔬菜及观赏树木进行了花药、花粉培养等多倍体育种研究，已报道获得单倍体的园艺植物有红菜薹、萝卜、大白菜、青菜、甘蓝、茄子、番茄、马铃薯、白花曼陀罗、南洋金花、柑橘、葡萄、草莓、苹果、李、荔枝、桃。

一、单倍体育种的有关概念

单倍体（Haploid）：通常是指具有配子染色体数（n）的个体。

来自二倍体植物（$2n=2x$）的单倍体细胞中只有一组染色体（$1x$），叫一元单倍体（Monohaploid），简称一倍体（Monoploid）。来自四倍体植物（$2n=4x$）的单倍体细胞中含有两组染色体（$2x$），叫多元单倍体（Polyhaploid）。多元单倍体又可以根据四倍体的起源分为同源多元单倍体（Homopolyhaploid）和异源多元单倍体（Allopolyhaploid）。

单倍体育种指利用人工诱导培养单倍体植株并进行染色体加倍形成纯合二倍体，或将单倍体植株进行辐射或化学处理，再与各种常规育种方法结合起来创造新品种的育种技术。其优点有缩短育种年限，提高选种效率，加速诱变育种的进程及克服远缘杂种的不孕性。

二、单倍体的特点

（1）形态特点

单倍体植株比二倍体植株细弱、矮小，生长势不强，很难在自然界中生存。

（2）育性特点

一倍体和异源多元单倍体中全部染色体在形态、结构和遗传内涵上彼此都有差别，在减数分裂时不能联合而形成可育配子。如油菜（$2n=20$）、黑芥（$2n=16$）以及由它们杂交形成的异源四倍体芥菜（$2n=36$）的单倍体植株生长都很瘦弱，不能形成配子，几乎完全不结籽。但经人工处理或自然加倍后就能产生染色体数平衡的可育配子，可正常结籽。而从马铃薯、梨、白菜等的同源四倍体的类型中获得的单倍体，通常不需要加倍就可以形成正常配子，并能受精结实。

（3）遗传特点

一倍体只有一个染色体组，不存在等位基因间的显隐性关系，所以所有的基因在发育中都能得到表达。单倍体经染色体加倍后，就成为基因完全纯合的、遗传上非常稳定的二倍体。

三、单倍体在育种上的意义

单倍体育种可以克服许多常规育种中存在的缺点和困难，尤其对生命周期长、遗传背景复杂的多年生园艺植物更有重要的研究意义。

（1）缩短育种年限

通常园艺植物杂种材料必须经过 4～6 代以上的近交分离和人工选择，才能获得主要性状基本纯合的基因型。而获得单倍体后再进行人工加倍，只需一个世代就可以获得纯合二倍体，这就可以大大加速育种进程，缩短育种年限，节约人力、物力和土地资源等。将杂种第一代的花粉通过单倍体育种，就能代替 5～6 代杂交前的亲本自交和 5～6 代杂交后的杂种选择。

（2）提高选种效率

杂种植株产生有性后代的时候会发生分离，而花粉虽然也彼此不同，但因为不再与不同基因型的雌配子结合，不再像有性后代那样发生遗传性的重组，所以花粉植株的选择范围比有性后代的选择范围要小很多，由于排除了显隐性的干扰和缩小了选择范围，因而能大大地提高选择的效果和准确性。

（3）克服远缘杂种的不孕性

远缘杂种由于存在不孕性，在生产上不能发挥其应有的作用。但在它的花粉中有少数是有生活力的，如果在花粉培养中把有生命力的花粉筛选出来，将其培养成单倍体植株，再行选择加倍，就可能立刻得到具有双亲优良特性的能育的远缘杂种。

四、单倍体的获得途径

（1）自然变异产生

由于遗传物质自身的变异及受到特殊的环境条件的作用而产生的变异，但自然变异率低。

（2）从株心苗中选择

在多胚性植物种子萌发出来的实生苗中选择单倍体。

（3）组织培养

通过花药、花粉及未授粉的子房、胚珠的培养是目前单倍体育种的有效途径。

（4）人工诱变

利用物理方法和化学诱变剂诱导单倍体的产生，用辐射处理过的花粉进行授粉，受精过程虽受影响，但能刺激卵细胞分裂发育成单倍体的胚和植株，或用二甲亚砜、萘乙酸、马来酰肼、秋水仙素等化学诱变剂可诱导孤雌生殖而产生单倍体。

（5）远缘花粉刺激

授以异种、异属的远缘花粉，虽其不能正常受精，但可刺激卵细胞开始分裂并发育成胚，进一步形成单倍体植株。远缘花粉刺激未受精卵细胞分裂发育成单倍性的胚。

（6）延迟授粉

去雄后延迟授粉可以提高单倍体的发生频率。

（7）利用半配合

当精核进入卵细胞后，不与雌核结合，雌雄核各自独立分裂，形成了雌雄核各自分裂而成的胚，多为嵌合型单胚。

五、单倍体育种的应用

单倍体植株小，自身不育，不能为生产直接利用，单倍体育种是以育成优良的多倍体新品种为目的的，只有经过染色体加倍成为二倍体或多倍体，才能正常可育，用于育种和生产。单倍体育种的主要应用如下：

（1）克服后代分离，缩短育种年限；

（2）有利于筛选隐性突变体，选择效率高；

（3）有利于隐性基因控制性状的选择；

（4）快速获得自交系。

此外，单倍体育种除可与杂交育种、诱变育种配合，也可在花药培养过程中加入毒素等进行抗病、耐盐碱方面细胞水平的筛选，花药和花粉培养体系还可用于转基因研究。

六、单倍体育种的步骤

1. 花药培养

花药培养育种法就是取某一园艺植物的杂种花药置于特定的培养基上培养，利用细胞的全能性，诱导花粉长成植株，这些单倍体植株再经秋水仙素处理一段时间，便可实现染色体加倍，加倍后的植株不仅正常可育，而且完全纯合。由于 Fl 代植株所形成的花粉带有其双亲的染色体，类型丰富，所以，由其花药得到的纯合株也是双亲的重组型，且为纯系，后代不再分离，通过选择，符合育种目标的留下作进一步观察评价、测产。此法不仅缩短了育种年限，还有利于隐性基因的表现，排除了杂种优势的干扰。通过花药培养得到园艺植物纯系，可有如下几方面优点：①有利于查明植物的起源；②有利于遗传理论的研究；③增加选配亲本和对杂种的预见性；④使某些原来无性繁殖的植物也能兼用种子繁殖；⑤可以利用杂种优势；⑥便于远缘杂交，有利于克服远缘杂交不育性；⑦提高诱变育种效果。

花药培养步骤：花药材料的选择（一般选择单核期）→培养基的选择（MS、N6、B5等培养基）→消毒→接种→培养（温度 23～28℃，每天光照 11～16h，光照强度 2000～4000lx）。

2. 花粉培养

花粉培养是指把花粉从花药中分离出来，以单个花粉粒作为外植体进行离体培养的技术。由于花粉已是单倍体细胞，诱发它经愈伤组织或胚状体发育成的植株都是单倍体植株。且不受花药的药隔、药壁、花丝等体细胞的干扰。但缺点是比花药培养难度大。

花粉培养的主要步骤：花粉的分离→花粉的预处理→培养基（用 Nitsch 作基本培养基）→培养。

七、单倍体的染色体检测与加倍

1. 单倍体的鉴定

①形态鉴定——小型化；②育性鉴定——败育；③染色体直接鉴定。

2. 染色体的加倍方法

（1）自然加倍：花粉细胞核有丝分裂或核融合，染色体可自然加倍，获得纯合二倍体。

（2）人工加倍：用秋水仙素处理单倍体植物，可使染色体加倍（溶液浸苗、处理愈伤组织和用含 0.4% 秋水仙素的羊毛脂涂抹单倍体植株的顶芽、腋芽，可得到能结实的二倍体植株）。

（3）将单倍体植株诱导的愈伤组织反复继代培养，再分化可得到二倍体植株。

第四节　非整倍体及其利用

一、非整倍体的概念及类型

非整倍体（Aneuploid）指比该物种中体细胞染色体数增加或减少一条至几条染色体，从而使体细胞内的染色体数目成非整倍性的个体。非整倍在植物中发生的频度较高，其产生的原因可能是在有丝分裂或减数分裂中个别染色体的不分离或丢失所致，可分为超倍体和亚倍体两种。

超倍体（Hyperploid）指染色体数比体细胞染色体数多的个体。超倍体在异源多倍体和二倍体的自然群体内均可出现。因为在 $(n+1)$ 配子内的各个染色体组都是完整的，一般都能正常发育。如：玉米、曼陀罗、番茄等二倍体，都已分离出全套的三体。

亚倍体（Hypoploid）指染色体数比体细胞染色体数少的个体。通常只存在于异源多倍体之中。

非整倍体的主要种类有：三体（$2n+1$）、双三体（$2n+1+1$）、四体（$2n+2$）、单体（$2n-1$）、双单体（$2n-1-1$）、缺体（$2n-2$）等。

二、非整倍体的发生

（1）单体及其发生

二倍体生物的体细胞中的某一对染色体缺少了一条，使染色体数目成为 $2n-1$，这种类型称为单体。

单体的发生可能是正常二倍体生物在减数分裂时，个别染色体活动异常，形成 n 配子、$n-1$ 配子和 $n+1$ 配子。$n-1 \times n \rightarrow 2n-1$，从而形成单体。

（2）缺体及其发生

二倍体生物的体细胞中缺少了一对同源染色体，使染色体数目成 $2n-2$，这种类型称为缺体。

缺体的发生可能是正常二倍体生物在减数分裂时，个别染色体活动异常，形成 n 配子、$n-1$ 配子和 $n+1$ 配子。$n-1 \times n-1 \rightarrow 2n-2$，从而形成缺体，缺体的雌雄配子缺少的是同一染色体。

（3）三体及其发生

二倍体的体细胞内的染色体增加一条，使染色体总数为 $2n+1$，这种类型称为三体。

三体的发生可能是自然减数分裂异常，形成 $n+1$ 配子，$n+1 \times n \rightarrow 2n+1$，从而形成三体。

三、非整倍体的利用

非整倍体一般不能直接用于生产，只能间接地利用在确定基因所在染色体及染色体替换等遗传育种研究。目前，研究利用较多的有小麦、烟草、甘蓝、白菜、黄瓜等作物。

1. 测定基因所在的染色体

单体法测定：单体是应用于遗传分析上的重要材料，利用小麦单体和缺体材料通过杂交可以鉴定某品种有关基因所在的染色体。例如：小麦长芒基因 h（隐性）、无芒基因 H（显性），通过单体测定法确定 h 在哪条染色体上。普通烟草（$2n=48$）中一隐性基因 yg2 控制的黄绿型突变，用单体测验法，定位于染色体上。

2. 有目标地替换染色体

利用缺体进行染色体置换。例：小麦抗秆绣 17 生理小种的基因（R）位于 6D 染色体上。甲品种是一个优良而不抗病品种（$2n=20 II+6DIrIr$）；乙品种是一个不优良而抗病品种（$2n=20 II+6DIRIR$）。使甲品种换进一对带有抗病基因（R）的 6D 染色体。

第五节　异染色体系的创造与利用

在有性杂交育种中，远缘杂交通常引入全套的异源染色体组，因此往往带来不良性状。导入或置换某个异源染色体或染色体片段，创造异附加系、异替换系、易位系等，可更好地利用异源物种的有利性状，改良现有品种。

一、异附加系的创造与利用

异附加系（Alien addition line），全称"异染色体附加系"，指在某物种染色体组的基础上，通过人工远缘杂交，然后自交或回交，使作物的染色体组添加了异种或异属的一条或一对同源染色体的植物新系统。将附加了一条外源染色体的新个体称为单体附加系，附加一对外源同源染色体的新个体称为二体附加系，而将附加两条不同染色体的新个体称为双单体附加系。异附加系不仅是研究物种起源和进化、染色体组之间亲缘关系、基因互作以及基因表达的重要遗传材料，而且还是培育异代换系和易位系的中间材料。

异附加系的缺点：①单体异附加系染色体数目不稳定，容易恢复到二倍体，而二体附加系的遗传稳定性高，具有较高的研究和利用价值；②育性减退；③异源染色体可能伴有不良性状；④不能用于生产，但可用于创造异替换系和易位系。

以孟雅宁等（2010 年）创造大白菜—结球甘蓝二体异附加系方法为例介绍如下：

① 创造目的：大白菜（AA，$2n=20$）（*Brassica compestris* ssp. *pekinensis*）属十字花科芸薹属，近年来，其种内遗传基础单一的问题十分突出，利用异附加系导入近缘属种有利基因是解决该问题的有效途径。结球甘蓝（CC，$2n=18$）（*Brassica oleracea var. capitata*）与大白菜为同属作物，具有适应性及抗逆性强、耐贮运等优良性状，已有研究表明，芸薹属作物 A 与 C 两个基因组的染色体具有较强的同源性，结球甘蓝的诸多优良特性，可为获得优良大白菜异附加系奠定基础。

② 选育二体异附加系过程（图 8-2）。

二、异置换系的创造与利用

物种的一对或几对染色体被另一物种的染色体所取代而成的新类型个体称为异置换系

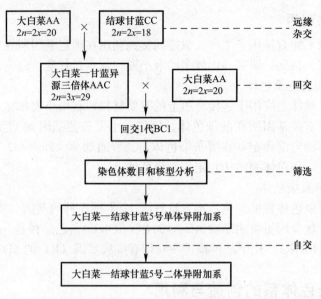

图 8-2　大白菜—甘蓝二体异附加系选育过程

（Alien substitution line）。异置换系可由附加系（$2n+1$）与单体（$2n-1$）杂交再自交得到，因部分同源染色体在基因剂量、位置、DNA 序列上有很大差异，差异程度因不同染色体而异，它们在功能上有一定的补偿能力，因而异置换系也可通过部分同源染色体代换得到，如普通小麦的 4D 与长穗偃麦草的 4E。

异置换系的特点：

（1）染色体数目未变；

（2）细胞学和遗传学上都比相应的附加系稳定；

（3）有时可在生产上直接利用。

三、异位系的创造与利用

易位系（Translocation line）指某物种的一段染色体与其他物种的染色体段发生交换后形成的新类型，油菜与芜菁远缘杂交、回交产生易位系原理如图 8-3 所示。易位系来自于异置换系、异附加系与栽培品种杂交、回交（同源染色体配对，外源染色体与对应的染色体均呈单价体，可以发生部分同源配对、交换，形成易位系）；辐射诱变、组织培养、增加染色体的遗传交换，可提高易位频率。

易位系的特点：

（1）可导入有用基因的染色体片段、排除不利基因的染色体片段；

（2）使新类型细胞学和遗传学特性更稳定、更平衡；

（3）新类型可直接用于生产。

蔬菜作物上，陈劲枫课题组首先以栽培黄瓜'北京截头'（*Cucumis sativus* L.，$2n=14$）与野生黄瓜（*Cucumis hytivus*）杂交产生 F1 代，进行加倍，产生黄瓜属种间双二倍体；然后将栽培黄瓜'北京截头'与双二倍体新种回交，随后自交，通过抗霜霉病筛选、细胞学和分子标记分析，获得了黄瓜抗霜霉病的易位系 CT-01。

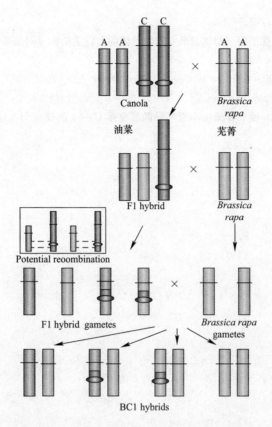

图 8-3　油菜与芜菁远缘杂交、回交产生易位系示意图

本章小结

本章主要介绍了不同倍性的园艺植物材料的应用，如加倍、单倍化、非整倍化。重点是多倍体的特点及选育方式，单倍体的条件及优点，倍性育种的途径。

思考题

1. 倍性及倍性育种的概念。
2. 多倍体和单倍体的特点。
3. 多倍体和单倍体的形成途径及诱导方法。
4. 多倍体和单倍体的鉴定及利用。

参考文献

[1] 景士西主编. 园艺植物育种学总论 [M]. 第二版. 北京：中国农业出版社，2007.

[2] 轩淑欣，李明，张成合等. 植物非整倍体及其在遗传研究上的应用 [J]. 河北农业大学学报，2002，5（25）：47-50.

[3] 孟雅宁，王彦华，顾爱侠等. 大白菜—结球甘蓝 5 号二体异附加系的选育及鉴定 [J]. 中国农业科学，2010，43（14）：66-72.

[4] 桑丹，刘畅，王娟等. 大白菜—结球甘蓝 5 号和 8 号单体异附加系的筛选和鉴定 [J]. 植物遗传资

源学报，2008，9（4）：517-520.

［5］ 顾爱侠，郑宝智，王彦华等. 附加甘蓝 3 号染色体的大白菜单体异附加系的获得与研究［J］. 园艺学报，2009，36（1）：39-44.

［6］ Chen J.，Luo X.，Qian CH，et al. Cucumis Monosomic Alien Addition Lines：Morphological，Cytological，and Genotypic Analyses［J］. TAG，2004，107：1343-1348.

［7］ 曹清河，陈劲枫，钱春桃. 黄瓜抗霜霉病异源易位系 CT-01 的筛选与鉴定［J］. 园艺学报，2005，32（6）：1098-1101.

第九章　生物技术育种

生物技术（Biotechnology）是指直接或间接地利用生物体及其机能，采取一定的技术手段，创造新的生物品种或新的生物制品。生物技术的发展经历了传统生物技术和现代生物技术发展的两个阶段，古时候人们进行的酿酒、制醋、制酱，均可算作传统的生物技术，但现代意义上的生物技术，则是指以分子生物学、细胞生物学、发育生物学为基础，把生物科学的最新成果与 DNA 重组技术、单细胞培养、细胞融合等具体操作技术相结合，以一定的工艺流程为社会生产出有价值的生物品种或产物的过程。

生物技术育种（Biotechnology breeding）则是指利用各种现代生物技术手段，有目的地培育符合人们需要的生物新物种或新品种的过程。生物技术育种可以打破植物分类学上的局限性，克服自然生理繁殖或重新组合障碍，将不同物种的优良性状转移到目标植物上去，从而大大加快育种的进程，实现传统育种方法无法实现的育种目标。

目前，在园艺植物生物技术育种中常用的方法包括细胞工程育种与基因工程育种两大类。

第一节　细胞工程育种

植物细胞工程育种（Cell engineering breeding）是指以植物细胞为基本单位，在体外（*in vitro*）条件下进行培养、繁殖，或者改变细胞的某些生物特性，从而培育符合人们需要的植物新品种的方法。热带园艺植物细胞工程育种中常用的方法包括花粉或花药培养、胚培养和胚乳培养、体细胞无性系筛选以及原生质体的培养与融合。细胞工程育种可以用于植物单倍体的快速获取、抗性株系的筛选以及用于克服远缘杂交的不亲和性等，在园艺植物育种中有着十分广泛的应用。

一、花药与花粉培养

（一）概念与作用

花药培养（Anther culture）或花粉培养（Pollen culture）是指利用植物组织培养技术，将发育到一定阶段的花药或花粉细胞，无菌接种到适宜的培养基上，进而分化产生新的植株的技术。由于花药内花粉粒细胞是经过减数分裂产生的，其细胞中的染色体只有正常二倍体植物的一半，因此，花药培养或花粉培养所得植株多为单倍体（Haploid）。

单倍体植物在园艺植物的育种中有着十分重要的作用，主要有：

1. 利用单倍体技术获得纯系，缩短育种年限

一般常规杂交育种中，要得到一个优良稳定纯系，需要对育种原材料连续自交 5～7 代，常要 6～10 年或更长的时间。然而，通过花药培养所产生的单倍体植株，经染色体加倍后就可得到同源二倍体，而且这些二倍体在遗传上都是纯合的。因此，育种上可以选用杂种的第一代或第二代花药或花粉进行培养，就容易经单倍体植株加倍而很快得到在遗传

上稳定的纯合二倍体，用作杂交育种的纯系材料。因而，从花粉细胞培养至产生稳定后代只需 2 年时间，大大缩短了育种年限。

2. 利用单倍体进行突变体选择，提高选种效率

突变体诱导与选育，是培育园艺植物新品种的重要方法。但是用辐射线或化学方法进行诱变育种时，诱导率仅百万分之几，并且单个的隐性基因的突变往往被显性基因掩盖，在处理当代时不能表现，所以在常规育种中需要等待相当长的年限，才能把变异的个体从群体中选择出来。而花药培养得到的单倍体可以在当代植株上表现出变异情况，因此选择效率大大提高。花药或花粉培养与诱变育种方法结合，能快速选出优良突变体。

3. 克服远缘杂交的不育

远缘杂种存在高度不育或不稔性，即使结实后代也往往产生严重的分离。但是在远缘杂种的花粉中，有少数花粉具有生活力，如果从这少数花粉中培养出单倍体植株，然后再使染色体加倍，变成二倍体植株，就可从中选出新类型，并获得稳定的后代。

4. 获得具有商品价值的超雄植株

如石刁柏是雌雄异株，雌株的性染色体为 XX，雄株的性染色体为 XY，作为高档蔬菜雄株品质好、产量高，在自然条件下，雌雄株的比例为 1∶1。用离体无菌培养雄株花药可以获得单倍体植株，经加倍后即可获得自然界不存在的超雄株（YY），超雄株和正常植株交配，得到的后代全为雄株，在生产上有很高的经济价值。

5. 作为遗传研究的材料

单倍体植株表型与其基因型一致，是理想的植物遗传研究材料。如在研究单个等位基因的表现及其对植物生理学和形态学剂量的效应时，或在研究非同源染色体之间是否发生配对以及染色体组内或组间染色体配对关系的研究等时，都是极好的材料。此外，单倍体还可应用于植物基因的表达研究，以及遗传图谱的构建研究等。

（二）花药培养与花粉培养的方法

1. 材料的选择

花药培养的培养材料是包含花粉的花药，花粉培养则直接培养从花药中分离出来的花粉。但无论是花药培养还是花粉培养，其培养对象都是花粉细胞。花药或花粉供体的基因型、生长状况以及接种时花粉所处的时期，对花粉植株的诱导频率都有直接的影响。

（1）基因型：供体植株的基因型是影响花粉形成单倍体孢子体最重要的因子之一。不同的物种、同一物种的不同品种，从花药或花粉成功诱导出花粉植物的难易程度，是存在很大差异的。从已有的经验来看，茄科、十字花科的园艺作物花药或花粉培养诱导的频率较高，而木本植物则相对比较困难。

（2）生理状态：供体植株的生理状态，对花粉愈伤组织诱导有直接影响。影响植物生理状态的因子，如温度、光照强度、光周期、降雨量等，对花药的离体培养有重要影响。一般认为，生长在大田环境下的植株比在温室生长的材料更适宜花药培养，幼年期植株的花药培养更容易一些，而初花期植物的花药分化的比例也比末花期的要高。

（3）花粉发育时期：花粉只有发育到某些特定的时期，才能成功地分化产生愈伤组织或胚状体。不同植物对离体培养有其特定的、最敏感的发育时期。从目前的资料来看，大部分种的花药培养适合的时期都在单核中期或单核后期。何定刚等（1981 年）较精确地研究了小麦的花粉发育过程的形态分期，发现除了花粉母细胞及减数分裂时期和三核期

（成熟花粉）没有产生愈伤组织以外，从四分体到二核期经常是可以诱导的，但是并不是每一花粉时期都可以获得最好的诱导率。霍赫洛夫在总结了前人资料的基础上，认为胚状体的发生只能在一定的时期，多为单核后期、有丝分裂期和双核早期；而愈伤组织的形成在不同发育时期的花粉都可以，与花粉发育时期关系较小。

2. 材料的预处理

供体植株的花药取回后可以进行一些预处理，以提高诱导率。常用的方法有低温预处理，即接种前将花药进行低温处理，在多种园艺植物中都有提高愈伤组织或胚状体的诱导频率的作用，如草莓、柑橘、康乃馨等。低温预处理常用的温度为 3～5℃，也有高达 10℃的；时间多为 1～3 天，也有长达 20 天的。

除了低温处理之外，用 ^{60}Co 照射花蕾、乙烯利喷射植株、梯度离心处理花蕾等都对提高花药出愈率有一定的效果。

3. 培养基的选择

（1）基本培养基

目前用于花药培养的基本培养基相当多，常见的有 MS、Nitsch、B$_5$、White、N$_6$ 等，另有 GD (Greshoff & Dog)、LS、改良 B$_5$ 等。选用不同的基本培养基似乎与单倍体的发生途径有一定的关系。据 Sharp W. R. 分析，雄核发育和经中间愈伤组织再生用得最多的是 MS 和 Nitsch。另外，1/2MS、B$_5$ 培养基常用于胚状体的诱导形成。

（2）植物生长调节剂

生长调节物质是在花药培养中十分重要的因素，选用适当的生长调节物质对提高花粉愈伤组织或胚状体的诱导率起着十分重要的作用。目前，常用的生长调节物质是 2，4-D、NAA、BA、KT、IAA 等。在所有的生长调节物质中，2，4-D 应用最为广泛，其次是NAA、BA、KT 等，各种激素的使用浓度因各试验而有所不同，但大体变化范围在 0.1～2.0mg/L 之间，过高的激素浓度易降低绿苗分化率，增加白苗率。进些年来，多数研究者倾向于使用复合激素，有些学者还应用了一些新型的调节物质，如 CCPU、TIBA、BN-2，并取得了一定的效果。

（3）糖浓度

一般采用蔗糖，浓度多为 3%～20%之间。其他糖类，如麦芽糖、甘露醇、淀粉等也有过试验，但效果都不如蔗糖。从目前的研究来看，蔗糖主要有三种作用，即提供碳源、提供渗透压、高糖浓度阻碍体细胞愈伤组织的形成。蔗糖浓度过高或过低，都会抑制愈伤组织分化。不同植物对蔗糖浓度的要求是不一致的。

（4）氨基酸和其他有机附加物

在培养基中附加谷氨酰胺、甘氨酸、脯氨酸、精氨酸等氨基酸，往往可以显著地提高花粉胚及植株的获得率。如专为花药培养而设计的培养基 N$_6$、C17、W14 等都含有甘氨酸。除了氨基酸之外，作为花药培养基的基本成分的有机物质还有肌醇、维生素 B$_1$、B$_6$ 和烟酸等。椰子汁、酪蛋白水解物、乳蛋白水解物、酵母提取物等对花粉愈伤组织的形成和苗的分化常表现出有利作用，因此也经常被用作花药培养基的有机附加成分。

（5）活性炭

活性炭对花药培养的影响是比较复杂的。对某些植物如油菜、甘蓝等的试验表明加入活性炭有利于胚状体的形成，而在另外一些植物如加拿大银莲花（*Anemone Canadensis*）上的研究表明活性炭抑制胚状体的形成。Mohameo-Yasseen（1990 年）分析了活性炭作用的可能原因：①使培养基变黑，有利于植物的极性效应；②吸附阻碍物；③吸附植物生长调节物质及其他有机物；④提高培养基的通透性；⑤生长中产生的物质可能被活性炭吸附。因此，活性炭的效果应与培养基的组成及外植体的基因型与生理状态紧密相连。活性炭的使用浓度一般为 0.1%～1.0%。

4. 材料的消毒与接种

（1）花药的消毒与接种

通常是将流水冲洗干净的花蕾用 70% 的酒精消毒 10s，无菌水冲洗两次，再用 10% 的次氯酸钠溶液浸泡 20min，或用 0.1% 的 $HgCl_2$ 溶液消毒 5～10min，用无菌水冲洗 3～5 次。对于比较难消毒的种类，也可在花蕾消毒后，将花药剥出，以无菌纱布包裹，再次消毒。接种时，将消毒过的花蕾放在消毒滤纸上将水吸掉，再用镊子小心剥开，取出花药，去掉花丝，然后接种在培养基上。接种过程中要防止花药失水干枯。

（2）花粉的分离与接种

用于花粉培养。花药经消毒后，放到加有基本培养基的小烧杯中，挤压花药，使花粉从花药中释放出来。用消毒过的尼龙筛过滤掉药壁组滤液再经低速离心（100～160rpm），上面的碎片可用吸管吸掉，再加入新鲜培养基。连续进行两次过滤，到每毫升含 10^3～10^4 个花粉的浓度就可以了。接种时用无菌滴管或注射器吸取一定量的花粉液，滴入到培养基上即可。

5. 培养方法

（1）花药培养

常用的培养方法有固体培养、液体培养、双层培养等。

① 固体培养

即在培养基中加入固化物如琼脂等，得到固体培养基，将花药置于其上进行培养的方法。培养温度一般在 23～28℃左右，每天 11～16h 的光照，光照强度 2000～4000lx。固体培养法容易操作，但是诱导率较低。

② 液体培养

培养基中不加琼脂，保持液体状态，一般采用较薄（2～3mm）的液层，使接种的花药漂浮在液面进行培养。也可在培养基中加入 30% 的 Ficoll，以增加培养基的密度和浮力，使培养物浮出水面，或采用摇床进行振荡，使花药处于良好的通气状态。液体培养方式常比在固体培养基上培养的效果好。

③ 双层培养

即在一薄层固体培养基上再加入液体培养基，将花药放在这样的双层培养基上培养。这种培养方式可以使固体培养基中的营养成分缓慢释放到液体培养基中，如果在下层固体培养基中添加一定量的活性炭，则还可以吸附培养物产生的一些毒害物质。

④ 分步培养

即先将花药放在液体培养基上进行漂浮培养，待花粉从花药上自然散落出来后，用吸管将花粉从液体培养基中取出，平铺于琼脂培养基上，使其处于良好的通气环境中，使得花粉植株的诱导率大大提高。

（2）花粉培养

① 微室培养法

Kemeya T. 等（1970 年）首先应用的花粉培养方法。取含有 50～80 粒花粉的一滴培养液放在微室培养装置中培养的方法。培养条件和其他方法类似。由于没有花药壁的作用，分化频率不高。

② 看护培养法

Sharp W. R.（1972 年）首先发展起来的一种花粉培养方法，也是现在常用的方法。其原理是因为花药壁中含有促进花粉细胞分化的成分，所以将花药和花粉用滤纸分隔开共同培养，以提高花粉培养分化的频率。培养时，把花药放在琼脂培养基表面上，然后在每个花药上覆盖一小块消毒过的圆片滤纸。然后用移液管吸取 1 滴细胞悬浮液（0.5mL，约含有 10 个花粉粒），滴在每个小圆片滤纸上。培养在 25℃和一定光照强度下，大约一个月长出细胞群。

6. 单倍体鉴定与加倍

花药中除了有花粉细胞外，还含有花粉壁、毡绒层等体细胞。因此，由花药发育成的花粉植株，并不完全是单倍体，必须进行单倍体鉴定。单倍体的鉴定可以采用根尖或茎尖染色压片的方法，进行染色体计数。也可以利用流式细胞仪测定倍性的新方法，主要是采用扫描细胞光度仪（也叫倍性分析仪）进行鉴定，用流式细胞测定法迅速测定叶片单个细胞核内的 DNA 含量，根据 DNA 含量的曲线图推断细胞的倍性。此外，单倍体的外观形态如株高、叶、花、气孔均比二倍体要小，其也可作为倍性鉴定的参考。

单倍体加倍常采用秋水仙素加倍或自然加倍。采用秋水仙素加倍因处理材料不同可分为以下几种方法：①对培养初期的花药进行处理；②对愈伤组织的处理；③对单倍体苗进行处理。这是最常用的方法，处理的方法有灌心法、注射法、浸根法，单倍体幼穗切块离体培养法，常用的浓度多为 0.025％～0.05％，有时加入 1.00％～2.00％的二甲基亚砜溶液处理 2～5 天，以低浓度、长时间的处理效果较好。此外，单倍体在继代培养中往往会发生自然加倍的现象，这一特点也可用于单倍体的加倍，可以减少因秋水仙素的副作用而带来的染色体畸变，产生混倍体等问题。

二、胚培养与胚乳培养

（一）胚培养（Embryo culture）

胚培养是指利用植物组织培养的技术，将受精后形成的胚从胚珠或种子中剥离出来，置于一定的培养基上生长发育成完整植株的过程。胚培养在园艺植物育种上有着重要的作用，主要是：①一些长期无性繁殖的植物，尤其是一些早熟种的胚，在母体组织内不能正常发育，或胚生理成熟速度慢于果实成熟速度，从而导致胚发育不良，种子不能萌发，可以用胚培养来获得胚性植株。②柑橘的有性胚中，以及植物远缘杂交时，也会发生胚在母体内死亡的现象，对这些植物就可利用胚培养技术获得不育胚的植株。③一些园艺植物种类，种皮中含有抑制物质导致休眠，采用胚培养的方式，可以打破休眠，缩短育种年限。

胚培养包括成熟胚和未成熟胚的培养。一般说来，成熟胚因为发育比较完全，所以培养比较简单，在含有大量元素的无机盐和糖的基本培养基上便能生长。而未成熟胚是指子叶期以前的幼小胚，由于发育很不完全，培养比较困难，需要比较复杂的培养基构成，除了一般的无机盐成分外，还要加入微量元素、有机成分和各种生长调节物质，且胚龄越小，要求的培养基越复杂。随着组织培养技术的不断完善，现在可使心形期胚或更早期的长度仅 0.1～0.2mm 的胚生长发育成植株。

在未成熟胚的培养中，常有三种明显不同的生长方式，一种是"胚性生长"，即维持原来的生长过程，继续进行正常的胚胎发育；另一种是在培养后迅速萌发成幼苗，而不继续进行胚性生长，通常称为"早熟萌发"；第三种是在很多情况下，胚在培养基中能发生细胞增殖形成愈伤组织，并由此再分化形成多个胚状体或芽原基。

胚培养的程序和方法和其他组织培养的方法大同小异。需要注意的是，未成熟胚的培养基需要较高浓度的蔗糖，以提供较高的渗透压，使其生长环境类似于自然条件下具有较高的渗透压的胚乳，这样有利于胚的培养。此外，有机附加物和多种氨基酸对未成熟胚的培养也有明显的促进作用。

（二）胚乳培养（Endosperm culture）

胚乳培养是指利用植物组织培养的技术，将被子植物的胚乳剥离出来，置于一定的培养基上生长发育成完整植株的过程。被子植物的胚乳一般是由两个极核和一个精子融合产生，是一种三倍体组织，因此由它所形成的植株也是三倍体。在植物育种工作中，可以采用胚乳培养的方法来生产三倍体，达到培育不育品种的目的，缩短育种周期。另外，胚乳培养得到的植株不仅是三倍体，而往往是混倍体。由于染色体数目和形态发生变异，胚乳培养可用于新类型植株的筛选。

胚乳培养的最早研究始于1933年，Lampe 和 Mills 首例进行了玉米胚乳培养。到目前为止，已有 40 多种植物的胚乳进行了培养。胚乳培养中胚乳发育时期相当重要，一般情况下，处于旺盛生长期的胚乳（对于核型胚乳，这时已充分发育到细胞期），在离体条件下容易诱导产生愈伤组织；而接近成熟或完全成熟的胚乳，愈伤组织诱导频率很低，甚至根本不能产生愈伤组织。不同植物的适合胚乳培养的时间有一定的差异，如大麦在授粉后 10～12 天培养比较适宜，而黄瓜则在授粉后 7～16 天比较合适。胚乳培养一般在 25～27℃和黑暗条件或散射光下进行，约 6～10 天胚乳开始膨大，再培养形成愈伤组织。将愈伤组织转到分化培养基上培养，待出芽后，切下不定芽，插入生根培养基中，光下培养 10～15 天，切口处可长出白色的不定根。生长的植株可以移栽，并进行倍性检测，检测的方法可以参照花药和花粉培养。值得注意的是，在成熟胚乳培养中，胚的存在可明显提高胚乳愈伤组织的诱导频率。

（三）子房或胚珠的培养（Ovule or ovary culture）

子房或胚珠培养是将子房或胚珠从母株中分离出来，放在无菌的人工环境条件下，让其进一步生长发育，以致形成幼苗的过程。根据是否受精分为两类：受精子房或胚珠的培养，未受精子房或胚珠的培养。受精的子房或胚珠的培养可以获得成熟的胚或植株，用以克服植物的胚的夭亡。未受精的子房或胚珠的培养可以诱导产生单倍体。此外，子房和胚珠的培育是离体授粉的基本前提。

子房或胚珠培养受到多种因素的影响，如培养材料的种类和基因型，培养基的种类，培养条件，培养方式，子房或胚珠的发育时期等。实验证明，在受精子房或胚珠的培养中，子房或胚珠的发育时期对其成功培养有关键性的作用，一般发育到球形胚期的胚珠较易培养成功。

三、体细胞无性系变异的筛选

（一）植物体细胞无性系变异的概念与发生

植物体细胞无性系变异（Somaclonal variation）是植物组织培养中的普遍现象，泛指在植物细胞、组织和器官培养过程中，培养细胞和再生植株中产生的遗传变异或表观遗传学变异。这些变异一些是可以遗传给后代的，一些是不能遗传的。

植物体细胞的变异可以是诱发的，也可以是自发的，二者在本质上没有差异。一般来说，不加任何选择压力而筛选出的变异个体称为变异体（Variant）；经过施加某种选择压力所筛选出的无性系变异称为突变体（Vutant）。两种变异都是在三个水平上发生：一是基因组水平上的突变，如染色体数目的变化，细胞器的缺失或改变等；二是染色体水平上的突变，如染色体片断的缺失、插入、交换等；三是基因水平上的突变，主要是 DNA 分子结构的改变。影响突变频率的因素包括植物的遗传基因型、年龄、细胞和组织继代培养的时间、培养部位、培养基的组成和培养的环境条件等。

（二）植物体细胞无性系变异的筛选

植物体细胞无性系变异多数情况下是负向的，即是对植物生长不利的。但是也有少数突变可以提高植物体对不良环境的抗性，或者提高植物的经济性状。利用一定的筛选技术，可以将这些有益的变异体或突变体筛选出来，获得更为优良的新品种。

为了提高植物体细胞无性系变异选择的效率，可以采用单胞系培养筛选的方法。单胞系是指利用单个细胞，经过植物组织培养技术而得到的无性系。利用单细胞培养可以在人工控制条件下有方向地增加无性变异频率，创造人们所需的无性变异株，获得单胞无性系。通常是用分散性好的愈伤组织或悬浮培养物来制备单个细胞，或者用纤维素酶和果胶酶直接分离园艺植物的不同组织制备单细胞；获得单细胞后，用适宜的培养方法，如平板培养法、悬浮培养法、看护培养法等，可培养获得单胞无性变异系或无性繁殖系。

植物体细胞无性系变异的筛选可分为正筛选和负筛选。正筛选即利用特定的选择物质加入培养基中或者提供特殊的栽培环境，在这种培养基上或培养环境中，正常型细胞不能生长，而只有突变型的可以生长，从而将突变细胞筛选出来。例如，为了选育抗盐性强的种质资源，可增加培养基（液）中的无机盐的含量；为了筛选耐高温的种质资源，可提高培养室的气温和光照强度；为了筛选抗寒的种质资源，可降低培养室的气温等。正筛选可以施加较强的筛选条件，一次性地将突变体筛选出来，也可以逐次提高筛选的强度，分步筛选。负筛选是采用特定的培养条件使突变体细胞处于不能生长的状态，而正常型的细胞可以生长，然后使用可以使生长细胞中毒死亡的汰选剂来去除这些正常生长的细胞，最后使未中毒的细胞回复生长并分离出来。这种方法多用于营养缺陷型突变细胞。

筛选出的变异细胞一般需要在特定的培养条件下培养几代，以确定其是否能够稳定遗传。此外，筛选出的无性系，应该在田间进行相应的检测，才能达到实际应用的水平。

四、原生质体融合

原生质体（Protoplast）是除去细胞壁的由质膜包裹着的具有活力的裸露细胞。原生质体虽然不包含细胞壁，但是含有该个体的全部遗传信息，具有细胞全能性。原生质体融合（Protoplast fusion）是指异源的原生质体，在一定的诱导剂的作用下，细胞质、核相互融合，形成新的融合细胞，并发育为新的植株的过程。如果原生质体的来源是植物的体细胞，则称为体细胞杂交（Somatic hybridization）。

原生质体融合可以克服植物物种间的生殖隔离，从而使亲缘关系较远的物种杂交成为可能，进而扩大植物的变异来源，扩宽种质来源，甚至人工创造新的物种。

（一）原生质体的获取与培养

1. 原生质体的获取

自然条件下不存在原生质体，因此必须通过一定的方法来获取原生质体。植物的器官、组培中的愈伤组织，以及单细胞培养物，都可以用来分离获取原生质体。一般来说，从培养的单细胞或愈伤组织分离获取的原生质体，因为组织培养条件下容易发生变异，所以往往存在细胞间差异。而从叶肉组织分离的原生质体，遗传性较为一致，因此，叶肉组织是获得原生质体十分理想的材料。除了叶肉外，其他器官材料也可用于原生质体的分离与培养，如十字花科植物一般用种子萌发4～5天的无菌苗下胚轴，豆科植物用未成熟种子胚的子叶，禾本科植物则以幼胚、幼穗、花药（花粉）或成熟胚建立胚性愈伤组织及其胚性悬浮细胞系为好。总之，不同物种、同一物种不同基因型、同一基因型不同取材部位等，对于原生质体的融合和培养都有影响。

原生质体的分离方法主要有两种：

（1）机械分离法

先将细胞放在高渗糖溶液中预处理，待细胞发生轻微质壁分离、原生质体收缩成球形后，再用机械法磨碎组织，从伤口处可以释放出完整的原生质体。然后，经过过滤、离心等处理，可以获得较完整的原生质体。该法获得的原生质体数量较少，且对分生组织细胞的分离效果较差。

（2）酶分离法

即用细胞壁降解酶脱除植物细胞壁而获得原生质体的方法。1960年英国植物生理学家Cocking首次用纤维素酶降解番茄幼苗根尖细胞得到原生质体，从而开创了用酶解法分离植物原生质体的新时期。

常用的细胞壁降解酶种类：纤维素酶、半纤维素酶、果胶酶、蜗牛酶等。酶法分离植物原生质体可分为两步法和一步法。两步法是先用果胶酶降解果胶质使细胞游离成单细胞，再用纤维素酶或半纤维素酶降解细胞壁而游离出原生质体。一步法是将所需的果胶酶和纤维素酶或半纤维素酶按比例混合成酶溶液处理材料一次性游离出原生质体。酶液浓度一般为纤维素酶1%～2%，果胶酶0.5%～1%，酶液pH 5.1～5.8，酶解时间几小时至几十小时不等，一般不超过24h。酶解温度一般都在25℃左右，有利于保持原生质体的活力。酶解处理通常静置在黑暗中进行，偶尔用手轻轻摇晃即可。对于愈伤组织、悬浮细胞等难游离原生质体的材料，可置于低速（30～50rpm）的摇床上促进酶解。

细胞壁降解后原生质体暴露在处理液中，其渗透压发生变化，容易导致胀破或收缩，因此需要在处理液中加入渗透压稳定剂。常用的渗透压稳定剂有甘露醇、山梨醇、蔗糖、葡萄糖、盐类（KCl、$MgSO_4 \cdot 7H_2O$）等，其浓度多为0.4～0.6mol/L，其中用得最多的是甘露醇。此外，为增加完整原生质体数量、防止质膜破坏，促进原生质体细胞再生和细胞分裂形成细胞团，可加入$CaCl_2$、KH_2PO_4、MES、葡聚糖硫酸钾等质膜稳定剂。其中，葡聚糖硫酸钾是最常用的质膜稳定剂。

细胞分离得到原生质体后，还必须经过一定的方法纯化，才能得到纯净的原生质体。常用的纯化方法有：①过滤—离心法。将含有原生质体和酶液的混合液，通过孔径为 $44\sim169\mu m$ 的尼龙筛网或镍丝网过滤，除去大的组织碎片和残渣，然后取滤液在 $900\sim4500rpm$ 下离心 2min。收集管底沉积完好的原生质体，加入新鲜溶液继续离心 $2\sim3$ 次。②漂浮法。与上述方法类似，只是采用比原生质体比重大的高渗溶液，使原生质体漂浮在溶液表面，离心后取上清液。由于高渗溶液对原生质体常有破坏，因而完好的原生质数量较少。③界面法。采用两种密度不同的溶液，使原生质处于两液相的界面之中。界面法可以收集到数量较大的纯净原生质体，同时避免收集过程中原生质体因相互挤压而破碎。

分离得到的原生质体应该检测其活力，检测的方法常用 0.1% 酚番红或伊凡蓝进行染色，有活力而质膜完整的原生质体对染料有排斥作用而不被染色，死亡的却被染上颜色。

总之，在原生质体的分离中，酶的种类及其组合、酶液的渗透压、原生质膜的稳定剂、酶解时间与温度、分离和纯化的方法等都对分离的效果有影响，必须根据不同的植物材料，选择合适的分离方法。

2. 原生质体的培养

原生质体的培养常用的方法有平板培养法、浅层液体培养法和双层培养法。

（1）平板培养法

即固体培养法，将一定体积的原生质体按照一定的细胞密度与 45℃ 的琼脂培养基混合，在培养皿内制成薄层固体平板的方法。该法可使原生质体位置固定，避免其游动，便于定点观察。但透气性差，培养效率较低。

（2）液体浅层培养

是将原生质体用培养液调整到一定的细胞密度，取出 $3\sim4mL$ 置于培养皿中浅层静止培养的方法。

（3）双层培养法

将一定浓度的原生质体悬浮液涂布在固体琼脂培养基表面的培养方法，是液体培养与固体培养的结合，既利于原生质体的生长，又利于营养成分的逐步释放和有害成分的扩散。

（二）原生质体融合

原生质体融合可以分为自发融合和诱导融合。自发融合是亲本原生质体自身不同个体由于胞间连丝的作用而发生的融合，是一种同源自身融合现象，其融合产生的后代与亲本是一致的，所以在体细胞杂交中要尽量排除这种融合现象。诱导融合是原生质体在诱导剂或者其他诱导条件如电厂的作用下产生的融合。

原生质体融合的常用方法有化学融合法和电融合法两类。

1. 化学融合法

是利用各种化学诱导剂促使原生质体融合的方法。常用的诱导方法有：

（1）盐类融合法。盐类融合法是应用最早的诱导原生质体融合的方法。常用的盐类融合剂有硝酸盐类、氯化物类、葡聚糖硫酸盐类（葡聚糖硫酸钾、葡聚糖硫酸钠）等。

（2）高钙（Ca^{2+}）和高 pH 值融合法。采用高浓度钙离子和高 pH 值溶液作为诱导剂，钙离子浓度因植物种类不同而有差异，但一般当离子浓度达到 $0.05mol/L$ 以上时，融合效果很好。

（3）聚乙二醇融合法（PEG法）。是化学融合中应用最广泛的方法。它的融合频率高达 $10\%\sim15\%$，且无种属特异性，几乎可诱导任何原生质体间的融合。用 PEG 进行融合时，PEG 的种类、纯度、浓度、处理时间，以及原生质体的生理状况与密度等是影响融合效率的重要因素。加入融合促进剂（例如，伴刀豆球蛋白、15％二甲基亚砜、链霉素蛋白酶等）可以提高原生质体的融合率。

（4）聚乙二醇与高 Ca^{2+}、高 pH 值相结合的融合法。先用 PEG 处理 30min，然后用高 Ca^{2+} 和高 pH 值液稀释 PEG，再用培养液洗去高 Ca^{2+}、高 pH 值。是上述两种方法相结合的方法。

2. 电融合法

电融合法是现在应用最多的方法。它有两个步骤：第一，在装有原生质体悬浮液的两电极间加高频交流电场（一般为 $0.4\sim1.5MHz$，$100\sim250V/cm$），使原生质体偶极化而沿电场线方向泳动，并相互吸引形成与电场线平行的原生质体链；第二，用一次或多次瞬间高压直流电脉冲（一般为 $3\times10\mu s$，$1\sim3kV/cm$）引发质膜的可逆性破裂而形成融合体。电融合对原生质体损伤小，融合效率较高。

原生质体融合体系中含有同源和异源的原生质，所以其融合后的形式是多种多样的。主要包括：①异核体或异核细胞，即亲本的细胞质融合，细胞核没有融合；②杂种原生质体或合子细胞，即由双核异核体的细胞核融合产生；③同核体，即由同源原生质体融合产生；④非对称杂种或细胞质杂种，即得到的细胞杂种完全没有供体的核基因，而仅仅转入供体的叶绿体和线粒体基因。其中，合子细胞往往是融合的目标细胞。

（三）杂种细胞的筛选

由于原生质体融合后的类型是多种多样的，因此需要经过一定的筛选程序，才能将需要的杂种细胞挑选出来。常用的筛选方法有如下几种：

1. 遗传互补选择法

即利用每一亲本贡献一个功能正常的等位基因，纠正另一亲本的缺陷，两个亲本都不能正常生长，但是其杂种细胞则表现正常。如亲本 1 是叶绿体缺陷型，亲本 2 是光致死型。两亲本在光照下一种死亡，另一种呈白色，只有融合细胞长成的植株呈绿色，并能成长。

2. 抗性互补筛选法

即利用亲本细胞和杂种细胞原生质体对抗生素、除草剂及其他有毒物质的抗性差异选择杂种细胞。如亲本 1 对放线菌素 D 抗性，但在 MS 培养基上不能生长；亲本 2 对放线菌素 D 很敏感，但能在 MS 上生长，二者细胞杂交的后代中，只有杂种细胞能在含有放线菌素的 MS 培养基上生长，而亲本和其他细胞死亡。

3. 营养代谢互补选择法

利用原生质体对培养基成分要求与反应的差异选择杂种细胞。例如，粉兰烟草与朗氏烟草细胞原生质体均需外源激素才能生长，但其融合细胞可以产生内源激素，在培养基上不需加激素，所以在不含激素的培养基上可以将融合细胞筛选出来。

4. 利用物理特性筛选法

根据亲本的原生质体大小、颜色、漂浮密度及电泳迁移率、形成的愈伤组织的差异筛选杂种细胞。

（四）杂种细胞的培养与鉴定

获得杂种细胞后，可以采用与原生质体或单胞系类似的培养方法，利用组织培养的手段，来获得再生的杂种植株幼苗。

由于杂种细胞在培育的过程中，异源原生质体生长发育可能不同步，而导致杂种细胞的遗传状况发生复杂的变化，所以要对最终得到的杂交细胞植株进行进一步的检测鉴定。鉴定的方法可以采用形态特征作为指标，也可以对杂种植株进行核型分析，还可以利用各种分子标记进行检测鉴定。

第二节　基因工程育种

一、基因工程的概念

植物基因工程（Plant genetic engineering）是指把不同生物的 DNA（或基因）分离提取出来，在体外进行酶切和连接，构成重组 DNA（Recombinant DNA）分子，然后借助生物的或理化的方法将外源基因导入到植物细胞，进行转译或表达，从而定向改变植物性状的技术方法。

基因工程首先是在原核生物上发展起来的。1972 年，美国分子生物学家 Berg 将猿猴病毒 SV40 的 DNA 和 λ 噬菌体的 DNA 连接在一起，构成了第一个重组 DNA 分子，开创了基因工程技术；1983 年，Zambryski 等将基因工程技术首次运用到植物中，获得转基因植物；1985 年，Horsch 等人首创叶盘法进行转化，并获得转基因植株，大大提高了转基因的效率，对植物基因工程的研究产生了巨大的推动作用；1988 年，Sanford 等首创了基因枪法，使谷物大豆等难转化的作物的转基因不但成为可能，而且常常可以做到不依赖于品种或基因型。经过多年的发展，获得转基因植株的植物已达 100 种以上，取得了很大的成就。

植物基因工程为植物遗传育种开辟了一条崭新的途径，相对于传统的育种方法和手段，它具有多种优势：①打破物种之间的生殖隔离障碍，使植物可以利用菌类、动物等的有益基因，实现了基因资源在生物界的共享，大大地拓展了育种的范围；②由于是从分子水平上对植物的遗传物质进行改造，所以大大提高了育种的目的性和精确性；③使一些利用传统育种方法不能达到或很难达到的育种目的有了实现的可能；④缩短了育种周期。

基因工程自诞生以来，在园艺作物上得到了广泛的应用：①改良品质。如转入提高种子储藏蛋白的营养价值的基因，在月季中转入可以产生蓝色花的色素基因等。②提高抗性。如将病毒外壳蛋白基因移植到园艺作物中，使其能抵抗病毒感染，培育出抗病毒番茄、抗病毒黄瓜等新品种。又如转入苏云杆菌杀虫结晶蛋白基因（Bt 基因）、豇豆胰蛋白酶抑制剂基因（CpTI）、植物凝集素基因（Lectin gene）等提高抗虫能力。③创造雄性不育材料。如将核糖核酸酶基因与花药绒毡层特异启动子结合，使其只在花药中表达引起不育。④延迟成熟与保鲜。如将氨基环丙烷羧酸（ACC）氧化酶合成基因的反义基因导入园艺植物，可育成保鲜期延长的抗衰老新品系。⑤选育抗除草剂品种。即将抗除草剂的基因转入植物体内，从而保证植物免受除草剂伤害。⑥其他。如提高光合作用效率、改变植物形态、提前或延迟植物花期等。

二、基因工程育种程序

1. 目的基因的分离与克隆

目的基因是指准备导入受体细胞内的，以研究或应用为目的所需要的外源基因，如与花色合成相关的基因查尔酮合成酶（CHS）、查尔酮异构酶（CHI），与乙烯合成相关的ACC氧化酶（ACO）等。

目前，植物目的基因的分离与克隆的方法主要有：

（1）基因文库技术。基因文库（Gene library）指某一生物类型全部基因的集合。这种集合是以重组体的形式出现。某生物DNA片段群体与载体分子重组，重组后转化宿主细胞，转化细胞在选择培养基上生长出的单个菌落（或噬菌斑，或成活细胞）即为一个DNA片段的克隆。全部DNA片段克隆的集合体即为该生物的基因文库。基因文库的构建是目前基因工程的核心工作，也是分离目的基因常用的方法之一。

（2）PCR技术，即多聚酶链式反应技术（Polymerase chain reaction，PCR）。一般用于已知目的基因（或其他物种同类基因）的DNA或蛋白质的序列的情况下。

（3）功能蛋白组（Functional proteome）分离技术。蛋白组是指细胞内全部蛋白的存在及活动方式，即基因组表达产生的总蛋白质的统称。功能蛋白质组指那些可能涉及特定功能机理的蛋白质群体。主要研究方法为蛋白质双向电泳。通过高效液相色谱、质普对蛋白质序列进行分析，再借用分子生物学的手段则可以进行目的基因的分离。

（4）mRNA差别显示技术（mRNA differential display）。mRNA差别显示技术也称为差示反转录PCR（differential display of Reverse Transcriptional PCR）简称为ddRT-PCR。它是对总mRNA进行PCR扩增，以期得到差异表达的条带，并对其差异显示的条带进行回收、克隆，从而得到目的基因。

（5）插入突变分离技术。主要是转座子标签法和T-DNA标签法。主要原理是将转座子或T-DNA在任何感兴趣的基因处产生插入性突变，获得分析该基因功能的对照突变体。然后用相应的转座子或T-DNA对突变体文库进行筛选，以选到的阳性克隆片段为探针，再筛选野生型植物基因文库分离目的基因。

（6）基因芯片（Gene chip）技术。生物芯片是高密度固定在固相支持介质上的生物信息分子的微列阵。可利用基因差异表达研究来分离克隆基因或利用同源探针从cDNA或EST微列阵中筛选分离目的基因。

（7）图位克隆目的基因。是指在利用分子标记技术对目的基因进行精细定位的基础上，用与目的基因机密连锁的分子标记筛选DNA文库，从而构建目的基因区域的物理图谱，再利用此物理图谱通过染色体步移逐步逼近目的基因或通过染色体登录的方法最终找到包含该目的基因的克隆。

（8）其他技术。包括酵母双杂交系统分离克隆基因、基因表达序列标记分析（SAGE）、转录活动的DNA差减杂交技术（TADSH）、利用限制性片段多态性的cDNA-AFLP等。此外，也可采用化学方法人工合成基因。

2. 植物表达载体的构建

植物基因转移的目的在于将目的基因导入需要改良的植物，使之正确而有效地表达。然而，由于细胞内存在多种保护机制，对外来的未保护的DNA会加以降解，所以目的基因片段很难直接转入植物细胞。为解决这一问题，把目的基因连在一些能独立于细胞染色体之外、具有自我复制能力、同时又能进入植物细胞并整合在植物的 DNA 片段上，这些 DNA 片段就叫载体（Vector）。作为载体必须具有三个条件：①在宿主细胞中能保存下来并能大量复制；②有多个限制酶切点，而且每种酶的切点最好只有一个；③有一定的标记基因，便于进行筛选。

常用的载体是质粒和病毒。质粒（Plasmid）是一种寄居在细菌中、相对分子质量较小、独立于染色体 DNA 之外的环状 DNA（一般有 1～200kb），有的一个细菌中有一个，有的一个细菌中有多个。质粒能通过细菌间的接合由一个细菌向另一个细菌转移，可以独立复制，也可整合到细菌染色体 DNA 中，随着染色体 DNA 的复制而复制。目前，植物基因工程上常见的有根癌农杆菌的 Ti 质粒、发根农杆菌的 Ri 质粒。但这两种质粒对双子叶植物的侵染率很高，对单子叶植物的侵染率却很低，在单子叶植物上应用不是很成功。植物病毒在自然界广泛存在，而且不受单子叶或双子叶的限制。因此，病毒作为植物基因工程的载体日益受到人们的重视。目前，常用的植物病毒载体包括烟草花叶病毒（TMV）、马铃薯 X 病毒（PVX）、花椰菜花叶病毒（CaMV）。天然获得的载体往往不能满足基因工程的需要，经常要加以改造，如插入不同的内切酶位点，添加选择标记等。

外源 DNA 与载体 DNA 必须通过一定的方法连接在一起，然后才能转入受体植物细胞中，这就是 DNA 的体外重组。按连接方式，可将其分为黏性末端连接、平端连接、同聚物加尾连接和人工接头连接。重组后的 DNA 需导入受体菌，随着受体菌的生长、增殖，重组 DNA 分子也复制、扩增。根据重组 DNA 时所采用的载体性质不同，导入重组 DNA 分子有转化（Transformation）、转染（Transfection）和感染（Infection）等不同手段。

为了使目的基因在转入其他植物后能正常表达，一般要对其提前进行修饰，常要加上启动子（Promoter）、终止子（Terminator）、增强子（Enhancer）、内含子（Intron）等调控序列，其中启动子对植物的转化有重要的意义。根据启动子作用的特点可将其分为三类：组成型启动子（Constitutive promoter）、组织特异型启动子（Tissue-specific promoter）和诱导型启动子（Inducible promoter）。在组成型启动子的调控下，不同组织器官和发育阶段的基因表达没有明显差异，常用的如花椰菜花叶病毒 35S 启动子。组织特异型启动子调控下的基因转录一般只发生在某些特定器官或组织中，如在花药绒毡层特异表达的 TA29、A9，在花粉壁特异表达的 Bp4A 的启动子。诱导型启动子可以在光、温、水、病虫害等环境变化的刺激下启动基因的表达，如光诱导表达的启动子 rbcS、热诱导表达的启动子等。为了对转化的细胞组织进行有效的选择，还要在目标基因加上各种选择标记基因（Selectable marker gene），如新霉素磷酸转移酶基因 npt-II、潮霉素磷酸转移酶基因 hpt、抗除草剂基因 bar、氨苄西林抗性基因 Ampr 等；此外，为检测基因的表达情况，还要引入报告基因（Reporter gene），如 β-半乳糖苷酶报告基因 gus、绿色荧光蛋白基因 gfp 等。

3. 植物的遗传转化

植物的遗传转化即通过一定的技术手段将外源 DNA 和载体 DNA 转入植物细胞中，并获得正常稳定的表达。植物遗传转化技术可分为两大类：一类是直接基因转移技术，包括基因枪法、原生质体法、脂质体法、花粉管通道法、电击转化法、PEG 介导转化法等，其中基因枪法是代表。另一类是生物介导的转化方法，主要有农杆菌介导和病毒介导两种转化方法，其中农杆菌介导的转化方法操作简便、成本低、转化率高，广泛应用于双子叶植物的遗传转化。

基因枪法（Particle gun）又称微弹轰击法（Microprojectile bombardment）。是将DNA附着在微小的（1~3μm）金属（钨或金等）颗粒表面，然后高速射入植物细胞，使吸附的DNA整合到染色体上。基因枪法转化率差异很大，一般在10^{-3}~10^{-2}之间，嵌合体比率大，遗传稳定性差。但该方法的使用无宿主限制，受体类型广泛，可控度高，操作简便迅速，在单子叶植物上有广泛应用。

农杆菌介导的转化方法是利用根癌农杆菌Ti质粒或发根农杆菌Ri质粒介导的基因转化，目前已成为双子叶植物遗传转化最理想的方法。与其他方法相比，根癌农杆菌介导法作为一种天然的植物基因转化系统，具有如下优点：①受体类型广泛，可以在原生质体、单细胞、细胞团、组织、器官及植株水平上进行操作；②操作简便易行，对仪器设备无特殊要求，周期短，转化效率高；③可转化的DNA片断较大（可达50kb），转化的外源DNA结构完整，整合位点较稳定；④转化的DNA拷贝数低，整合后的外源基因结构变异较小，利于转基因的稳定遗传和表达。

4. 转化植物细胞的筛选和转基因植株的检测

植物细胞经遗传转化后，只有极少数细胞获得转化，大部分细胞是没有转化的，这就需要将这些未转化细胞与转化细胞区别开来，淘汰未转化细胞，然后在适宜的条件下使其生长分化，再生出完整的转基因植株。目前，筛选转化细胞，通常是在转入基因上附加选择标记基因，使转化细胞对某种选择剂（如抗生素、除草剂等）具有抗性，通过在培养基中添加一定浓度的相应选择剂来杀死未转化细胞，保留转化细胞。筛选可以采用单个选择标记基因，也可以利用多个选择标记基因，可以一次性筛选，也可以分步筛选。

获得转基因植株后，还必须进行进一步的检测才能确定外源基因是否导入成功。转基因操作中，目的基因一般会附带一个报告基因，如前述β-半乳糖苷酶报告基因gus、绿色荧光蛋白基因gfp等。可以先对这些报告基因利用理化的方法进行检测，以初步确定外源基因导入的情况。在确定报告基因导入的情况下，再进一步对目的基因进行检测。这种检测可以在DNA水平上、RNA水平上和蛋白质水平上进行。Southern杂交、多聚酶链式反应检测等都是在DNA水平上检测外源基因整合到植物基因组中的有效方法。Southern杂交是DNA－DNA杂交，不仅可以验证外源DNA是否整合，还可初步估计插入的拷贝数。PCR检测则是针对外源基因的序列，设计一对或多对特异引物，对提取的待检测DNA进行PCR扩增，进而通过凝胶电泳分离检测其特异条带的有无，来证明外源基因是否整合进入受体植株的基因组。RNA水平上的检测常用Northern杂交，是以DNA或RNA为探针，检测RNA的分子杂交，用于外源基因转录水平的检测，即分析外源基因在植物细胞内是否正常转录，生成特异mRNA。蛋白质水平上的检测常用Western杂交，是蛋白质分子之间的杂交，用于外源基因翻译水平的检测，即鉴定外源基因在植物细胞内是否转录和翻译成功，生产特异的蛋白质。

三、转基因植物安全性评价

植物基因工程作为一项新的育种技术，由于打破了自然界中物种的界限，并创造了一系列新的类型，大大加快了物种改变的速度，从而引起了人们对转基因植物安全性的担忧。目前，对转基因植物的安全性评价主要集中在两个方面，一个是环境安全性，另一个是食品安全性。

（一）转基因植物的环境安全性

转基因植物由于携带有外源 DNA，所以必须考虑这种外源 DNA 是否会转移到野生植物中，或是否会破坏自然生态环境，打破原有生物种群的生态平衡。主要从以下几个方面来考虑：

1. 对自然种群构成的影响

植物在获得新的基因后会不会增加其生存竞争性，在生长势、越冬性、种子产量和生活力等方面是否比非转基因植株强。特别是具有抗病抗虫基因的转基因植物种类，因其具有野生植物缺少的多种抗性，可能会迅速成为新的优势种群，从而影响生态平衡。虽然利用"终止子技术"，以及"化学催化"技术可以限制转基因植物的扩散，但在一定条件下，仍然可能会改变自然的生物种群，打破生态平衡。

2. 基因漂流到近缘野生种的可能性

在自然生态条件下，有些转基因植物会和周围生长的近缘野生种发生天然杂交，从而将栽培植物中的基因转入野生种中。在进行转基因植物安全性评价时，应从两个方面考虑这一问题。一个是转基因植物释放区是否存在与其可以杂交的近缘野生种。若没有，则基因漂流就不会发生。另一个可能是存在近缘野生种，基因可从栽培植物转移到野生种中。这时就要分析考虑基因转移后会有什么效果。如果是一个抗除草剂基因，发生基因漂流后会使野生杂草获得抗性，从而增加杂草控制的难度。特别是若多个抗除草剂基因同时转入一个野生种，则会带来灾难。但若是品质相关基因等转入野生种，由于不能增加野生种的生存竞争力，所以影响也不大。

3. 对关联自然生物类群的影响

在植物基因工程中所用的许多基因是与抗虫或抗病性有关的，其直接作用对象是生物。如转入 Bt 杀虫基因的抗虫棉，如大面积和长期使用，昆虫有可能对抗虫棉产生适应性或抗性。为了解决这个问题，在抗虫棉推广时一般要求种植一定比例的非抗虫棉，以延缓昆虫产生抗性。除了目标昆虫外，我们还要考虑转基因植物对非靶昆虫的影响。如有人用 Bt 蛋白饲料喂棉田中的 6 种非靶昆虫，当杀虫蛋白浓度高于控制目标昆虫浓度 100 倍时，对非靶昆虫均未出现可见的生长抑制。另外，Bt 蛋白对有益昆虫如蜜蜂、瓢虫等都无毒性。又如转外壳蛋白基因的抗病毒植物，当有其他病毒侵染时，入侵病毒的核酸有可能被转基因植物表达的外壳蛋白质包装，从而改变病毒的寄主范围，使病毒病防治更加困难。

（二）转基因植物的食品安全性评价

食品安全性也是转基因植物安全性评价的一个重要方面。评价转基因植物食品安全性的重要原则是经合组织 1993 年提出的食品安全性评价的实质等同性（substantial equivalence）原则。实质等同性原则主要包含三种情况：①如果转基因植物生产的产品与传统产品具有实质等同性，则可以认为是安全的。②若转基因植物生产的产品与传统产品除某一个插入的新性状外，具有实质等同性，则应该集中针对插入基因的产物进行安全评价。③若转基因植物生产的产品与传统产品不存在实质等同性，则应进行严格的安全性评价。在进行实质等同性评价时，一般需要考虑以下一些主要方面：

（1）有毒物质。必须确保转入外源基因或基因产物对人畜无毒，同时要保证转入外源基因不会引起植物其他基因产生有毒物质的反应。如转 Bt 杀虫基因玉米除含有 Bt 杀虫蛋白外，与传统玉米在营养物质含量等方面具有实质等同性。目前，已有大量的实验数据证明 Bt 蛋白只对少数目标昆虫有毒，对人畜绝对安全。

（2）过敏源。在自然条件下存在着许多过敏源。在基因工程中如果将控制过敏源形成的基因转入新的植物中，则会对过敏人群造成不利的影响。所以，转入过敏源基因的植物不能批准商品化。

基因食物安全评估的第二个原则是，必须"个案分析"。所谓"个案"是指每一种转基因食物都应该无例外地逐个进行，不能推论、演绎或代替，不能作普遍性的结论，也就是不能笼统说"转基因食物对健康是安全的"。即使同一种作物，转同一种基因，在同一批实验，得到的不同转基因个体其安全性也会不同，因为转基因的状态不同，可能得到不同的转基因品种。例如，甲公司研发的这批 Bt 转基因玉米经测试是安全的，但不能推论另一批 Bt 转基因玉米或乙公司研发同样的 Bt 转基因玉米就必然是安全的。

（三）国内外转基因植物的安全性评价概况

1. 国外转基因植物的安全性评价

世界主要发达国家和部分发展中国家都已制定了各自对转基因生物（包括植物）的管理法规或部门，负责对其安全性进行评价和监控。如美国 1986 年颁布了《生物技术法规协调框架》用于管理转基因生物，农业部（USDA）、环保局（EPA）和食品与药物管理局（FDA）是转基因生物技术及其产品的主要管理机构。日本转基因技术和生物监管体系中，根据生物技术工作内容的不同，科学技术厅、通产省、农林水产省和厚生省四个部门共同监管。澳大利亚、菲律宾则设定了专门的管理机构负责转基因食品安全的监管。欧盟则既有专门的转基因生物安全监管机构，同时又有传统的监管机构参与。

总体来说，美国和加拿大对转基因植物的管理较为宽松，没有专门建设国家级转基因检测体系，对转基因产品也采取自愿标识原则。与此形成鲜明对照的是欧洲国家。从研究水平上来说，欧洲国家，特别是英国、法国、德国等在农业生物技术领域都开展了广泛深入的研究，开发出一批可用于生产的转基因作物。但直到现在，欧洲作为商品种植的转基因作物还很少。欧盟的转基因生物安全管理政策十分严格，对转基因产品实行基于定量阈值的强制性标识制度，因此，在转基因生物安全检测体系建设方面起步很早，发展很快，已经建立了比较完善的检测机构网络体系——欧盟转基因生物检测实验室网络（ENGL）。其他一些国家和地区，如新西兰，也设置了转基因食品进口强制安全性检查的机制。

2. 我国转基因植物的安全性评价

我国转基因植物研究起步较晚，对其安全评价的工作也较晚。国家科委在 1993 年 12 月发布了《基因工程安全管理办法》。根据这一办法，农业部在 1996 年 7 月颁布了《农业生物基因工程安全管理实施办法》。按照本《实施办法》的规定，农业部设立了农业生物基因工程安全管理办公室，并成立了农业生物基因工程安全委员会，负责全国农业生物遗传工程体及其产品的中间试验、环境释放和商品化生产的安全性评价。2001 年 5 月国务院颁布了《农业转基因生物安全管理条例》，将研究试验、生产、加工、经营和进出口各环节都纳入了农业转基因生物安全管理的范畴。2002 年以来，农业部先后发布了与之配套的 4 个管理办法，即：《农业转基因生物安全评价管理办法》、《农业转基因生物进口安全管理办法》、《农业转基因生物标识管理办法》和《农业转基因生物加工审批办法》。这些法律、法规的实施，标志着中国农业转基因生物安全管理进入法制化、规范化的管理轨道。在转基因植物检测方面，通过 49 个检测机构建设和"双认证"工作的有效开展，我国逐渐建成了以国家级检测机构为龙头，区域性和专业性检测机构为主体的转基因生物安全检测体系。从 1997 年开始，农业部的安全委员会每年受理两次申请，到目前为止，已经批准对转基因作物抗虫棉、延迟成熟及抗病毒番茄、抗病毒甜椒和线辣椒、改变花色的矮牵牛以及抗病毒木瓜的商业化种植等。

第三节　分子标记辅助育种

分子标记（Molecular marker）是指基于遗传物质 DNA 的差异而发展起来的遗传标记，是继形态标记、细胞学标记和生化标记后出现的新型的遗传标记。

形态标记是指那些能够明确显示遗传多态性的外观性状，如株高、穗形、粒色或芒毛等的相对差异，这种标记比较明显直观，容易识别，但是形态标记数量少、可鉴别标记基因有限。另外，许多形态标记还受环境、生育期等因素的影响，使形态标记在植物育种中的应用受到一些限制。细胞学标记是指能明确显示遗传多态性的细胞学特征，如染色体的核型和带型。细胞学标记克服了形态标记易受环境影响的缺点，但这种标记材料的产生需要花费大量的人力、物力进行培养选择，而且标记数量仍然较少，应用也有较大的限制。生化标记应用许多生物大分子或生物化合物作为遗传标记，最常用的是蛋白质标记。蛋白质是基因表达的产物，与形态性状、细胞学特征相比，数量上更丰富，受环境影响更小，能更好地反映遗传多态性，但蛋白质标记仍然存在诸多不足，如数量仍然比较有限，提取和标记方法比较复杂，某些酶的活性具有发育和组织特异性，只局限于反映基因组编码区的表达信息等。

分子标记于 20 世纪 80 年代发展起来，是利用分子生物学技术来检测植物 DNA 水平上遗传多态性的技术。由于分子标记针对的是核苷酸序列的差异，可以检测出哪怕是单个核苷酸的变异，所以，DNA 标记在数量上几乎是无限的。理想的 DNA 标记应具备以下特点：①遗传多态性高；②在基因组中大量存在且分布均匀；③共显性遗传，即利用分子标记可鉴别二倍体中的杂合和纯合基因型；④稳定性、重现性好；⑤选择中性（即无基因多效性）；⑥信息量大，分析效率高；⑦检测手段简单快捷，易于实现自动化；⑧开发成本和使用成本低。目前，已发展出十几种 DNA 标记技术，它们各具特色，并为不同的研究目标提供了丰富的技术手段，但还没有一种 DNA 标记能完全具备上述理想特性。

一、分子标记的种类与特点

依据对 DNA 多态性的检测手段，DNA 标记可分为四大类。

（一）基于 DNA-DNA 杂交的 DNA 标记

这类标记是利用限制性内切酶酶解不同生物体的 DNA 分子后，用同位素或非同位素标记 DNA 序列等作为探针与之进行 DNA 间杂交，通过放射自显影或非同位素显色技术来揭示 DNA 的多态性。这类标记主要包括限制性片段长度多态性（Restriction Fragment Length Polymorphism，RFLP）标记和数目可变串联重复多态性（Variable Number of Tandem Repeats，VNTR）标记。

1. RFLP 标记

RFLP 标记是利用特定的限制性内切酶识别并切割不同生物个体的基因组 DNA，得到大小不等的 DNA 片段，片段的数目和长度反映了 DNA 分子上限制性酶切位点的分布。通过凝胶电泳分析这些片段，就形成不同带，然后与克隆 DNA 探针进行 Southern 杂交和放射显影，即获得反映个体特异性的 RFLP 图谱。它所代表的是基因组 DNA 在限制性内切酶消化后产生的片段在长度上的差异。由于不同个体的等位基因之间碱基的替换、重排、缺失等变化导致限制内切酶识别和酶切位点发生改变从而造成基因型间限制性片段长度的差异，这个差异就反映了不同基因型的遗传差异。

RFLP 标记具有共显性、信息完整、重复性和稳定性好等优点。但 RFLP 技术的实验操作过程较复杂，需要对探针进行同位素标记，费用也比较高，同时制作 DNA 杂交探针时要求对研究的植物材料的 DNA 背景有一定的了解，因此限制了其应用。

2. VNTR 标记

数目可变串联重复序列又称为小卫星（Minisatellites），是以 15～75 个核苷酸为基本单元的串联重复序列。不同的生物体 DNA 中这些串联序列的数目差异很大。另外，数目可变串联重复序列中也有以 2～6 个核苷酸为基本单元的简单串联重复序列（称为微卫星 Microsatellites 或简单序列重复（Simple sequence repeat，SSR）），但是这种序列更多地采用基于 PCR 的标记技术。VNTR 标记一般针对小卫星序列。该标记是利用 VNTR 序列中无切点的限制性内切酶如 Hinf I，酶切基因组 DNA 后，形成长短不等的许多 DNA 片段，再用电泳分开不同大小的 DNA 片段，用 VNTR 核心序列作为标记探针进行 Southern 印迹杂交，不同个体出现一系列不同的杂交带型，从而揭示不同基因型间的遗传差异。可见 VNTR 与 RFLP 都是利用 DNA 杂交来区分酶解片断大小的差异，但是 VNTR 对限制性内切酶和 DNA 探针有特殊要求：①限制性内切酶的酶切位点必须不在重复序列中，以保证小卫星序列的完整性。②内切酶在基因组的其他部位有较多酶切位点，则可使卫星序列所在片段含有较少无关序列，通过电泳可充分显示不同长度重复序列片段的多态性。③分子杂交所用 DNA 探针核苷酸序列必须是小卫星序列，通过分子杂交和放射自显影后，就可一次性检测到众多小卫星位点，得到个体特异性的 DNA 指纹图谱。

VNTR 标记的多态信息含量较高。缺点是数量有限，而且在基因组上分布不均匀，这就极大地限制了其在基因定位中的应用。VNTR 也存在实验操作繁琐、检测时间长、成本高的缺点。

（二）基于 PCR 技术的 DNA 标记

聚合酶链式反应（Polymerase Chain Reaction，PCR），是一种利用酶促反应对特定 DNA 片段进行体外扩增的分子生物学技术。PCR 在体外利用 DNA 聚合酶（Polymerase）模拟植物细胞体内的 DNA 复制过程，从而达到 DNA 扩增的效果。利用该技术，只需非常少量（通常在纳克级范围内）的 DNA 样品，在短时间内以样品 DNA 为模板合成上亿个拷贝。PCR 使用一种可以耐受 90℃ 以上的高温而不失活的耐热 DNA 聚合酶——Taq 酶，由变性—退火—延伸三个基本反应步骤构成：①模板 DNA 的变性：模板 DNA 经加热至 93℃ 左右一定时间后，使模板 DNA 双链或经 PCR 扩增形成的双链 DNA 解离，使之成为单链，以便它与引物结合，为下轮反应作准备；②模板 DNA 与引物的退火（复性）：模板 DNA 经加热变性成单链后，温度降至 55℃ 左右，引物与模板 DNA 单链的互补序列配对结合；③引物的延伸：DNA 模板与引物结合物在 TaqDNA 聚合酶的作用下，以 dNTP 为反应原料，靶序列为模板，按碱基互补配对与半保留复制原理，合成一条新的与模板 DNA 链互补的半保留复制链。重复循环变性—退火—延伸三过程就可获得更多的"半保留复制链"，而且这种新链又可成为下次循环的模板。每完成一个循环需 2～4min，2～3h 就能将待扩目的基因扩增放大几百万倍。

PCR 技术具有快捷、简易、灵敏等优点，根据所用引物的类型不同，基于 PCR 的 DNA 标记可分为随机引物的 PCR 标记和特异引物的 PCR 标记。

1. 随机引物的 PCR 标记

这种类型的分子标记所用引物的核苷酸序列是随机的，而扩增的 DNA 区域核苷酸序列事先未知。随机引物 PCR 扩增的 DNA 区段产生多态性的分子基础是模板 DNA 扩增区段上引物结合位点的碱基序列的突变，不同来源的基因组在该区段上表现为扩增产物有无差异或扩增片段大小的差异。其中，第一种情况较为常见，因此随机引物 PCR 标记通常是显性的，但有时也会表现为共显性，即扩增片段大小的差异。

（1）随机扩增多态性 DNA（Random amplified polymorphism DNA，RAPD）

RAPD 技术是 1990 年由 Wiliam 和 Welsh 等人利用 PCR 技术发展的检测 DNA 多态性的方法。RAPD 标记所用的随机引物长度通常为 9～10 个碱基，通过 PCR 反应非定点扩增 DNA 片段，然后用凝胶电泳分析扩增产物 DNA 片段的多态性。对任一特定 RAPD 引物，它在基因组 DNA 序列上的结合位点是特定的，一旦基因组在这些引物配对区域发生 DNA 片段插入、缺失或碱基突变，就可能导致这些特定结合位点的分布发生变化，从而导致扩增产物数量和大小发生改变，表现出多态性。商品化的 RAPD 引物基本能覆盖整个基因组，检测的多态性远远高于 RFLP。

RAPD 标记的优点是，对 DNA 需要量极少，对 DNA 质量要求不高，操作简单易行，不依赖于种属特异性和基因组结构，一套引物可用于不同生物基因组分析，成本较低。RAPD 标记的不足之处是，一般表现为显性遗传，不能区分显性纯合和杂合基因型，因而提供的信息量不完整。另外，由于使用了较短的引物，RAPD 标记的 PCR 易受实验条件的影响，结果的重复性较差。

（2）任意引物 PCR（Arbitrarily primed polymerase chain reaction，AP-PCR）

AP-PCR 标记原理上也与 RAPD 相似，但所使用的引物较长，通常为 18～24 个碱基。PCR 反应分为两个阶段，首先将核苷酸引物在低严谨条件下与模板 DNA 退火，以稳定模板与引物之间的相互作用，然后进行高严谨退火条件的循环。PCR 产物一般采用变性聚丙烯酰胺凝胶电泳分析，最终反应结果与 RAPD 类似，但稳定性要比 RAPD 好。AP-PCR 的缺点是每个新的多态性都必须经纯化才能进一步使用。

（3）DNA 扩增指纹印迹（DNA Amplification fingerprinting，DAF）

DAF 标记原理上与 RAPD 标记相似，但它所使用的引物比 RAPD 标记的更短，一般为 5～8 个核苷酸，浓度更高，因此它所提供的谱带信息比 RAPD 大得多，所以其 PCR 扩增产物是在凝胶上进行分离，通过银染即可产生非常复杂的带型。由于 DAF 使用了更短的引物，因而其 PCR 稳定性比 RAPD 更低。

（4）简单序列重复间区（Inter-Simple sequence repeat，ISSR）

ISSR 标记技术检测的是两个 SSR 之间的一段短 DNA 序列上的多态性。根据生物广泛存在 SSR 的特点，利用在生物基因组常出现的 SSR 本身设计 16～18 个碱基序列的引物，这些引物由 1～4 个碱基组成的串联重复和几个非重复的锚定碱基组成，对位于反向排列、间隔不太大的重复序列间的基因组节段进行 PCR 扩增。由于 SSR 间 DNA 片断长度的不同，使扩增结果出现多样性。ISSR 标记呈孟德尔式遗传，具显性或共显性特点，其稳定性也比 RAPD 好。

2. 特异引物的 PCR 标记

特异引物的 PCR 标记所用引物是针对已知序列的 DNA 区段而设计的，具有特定的核苷酸序列，对基因组 DNA 的特定序列区域进行多态性分析。根据引物序列的来源，主要可分为 STS 标记、SSR 标记、SCAR 标记及 RGA 标记等。

（1）序列标志位点（Sequence tagged sites，STS）

STS 是指基因组中长度为 200~500bp，且核苷酸顺序已知的单拷贝序列，通过 PCR 可将其专一扩增出来。基本原理是，依据单拷贝的 RFLP 探针、微卫星序列、Alu 因子等两端序列，设计合适的引物，进行 PCR 扩增，电泳显示扩增产物多态性。有时扩增产物还需要特定的限制性内切酶酶解后才能表现出多态性。STS 标记来源广，数量多；呈共显性遗传，可区分纯合子和杂合子；技术简便，检测方便。但是 STS 技术成本较高，多态性常常低于相应的 RFLP 标记。STS 标记可作为比较遗传图谱和物理图谱的共同位标，这在基因组作图上具有非常重要的作用。

（2）简单重复序列（Simple sequence repeat，SSR）

SSR 即微卫星 DNA，是一类由几个（多为 1~5 个）碱基组成的基序（motif）串联重复而成的 DNA 序列，其长度一般较短，广泛分布于基因组的不同位置，如（CA）n、（AT）n、（GGC）n 等。由于基序重复次数的不同，而形成 SSR 座位的多态性。尽管微卫星 DNA 分布于整个基因组的不同位置，但其两端序列多是保守的单拷贝序列，因此可以根据这两端的序列设计一对特异引物，通过 PCR 技术将其间的核心微卫星 DNA 序列扩增出来，利用电泳分析技术就可获得其长度多态性，即 SSR 标记。

SSR 标记需知道重复序列两端的序列信息，因此其开发有一定困难，费用也较高。但是 SSR 标记数量丰富，广泛分布于整个基因组，具有较多的等位性变异，是共显性标记，实验重复性好，结果可靠，所以应用的范围也很广。

（3）序列特异性扩增区（Sequence—characterized amplified region，SCAR）

SCAR 标记通常是由 RAPD 标记转化而来的。SCAR 标记是将目标 RAPD 片段回收，进行克隆并对其末端测序，根据 RAPD 片段两端序列设计特异引物，在原来 RAPD 所用的 10 碱基引物上增加相邻的 14 个左右碱基，成为与原 RAPD 片段末端互补的特异引物，然后对基因 DNA 片段再进行 PCR 特异扩增，把与原 RAPD 片段相对应的单一位点鉴别出来。SCAR 标记是共显性遗传，待检 DNA 间的差异可直接通过有无扩增产物来显示。SCAR 标记方便、快捷、可靠，可以快速检测大量个体，结果稳定性好，重现性高。

（4）DNA 单链构象多态性（Single strand conformation polymorphism，SSCP）

单链 DNA 片段呈复杂的空间折叠构象，当有碱基发生改变时，会或多或少地影响其空间构象，使构象发生改变，这种改变在非变性聚丙烯酰胺中表现为电泳迁移率的差别，这就是 DNA 单链构象多态性（SSCP）。在 SSCP 分析中，首先利用 PCR 技术扩增靶 DNA，然后将特异的 PCR 扩增产物变性，而后快速复性，使之成为具有一定空间结构的单链 DNA 分子，再将适量的单链 DNA 进行非变性聚丙烯酰胺凝胶电泳，最后通过放射性自显影、银染或溴化乙锭显色分析结果。SSCP 结果判定是通过多个样品之间对比，观察条带之间位置改变，从而显示出不同生物个体的 DNA 特异性，达到指纹分析目的。SS-CP 分析与其他突变检测方法，如杂交双链分析（Heterocluplex analysis，Het）法相结合可以大大提高检出率。

其他还有双脱氧化指纹法（Dideoxy fingerprints，ddF）、抗病基因类似序列法（Resistant gene analogy，RGA）等。

（三）基于限制性酶切和 PCR 技术的 DNA 标记

以限制性酶切和 PCR 技术为基础，将两种技术有机结合的 DNA 标记主要有两种，一种是先将样品 DNA 用限制性内切酶进行酶切，再对其酶切片段有选择地进行扩增，然后检测其多态性，这种标记称为 AFLP 标记；另一种是先对样品 DNA 进行专化性扩增，再用限制性内切酶对扩增产物进行酶切，检测其多态性，称为 CAPS 标记。

1. 扩增片段长度多态性（Amplified fragment length polymorphism，AFLP）

AFLP 可看做 RFLP 与 PCR 技术相结合的产物，其基本原理是先利用能产生黏性末端的限制性内切酶水解基因组 DNA 产生不同大小的 DNA 片段，再使双链人工接头与酶切片段相连接，所形成的带接头的特异片段作为扩增反应的模板 DNA，然后以人工接头的互补链为引物进行预扩增，最后在接头互补链的基础上添加 1～3 个选择性核苷酸作引物对模板 DNA 基因再进行选择性扩增，通过聚丙烯酰胺凝胶电泳分离检测获得 DNA 扩增片段，根据扩增片段长度的不同检测出多态性。AFLP 的引物是扩增的核心，由三部分组成：与人工接头互补的核心碱基序列、限制性内切酶识别序列、引物 3'端的选择碱基序列（1～10bp）。接头与接头相邻的酶切片段的几个碱基序列为结合位点。AFLP 扩增片段的谱带数取决于采用的内切酶及引物 3'端选择碱基的种类、数目和所研究基因组的复杂性。为使酶切片断大小分布均匀，一般采用两个限制性内切酶，一个酶为多切点，另一个酶切位点数较少，因而 AFLP 分析产生的主要是由两个酶共同酶切的片段。AFLP 结合了 RFLP 和 RAPD 两种技术的优点，具有分辨率高、稳定性好、效率高的优点。但它的技术费用昂贵，对 DNA 的纯度和内切酶的质量要求很高。此外，要求使用同位素或非同位素标记引物。

2. 酶切扩增多态性序列（Cleaved amplified polymorphism sequences，CAPS）

CAPS 的基本原理是利用已知位点的 DNA 序列资源设计出一套特异性的 PCR 引物（19～27bp），然后用这些引物扩增该位点上的某一 DNA 片段，接着用一种专一性的限制性内切酶切割所得扩增产物，凝胶电泳分离酶切片段，染色并进行 RFLP 分析。它实际上是一些特异引物 PCR 标记（如 SCAR 和 STS）的一种延伸。当 SCAR 或 STS 的特异扩增产物的电泳谱带不表现多态性时，一种补救办法是用限制性内切酶对扩增产物进行酶切，然后再电泳检测其多态性。

（四）基于单个核苷酸多态性的 DNA 标记

常用的标记是单核苷酸多态性（Single nucleotide polymorphism，SNP），SNP 标记是美国学者 Lander E. 于 1996 年提出的第三代 DNA 遗传标记。SNP 是指同一位点的不同等位基因之间仅有个别核苷酸的差异或只有小的插入、缺失等。从分子水平上对单个核苷酸的差异进行检测，SNP 标记可帮助区分两个个体遗传物质的差异。人类基因组大约每 1000bp SNP 出现一次，已有 2000 多个标记定位于人类染色体，对人类基因组学研究具有重要意义。检测 SNP 的最佳方法是 DNA 芯片技术。

DNA 芯片是指通过微加工技术将大量的 DNA 以预先设计的排列方式有序地固定在载体表面，形成储存有大量信息的 DNA 阵列。该阵列与标记的核酸杂交后，能在短时间内快速、准确地获取大量信息。该技术具高通量、大规模、平型性等特点。其大规模平型处理的能力是传统的 Northern bloting 或点杂交所无法比拟的。

二、分子标记技术在园艺植物育种中的应用

分子标记技术具有标记数量丰富、无表型效应、不受环境限制和影响等优点，所以从诞生以来，就在园艺植物育种研究中得到了广泛的应用，主要表现在以下几个方面。

（一）分子遗传图谱的构建

通过遗传重组所得到的基因在具体染色体上的线性排列图称为遗传连锁图。它是通过计算连锁的遗传标志之间的重组频率，确定它们的相对距离，一般用厘摩（cM，即每次减数分裂的重组频率为 1%）来表示。分子遗传图谱是利用各种分子标记为遗传标志而构建的遗传连锁图谱，其基本原理与经典遗传作图一样，理论基础是染色体的交换与重组，目的是为了有效地分析利用分子标记所提供的遗传信息，了解不同分子标记在染色体上的相对位置或排列情况，从而将分子标记信息应用于基因定位、图位克隆基因、重要农艺性状 QTL 定位、分子标记辅助育种和比较基因组学等研究中。

利用 DNA 标记构建遗传连锁图谱的基本步骤包括：选择适合作图的 DNA 标记；根据遗传材料之间的 DNA 多态性，选择用于建立作图群体的亲本组合；建立具有大量 DNA 标记处于分离状态的分离群体或衍生系；测定作图群体中不同个体或株系的标记基因型；对标记基因型数据进行连锁分析，构建标记连锁图。

（二）遗传多样性与种质鉴定

遗传多样性主要是指种内不同居群之间或同一居群不同个体之间的遗传变异的总和。了解植物的遗传多样性，对于植物的资源保护、杂交育种、群体演化等的研究有着十分重要的作用。分子标记直接揭示植物在 DNA 水平上的差异，因此可以从根本上对植物的遗传多样性进行研究。一些重要的园艺作物如大白菜、甘蓝、苹果、柑橘、月季、牡丹、梅花等都已经利用各种分子标记进行了遗传多样性的研究。

园艺植物的种类十分繁多，同一种园艺作物又有很多的品种，不同的品种之间差异很小，仅靠形态指标很难鉴别，这对防止假冒伪劣品种、培育和推广新品种，以及知识产权的保护造成了很大的困难。分子标记可以检测出种质之间 DNA 水平上的微小差异，而且鉴定不受时间限制，甚至在种子阶段就可以进行，使得种质的鉴定更加的简单和方便，也更加精确客观。不同作物品种，由于遗传背景的差异程度不一样，进行品种鉴别时需要选用不同的分子标记技术。一般来讲，先选用相对简单的、成本较低的技术（如 RAPD），如果不能成功，再使用相对比较复杂的重复 DNA 序列标记技术。目前，分子标记在园艺植物的品种鉴定、杂交种子鉴定、种质资源鉴定方面得到了广泛的应用。

（三）分子标记辅助选择（Marker-assisted selection，MAS）

许多园艺作物的重要农艺性状表现为质量遗传特点，如抗病、抗虫、雄性不育、自交不亲和性等。但是许多质量性状也受一些微效基因的影响，表现出一些数量性状的特点。此外，抗虫、抗病等性状的研究条件比较困难，而且容易扩散，这都对这些性状的研究带来了不小的困难。将分子标记引入某些质量性状的研究，是进行质量性状选择的有效途径。目前，标记目标性状的方法主要有两个：①近等基因系法（Near-isogenic lines，

NILs)。它是通过杂交及多代回交或自交分离而获得的（一般6～8代），除了目标基因外，控制其他性状的位点同轮回亲本（RP）基本一致，该系与原来的轮回亲本就构成了一对近等基因系。利用近等基因系在目标性状上连锁的分子标记的不同，可以将目标基因标记出来，进而对目标性状的选育提供指导作用。②混合群体分组分析法（Bulked segregant analysis，BSA）。该方法将 F_2 或 BCF_1 分离群体中研究的目的性状，根据其表型（如感病和抗病）分为两组，分别提取两组单株的DNA，等量混合，形成两个DNA池，然后，检验两池间的遗传多态性。在两池间表现出差异的分子标记即被认为与目标性状连锁。然后用筛选出的有连锁关系的几个引物对分离群体的单株DNA进行扩增，找出更紧密连锁的分子标记。

除了质量性状外，园艺作物的许多经济性状是数量性状，如果实的重量、叶片的数目、花径的大小等。数量性状受多基因控制，遗传基础复杂，且易受环境影响，表现为连续变异，表现型与基因型之间没有明确的对应关系。因此，对数量性状的遗传研究十分困难。分子标记为数量性状的研究提供了新的途径。控制数量性状的基因在基因组中的位置称为数量性状基因座（Quantitative trait loci，QTL）。利用分子标记进行遗传连锁分析，可以检测出QTL，即QTL定位（QTL mapping）。QTL定位实质上就是分析分子标记与QTL之间的连锁关系，是在高密度的遗传图谱基础上，通过一定的实验设计，获得分子标记，借助分子分析软件确定控制某一性状的基因在染色体上的相对位置，借助与QTL连锁的分子标记，就能够在育种中对有关的QTL的遗传动态进行跟踪，从而大大增强人们对数量性状的遗传操纵能力，提高育种中对数量性状优良基因型选择的准确性和预见性。

（四）重要农艺性状的图位克隆

图位克隆（Map-based cloning）又称定位克隆（Positional cloning），是近几年随着植物分子标记遗传图谱的相继建立和基因分子定位而发展起来的一种新的基因克隆技术。该方法1986年首先由剑桥大学的 Alan Coulson 提出，其原理是利用分离群体的遗传连锁分析构建高密度的分子连锁图，找到与目的基因紧密连锁的分子标记，不断缩小候选区域，进而克隆该基因。图位克隆技术主要包括以下6个步骤：

①筛选与目标基因连锁的分子标记。②构建并筛选含有大插入片段的基因组文库。常用的载体有柯斯质粒（Cosmid）、酵母人工染色体（YAC），以及P1、BAC、PAC等几种以细菌为寄主的载体系统。③构建目的基因区域跨叠克隆群（Contig）。采用进行染色体步行法，获得具有目标基因两侧分子标记的大片段跨叠群。④目的基因区域的精细作图。通过整合已有的遗传图谱和寻找新的分子标记，提高目的基因区域遗传图谱和物理图谱的密谱的密度。⑤目的基因的精细定位和染色体登陆。利用侧翼分子标记分析和混合样品作图精确定位目的基因。⑥外显子的分离、鉴定。

用图位克隆方法分离基因无须预先知道基因的DNA顺序，也无须预先知道其表达产物的有关信息，所以对基因的克隆十分灵活。但是图位克隆需要构建复杂的基因文库，也需要构建较高精度的遗传连锁图谱，这些对实验条件都有较高的要求，一定程度上限制了其应用，所以目前园艺植物上尚只有少数种类开展了相关研究，发展的潜力很大。

本章小结

生物技术是20世纪50年代以后发展起来的新型技术，它对园艺植物的育种进步起到了极大的推动作用。花药培养和花粉培养是利用组织培养对花药和花粉进行离体培养的技术，进而培育出单倍体，可以应用于园艺植物的杂交育种、突变育种和遗传规律研究，提高育种效率。胚胎培养常用于远缘杂交胚抢救，从而使远缘杂交的成功率得到提高。胚乳培养可以培育三倍体，从而为无籽不育品种的培育提供了新的途径。体细胞变异的筛选大大提高了诱变育种的效率，也可从组织培养中筛选有益变异，扩展种质资源的来源。基因工程是在分子水平上对植物的基因进行操作，跨越了物种的界限，大大改善了园艺作物的品质，但是也产生了安全性的担忧。利用各种分子标记，可以研究与之紧密连锁的功能基因，进而为目标性状的选育提供指导作用。

思考题

1. 花药培养和花粉培养有何不同？
2. 什么是体细胞无性系突变体？它在育种上有何意义？
3. 胚培养和胚乳培养有何特点和作用？
4. 什么是原生质体融合？常用的融合方法有哪些？
5. 什么是基因工程？它在育种上的意义是什么？
6. 常见的分子标记有哪些？各有何特点？
7. 分子标记在育种上有哪些应用？

参考文献

[1] 景士西. 园艺植物育种学总论 [M]. 北京：中国农业出版社，2000.

[2] 徐跃进，胡春根. 园艺植物育种学 [M]. 北京：高等教育出版社，2007.

[3] 胡春根，邓秀新. 园艺植物生物技术 [M]. 北京：高等教育出版社，2005.

第十章 抗逆育种

在自然界条件下，由于不同的地理位置和气候条件以及人类活动等多方面原因，造成了各种不良环境，超出了植物正常生长、发育所能忍受的范围，致使植物受到伤害甚至死亡。这些对植物产生伤害的环境称为逆境（Stress）或胁迫。而植物对不良环境的适应性和抵抗力为抗逆性（Stress resistance）或抗性。逆境的种类多种多样，包括物理的、化学的、生物的因素等，可分为生物逆境和非生物逆境两大类。热带地区因逆境胁迫如台风造成的涝害、干旱、高温、盐碱、环境污染及病害、虫害、杂草等，不仅造成热带作物重大损失，而且限制了作物的种植范围，因而培育逆境条件下能保持相对稳定产量和品质的园艺作物新品种也成为热带地区作物重要的育种目标。

第一节 抗病育种

因高温多雨潮湿，热带地区病虫害发生较其他地区严重，很早就引起人们的认识和重视。为了有效防治病虫害，人们使用过量的农药，这不仅造成农药残留，日益危害消费者的身心健康，而且破坏了热带地区的生态平衡和土壤特性，还产生了一些抗药的害虫，给进一步的防治带来极大的困难。多年来的实践证明，从热带园艺植物育种角度选育抗病抗虫品种是最为安全和有效的措施，并且不会产生药剂残留、环境污染以及病害虫害的抗药性等问题。

一、病原物的致病性和寄主的抗病性

1. 病原物的致病性

致病性包括毒性（或毒力）和侵袭力两个方面。毒性指的是病原菌能克服某一专化抗病基因而侵染该品种的特殊能力。因某种毒性只能克服其相应的抗病性，所以又称为专化致病性。侵袭力是指在能够侵染寄主的前提下，病原菌在寄生生活中的生长繁殖速率和强度（如潜育期和产孢能力等），是一种数量性状，它没有专化性，即不因品种而异，故又称非专化性致病性。

生理小种的概念在植物病理学上是很重要的基本概念之一，为了培育抗病品种，需要知道威胁生产的重要病原物存在哪些生理小种？其毒性如何？这些小种在自然界发生的频率，地理分布年份变化如何等，都是生产中迫切需要了解和解决的问题。生理（毒性）小种是指同一种病原菌可以分化成许多类型，不同类型之间对某一品种的专化致病性有明显差异，这种根据病原菌致病性差别划分出的类型，就是生理小种（Physiological race），也称毒性小种。每当一个新的抗病品种大量推广后，病菌方面就有相应的新小种产生和流行，并导致抗病品种的抗性"丧失"。抗病品种只能是相对的，它只能抗某些病害的某些生理小种，一旦生理小种发生变化，它的抗性也随之丧失，因而抗病育种工作也必须坚持不懈地进行，不断选育出新的抗病品种和采取有效的措施保持品种的抗病性。生理小种的

变异包括两个不同的概念。一是原有生理小种的致病能力发生了变化，二是出现了新的生理小种。

生理小种的鉴定是选育抗性品种方面非常重要的一步工作，可以采用"自然接种鉴定"和分离纯化后"人工接种鉴定"两种方法分别对病原菌毒性基因及生理小种组成进行较全面的鉴定研究。"自然接种鉴定"将标准鉴别寄主植株直接移栽于室外，利用自然接种（感染）方法对病原菌毒性基因及生理小种组成进行了初步的鉴定。"人工接种鉴定"从鉴定香蕉枯萎病的生理小种来看，大体做法是在生长季节，从广大香蕉种植区采取枯萎病标准样本。标准样本采回后应进行纯化和单孢分离与繁殖，把每个标准样本菌丝接到一套鉴别品种上。最后根据它们在鉴别品种上的反应，定出标准样本是什么生理小种。综合同一年内各地区生理小种鉴定的结果，可以看出生理小种的组成、分布情况。根据多年多点的鉴定结果，可以知道生理小种组成的消长动态和流行规律，以便在制定育种目标和选配抗病亲本时，可以明确应当针对哪些生理小种。

2. 寄主的抗病性

热带园艺植物抗病性（Disease resistance）是指植物对病原物危害的抵御能力，即阻止病原物侵入和在组织内持续增长的能力。抗性是植物的属性之一，是基因型不同的反映，而植物抗病性表现不仅取决于本身的基因型，还要取决于病原物、环境条件的影响。

植物受病原物侵染后，发病程度从严重发病至完全不发病可以有很大的差别，因此可以分为感病、抗病、免疫、耐病、避病、抗侵入、抗扩展等抗病类型。植物受病原物侵染后发病的称为感病；发病重的称为严重感病；发病轻的称为抗病或中度抗病；发病很轻的称为高度抗病。李淑菊等对国内外 280 份黄瓜材料进行人工接种抗病性鉴定，结果表明，黄瓜对黑星病的抗性在症状上主要有 2 种表现形式：抗病和感病；根据抗性表现将黄瓜材料分为高抗、高感、中抗和中感 4 种类型。抗病性是植物与其病原生物在长期的协同进化中相互适应、相互选择的结果。病原物发展出不同类型、不同程度的寄生性和致病性，植物也相应地形成了不同类型、不同程度的抗病性。例如，粉蕉虽然对香蕉枯萎病 1 号小种感病，但对 4 号小种却是抗病的。植物受病原物侵染后不发病或观察不到可见的症状的称为免疫，这种现象很少见；耐病是指某品种植株与其他品种植物受等量的病原物感染，虽然都出现感病症状，但该品种受害较轻，产量和质量损失较少。避病在很多情况下植物没有发病或者发病较轻，不是因为植物具有抗病性，而是因为植物没有受到病害的侵染，或条件不利于发病，例如苹果、葡萄及大樱桃等果树的一些早熟或特早熟品种，很少发生果实病害，即属于避病。避病不是真正的抗病，避病的植物本身可能是感病的；抗侵入主要是由于植物本身的形态特征、组织结构特征及生化特性，阻止了病原物的侵入。抗扩展是当病原侵入寄主后可以在侵入点限制和孤立病原，减少或排除由病原产生的有毒物质，阻止它进一步的发展，抗扩展有多种机制与表现，如产生保卫素杀死或抑制病原物、钝化病原物的酶、中和致病病毒、木栓化反应封锁病原物、限制病原物所需营养物质供应等机制，这种抗病性表现为病斑小、病斑扩展慢、病斑数少等，如 Bechman 等发现：抗香蕉枯萎病的品种在病原菌侵染早期，维管束产生凝胶和侵填体堵塞导管，从而阻止病原菌的进一步扩展，同时寄主细胞大量合成木质素和纤维素沉积在寄主细胞壁上，这些木质化的细胞同样有阻止病原菌扩展的作用。抗扩展中最典型的是过敏性坏死反应（Hypersensitive reaction，HP），过敏性反应是植物在病原菌侵染点附近的细胞或组织迅速坏死，使病原菌得不到合适环境而不能进一步扩展或死亡，是一种保护性反应。抗病植物细胞坏死的出现较感病植物快，侵入植物的病原物细胞扩展速度赶不上植物细胞死亡速度，病原物就会随寄主细胞坏死而死亡，不进行扩大侵染。这也是抗病育种中利用和研究最多的一种抗性。

热带园艺植物感染病害的程度是品种抗病性、病原数量和侵染力以及发病环境条件等因素相互作用的结果。抗病育种就是通过遗传改良的方法以增强品种的抗病性。品种抗病性按其专化程度可分为垂直抗性和水平抗性两种。①垂直抗性（Vertical resistance），这种抗性由显性抗性基因控制（即 R 基因控制，r 为隐性基因），故也叫 R 基因抗性、主（效）基因抗性、专化性抗性。特点是品种对病原某些生理小种具有高度抗性，而对另一些生理小种则不表现抗性。在番茄、马铃薯等自花授粉和无性繁殖蔬菜上广为利用。具有 R 基因的品种通常表现出高抗之特征，杂交一代的抗病性呈显性，子二代的抗感分离比为 3：1。但缺点是常会因病原小种变异而丧失抗性，②水平抗性（Horizontal resistance），又称田间抗性、非小种特异性抗性，指热带园艺植物对病原菌的所有生理小种都具有同样的抵抗能力；其抗病水平通常中等，但抗性持久稳定。非小种特异性抗性是由微效多基因控制的数量性状，通过多个微效基因的累加而起作用，故也叫微效多基因抗性。其杂交子二代呈连续分离，抗性大体上是常态分布，植株不截然分离为抗病和感病两类。具有此类抗病性的品种，在单株或少量植株人工接种条件下，往往表现和感病品种差不多；但其群体在田间病害流行的条件下，可以显示出优越的抗病效果，水平抗性的优点是不易因病原生理小种的变化而丧失抗性。

二、抗病性的遗传

对热带园艺植物抗病性遗传规律的深入研究和了解，有助于育种者正确地选择与选配亲本，提高抗病育种的效率。由于研究者所用的材料不同，其抗性基因组成可能不同，并且没有统一的鉴定方法和病情分级标准，因而研究结果不尽相同。如胡萝卜的抗病性是可遗传的，对其遗传规律的深入研究有助于加快抗病后代的选育。狭义遗传力分析表明，Brasilia 品种对黑斑病的抗性具有中等水平的遗传力（$h^2 = 0.40$），其抗性水平可以通过轮回选择得到提高。Simon 等的研究显示，对黑斑病的抗性主要由一些具有加性效应的显性因子控制，通过对自交系的抗性鉴定有利于预测其杂种后代的抗性水平。Bonnet 将抗白粉病材料 Bertol 与橘色栽培品种杂交，根据田间白粉病的病情指数在回交后代中的分离规律认为，抗白粉病特性是由一个主效基因（Eh）控制，可以从回交后代中筛选出橘色的抗病后代。甘蓝对根肿病的抗性是数量遗传抗性。J. D. Vriesenga 等曾报道甘蓝对根肿病的抗性受两个基因控制，一个为隐性，另一个为不完全显性。Chiaug 发现在欧洲油菜中有抗1 和 3 小种的，是受单一显性基因控制，对 5 小种的抗性是受两个隐性基因控制的。Standberg 发现在中国白菜中有抗 6 和 7 小种的显性基因。英国的 Grute 等在研究了 3 种芸薹属植物基因型与芸薹根肿病菌的某些菌株之间的关系后认为，油菜和芜菁抗病性的主要成分是分化的，可能由寡基因控制，与基因对基因假说完全一致，与此相比，大多数甘蓝基因型的主要成分看来是非分化的；同时还发现抗病的油菜基因型和芜菁基因型之间可能存在共同基因。

三、抗病性鉴定

抗病性鉴定贯穿于抗病育种的全过程，从抗病资源评价至抗病新品系的筛选，研究并建立一套操作简便、鉴定结果可靠、准确、重现性好的抗病性鉴定技术体系是决定抗病育种成败的关键，受到抗病育种者的普遍重视。

1. 鉴定方法

育成抗病品种，必须有可供利用的抗原。抗原除存在于现有栽培品种或古老地方品种外，近缘野生类型中具有丰富的抗病种质资源。番茄抗番茄花叶病毒（TMV）的基因和抗叶霉病、枯萎病、斑枯病的基因都是来自醋栗番茄、多毛番茄或秘鲁番茄。番茄抗晚疫病的种质资源主要是野生番茄材料，例如在野生多毛番茄、秘鲁番茄、醋栗番茄等资源中都曾发现过抗源材料，因此，在育种开始阶段要有针对性、有计划地收集本地区及国内外的抗原材料；同时，可通过远缘杂交、人工引变、细胞融合等方法，人工创造新的具有抗性的原始材料。为了发现抗原，必须将育种材料置于病原感染的条件下，使感病与抗病类型区分开。鉴定方法有以下几种：

（1）田间自然鉴定

将待鉴定的材料按一定的株行距定植于大田，全年不使用任何杀菌药，并于发病盛期，调查发病程度，计算病情指数，在病害流行地区或年份进行抗病性鉴定，简单易行，但常因自然条件下病原小种不一、不同病害的相互影响、寄主感染受害不匀等原因而影响鉴定结果，为了提高鉴定的可靠性，许多土传病害的田间鉴定需在专门的人工病床或病圃进行；对某些气传病害，常在田间每隔一定距离种植一行感病品种作为诱发行，以保证有充足的病原。它的优点是能较全面准确地反映被鉴定材料的抗病性，结果可靠性较强，操作方便。缺点是占用较多的土地，费用较高，受环境影响很大，且易感染正常栽培的田块。这种鉴定方法适合于树体大、多年生的果树及观赏植物进行种质资源抗病性评价及育种材料的抗病性筛选。

（2）温室或田间接种鉴定

将病原菌孢子或病毒直接接种到温室或田间植株的叶片、果实或根上，它适合对所有热带园艺植物进行抗病性鉴定。由于抗病现象是寄主、病原物及环境条件三者共同作用的结果，因此，这种鉴定结果也能真实地反映被鉴定材料的抗病性，可靠性强。接种鉴定的技术规程是育苗、接种体的制备（病菌的分离、保存与孢子诱发）和接种三个环节。接种的方法有点滴法、喷雾法（叶片及果实接种真菌或细菌）、浸根法（土传病菌）和注射法。如李海涛等认为茄子抗青枯病的最适鉴定方法为幼苗伤根灌注法。该方法准确可靠，简便实用；对青枯病抗性鉴定，要将苗期鉴定和成株期鉴定结合起来，结果准确可靠。王建营等报道了不结球白菜对炭疽病抗性的苗期鉴定方法和抗病品种（株系）的筛选。运用该方法可快速地将不同抗性的品种（株系）鉴别出来，用该方法所获得的品种（株系）抗性鉴定结果与田间苗期和成株期抗性结果基本一致。接种所用的病原物，因病害种类不同，可分别在寄主活体、残死体或合适的人工培养基上保存、繁殖。通过调查记载发病的普遍率、严重度和反应型，以估计、判断群体发病情况、发病程度和抗病的特点。

（3）离体接种鉴定

从热带园艺植物植株上取下子叶、叶片或果实进行离体接种鉴定，具有操作简便、鉴定结果可靠等优点，特别在热带园艺植物上取子叶进行离体接种，还具有不影响幼苗继续生长的优点。

2. 抗病性分级标准及病情归类

抗病性分级标准也因植物、病原菌的种类不同而存在很大的差别。不同植物（表10-1、

表 10-2）的病情分级标准有所不同。

白菜霜霉病分级 表 10-1

等　级	症　状
0 级	无病
1 级	接种叶片上有稀疏的褐色斑点，不扩展
3 级	叶片上有较多的病斑，多数凹陷、无霉层
5 级	叶片病斑向四处扩展，叶背生少量的霉层
7 级	病斑扩展面积达 1/2～2/3，有较多的霉层
9 级	病斑扩展达 2/3 以上，有大量霉层

黄瓜霜霉病分级 表 10-2

等　级	症　状
0 级	无病斑
1 级	病斑面积不超过叶面积的 1/10
3 级	病斑面积占叶面积的 1/10～1/4
5 级	病斑面积占叶面积的 1/4～1/2
7 级	病斑面积占叶面积的 1/2～3/4
9 级	病斑面积占叶面积的 3/4 以上

$$病情指数（\%）=\frac{\Sigma\left[病株级（叶、果）数×该级代表数值\right]}{调查总株（叶、果等）×发病最高一级代表数值}×100$$

病情指数反映了病害的普遍率和严重程度。指数越大，说明病情越严重，寄主的抗病性越差；指数越小，说明病情越轻，寄主的抗病性越强。

四、抗病育种的方法

1. 抗病资源收集及鉴定

抗病种质资源是抗病育种的基础。根据育种目标的主次，有针对性地广泛搜集鉴定抗病资源。在野生种及地方品种中，存在着丰富的抗病资源，特别是地方品种多具遗传上的多样性，它与病原物间保持平衡的遗传弹性较大，现今推广的热带园艺植物品种抗病性大多来源于古老的地方品种。如有研究表明野生胡萝卜对黑斑病具有部分抗性，但野生资源并不是对所有病害都具有抗性，Jensen 等研究表明野生胡萝卜对菌核病属于易感病材料，但在开放式授粉环境里，野生种可以从抗病栽培种中获得抗病基因，并且能提高抗病基因在时间和空间上的表达，从而使后代植株表现抗病性。也可以从物种起源中心及病害常发区去收集，从抗病育种工作较好的国家或地区去收集以及从近缘种属植物中去收集。

2. 抗病育种的途径

抗病育种通常采用以下途径：①系统选种：从现有品种中按育种目标选出抗病单株，分别采种，形成不同株系，通过多代鉴定比较和选择，选出优良的抗病系统。这是自花授粉、异花授粉及无性繁殖蔬菜常用的一种简便有效的途径。②芽变选种：通过自然界芽分生组织细胞的变异，即体细胞的突变来选择新的变异类型，进而培育成为新品种的一种育种方法。生产中常有某些品种植株或枝芽受到外界某因子影响发生新的突变体，通过该途径人们选择出很多新品种。香蕉长期用吸芽进行无性繁殖，与其他无性繁殖作物一样，也有芽变现象。在病害流行的高峰期，通过大面积的田间调查，就有可能发现抗病突变体。据统计，现在世界栽培的 300 多个香蕉品种中，约有一半是芽变产生的。我国短脚香蕉、高把香蕉、油蕉和仙人蕉等优良品种也是由芽变选种而来的。③杂交育种：选择抗病亲本进行有性杂交，在后代分离过程中通过鉴定、选择，育成抗病品种。杂交后代的鉴定选择应注意亲本抗病性的显、隐表现。当抗病性为隐性遗传时，F1 和各分离世代的杂合基因个体虽表现感病，但在下一个世代中能够获得稳定的隐性纯合抗病单株。当抗病性为显性遗传时，所选得抗病单株的基因为纯合或杂合，可通过下一代有无分离来鉴定。一般 F1 除淘汰突出不组合外，应全部留种，从 F2 开始经多代抗病性鉴定筛选，直至抗病性及其他经济性状均臻于稳定时止。④一代杂种育种：根据不同自交系抗病性的配合力差异，育成抗病一代杂种。这是当前应用最多的一种途径。抗病性为显性时，只要一亲本抗病即可，另一亲本应是经济性状优良的系统。抗病性为隐性遗传种，只有双亲均表现抗病，才能得到抗病一代杂种。⑤回交育种：通过连续回交，把具有抗性的原始材料的垂直抗性转育到经济性状优良的感病品种中，育成新的抗病品种。这也是广泛应用的一种方法。⑥生物技术育种：通过细胞工程和基因工程手段，将理想的基因转到优良的栽培品种中去，以达到定向改良品种或砧木的目的，这一技术为果树育种提供了新的途径，也成为果树抗病育种的主要手段。如果树转基因研究始于 20 世纪 80 年代末期，到目前为止，已有多个果树树种和品种得到成功转化，并表现了良好的抗病性。草莓是转基因研究较常采用、成果较为丰硕的果树树种之一。在提高植株抗性方面，Finslad 等获得了抗草莓黄叶病毒的转基因植株。美国康奈尔大学的 Kikkert 等成功获得了表达有几丁质酶基因活性的葡萄接穗品种。比利时科学家 Moffal 等将抗真菌蛋白导入香蕉，所得转基因植株可抗香蕉最严重的真菌病害香蕉叶斑病。国际香大蕉网络（INIBAP）的香大蕉转基因育种研究先后获得了数百个转化株系，其中包含转基因抗黑叶条斑病的拉美大蕉株系，部分转基因株系已转入 INIBAP 在古巴和哥斯达黎加的转基因大田试验基地进行评价。菲律宾将抗束顶病毒香蕉转基因育种定为该国植物生物技术研究计划的一项重点内容。裴新梧等把葡萄糖氧化酶基因导入香蕉，并获得了抗枯萎病株系。1990 年美国研究者率先建立了番木瓜遗传转化体系，随后进行了抗番木瓜环斑病毒病的转基因研究以及转基因品种的推广工作，成为世界上最早实现转基因植株商品化的多年生果树。

第二节　抗虫育种

一、热带园艺植物的抗虫机制与抗虫性的遗传

热带园艺植物的抗虫性是指热带园艺植物品种能够阻止害虫侵害、生长、发育和为害的能力，是热带园艺植物同害虫在长期抗衡、协同进化过程中形成的具有抵御害虫侵袭及寄生危害的一种特性。这种特性广泛存在于热带园艺植物的品种（系）、野生种和近缘种之中。

热带园艺植物的抗虫性主要表现为三个方面：①拒虫性或不选择性，由于寄生品种具有的形态结构和生理生化的特征，使昆虫不喜欢栖居、产卵和取食的特性。形态因素如植物株形、颜色、毛状体、表面蜡质等影响昆虫的选择、取食和产卵。我国已利用茸毛番茄作亲本，育成避蚜番茄品种，并减轻了黄瓜花叶病毒（CMV）的危害。生理生化特征方

面是由于不同植物中含有不同的次生物质所造成的，这些物质被称为引诱素、刺激素或拒斥素和抑制素，如芥子糖苷、印棟素和川棟素等。②抗生性，有些植物品种含有对昆虫有害的化学物质或缺少必要的营养物质，引起害虫死亡率增高、繁殖率降低、生长受到抑制而不能完成发育或延迟发育、寿命缩短的现象。十字花科蔬菜中含芥子油葡萄糖甘、黑芥子甘，严重影响菜青虫、斜纹夜蛾、小菜蛾的产卵和幼虫发育。抗梨木虱的梨实生苗韧皮部细胞汁的 pH 值比感虫的实生苗低。山核桃具有胡桃酮和 1.4-萘酮类物质，欧洲榆小蠹不愿取食。③耐害性，有的热带园艺植物品种被害虫取食后能够表现出很强的增殖或补偿能力，从而减少害虫对热带园艺植物产量的影响。例如，有实验报道黄瓜叶面积被棉叶螨害死 30％也不影响黄瓜产量，Taylor 报道小菜蛾危害萝卜叶能导致萝卜增产，因这些植株营养器官具有较强的光合作用从而补偿了由于昆虫取食而导致的营养损失。耐害的主要原因是热带园艺植物具有受害组织的再生能力、邻近植株的补偿能力等耐虫性的优点。

热带园艺植物的抗虫性同其他性状一样，是能够遗传的。根据其抗性遗传基础，热带园艺植物的抗虫机制可分为单基因抗性（Monogenic resistance）、少基因抗性（Oligogenic resistance）、多基因抗性（Polygenic resistance）和细胞质抗性（Cytoplasm resistance）等 4 种形式：①单基因抗性，是指热带园艺植物品种对某种害虫及其生物型的抗性仅由 1 个基因控制；豇豆品种对豆蚜的抗性和莴苣对蚜虫的抗性受显性单基因控制，甜瓜品种对瓜叶甲的抗性受显性单基因 Af 支配，甜瓜品系 IJ90234 对棉蚜的抗性由显性单基因 Ag 支配。②少基因抗性，是指由 2 个以上而为数不多的几个基因所支配的抗虫性。③多基因抗性，是由许多基因支配，每个基因对总抗性的贡献很小，抗性程度多数为中等水平。④细胞质抗性，是由细胞质所控制，其表现为抗性随母本遗传。热带园艺植物抗虫的遗传方式是复杂多样的。不同的热带园艺植物或品种、同一热带园艺植物的不同的抗虫性状、同一性状的不同抗性基因及其不同的基因数量、不同的遗传背景等，其抗性的遗传表现各异。因此，在抗虫育种中，必须针对该种抗源或抗性品种的抗虫性状的遗传特点，采用最适合的育种技术和方法，才能达到应有的抗虫效果。

二、热带园艺植物种质抗虫性鉴定

在种质资源的抗虫性鉴定或进行热带园艺植物抗虫性遗传规律研究，以及育种中间材料的抗性鉴定时，都要对植株的群体或个体水平进行抗虫性鉴定。根据寄主和虫害的种类以及抗性和致害性变异程度，选择适当规模的寄主群体、合适的寄主生长条件以及合适的虫源，保持接种后环境条件的稳定和合适的抗性鉴定指标。在田间或人工控制环境条件下对热带园艺植物种质资源抵御害虫能力的测试和评价，称之为热带园艺种质抗虫性鉴定。

1. 鉴定方法

热带园艺植物的抗虫性鉴定的方法有田间鉴定和室内鉴定两种方法。

（1）田间鉴定法

自然发病条件下的田间鉴定是鉴定抗虫性的最基本方法，尤其是在虫害的常发区，进行多年、多点的联合鉴定是一种有效的方法，包括田间自然鉴定法和田间接种虫源、增加危害压力法。在虫口密度较大的地区和年份采用，即依靠自然界发生的害虫群体鉴定不同种质材料的抗性程度，在鉴定期间，不喷施化学农药；田间接种虫源、增加危害压力法在虫口发生较少的地区和年份采取补充接种一定数量的虫源，以增加害虫对热带园艺植物的危害压力，强化种质材料间的抗虫性差异。田间接种法，只适合于在种质材料种植范围较小、害虫飞翔能力较弱的情况下进行，要特别注意接种后对周围其他非鉴定热带园艺植物的影响。

（2）室内鉴定法

有一些害虫在田间不一定年年能达到或保持最适的密度，而且同种昆虫的不同生物型在田间分布没有规律，难以使不同昆虫个体在龄期和其他生物学特性方面达到一致，为了使鉴定工作更准确，除进行田间鉴定外，还必须进行室内鉴定。抗虫性的室内鉴定工作主要在温室和生长箱中进行，依植物和昆虫种类及研究的具体要求而定，相对于田间鉴定方法，室内鉴定的环境易于人为控制，因此精确度高，也易于定量表示，尤其是某些指标在田间鉴定时是很难掌握的，如利用害虫的虫粪等作为抗虫性鉴定指标时。室内鉴定法特别适用于苗期为害的害虫以及研究热带园艺植物抗虫性机理和遗传规律时。温室接种法在温室条件下，将饲养的害虫接种到待鉴定热带园艺植物，经过一定时间的观察，从中筛选出抗虫性强的种质材料；网室鉴定法在田间建造的网室内种植被鉴定的种质材料，并接种一定数量的害虫，可将害虫控制在一定范围内为害。此法较为可靠，但成本高。

2. 鉴定内容

抗虫鉴定主要包括种质材料受损状况和害虫生长发育状况方面的内容。归纳如下：①研究害虫对不同热带园艺植物种质材料产卵的选择性。调查统计某种害虫在某一种质材料植株上产卵的多寡，是评价其是否抗虫的重要指标之一。②研究害虫取食不同种质材料后的发育速度及成活率。在特定条件下，接种一定数量的初孵幼虫，观察其成活率和发育速度、化蛹数量，称量单头蛹重，可综合评价某一种质材料对某种害虫的抗性。③研究害虫对不同种质材料的危害程度。须通过调查虫口密度、种质材料的被害程度（包括被害植株率、死苗率、被害果率等）、产量损失等因素评价其抗虫程度。

三、热带园艺植物抗虫育种的方法

1. 资源的收集及鉴定

广泛收集热带园艺植物种质资源，对其抗虫性进行全面鉴定和评价，筛选抗虫性强的种质材料，既可应用于生产，亦可作为进一步育种的种质材料。植物与昆虫共同进化过程中，植物对昆虫的抗性是通过自然选择来积累的，自然选择对加强抗虫性能起到积极作用。在播种地里为使植物免受各种害虫为害而使用杀虫剂时无意中使繁殖群体中出现的抗虫基因频率逐渐降低，从而无法进行自然选择和人工选择。所以，当我们对征集到的抗源进行筛选时要绝对严禁使用任何类型的杀虫剂。而且，必要时还要进行人工接虫，以加大自然选择作用。例如，有兼抗蚜虫和病毒的多毛番茄，抗豆蚜的紫色扁豆和对菜蚜有一定抗性的大白菜品种。

2. 杂交育种

杂交育种是抗虫育种最常用的方法，对于寡基因抗性，可采用回交育种法，将抗虫性转入综合性状优良的轮回亲本中去。在杂交后代选择时，由于需要兼顾抗虫性、农艺性状和其他育种目标所要求的性状，特别是要求兼抗多种害虫，要适当加大后代群体数量，以利于提高选择效果。同时，要在各个分离世代，采用人工接种的办法，加大对虫害抗性的选择压力，进行多代严格筛选，以提高群体内抗虫基因的出现频率。Pankaja 等对普通番茄与多毛番茄（LA1777）杂交分离得到的 80 个重组近交系进行分析，获得了 9 份抗粉虱的中间材料。

3. 分子抗虫育种

植物基因工程技术的迅猛发展激发了人们从分子学角度开始进行抗虫育种的研究，为抗性育种开辟了一条全新的、突破性的途径。抗植物虫害的基因有很多，目前经常使用的主要有 3 种，即豇豆胰蛋白酶抑制剂基因（CpTI）、植物凝集素基因（Lectin gene）和来源于苏云金芽孢杆菌的杀虫结晶蛋白基因（Bt 基因）。其中，Bt 基因的应用最为普遍，在 1996 年，第 1 代转 Bt 抗虫植物被推向市场。Bt 毒蛋白编码基因在转基因抗虫植物中的应用卓有成效。Bt 主要通过在昆虫肠道产生毒性多肽分子，造成昆虫消化道损伤，引起昆虫停止进食而死亡，分子抗虫育种开辟了一条抗虫育种的新途径。

第三节　抗旱性育种

据估计，全世界约有大片年降雨量在 500mm 以下的干旱、半干旱地区常常受到干旱威胁，即使在年降雨量在 500mm 以上的地区，也常常出现热带园艺植物生长季节性的干旱。全球荒漠化土地面积 36 亿 hm^2，占全球陆地面积的 1/4，相当于俄、加、中、美四国国土的总和，并以每年 500 万～700 万 hm^2 的速度扩大。1/3 的耕地面积供水不足，其他耕地周期性缺水。在我国 85% 的自然灾害为气象灾害，干旱灾害又占气象灾害的 50% 左右，1 亿 hm^2 耕地中约有 3/4 的面积也遭受着不同程度干旱的威胁，20 世纪 90 年代我国北方干旱频繁发生，特别是西北地区出现了 1995 年和 1997 年的严重干旱，而南方部分地区近几年也频繁发生干旱。自 2009 年秋季以来，云南、贵州等西南省份遭遇特大旱灾，河水断流、水井干涸、农田龟裂造成农作物绝收、饮用水奇缺。

一、干旱伤害和抗旱性

1. 干旱伤害

干旱伤害（Drought injury）也就是水分亏缺伤害，是由于土壤水分缺乏或大气相对湿度过低，使热带园艺植物生长发育所需要的水分得不到满足而造成的伤害现象。干旱伤害的表现形式一般为出苗不齐、萎蔫、生长滞缓、落花落果、产量下降、品质变劣，严重时导致植株死亡。

2. 抗旱性

植物抗旱性（Drought resistance）是指陆生植物对干旱环境的适应或抗御能力。由于陆生植物经常受到干旱威胁，在长期适应进化中形成各种抗旱机能。热带园艺植物对干旱的广义抗性包括避旱、免旱、耐旱。避旱性通过早熟或发育的可塑性，在时间上避开干旱的危害，实质上不属于抗旱性。免旱性是指在生长环境中水分不足时，植物体内仍能保持水分免受伤害，以至能进行正常生长的性能，包括保持水分的吸收和减少水分的损失，其主要特点大都表现在形态结构上。耐旱性是指热带园艺植物忍受组织水势低的能力，不受伤害或减轻损害，大都表现在生理上抗旱。免旱性和耐旱性属于真正的抗旱性。干旱会构成对植物的渗透胁迫，在一定范围内，植物能通过自身细胞的渗透调节（Osmotic adjustment，OA）作用来抵抗外界的渗透胁迫。参与渗透调节的物质主要为有机渗透溶质，包括氨基酸及其衍生物（如甘氨酸甜菜碱、脯氨酸、甘氨酸、β-丙氨酸、γ-氨基丁酸、苏氨酸等）以及糖类及其衍生物（如山梨糖醇、甘油、蔗糖、甘露糖醇、赤藓糖苷等）。

二、热带园艺植物抗旱性鉴定及抗旱育种

提高热带园艺植物的生产力，一是要改善农田环境，使之适应热带园艺植物生长发育要求，二是要改良热带园艺植物，使之适应不良环境条件。抗旱性鉴定贯穿整个抗旱育种的始终；抗旱资源的筛选是热带园艺植物抗旱育种的基础，也是研究热带园艺植物抗旱机制的基础，有了抗旱种质才能为开展抗旱研究提供基础材料。

抗旱性鉴定有以下几种方法：①田间直接鉴定法。将待鉴定的材料直接播种或定植于大田，利用自然降水不足或控制浇水等方法，造成干旱胁迫，在整个生育期内测定一些与抗旱有关的形态或生理生化指标，最后测定产量，计算抗旱系数、抗旱指数等。这种方法投资少、简单易行，无须特殊设备，又有产量结果作保证，容易被人们接受，但受环境因素影响严重，年间变化大，重复性差。②盆栽鉴定法。将鉴定材料种植于花盆内，人工控制浇水，可以根据实验目的，在任何生育期内进行不同程度的干旱胁迫处理，但工作量大，不能大批量进行。③人工气候室与旱棚鉴定法。该方法效果好，结果稳定，但投资大，设备复杂，只能用于对少量材料的深入研究。④室内模拟干旱胁迫法。在实验室内人工模拟干旱条件，具体做法可以用聚乙二醇（PEG）、甘露醇或发芽垫蒸干等方法，造成干旱胁迫，方法简单，重复性好，但只能作萌发期、苗期鉴定，后期鉴定比较困难。

为了加速抗旱性鉴定和抗旱遗传育种进程，在抗旱性的间接鉴定中具有重要意义的指标包括：①形态指标。在形态性状上，如根系的长度，根长或扎根深度，根冠比大，根系长与数量多，数量及其分布，植株冠层结构特征等，都与抗旱性有不同程度的关系。②生理指标。在生理指标上，包括对蒸腾的气孔调节，对缺水的渗透调节和质膜的透性调节等；叶片相对含水量和水势能很好地反映植株的水分状况与蒸腾之间的平衡关系，在相同渗透胁迫条件下，抗旱性强的品种水势、压力势和相对含水量下降速度慢，下降幅度小，能保持较好的水分平衡；而抗旱性弱的品种下降速度较快，下降幅度较大，水分平衡保持差。③生化指标。在生化指标上，如脯氨酸和甘露醇等渗透性调节物质的含量，植株的脱落酸水平和超氧化物歧化酶（SOD）与过氧化氢酶（CAT）活性等。在水分胁迫下，细胞内自由基代谢平衡失调而产生过剩的活性氧自由基，引发或加剧膜质过氧化，造成膜系统损伤。抗旱性强的品种在水分胁迫条件下，SOD、CAT 和 POD 活性明显高于抗旱性弱的品种。④产量指标。热带园艺植物的抗旱性最终要体现在产量上，所以以热带园艺植物品种在干旱条件下的产量是鉴定抗旱品种的重要指标之一。胡荣海等将水分胁迫下的产量与对照产量之比定为抗旱系数。根据抗旱系数的大小，鉴定品种的抗旱性。因此，只要创造一个水分胁迫条件，种植鉴定材料，同时设一个正常供水的对照区，用干旱处理下各品种的产量，除以其对照产量，即可求出抗旱系数。这对于鉴定大量的品种样品较为方便。⑤综合指标，热带园艺植物的抗旱性是由多种因素相互作用构成的一个较为复杂的综合性状，其中每一因素与抗旱性之间存在着一定的联系，为了正确而全面地确定品种的抗旱性，应通过若干个与抗旱性有密切关系的性状指标进行综合评价，但对各个性状又不能等量齐观，要根据它们与抗旱性关系的密切程度和性状本身的重要性进行权重分配。近年来较多采用综合指标法，其计算方法一是抗旱总级别法；二是采用模糊数学中的隶属函数的方法。

抗旱品种选育中常规杂交育种是选育抗旱品种的主要方法，远缘杂交和遗传工程等手段在增进抗旱性方面也有很多报道。如甘蔗有印度种、热带种和野生割手密 3 个类型的高

贵化材料，据研究，热带种具有高糖、优质、汁多、纤维少、丰产潜力大，但抗逆性、适应性及宿根性均较差等特点，是甘蔗育种中产量和蔗糖糖分的基因来源。而割手密正好与之相反，低糖、纤维多、丰产潜力小，但抗逆性、适应性较强，目前绝大多数品种都是其高贵化材料。国内外许多研究者发现，含野生种质主要割手密多的品种，往往长势强、早生快发、抗旱性强。如抗旱性强的品种桂糖 11 和 Nco301 分别含割手密种质为 18.75％和 21.88％，而抗旱性弱的品种粤糖 57-423 和 Co6304 仅含 9.40％和 10.94％，而含热带种质较多，分别为 59.10％和 70.31％。将已收集的野生种和引进的热带种杂交，筛选出适合于旱地种植的新品种甘蔗。随着抗旱基因位点分子标记研究的深入，抗旱性分子标记辅助选择育种也正逐步展开。总之，我们可以通过杂交、远缘杂交、分子标记辅助选择、转基因等多种手段对抗旱性品种进行选育。

第四节　耐盐育种

热带地区的很多省份位于海边，盐碱严重限制了沿海地区的热带园艺植物的种植，选育耐盐品种将成为热带地区重要的育种行为。

一、盐害与耐盐性

1. 盐害

盐害是热带园艺植物在含水溶性盐类较多的土壤上栽培，而造成的生长不良、产量下降、甚至死亡。土壤中可溶性盐过多对植物的不利影响叫盐害（Salt injury）。植物对盐分过多的适应能力称为抗盐性（Salt resistance）。海滨地区因土壤蒸发或者咸水灌溉、海水倒灌等因素，可使土壤表层的盐分升高到 1％以上。当土壤中盐类以碳酸钠和碳酸氢钠为主要成分时称碱土；若以氯化钠和硫酸钠等为主时，则称盐土。因盐土和碱土常混合在一起，盐土中常有一定量的碱，故习惯上称为盐碱土（Saline and alkaline soil）。盐分过多使土壤水势下降，严重地阻碍植物生长发育，是盐碱地区限制热带园艺植物收成的重要因素。

热带园艺植物盐害的机理有：①渗透胁迫和吸水困难：由于高浓度的盐分降低了土壤水势，使植物不能吸水，甚至体内水分有外渗的危险。因而，盐害的通常表现实际上是引起植物的生理干旱。②离子失调与单盐毒害：由于盐碱土中 Na^+、Cl^-、Mg^{2+}、SO_4^{2-} 等含量过高，会引起 K^+、HPO_4^{2-} 或 NO_3^- 等元素的缺乏。Na^+ 浓度过高时，植物对 K^+ 的吸收减少，同时也易发生磷和 Ca^{2+} 的缺乏症。植物对离子的不平衡吸收，不仅使植物发生营养失调，抑制了生长，同时还可产生单盐毒害作用。③膜透性改变：盐浓度增高，会造成植物细胞膜渗漏的增加。由于膜透性的改变，从而引起植物代谢过程受到多方面的损伤。④生理代谢紊乱：盐分胁迫抑制植物的生长和发育，并引起一系列的代谢失调：光合作用受到抑制；呼吸作用改变，低盐时促进呼吸，高盐时抑制呼吸；有毒物质积累等。

2. 耐盐性

植物的耐盐性是指植物在盐胁迫下维持生长、形成经济产量或完成生活史的能力。植物对土壤的反应因物种而异，即使同一种内不同品种，也存在着明显的差异。植物的抗盐方式有两种：一是避盐，植物回避周围环境盐胁迫的抗盐方式称为避盐（salt avoidance）。它可通过被动拒盐、主动排盐和稀释盐分来达到避盐的结果。拒盐是植物通过某种结构或生理上的屏障阻止盐分进入体内；泌盐是允许盐分进入，但通过盐腺或其他形式排出，使细胞盐分水平不致过高。泌盐分为，集体泌盐：将盐分积累到某一器官，然后脱落，再长新的积盐器官。如山扁豆吸盐输送到叶片，叶片中的盐浓度达一定程度后衰老脱落；盐腺泌盐：盐生植物叶片上有盐腺，通过盐腺泌盐；稀盐：吸盐的同时大量吸水或快速生长或增加肉质性（含水多），将进入体内的盐分稀释到不发生毒害的程度。二是耐盐，耐盐（salt tolerance）是通过生理或代谢的适应，忍受已进入细胞内的盐分。

二、耐盐性鉴定技术与指标

（1）对所获得的材料进行大田耐轻盐筛选试验：为了降低耐盐育种的盲目性，减少成本，应对原始材料进行初步的大田耐轻盐筛选，从而淘汰部分不耐盐或不耐轻盐的材料。一般选择在盐度 0.3％或以上的大田土壤中进行栽培试验。

（2）不同浓度的 NaCl 浇灌萌芽试验，热带园艺植物的耐盐性在种子发芽期就可以表现出来。种子发芽时的耐盐性与植物成株期的耐盐性是基本一致的。品种的发芽率能有效地指示其芽期耐盐能力。所以，观测材料的发芽耐盐率是有必要的。记录种子发芽数，发芽结束，计算种子的发芽率，然后计算相对盐害率，即以对照发芽率与盐处理发芽率之差值占对照发芽率的百分比来表示受盐危害的程度，相对盐害率越高则表示该种越不耐盐。

（3）对所选的材料进行浇灌不同浓度 NaCl 溶液的盆栽试验。经验指出，NaCl 盆栽试验得出的试验结果与大田耐盐试验相近。因此，在大田试验的同时也可以进行盆栽试验。记录成活率、植株生物量及单株产量，测定所选品系在盆栽条件下能够正常生长的土壤最高含盐量，以进一步测试材料的耐盐性。

（4）大田耐盐试验，仅以发芽试验、盆栽试验来鉴定植物的耐盐性是有欠缺的，与自然环境相差较大，会存在许多的不确定因素，因此在作以上两种试验的同时或以后应利用田间自然盐渍土在不同区域、不同土壤盐分浓度的小区进行试验，进一步完善其耐盐性能的评比。如选择土壤盐碱度在 0.3％～2.0％之间并有递度变化的地段作为试验地。进行试验地块的全面土壤采样和化验。按生态区及土壤含盐量高低划分成三个区，Ⅰ区为重盐区，含盐量大于 0.8％；Ⅱ区为中度盐碱区，含盐量小于 0.8％大于 0.5％；Ⅲ区为轻盐区，含盐量小于 0.5％大于 0.2％。每区面积为 16m²，每份材料种 2 行，随机排列，重复 3 次，每个处理 3 次重复，共 36 个处理。将育好的苗（用营养土育苗：土壤盐量小于 0.2％）栽在各处理小区里。浇水用自来水，栽培时间和方法同一般番茄栽培。观察生长状况，调查植株在不同盐量下的生长状况及产量，调查成活率，对死亡植株取土样化验，确定耐盐极限，最后确定每个品系的大田耐盐范围。根据表现，淘汰耐盐力弱的材料，入选耐盐力强的、抗病的、经济性状表现好的材料，收获后进行室内考种，最后综合分析、评价各份材料的耐盐力。

三、耐盐品种选育

1. 利用现有种质资源筛选耐盐品种

不同的热带园艺植物的耐盐性不同，同一热带园艺植物的不同的品种其耐盐性也存在差异。选择育种方式是对现有植物种类、品种或引进外来品种通过盐碱环境筛选培育耐盐碱新品种，确定它们的耐盐范围。其特点是以盐碱逆境为筛选条件，以表现性状作为选择标准，不考虑遗传物质如何变化。迄今为止，国内外对现有的谷类作物和林木开展了多种植物耐盐性筛选工作，各地均选育了许多适应性强的耐盐品种。叙利亚、美国、苏联育种家已筛选耐盐大麦、小麦、高粱、番茄等。中国也选育了一些作物品种，如牛庆杰通过增加液体含盐量浓度（接近海水盐分构成）供给种子萌动发芽测定不同向日葵的发芽率，筛选耐盐碱向日葵品种及自交系。选择育种是耐盐碱新品种培育的一种有效手段，其方法简便、经济实用，适合筛选大量资源，所选出的品种表现较稳定，但是，这种育种方法的不足之处是选育周期长。

2. 杂交育种培育耐盐品种

与野生植物远缘杂交是育成耐盐植物的重要方法。美国科学院院士 Bernstein 也指出了杂交育种培育高度耐盐作物的唯一途径在于利用其野生耐盐近缘种。杂交育种是育成耐盐热带园艺植物新品种的重要方法。最早运用杂交技术提高植物耐盐性之一的是美国盐害实验室，他们将两个具有耐盐差异的番茄品种进行杂交，后代 F1 表现出盐敏感亲本的性状。中国用杂交方法培育耐盐品种的工作开展较晚，但也取得了一定的进展。山东省东营市农业科学研究所将耐重盐的野生小果型奇士曼尼番茄与中果型的粤农 2 号远缘杂交，再与耐盐亲本多代回交后，经系统选育培育出东科 1 号、东科 2 号两个小果型耐盐番茄品种，二者在土壤含盐量为 0.3%～0.5% 的地块上比对照品种圣女增产 100% 以上，随土壤含盐量的升高增产幅度增大，这两个品种还具有较强的耐低温性和抗灰霉病、抗叶霉病能力。尽管利用杂交育种法培育了大量的耐盐碱品种，但是当前在热带园艺植物驯化和育种工作中，发现许多热带园艺植物的栽培品种遗传变异资源已严重枯竭。这种现象普遍存在于种植在起源地以外的自花授粉热带园艺植物中。利用远缘杂交育种，可解决目前耐盐基因转移后表达困难、成功几率小以及转基因食物存在的"安全"问题，有着广阔的市场前景。

3. 利用基因工程培育耐盐品种

分子生物学技术如 DNA 重组及转化技术，打破了育种学上遗传物质种间不亲和的历史，对农业生产产生了显著的效果。国内外学者从微生物和植物中分离了许多与耐盐相关的基因，通过农杆菌、基因枪法或花粉管通道法导入目标植物细胞，使之在受体植物中表达，从而改变植物的耐盐性，产生新的植物种质。近年来，国外已通过杂交育种和基因工程手段开展了大量的耐盐植物育种工作。如 Zhang 和 Blumwald 将拟南芥液泡膜上的 Na^+/H^+ 反向转运蛋白 NHX1 基因转到番茄，并在番茄中表达，使番茄可在含有 200mmol/L 的 NaCl 中正常开花、结果。林栖凤等将盐生植物红树的 DNA 作为基因供体利用花粉管通道导入番茄、辣椒、茄子，在海滩上试种，用海水直接灌溉，通过多次单株筛选已获得了一批耐盐能力明显增强和相对稳定的新种质材料和新品系。

第五节　抗寒和耐热育种

寒害包括冷害和冻害。零度以上低温对植物的危害叫做冷害，本质上是低温对植物体造成的生理损伤使膜相由液晶态变为凝胶态，植物膜透性增加，原生质流动减慢，代谢紊乱。引起冷害的温度一般为 0～10℃ 或 15℃，植物对低温的敏感程度与其起源地密切相关，热带起源的植物对低温冷害较为敏感，而温带起源的植物则敏感程度较小。植物对零度以上低温的适应能力叫抗冷性。零度以下低温对植物的危害叫做冻害，是因结冰引起的。胞间结冰细胞质过度脱水，蛋白质空间结构破坏而使植物受害；胞内结冰主要直接造成的是机械伤害。植物对零度以下低温的适应能力叫抗冻性。植物的抗寒性是指植物在长期的对低温环境的适应中，通过本身的遗传变异和自然选择获得的一种抗寒能力，是由多种微效的、特异的抗寒基因调控的，包括抗冷性和抗冻性。

一、冷害与抗冷性

根据植物对冷害的反应速度，可将冷害分为直接伤害与间接伤害两类。直接伤害是指植物受低温影响后几小时，至多在一天之内即出现症状；间接伤害主要是指引起代谢失调而造成的细胞伤害。这些变化是代谢失常后生物化学的缓慢变化而造成的，并不是低温直接造成的。主要表现为膜透性增加，细胞内可溶性物质大量外渗；原生质流动减慢或停止；根系吸水能力下降，水分代谢失调；叶绿素合成受阻，光合酶活性受抑制，导致光合速率减弱；呼吸代谢失调，呼吸速率大起大落，先上升后下降；有机物分解占优势，可溶性氮化物含量和可溶糖含量，物质代谢失调。

二、热害与抗热性

由高温引起植物伤害的现象称为热害。而植物对高温胁迫的适应则称为抗热性。高温对植物的危害是复杂的、多方面的，归纳起来可分为直接危害与间接危害两个方面。直接伤害是高温直接影响组成细胞质的结构，在短期（几秒到几十秒）出现症状，并可从受热部位向非受热部位传递蔓延。其伤害实质较复杂，可能原因是高温引起蛋白质变性以及膜脂的液化，使膜失去半透性和主动吸收的特性。间接伤害是指高温导致代谢的异常，渐渐使植物受害，其过程是缓慢的。高温常引起植物过度的蒸腾失水，此时同旱害相似，因细胞失水而造成一系列代谢失调，导致生长不良。

三、抗寒和耐热鉴定及资源评价

田间自然鉴定就是在寒害或热害发生期对伤害进行实地调查，然后根据受害情况评价抗寒性或耐热性。

实验室间接鉴定，就是根据热带园艺植物某些生理生化指标及物理指标间接推断供试材料的抗寒性或耐热性。主要包括测定相对电导率、SOD、POD、CAT 测定及同工酶分析、丙二醛（MDA）、可溶性糖、淀粉及脯氨酸含量以及束缚水/自由水比值等，分析这些指标与抗寒性或抗热性之间的关系，来判断植物的抗寒性或耐热性。如广东省农科院黎振兴的研究团队分别从生理生化、组织结构及基因差异表达等方面多层次地研究了茄子的耐热性和耐热机理。首先，他们对其中的一些材料进行了高温处理，并对材料的热害指数、细胞膜相对电导率和脯氨酸含量三种指标间的差异进行分析，确定处理四天的热害指数和细胞膜相对电导率为评价茄子耐热性的首选指标，又对材料的 SOD 和 POD 抗氧化酶活性、AsA 和 GSH 含量等指标进行研究，最后确立了茄子苗期耐热快速体系。通过实验所得的苗期快速鉴定指标，再结合田间自然高温下开花结果等耐热性直接指标进行了分析，最后证明了其耐热性鉴定结果与田间鉴定结果是一致的，从而验证苗期快速鉴定指标的可靠性。

四、植物抗寒育种

抗寒育种是提高植物抗寒能力、减轻寒害的根本途径。经过长期研究，育种工作者已育成了不少抗寒新品种，对避免和减少寒害损失起到了重要作用。抗寒育种的途径一般有芽变选种、实生选种、杂交育种、诱变育种、生物技术育种以及通过抗寒性强的砧木品种培养新的抗寒品种等。

1. 抗寒芽变选种

芽变（bud mutation）是体细胞突变的一种形式，是来源于体细胞中自然发生的遗传物质变异。从本质上说，芽变产生的原因一是芽条生长点的某一细胞染色体自身在有丝分裂时基因分离和重组过程中产生变化，如基因突变、染色体数量变化和结构畸变等；二是环境条件如冷、热、电、射线、毒物刺激或机械损伤、病虫害等作用，引起遗传物质改变，尤其是分生组织的营养细胞在生长最快的时候。因此，在寒害特别是在剧烈的寒害发生之后，要抓住时机，选择抗自然灾害能力特别强的变异类型。在柑橘抗寒育种中，曾在大冻后选育出强抗寒的品种或品系，如1977年，严纪清、刘家虎等从红橘砧温州蜜柑中选出晚熟抗寒的"枝变系77-1"；如李清田等从大果型蜜桃品种中选出的抗寒芽变新品种"朝阳蜜桃"。其他植物抗寒育种方面也有一些突破，如张金花、谭世廷等1996年从当地玫瑰香葡萄品种中通过芽变选种育成较耐寒的特早熟的葡萄新品种"红旗特早玫瑰"。芽变选种主要从原有优良品种的基础上，进一步选择抗寒性强的变异体。此方法特别适合于对推广品种的生产特性的改造；但由于未进行基因的重组、交流，且同一个细胞中同时发生两个以上基因突变的机率极小，所以只能改良个别的性状或提供育种材料。要大幅度提高植物的抗寒性，仅靠芽变选种难以达到目的，还必须选择其他育种途径。

2. 抗寒实生选种

对植物实生繁殖群体进行选择，从中选出优良个体并建成营养系品种，或改进继续实生繁殖对下一代群体的遗传组成，均称为实生选种（selection of chance seedlings）。实生群体常具有变异普遍、变异性状多和变异幅度大的特点，对于选育新品种有着很大潜力。其缺点和芽变选种类似，即要求保持原有栽培品种的优良特性，变异范围小、变异体类型较少。抗寒育种的一个重要途径就是通过实生选种获得抗寒植株，该方法已广泛应用于扁桃、枇杷、猕猴桃、柑橘等果树的品种改良中。如章文才、陈吉笙等从1961年起进行抗寒实生选种，经过1969年、1977年和1991年3次周期性大冻的考验，从实生"黄岩本地早"中选出了具有本地早特性、抗寒性又高的"华农本地早"，该优系在1969年和1977年达−13℃的低温下仅一年生枝和晚秋梢受冻，表现出较强的抗寒性；植物在对低温的长期适应中，通过本身的变异和自然选择获得新的遗传特性。实生繁殖常常产生复杂多样的变异，而且选种方法简单。因此，抗寒育种的一个重要途径就是通过实生选种获得抗寒植株。

3. 抗寒杂交育种

植物的抗寒性受多基因控制，若杂交亲本都具有较高的抗寒性，则有利于在杂交后代中增加抗寒性的积累，培育出更抗寒的新品种。植物抗寒杂交育种就是选择抗寒及综合性能较好的亲本，通过杂交获取抗寒和综合性状更好的新品种的有效方法。杂交育种不仅能够获得集亲本优良性状于一体的新类型，而且由于杂种基因的超亲分离，尤其是微效多基因的分离和累积，在杂种后代群体中还可能出现性状超越任一亲本，或通过基因互作产生亲本所不具备的新性状的类型。植物的抗寒性是受遗传背景制约的，是由多基因控制与调节的，不同基因型决定了植物不同的抗寒特性，因此，为了培育高度抗寒的新品种，应打破品种间杂交的界限，充分利用野生种或远缘种进行杂交。如果杂交亲本都具有强抗寒性，就有利于在杂交后代中增加抗寒性的积累，有可能培育出更抗寒的新品种。为了获得综合性状好的抗寒杂种，就需要所选亲本一方为抗寒性强，而另一亲本则需综合性状优良而抗寒性较弱的类型，有时还必须采用复合杂交或回交方式逐步进行改良，最终获得既抗寒又丰产优质的杂种。如阿肯色州立大学的葡萄育种于 1964 年开始，以育成适应美国中部、东部地区气候条件的鲜食葡萄品种为主要目标，James N. Moore 等先后收集葡萄种质资源 500 余份，每年进行 20～60 个组合的常规杂交，30 多年来获得的杂种苗数量超过 30 万株，至 1999 年，先后育成了金星无核（Venus）、信心无核（Reliance）、火星无核（Mars）、土星无核（Saturn）、木星无核（Jup iter）、海神无核（Neptune）6 个抗寒、无核鲜食品种和一个抗寒制汁品种 Sunbelt，其中信心无核不仅果实品质优异，而且在最低气温达到－34℃的年份，仍可获得正常的产量。20 世纪初美国的 Swingle 和 Webber 利用枳属与柑橘属杂交来培育抗寒品种，如用枳×华盛顿脐橙培育出抗寒性较强的"Troyer"枳橙；利用枳和橙类、柚类、柑类和柠檬等杂交，选育出许多枳橙、枳柚、枳柑和枳柠檬等抗寒杂种，虽然其果实不堪食用，但对提供新的砧木材料有重要作用；同时，进行的枳、枳橙、柚和甜橙间的杂交和回交，得到柚×（枳×甜橙）的 F1 代杂种，这些杂种中包括有枳的 1/8 遗传特性且能抗－10℃的枳橙柚杂种；利用明尼奥拉橘柚×克里迈丁橘育成佩奇橘（Page），能耐－10℃低温。

4. 其他育种途径

通过选育抗寒性强的砧木品种，进行杂交培育出更抗寒的且具有优良特性的新的抗寒品种，是植物抗寒育种的重要途径。我国的砧木育种已先后挖掘出枳壳、枳橙、真橙、香橙抗寒砧木品系；猕猴桃、梨、苹果等果树的抗寒砧木品种。植物诱变育种是人为地利用物理诱变因素（如激光、X 射线、中子、离子束、紫外线等）、化学诱变剂（如烷化剂、叠氮化物、碱基类似物等）和空间改变诱发植物变异，在较短时间内获得有利用价值的突变体，再通过选择培育新品种的育种方法。诱变育种具有突变率高，变异谱广，变异稳定快，育种年限短，还能克服远缘杂交不亲和等优点，在植物育种中有着广泛的应用。据王玫（1987 年）报道，德国的 Zacharias 于 1956 年获得一个用 X 射线诱发的大豆突变系，它能在 4℃萌发；蒋洪叶（1985 年）从用 γ 辐射抗寒力弱的向阳红梨休眠枝条，选出呼梨72 辐-1，是在－35℃下仍能存活且具有优良品质的品种。冯永利育成的"东垣红"苹果是"金冠"苹果的辐射突变体，与亲本相比，其越冬能力得到增强，并且能抗早期落叶病和白粉病。李卫、孙中海等将佩奇橘（Page）胚性愈伤组织原生质体用软 X 射线辐射后，经－11℃低温选择，将存活的原生质体再生植株培养成植株；再生植株中检测出 2 株的叶片原生质体的低温半致死温度（LT50）分别比对照低 1.96℃和 1.68℃。随着生物技术的发展和广泛应用，利用生物技术使植物获得抗寒性已成为最有效的途径。通过分子技术克隆了一些植物抗寒基因并通过基因工程手段使部分植物的抗寒性有所提高。Hightower 等利用农杆菌将比目鱼体内的 AFP 基因转入番茄，发现转基因番茄不但能稳定转录 AFP 的mRNA，还产生一种新的蛋白质，这种转基因番茄的组织提取液在冰冻条件下能有效阻止冰晶增长；傅桂荣等将美洲拟蝶抗冻蛋白基因通过花柱道和子房注射 DNA 的方法导入番茄，田间测定确认转基因植株已获抗寒性。此外，植物的抗寒育种将生物技术育种和常规育种等育种方法相结合是十分有必要的。

植物耐热育种和抗寒育种相似，也包括实生选种、芽变选种、杂交育种和生物技术育种等。

第六节　抗除草剂育种

使用除草剂除草被列为 20 世纪世界农业十大发明与进步之一。除草剂除草已成为当今农田有效地控制杂草，提高农热带园艺植物产量与质量，发展农业生产的一项基本措施。除草剂的研究和应用无疑是农业生产上的一次革命。使用除草剂可减少田间作业环节，降低生产成本，提高经济效益。但在使用除草剂的过程中，存在这样的问题，就是它在杀死杂草的同时也会对田间的热带园艺植物尤其是下一茬热带园艺植物造成不良的影响，有时甚至会将热带园艺植物一并杀死。因此，怎样在利用除草剂的过程中，尽量减小或消除其对热带园艺植物的影响，成为除草剂生产商和使用者十分关心的问题。另外，由于大规模连续使用除草剂，出现了农田杂草对除草剂的抗性，已知抗阿特拉津的杂草有芜属、藜属、狗尾草属、蓼属、龙葵、繁缕和马唐等近 30 种，抗 2，4-D 的植物有拟南芥菜、胡萝卜等，抗百草枯的杂草有飞蓬、加拿大飞蓬和早熟禾等，抗西玛津的杂草有毛线瞿、早熟禾和欧洲狗舌草等。为防治抗性杂草，就要提高除草剂的使用浓度，增加其用量。但热带园艺植物对除草剂的耐受性或抗性却没有改变，这样就易产生药害。因此，育成抗除草剂的热带园艺植物新品种，已成为育种工作者们一个新的课题。

植物抗除草剂的机制分生理和生化两个方面，生理上如除草剂被根、茎、叶吸收和植物体内运输的差异，但更本质的抗性机制是生理化学的差异，生物化学的抗性机制可分代谢机制的差异和作用点差异，前者分活化性机制（除草剂失去杀杂草能力，植物体内代谢效率）差异和非活化性机制（解毒分解）差异。

抗除草剂育种工程受到人们的广泛重视，特别是对那些不具抗除草剂特性、不能用除草剂除草的热带园艺植物尤为重要。至今为止，获取抗除草剂作物的途径有：①自然选择：从天然群落中选择抗性个体进行培养而成，如耐嗪草酮大豆、抗均一三氮苯油菜、抗咪唑啉酮向日葵等。②组织培养与诱变：通过花粉、小孢子、种子等诱变，结合组织培养，选出抗性品系进行培育而成，如抗咪唑啉酮除草剂玉米、油菜等，抗磺酰脲除草剂烟草与大豆等；采取此种途径选育而成的抗除草剂作物品种易于被人们接受及被一些国家认可。③转基因：将从微生物、特别是细菌或植物体中分离出的抗性基因，应用适宜的载体将其导入作物中以获得抗除草剂品种。将乙酰转移酶基因接上启动子，以根癌农杆菌为介导转入番茄、马铃薯，成功地培育出完全抗除草剂的植株，这些植株对于浓度 10 倍于大田喷洒剂量的磷酸类、黄酮类除草剂表现出稳定的抗性，而且由于乙酰转移酶基因插入到植物染色体中而表现出稳定的遗传。近年来，育种技术的发展不仅提高与拓宽了多种热带园艺植物抗除草剂的性能，而且也使有些对除草剂敏感的热带园艺植物具有了抗除草剂的特性，进一步扩大了除草剂的使用范围，除草剂的使用与现代农业更加紧密地联系在一起。现代高效园艺业中除草剂正扮演着日益重要的角色。常用的除草剂有草甘膦、草丁膦、阿特拉津、溴苯腈等。通过基因工程技术来提高热带园艺植物对除草抗性的策略主要有两个：一是导入编码特定除草剂作用的靶酶或靶蛋白基因，产生过量靶酶，或导入突变基因，使产生的靶蛋白对该除草剂敏感性发生改变，而获得对该除草剂的抗性，如抗草苷磷的番茄、油菜、大豆等；二是导入表达产物可使除草剂解毒的基因，如抗草丁胺（PPT）的番茄、马铃薯、苜蓿等。抗除草剂转基因热带园艺植物种植面积居所有转基因热带园艺植物面积的首位。

将抗除草剂基因转入草莓中，获得耐除草剂品种，在草莓生产上具有重大意义。Hennie 等将草丁膦乙酰转移酶（PAT）的基因转入草莓中，转基因植株在喷施 3 次除草剂后，均无受害症状，生长正常，而未转化的对照植株在 3 周后死亡。于冬梅和张志宏等将抗草丁膦的 bar 基因转入草莓中，转基因植株在离体培养和田间栽培试验条件下，都对 PPT 表现出良好的抗性。Fillatti 等将 aroA 突变基因编码 EPSP 合成酶经农杆菌导入番茄，获得了抗草甘膦的转基因植株。钟蓉等将溴苯腈除草剂（bar）基因导入了甘蓝型油菜（*B. napus* L.），获得了抗溴苯腈的植株。金红等将从潮湿霉菌（*S. hygroscopicus*）中分离克隆的 bar 基因导入到黄瓜制种亲本中，获得转基因抗除草剂亲本。

抗逆育种是一个循序渐进的过程，首先要摸清逆境对热带园艺植物产生伤害和植物抗逆性的机理，这需要从生理生化、组织结构及基因差异表达等方面多层次地进行研究，在此基础上建立鉴定体系，通过各种育种途径培育出生长势强、抗逆性强，适应热带地区高温高湿多雨的恶劣气候环境的品种；在生产中既能保持高产稳产，又减轻热带园艺植物种植过程中农药化肥的施用对环境的影响，降低生产成本，是抗逆育种的核心。

本章小结

各种生物和非生物胁迫威胁着热带园艺作物的生产。为克服胁迫，需要鉴定胁迫的种类和危害，可通过各种育种方法解决胁迫的问题。

思考题

1. 逆境胁迫对植物代谢有哪些影响？

2. 抗病性鉴定有哪些方法？试比较"田间自然鉴定"与"温室或田间接种鉴定"的优缺点？

3. 植物的抗虫机制有哪些？如何开展抗虫育种？

4. 如何进行抗旱、耐盐、抗寒与耐热性鉴定及抗性资源筛选？

5. 试述干旱的类型及对植物的伤害以及育种途径？

参考文献

[1] 潘瑞帜. 植物生理学 [M]. 第六版. 北京：高等教育出版社，2008：284-304.

[2] 王忠. 植物生理学 [M]. 北京：中国农业出版社，2000：432-436.

[3] 邓江明，简令成. 植物抗冻机理研究新进展：抗冻基因表达及其功能 [J]. 植物学通报，2001，18 (5)：521-530.

[4] 黎定军，高必达. 植物抗寒冻胁迫基因工程研究进展 [J]. 热带园艺植物研究，2000 (3)：45-48.

[5] 高士杰，李继洪，张岩，高敬. 热带园艺植物的抗旱性及抗旱品种选育 [J]. 安徽农学通报，2007，13 (1)：80-81.

[6] 孙成韬，焦仁海，番兴明. 玉米抗旱育种的研究进展 [J]. 玉米科学，2006，14 (6)：71-74.

[7] 兰巨生. 农热带园艺植物综合抗旱性评价方法的研究 [J]. 西北农业学报，1998，7 (3)：85-87.

[8] 侯丙凯，陈正华. 植物抗虫基因工程研究进展 [J]. 植物学通报，2000，17 (5)：385-393.

[9] 段灿星，王晓鸣，朱振东. 热带园艺植物抗虫种质资源的研究与应用 [J]. 植物遗传资源学报，2003，4 (4)：360-364.

[10] 盘毅，陈立云，肖应辉. 水稻耐热遗传育种及热激蛋白的研究综述 [J]. 热带园艺植物研究，2008，22（5）：363-367.

[11] 魏春兰，娄金华，侯象山，徐嗣英. 热带园艺植物耐盐育种 [J]. 北方园艺，2006（5）：53-54.

[12] 杨小玲，侯正仿，季静. 耐盐植物育种研究进展 [J]. 中国农学通报，2008，24（8）：213-216.

[13] 严学东，庄南生. 植物抗寒育种研究进展简述 [J]. 热带农业科技，2006，29（2）：18-22.

[14] 陈晓亚，汤章称. 植物生理与分子生物学 [M]. 第三版. 北京：高等教育出版社，2007：533-551.

[15] Bechman C. H., Mace M. E., Halmos S., et al. Physical Barrier Associated with Resistance in Fusarium wilt of Banana [J]. Phytopatholoy, 1961（51）：507-515.

[16] Bechman C. H. Host Responses to the Pathogen [M] // Ploetz R. C. Fusa Rium Wilt of Banana. St. Paul，Minnesota：APS Press，1990：93-105.

[17] Agu Ilar E. A., Turner D. W, Sivasithamparam K. Proposed Mechanism How Cavendish Bananas Are P redisposed to Fusarium Wilt during Gypoxia [J]. Infomusa，2000，9（2）：9-13.

[18] Bakry F., Horry J. Tetrop Loid Hybrids from Interp Loid Crosses in Cooking Bananas [J]. Fruits，1992，47（6）：341-647.

[19] 杨莉，徐昌杰，陈昆松. 果树转基因研究进展与产业化展望 [J]. 果树学报，2003，20（5）：331-337.

[20] 李亚新. 首例商品化的转基因果树——番木瓜 [J]. 园艺学报，2000，28（1）：511.

[21] 赵志英，周鹏，曾宪松等. 核酶基因转化番木瓜的研究 [J]. 热带作物学报，1998，19（2）：20-251.

[22] vGurr GM. Effect of Foliar Pubescence on Oviposition by *Phthorim Aea Operculella* Zeller（Lepidoptera：Gelechiidae）[J]. Plant Protection Quarterly，1995（10）：17-19.

[23] Pankaja N. S., Muniyappa V., Govindappa M. R, Nagaraju. Evaluation of Introgressed Lines of *Lycopersicon esculentum* × *L. hirsutum*（LA1777）for Whitefly（*Bemisia tabaci* Genn.）Resistance Thevector of Tomato Leaf Curl Virus [J]. Environment and Ecology，2005，23（4）：897-901.

[24] Lawson D. M., Lunde C. F., Mutschle M. A. Marker-assisted Transfer of Acylsugar-Mediated Pest Resistance from the Wild Tomato，*Lycopersicon pennellii*，to the Cultivated Tomato，*Lycopersicon esculentum* [J]. Molecular Breeding，1997（3）：307-317.

[25] 朱海生，李永平，温庆放等. 草莓遗传转化研究进展 [J]. 基因组学与应用生物学，2009，28（2）：408-416.

[26] 李新国，张建霞，孙中海. 柑橘抗寒育种研究进展 [J]. 中国南方果树，2004，33（3）：19-21.

[27] 李卫，孙中海，章文才等. 柑橘原生质体辐射诱变筛选抗寒再生植物 [J]. 植物学报，1998，40（8）：729-733.

[28] 林定波，颜秋生，沈德绪. 柑橘抗寒细胞变异的获得及其抗性遗传稳定的研究 [J]. 植物学报，1999，41（2）：136-141.

[29] 刘军，王小伟，魏钦平等. 世界葡萄抗寒育种的成就与展望 [J]. 果树学报，2004，21（5）：461-466.

[30] 李君明，宋燕，朱彤等. 番茄耐盐分子育种研究进展 [J]. 分子植物育种，2006，4（1）：111-116.

[31] 方宏筠，王关林，王火旭等. 抗菌肽基因转化樱桃矮化砧木获得抗根瘤病的转基因植株 [J]. 植物学报，1999，41（11）：1192-1198.

[32] 赵彬. 基因工程技术在选育抗除草剂热带园艺植物品种中的应用 [J]. 生物学杂志，1998，81（1）：30-31.

第十一章　品　质　育　种

随着人们生活水平的提高和对健康饮食的关注，园艺作物品质已成为最重要的一种育种目标。利用不同作物种质品质性状的差异，通过一定的育种程序和途径，选育出产品品质适合需求的新品种的技术称为品质育种（Quality breeding）。

第一节　品质育种的重要性

提高园艺商品的品质具有十分重要的意义。

第一，在基本上解决了园艺植物产品的产量问题之后，提高品质已成为育种的根本目标之一，其他以抗病性、抗逆性等为目标的遗传改良，最终的育种目的还是要归结到丰产和优质上来。

第二，品质的优劣直接影响商品的使用价值，是决定园艺产品经济效益和国际竞争力的重要因素。随着市场竞争的日益激烈，提高园艺作物产品质量，增加花色品种，必将成为科研、生产和消费的主旋律。优质就代表效益，代表竞争中的胜利，目前市场上进口的水果、花卉、蔬菜价格常常是国产产品的几倍甚至十几倍，就是最好的例证。长期以来，我国园艺作物品种的选育都以提高产量、缩小供需差额为主要目标，而未兼顾优质育种，导致我国园艺作物产品优质品种少，在国际市场上缺乏竞争力。目前，在蔬菜生产的主产区寿光，外来蔬菜优质品种占了60％以上的市场份额，充分说明我国蔬菜品质育种还有很长的路要走。

第三，品质育种有利于提高人民的生活质量，保障人的身心健康。园艺产品是人类必不可少的食物和保健食品，与人民生活息息相关，很多特色园艺产品含有人体必需的维生素、矿物质和次生代谢物，如类胡萝卜素、番茄红素、葫芦素、黄酮类物质等，具有特定的保健和美容功能，深受人们青睐；园艺植物还是室内外环境绿化、美化、香化的主要载体，不仅能增加自然美感，还能使人身心愉悦、陶冶情操。

第二节　园艺作物的品质及鉴定

一、园艺作物品质的内涵

品质（Quality），欧洲品质控制组织对产品品质的定义为"产品能满足一定需要的特征特性的总和"，即产品客观属性符合人们主观愿望的程度，产品的客观属性是产品本身的基本属性，包括园艺产品的外在和内在品质，是进行品质评价和品质育种的物质基础；产品的客观属性能否满足人们的愿望，还跟市场消费趋势、消费者消费水平、消费心理甚至广告、宣传等诸多因素有关。育种者在品质育种过程中，必须充分考虑这些主客观因素的影响，特别是充分考虑消费者的意见及评价，保证选育的方向，满足消费者对品质的要求。

园艺作物是一个大家族，包含果树、蔬菜、花卉等众多种类，按照产品用途和利用方式园艺产品品质可大致分为感官品质、营养品质、加工品质、贮运品质和卫生品质等。不同种类的园艺植物和不同的用途，品质重要性不同，如蔬菜和水果较重视感官品质和营养品质，以洋葱为例，用作调味品时需用中辣品种；用作鲜食时需辛辣味淡、带甜味的品种；出口的黄皮洋葱要求鳞茎圆球形、紧实度高、耐贮运；用作烹调、加工洋葱酱时需高辣品种；脱水洋葱则需要辛辣味强、干物质含量高的白皮圆球形品种。而观赏植物则认为外在美学品质最重要。

品质鉴定（Quality evaluation）就是根据一定的标准，通过一定的手段来评定产品品质的优劣。品质鉴定时必须注意非遗传因素对分析结果的影响。取样的误差、不同的成熟度及各种环境因素造成的差异均可能超过基因型间的差异。因此，对产品品质的评价必须遵循严格的原则和程序，将非遗传因素造成的差异控制在尽可能小的范围内。

二、蔬菜、水果的品质及鉴定

蔬菜、水果是人们每日不可缺少的食品，而且它们还是商品，要讲究形、色、香、味等品质，因而果蔬的品质既重视外在的商品品质，又重视内在的风味、营养、加工、卫生等品质。

（一）外在的商品品质

包括果蔬产品的外观、质地、货架寿命等。外观指产品大小、形状、色泽、表面特征、鲜嫩程度、整齐度、成熟一致性、有无斑痕和损伤等，是衡量商品品质的最普遍标准，是商品分级的基本依据。

1. 果蔬产品大小及鉴定方法

不同基因型果品蔬菜种类，产品的大小有差异，即使同一基因型也因为栽培技术不同使产品大小出现较大差异，如南瓜，太空南瓜重几百公斤，而小的南瓜只有一公斤左右；番茄大的重几百克，小的樱桃番茄只有几克。

果蔬大小鉴定方法：可用目测进行，但一般用长度、周长、直径、宽度以及重量、体积等测定结果来衡量比较准确，如黄瓜、萝卜用长度和直径，苹果用果径和果高，豆类用荚长、荚宽、荚厚和直径等，可用直尺、天平等工具测定标准的产品应该是符合品种特性、大小均匀、整齐度高的产品。

2. 形状及鉴定方法

果蔬产品形状因种类和品种而定，如结球白菜有卵圆形、平头形、直筒形，枣有茶壶枣、龙须枣等。果蔬产品性状要求奇特但不是畸形，符合消费需要。

形状鉴定方法：一般采用长宽测定法，按照长宽比值得到叶形、果形指数，确定叶片、果实是哪种形状。2005年浙江大学发明了一种水果形状的多尺度能量检测方法，提高了形状分级的精度。

3. 色泽

色泽是构成感官质量的重要因素之一，果蔬产品的色泽决定于植物色素叶绿素、类胡萝卜素、花青素的相对含量，因果实发育阶段、种类、器官、环境条件而不同。叶绿素含量大则果实表现绿色，果实成熟后类胡萝卜素和花青素的颜色呈现出来，果实表现出黄、红、橙等颜色。从营养角度来看，颜色越深营养价值越高，但也因人的喜好而对果蔬颜色要求多样，如对叶菜要求浓绿、花椰菜要求洁白、番茄粉红、苹果深红或紫红等。

色泽的鉴定方法：可目测确定，在目测无法区分的情况下，可通过仪器设备测定叶绿素、类胡萝卜素、花青素等的相对含量来确定。

4. 质地

果蔬产品的质地包括硬度、酥脆度、坚韧度、耐贮、耐运性、货架寿命、多汁性等，就地现销要求新鲜脆嫩多汁，异地销售要求耐贮运保鲜；果实的硬度除与蔬菜、水果种类、品种有关外，还与成熟度有关，如异地销售的番茄宜在变色期时采收，坚熟期上市。果蔬质地与活细胞的结构、生理和生化特性有关。

质地的评价：果品蔬菜硬度可用硬度计测定；酥脆度可采用感官品尝的办法进行；坚韧度可用仪器测定，也可用感官测定；耐贮性、耐运性、货架寿命可通过贮藏运输试验测定。

5. 新鲜度

果品蔬菜产品收获后在放置过程中仍处于迅速变化中，很易失水萎蔫，维生素损失，蛋白质分解，风味、质地发生变化，采用保鲜膜冷冻贮存可以延长果蔬货架寿命。消费者是希望能买到刚采收的新鲜产品，其不仅外观漂亮，味道鲜美，营养价值也高。

果蔬新鲜度的评价：可从水分减少、颜色变化、质地变化三方面进行判断。

（二）风味品质

风味指蔬菜或果品入口后所产生的诸如酸、甜、苦、辣、咸的综合感觉，是蔬菜水果育种工作中容易忽略但却是消费者关心的性状，如辣椒品尝时辣度的高低，苹果品尝时是否甜酸适口、有无异味，黄瓜是否脆嫩多汁、清香扑鼻等。风味常与品种的营养成分如糖、维生素及特殊风味物质如酸、黄酮、生物碱、倍半萜内酯、芳香化合物等成分及浓度有关。

风味品质必须亲口尝一尝才能鉴定，各地要求也不尽相同。且风味品质能通过化学仪器测定和定量，如糖可用糖度计测定，酸可用 pH 计测定，咸、苦可通过测定氯化钠和硫酸奎宁来进行相关测定，其他成分可通过 GC-MS、HPLC 等方法测定。风味的综合评价常采用系统评分法。

蔬菜水果的风味主要受遗传因素控制，同时与栽培措施、收获前环境、收获成熟度和后处理有关，如收获前增施氮肥和钾肥可增加番茄果实 TA、SSC 和几种挥发物的含量；西瓜未熟则瓤白肉硬味淡，过熟则肉绵干瘪无汁，适度成熟才瓤红沙脆，味甜多汁；苹果热处理可抑制生理和病理上的失调，减少挥发性物质的损失。

（三）营养品质

营养品质主要指蔬菜、水果中的营养成分，包括维生素、有机酸、矿物质，以及碳水化合物、蛋白质、脂肪、膳食纤维等的含量，要通过实验室分析才能确定。目前已表明，含维生素 A 原较多的有胡萝卜、韭菜、油菜、蕹菜、落葵、芫荽、青花菜、菠菜、茴香、荠菜等；含维生素 B1 较多的有黄花菜、香椿、芫荽、莲藕、芦笋、枸杞、菊芋、大蒜等；含维生素 C 丰富的有辣椒、番茄、黄瓜、乌塌菜、紫菜薹、花椰菜、青花菜、荔枝、柠檬、猕猴桃、柑橘等。此外，菠菜、芹菜、结球甘蓝、白菜、胡萝卜、苋菜、荠菜、芫荽、菜苜蓿、佛手瓜、金针菜、黑木耳、香菇中含有较多的铁盐，洋葱、丝瓜、茄子、毛豆、蚕豆、慈姑、黑木耳、香菇中含有较多的磷，绿叶蔬菜及金针菜、黑木耳、银耳中含有较多的钙。马铃薯、芋、荸荠、莲藕、慈姑等蔬菜含有较多的淀粉，西瓜、甜瓜等含糖量较多，菜豆、大豆、蚕豆、黑木耳、香菇等含有较多的蛋白质，多数根菜类、叶菜类含有丰富的纤维素。

蔬菜水果营养物质含量因品种而异，也受气候、土壤等环境条件特别是温度和光照强度的影响，一般低温和强光利于糖和维生素 C 的形成，抑制胡萝卜素和类胡萝卜素的增加；热带作物高温条件下、冷凉季节作物低温条件下利于 B 族维生素的形成。

（四）加工品质

加工品质是指需要加工的果蔬产品在加工时对品质的特殊要求，果蔬种类繁多，加工用途各异，因而对加工品质的要求也不同，如脱水蔬菜要看干物质的含量、加工辣椒酱要求辣度高、桃罐头要求桃果实硬度大等。

应根据果蔬的性质和加工的要求决定产品收获时期，如供制果酱罐装用的番茄应充分成熟，无绿肩、色泽鲜红、均匀一致，番茄红素、可溶性固形物和干物质含量高、果肉致密、果形中等偏小，但必须大小整齐一致、便于加工制酱或整果罐藏。青刀豆罐藏要选果荚幼嫩、色泽深绿、肉质丰厚、脆嫩无筋、荚圆柱形直而不弯的品种，以幼嫩为佳，种子麦粒大小时采摘。青豌豆要选豆粒饱满、质地柔嫩、色鲜绿、糖分含量高、淀粉含量少、成熟度整齐、经杀菌处理后不变色或少变色的品种，黄花菜要选花蕾大、黄色或橙黄色的品种，在花蕾充分发育但未开放时采收，此外，可腌制或干制的蔬菜需质地致密、干物质和糖分含量高；冻藏的蔬菜需碧绿鲜嫩、形状大小一致，便于速冻加工包装。

（五）卫生品质

主要指果品蔬菜中是否含有天然的有毒物质，如生物碱、毒蛋白（胰蛋白抑制剂、红血球凝集素、蓖麻毒素、毒蘑菇的毒伞菌）、对人体健康有害的酶（蕨类中的硫胺素酶、豆类中的脂肪氧化酶等），以及化学农药、肥料、水、重金属污染及影响人体健康的微生物、异味等（表 11-1）。农业生产中农药、肥料及灌溉用的水对果蔬产品造成的污染及施用人畜粪水带来的虫卵菌等微生物，将严重影响人体的健康。

果品蔬菜中的有毒物质、产生原因及毒性　　　　表 11-1

有毒物质	产生原因	毒　性
生物碱（烟碱、茄碱、颠茄碱）	未成熟的青番茄	中毒，引起恶心、呕吐等
龙葵素	土豆贮存时间过长易发芽，发芽的土豆会产生大量的龙葵素	中毒
皂素	未炒熟的豆荚类食物（刀豆、扁豆、油豆角）中含有皂素	中毒
光敏性物质	芹菜、苋菜、莴苣、菠菜、胡萝卜、茴香、油菜、马齿苋等蔬菜，在人体内可分解出一种光敏性物质	导致过敏体质者产生蔬菜日光性皮炎，出现局部皮肤瘙痒、灼热感、水肿或水泡等症状
秋水仙碱	鲜黄花菜中含有毒物质秋水仙碱	使人嗓子发干、口渴，胃有烧灼感，出现恶心、呕吐、腹痛、腹泻等症状
酵米面黄杆菌	腐烂变质的白木耳会产生大量的酵米面黄杆菌	食用后胃部会感到不适，严重者可出现中毒性休克
黄樟素	腐烂的生姜会产生一种叫黄樟素的致癌物质	诱发肝癌、食道癌
霉变毒素	山芋储藏不当，特别是在碰伤裂口的地方，因黑斑病菌作用而引起霉变	食用这种霉变的山芋会发生中毒，轻者恶心呕吐、腹痛腹泻，重者则有体温升高、呼吸困难、肌肉震颤、瞳孔放大等症状，甚至危及生命
亚硝酸盐	菠菜、莴苣、萝卜等含有硝酸盐物质，储藏过久，会发生腐烂变质，硝酸盐会变成亚硝酸盐	引起头痛、腹痛、腹泻、呕吐等症状

影响果蔬卫生品质的因素除了果蔬未成熟和不适当的贮藏加工方式外，还有生产上使用高毒、高残留农药，施用没有完全腐熟的有机肥、高毒的化学肥，灌溉含有高浓度的金属离子的工业废水等。

对果品蔬菜的卫生品质最好通过实验室的分析才能确定，有时也可用感官来进行评价，即用人的感觉器官来完成，如用视觉辨别外观的色泽、大小、形状，用嗅觉辨别香气和其他气味，用味觉辨别风味和味道，用触觉辨别质地的脆嫩粗硬、疏松致密。

三、花卉的品质

花卉的品质包括外在品质和内在品质两方面，外在品质即花卉的观赏品质，是花卉颜色、大小、香味、姿态、花韵、花期等的综合评价，内在品质指花卉的药用、食用、茶用、油用等经济品质。色、香、姿是花卉的外表美、形态美，而韵寓于色、香、姿之中，是花卉的内在美，韵又受到人们主观因素的影响，因人的经历、气质、文化修养、心情等而异，是一种抽象的意境美。植物开花时间长短也是影响其观赏价值的重要因素。

花色是1865年孟德尔经典遗传规律研究的最重要的性状，有广义和狭义花色之分。狭义的花色指花器官花瓣的颜色，广义的花色不仅包括花器官如花萼、雄蕊甚至苞片发育成花瓣的颜色，而且也包括叶、果、枝干、植株等的颜色，是构成观赏品质的第一要素。花色的组成与花瓣色素种类、含量、花瓣内部或表面构造引起的物理性状等因素有关，但其中最重要的是花色素。花色素有类胡萝卜素、生物碱类色素、类黄酮、花青素等种类，类胡萝卜素存在于质体内，决定月季、水仙、郁金香、百合等的黄色及橙色；生物碱类色素有小檗碱、罂粟碱、甜菜碱等，甜菜碱是酪氨酸衍生出来的由黄色到红色的含氮化合物，主要存在于石竹属植物中，罂粟碱使罂粟属和绿篙属植物呈黄色，小檗碱使小檗属植物呈深紫色；类黄酮存在于液泡内，有异黄酮和黄烷醇等类型；花青素可表现花中大部分红、蓝、紫和红紫等颜色。观赏植物还呈现纯色花、复色花、变色花，给人以美的感受。此外，花成色也受到其他一些因素如细胞液泡 pH 值、辅助色素分子、色素分子内（或间）堆积作用和环境的影响，如月季在酸性条件下易形成红色，而在碱性条件下可形成蓝色。

彩斑是植物的花、叶、果实、枝干等部位的异色斑点、条纹，具彩斑的植物在观赏植物群体中有较大比重，具有较大观赏价值的彩斑主要分布于花朵和叶子上。花瓣彩斑多见于一、二年生草花及部分宿根花卉和木本观花植物（图 11-1）；叶部彩斑多见于以观叶为主的植物（图 11-2）。这些彩斑大大丰富了观赏植物的观赏性，是花卉品质的重要内容。

图 11-1 紫斑牡丹

图 11-2 花叶芦竹斑

观赏植物的香味属外在感官品质，是观赏品质的又一重要内容，相对于西方人赏花重色，追求花大色艳，中国人更喜欢花的香味，因此素有"香为花魂"之说，还提出浓、清、远、久四项品香标准，如清香远逸的兰花、十里飘香的桂花、芬芳扑鼻的茉莉花，无不惹人喜爱。香味还具有提神、醒脑、杀菌、消除疲劳、促进睡眠等功效，对人体健康有好处。不同花卉具有不同的香味，即使同一花卉也因品种不同具有不同香味，产生花香的物质主要是萜类、醇类等化合物。

观赏植物的姿态，指对植株的株形及花、叶、果实、枝干等的大小、形状、质地、结构等特征的概括。与花卉植物的姿态有关的主要性状有花的着生位置、花径、重瓣性、株形等。花径指花朵直径大小，花径可向增大或减少的方向变化，均可造成独特的观赏效果。重瓣性指花朵具有花瓣或花轮（合瓣花）增加的特性。花瓣是观花植物的重要观赏部分，是决定观花植物观赏价值的又一重要因素。株形指植株分枝习性、株高及枝条姿态的总和，株形与花器官的观赏性状同样重要，在一些花型较小的植物上，株形性状甚至比花器官性状更为重要。

观赏植物的韵是通过颜色、大小、香味、姿态等综合表现出来的花卉的风度、品德、特性，受到人们主观因素的影响，因人的经历、气质、文化修养、心情等而异，是一种抽象的意境美，如不少人喜欢松、枫、榆、竹等观赏植物，就是喜欢它们的神韵，欣赏其体现出来的内在美，观花神韵是对美的更高层次的要求。

花期是观花植物的重要品质性状，决定观赏的寿命，选育花期长特别是四季开花的品种，可大大提高花卉的观赏价值。花期因不同基因型而异，如中国古老的月季品种月季花可四季开花，而法国蔷薇却只能在每年的 5～6 月开花一次，因而法国人通过将中国月季花与欧洲蔷薇杂交育出了很多的现代月季品种，大大提高了月季的价值。

第三节　主要品质性状的遗传特点

一、果品蔬菜主要品质性状的遗传

果品蔬菜品质育种是以改善产品外观、风味、营养或特定加工性状为主要目标育种，因而其目标性状既包括产品大小、形状、香味等外观性状，也包括风味、营养成分和适合加工的性状，性状构成比较复杂。果蔬品质性状遗传效应的研究有助于亲本的选择与配组，目前的研究表明，各性状中，除个别如西瓜果肉的瓤色属一对基因控制的简单遗传外，多数属微效多基因控制的数量性状，遗传性复杂，又易受环境影响。于占东等在分析大白菜主要营养品质性状遗传时表明，维生素 C、有机酸、干物质及粗纤维含量符合加性—显性—母体效应（ADM）遗传模型，其狭义遗传力分别为 53.1%、13.5%、38.3%和 28.2%；可溶性糖及氨基酸含量符合加性—显性（AD）遗传模型，狭义遗传力分别为 18.4%和 40.3%；可溶性糖与干物质含量呈显著正相关，相关系数为 0.746；维生素 C 与干物质含量呈显著正相关，相关系数为 0.293，与有机酸、粗纤维含量呈显著负相关，相关系数分别为 0.305 和 0.366。

此外，不少品质好的品种多不抗病或不丰产，而抗病或丰产的品种常品质欠佳。为克服这个矛盾，在品质育种中可采取以下措施：①要获得受多基因控制的优质性状的育种材料，可采取大群体内的连续定向选择，对遗传力高的性状，选择效果明显。②对个别的优良品质性状或受少数基因控制的品质性状，可通过杂交，选育新品种、新材料。③如果需要利用野生、半野生材料的某一品质性状来改良栽培品种时，可将栽培品种与野生、半野生材料进行杂交，然后再用栽培品种进行多次回交，并结合多代鉴定选择，可取得预期效果。

二、观赏植物主要品质性状的遗传

观赏植物花色的遗传比较复杂，首先是花色素生物合成过程比较复杂，参与和调控的基因非常多，因而花色实际上是多基因控制的数量性状；而且花色基因之间有明显的互作，如花菖蒲（*Iris ensata*）中控制黄酮类合成的互补基因，使 F1 和双二倍体的色素含量分别是中亲值的 2.45 和 2.85 倍。耧斗菜萼片的着色由 Fw 和 Mw 两对基因互补作用；天竺葵的 R1/r1 和 R2/r2 互补产生红色花。郁金香的翠雀素、栎皮素和山奈黄素只有加性基因效应，而胡萝卜素、花青素和天竺葵素有非加性基因效应和质体差异（刘青林和陈俊愉，1998）。

王健等（2007）发现在三色堇花径、花数、花葶长、分枝数、株高、株幅、株高/株幅、开花指数、单叶面积、花瓣厚等 10 个性状的遗传中，多数性状显性效应为主要的遗传效应，但株高、花数以加性效应为主，而株幅、花瓣厚则以加加上位性效应为主。不同性状的遗传力不同，总体广义遗传力较高（平均 0.57），而狭义遗传力较低（平均 0.33）。相关性分析表明，花径与花数呈显著正相关，与营养性状（如株高、株幅、分枝数、单叶面积等）的相关性均不强，只与分枝数有 0.1 水平的遗传负相关，花数与株高、株幅的相关性很高，但与分枝数、单叶面积的相关性很弱。其他多数性状间相关系数未达到显著水平。

关于花香的遗传一般认为是显性，而且花香与花色有一定相关，花色越淡、花香越浓。

第四节　品质育种方法

品质育种的基本程序为确定品质目标→收集优良品质材料→选择育种途径→育种→后代进行品质分析与评价→获得优质品种。因育种途径在前面的章节中介绍颇多，本章主要介绍品质育种方法及进展情况。

一、品质育种目标确定的基本原则

1. 必须兼顾其他综合性状

获得优良的品质性状是品质育种的重要目标，但是，新品种必须同时具有较好的产量、抗病、抗逆等性状，否则其应用价值将大大降低，而且其他不良性状及环境的影响也最终会阻碍优良品质基因的表达，难以达到预期的育种目的。

2. 品质育种对品质指标的选择应突出重点

每种作物涉及的品质内容很多，育种家必须制订切实可行的品质育种计划，选择品质指标时，不可能面面俱到，必须根据已拥有的种质资源的特性和市场需求，确定切合实际的重要品质指标作为努力方向，并且要掌握该作物最关键的也就是消费者认为最重要的性状。

3. 处理好品质性状间的关系

每种作物总有众多品质性状共存，它们之间常常互相影响、互相联系，如糖分及有机酸含量是重要的营养品质内容，两者又是果实的糖酸比和风味品质的重要构成因素。

4. 必须重视人为地域特点及消费者的反应和评价

二、品质育种的方法及进展

（一）果品蔬菜品质育种方法及进展

植物的原生中心和栽培中心有很多品质优良的品种，引进和驯化这些优良的品种是品质育种的最直接的途径。如番茄起源地南美的黑番茄，就含大量的茄红素、花青素、叶酸、烟酸、维生素及抗氧化物、低量的钠盐，正作为一种营养价值高、可药食兼用的养生番茄在中国各地引种推广。

在果实色泽的改变和品质育种中，芽变选种起着非常重要的作用。苹果品种"元帅"芽变，先后产生了红星、新红星、首红、超首红等颜色更加红艳的品种；梨品种"满天红"芽变成浓红色的"奥冠红梨"；枣品种金丝小枣芽变获得了抗裂无核大果的新品种"新星"。目前，在橙子、柑橘、荔枝、葡萄、香蕉等上都有芽变新品种。

有性杂交可实现基因的重组和优良品质性状的综合，在西瓜品质育种中，中国热带农业科学院蔬菜育种中心党选民采用黄皮红肉软皮西瓜与黑皮黄肉脆皮西瓜进行杂交，选育出了黄皮黄肉软皮的西瓜新品种。杨振英等（2010）以"金冠"为母本、"华富"为父本杂交育成了"华月"苹果，该品种有华富的黄皮大果特性，而果肉又有"富士"苹果的风味。

诱变育种在改良蔬菜品质方面成效显著，我国自 1987 年开始搭载蔬菜种子，先后获得黄瓜、辣椒、茄子、番茄、莲子、花菜等多种高产优质蔬菜突变体，培育出许多新品种（系）。如中科院遗传所选育的太空黄瓜 96-1，不仅产量高、口感好、果型大，而且植株健壮高大，能抗霜霉病。卫星 87-2 青椒果实中 Vc 和可溶性固形物含量分别高于对照品种 20% 和25%，目前已在全国广泛种植。新疆的哈密瓜经航空诱变后选出的优良品系可溶性固形物含量增加 7%，可望培育成高产、质优、抗病的新品种。利用卫星搭载的农原 19 号金针菇菌种获得的食用菌种变异，其出菇时间比对照提前 7～10 天，产量提高 15%～25%，子实体粗纤维及有机质转化率和多糖含量都得以提高。另外，还培育出太空茄子、太空菜葫芦等多种蔬菜。

植物基因工程法在改善果蔬营养物质含量、延长贮藏时间以及提高功能物质等品质性状方面具有重要的作用。国内华中农业大学叶志彪教授等利用基因工程技术培育出耐贮藏的番茄"华番一号"，25℃下可贮藏 40～50 天，比普通番茄贮藏期延迟 20～30 天，是我国第一例商品化的转基因作物。美国科学家利用来自于细菌的 glgC 基因转化马铃薯，使马铃薯淀粉含量提高了 35%，最高品系淀粉含量达 40% 以上，大大改善了淀粉的结构。Fraser 等在番茄中定位表达噬夏孢欧文氏菌的八氢番茄红素合酶（PSY）基因 CrtB，获得类胡萝卜素含量增加 2～4 倍的转基因植株。1994 年 Martineau 等将异戊烯转移酶基因 ipt 转入番茄，使 ipt 基因在番茄子房中得到表达，增加了番茄可溶性固形物的含量及总产量。

分子标记在品质育种上的作用也日益显现，一是对重要品质性状进行基因定位，二是获得品质性状相关的标记，三是可用于品质相关基因的克隆。Havey 等（2004）对洋葱鳞茎中可溶性碳水化合物性状进行了 QTL 分析，认为连锁群 A 和 D 决定着果糖和蔗糖的浓度，辣度与甜度存在连锁，相关性状 QTLs 分子标记主要定位在连锁群 D、E 和 F 上的一个 40cM 的区域，果糖含量基因位于染色体 8 上，辣味相关基因和可溶性固形物相关基因位于染色体 3 和 5 上。

（二）观赏植物品质育种方法及进展

1. 杂交育种

杂交育种是观赏植物品种改良的主要途径。在自然条件下，植物异株、异种或异品种间自由传粉所产生的个体，可用来进行选择、培育成新品种。荷花品种的遗传基础具有杂合性，而荷花又为异花授粉植物，各品种本身属多基因型的杂合体。因此，各品种之间自由传粉后，从自然杂交的实生苗中，可选出具有优良性状的单株。然后，采用无性繁殖，将这种半同胞无性系后代所获得的优良遗传性状保持下来。自 20 世纪 80 年代以来，张行言等人在自然杂交方面做了不少工作，并从自然杂交后代中就选育了 128 个荷花新品种，如‘玉碗’、‘玉碟托翠’、‘红领巾’、‘小天使’、‘小舞妃’、‘美中红’、‘金莲花’等。

人工杂交可把亲本双方控制不同性状的有利基因综合到杂种个体上，使杂种个体不仅综合双亲的优良性状，而且在花色、姿态、生长势、抗逆性等方面超越其亲本，从而获得某些优良性状都符合要求的新品种。根据黄国振等人观察，一般荷花花色的遗传特征，红色为显性，白色为隐性；而花型的遗传特征，单瓣为显性，重瓣为隐性。如用单瓣白色花品种与重瓣红色花品种进行杂交，其 Fl 代的个体表现为单瓣红花。经人工控制自交后，则可从 F2 代中分离出单瓣白花、单瓣红花和重瓣红花等各种类型，表现出其性状的多样性。20 世纪 60 年代，武汉东湖风景区选用‘古代莲’为母本，‘白千叶’为父本进行杂交，从 Fl 代中分离出单瓣淡粉白色花、复瓣粉红色及重瓣白色花（瓣尖红色，外瓣微绿色）。1981 年王其超、张行言又以‘红千叶’为母本、‘厦门碗莲’为父本进行杂交，培育出重瓣粉红色，中体形，兼具亲本优良性状的‘杏花春雨’品种。

在某些特定情况下，选用亲缘关系较远或地理上远距离的不同种及属间植物进行杂交，常称之为远缘杂交。莲属（*Nelumbo*）植物中的中国莲（*N. nucifera*）和美洲黄莲（*N. lutea*）之间就存在着地理上的隔离，但生殖上不存在障碍。通过两者的远缘杂交所获得的杂种后代，却优于亲本性状，使双亲的花色得到了互补，从而提高了荷花品种的观赏价值，如‘三色莲’就是以中国莲‘红千叶’品种为母本，美洲黄连为父本进行远缘杂交，而获得的种间杂种。其特点是花朵硕大（花径 28.1cm），半重瓣，花瓣的中上部分呈红色，中下部分为粉红色，且渐趋黄色，保持着双亲的优良性状。中国荷花研究中心选育出复瓣，淡黄色的新品种‘黄鹂’，也是用‘锦边莲’为母本，美洲黄莲为父本所获得的。丹麦遗传学家约翰逊创立的纯系学说，是遗传学和育种学中的重要理论。通过连续近亲自交或繁殖所获得的纯合品系称之为纯系育种。由于荷花在自花授粉的情况下，产生的后代均分离出不同性状的个体，却很难得到纯系品种，但通过多代的自交与定向选择，可获得所需要的纯系。如‘满江红’品种就是从‘红碗莲’中连续自交选出的；‘小碧台’也是由‘白孩莲’自交所产生的新品种。1985 年，中国科学院武汉植物研究所黄国振研究员在美国加利福尼亚州 Modesto 市太平洋企业公司莲园，利用‘三色莲’自交，获得纯系品种‘友谊牡丹莲’。

2. 突变育种

自发突变产生的新花色突变体是选育新花色品种的重要遗传资源。如在二倍体的白花仙客来自交系中出现了黄花突变体，有望培育深黄色仙客来。在辐射诱变上，单个色素合成酶基因的突变即可产生新的花色。如 Banerji 等用 1.5、2.0、2.5Krad γ 射线照射‘Anupam’菊花的生根插条，M1 出现了花色突变的嵌合体，从中分离出了 3 个花色突变体。Venkat-achalam 等在 γ 射线照射的橙粉色百日菊 M_2 中，出现了洋红、黄、红、红底白点等花色突变体，而与照射剂量无关，并在 M3、M4 中稳定传递。据联合国粮农组织和国际原子能机构的统计，1977～1980 年全世界辐射成功的植物 215 种，其中花卉 128 种，占 59.5%。截至 1988 年 12 月，全球已育成了 30 种观赏植物的突变品种 379 个，其中以菊花最多（162 个），其他依次为大丽菊、月季、秋海棠、六出花、香石竹、杜鹃花等。

中科院遗传所从 1996 年卫星搭载的 20 种花卉种子后代中获得了一些有益性状突变：花朵大、花期长、分枝多且矮化的一串红；花期延长的三色董和万寿菊；植株高大、花期长的醉蝶；花色相间、一株上长出不同颜色花朵的矮牵牛；花朵变大的八月菊、小丽菊和黑心菊等。

3. 基因工程育种

（1）花色改良

自然界花色种类繁多，但一些重要花卉的色彩不全，如月季、郁金香、康乃馨缺少蓝色和紫色；非洲紫罗兰、仙客来、天竺葵、矮牵牛缺少纯黄色；鸢尾、紫罗兰等缺少红色和砖红色，这些是运用传统杂交育种方法无法解决的问题。花的颜色是复合性状，目前已经掌握了花色素形成代谢的基本过程，克隆了合成过程中的部分基因，如类黄酮生物合成的主要基因 PAL、CHS、DFR 等（图 11-3）；类胡萝卜素生物合成的主要基因 GGPS、PSY、PDS 和 ZDS 等；以及一些影响色素合成的调节基因 Pl、VPI 基因（来自玉米）、An2、An4（来自矮牵牛）、Del（来自金鱼草）等。

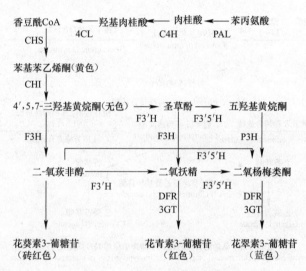

图 11-3　花色素生物合成过程示意图

PAL：苯丙氨酸脱氨酶；C4H：肉桂酸羧化酶；CHS：苯基苯乙烯合成酶；
F3′H：类黄酮 3′羟化酶；DFR：二氢黄酮醇 4-还原酶

通过基因工程方法改变花色已有很多成功的事例，世界上首例花色转基因植株的报道是在 1987 年，Meyer 等将玉米的 DFR 基因转入开白色花的矮牵牛中，获得了开砖红色花的矮牵牛植株。世界上第一朵真正的蓝色月季也是通过基因工程法实现的，在产生蓝色月季的过程中，日本三得利公司首先利用 RNAi 技术关闭了产生红色和橙色色素的 DFR 基因，然后从三色紫罗兰中克隆了一个雀翠素基因，打开了产生蓝色月季的门，最后从鸢尾花中分离 DFR 基因转入月季，就获得了蓝色月季（图 11-4）。目前，已获得改变花色的转基因花卉植物有：矮牵牛、菊花、非洲菊、康乃馨、草原龙胆、百合、郁金香、玫瑰、蝴蝶草等。

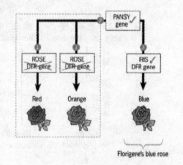

图 11-4　日本三得利公司蓝色
月季产生示意图

（2）花型基因

通过转基因改变花型也有成功的例子，如将矮牵牛同源异型基因 fbp2 导入烟草，使烟草花型改变，在雄蕊上产生了花瓣；Pellegrineshi 等将野生型 Ri 质粒转入柠檬大竺葵，获得了节间缩短、分枝和叶片增加、植株形态优美的天竺葵新品种；Souq 等用 rolC 基因对玫瑰品种'Madame'进行转化，得到的转基因植株株形矮化、叶片起皱，茎基部长出很多侧枝。法国与德国合作将某种基因导入蔷薇和菊花，使其枝数增加，花数大幅度提高，增加了切花数量。

（3）香味基因

多年来植物花香方面的研究主要集中在对花香成分的鉴定上，已从 60 个科植物中鉴定出超过 700 种花香物质，大多数的花香物质属于三大类，即萜烯类化合物、苯丙酸类化合物/苯环型化合物和脂肪酸衍生物，目前主要研究的是前两类物质，这三大类物质分别起源于甲羟戊酸-非甲羟戊酸途径、莽草酸途径和丙二酸途径（图 11-5）。

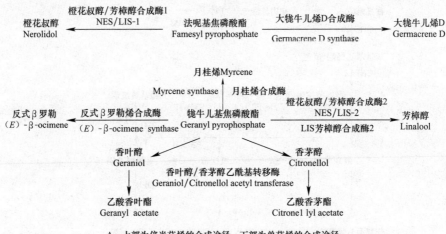

A：上部为倍半萜烯的合成途径，下部为单萜烯的合成途径
A：The biosynthesis of sequiterpenes（top）and the biosynthesis of monoterpenes（bottom）

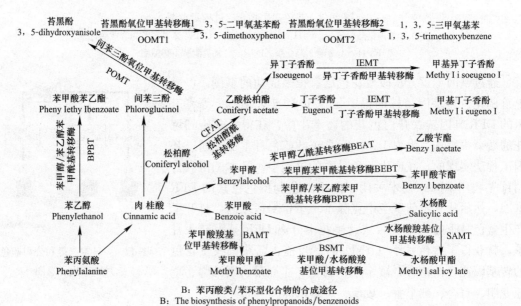

B：苯丙酸类/苯环型化合物的合成途径
B：The biosynthesis of phenylpropanoids/benzenoids

图 11-5　花香挥发物的生物合成途径

因芳香物质的种类多、合成过程复杂，香味基因工程育种较为缓慢，近期人们对花香的研究主要集中于单萜的合成过程。*Lis* 基因可编码 S-芳樟醇（S-linalool）合成酶，该酶可将牻牛儿焦磷酸（GPP）（类萜合成的共同成分）转化成 S-芳樟醇，因此，这一基因对培育带有新型香味的转基因花卉具有潜在价值。法国研究人员利用野生型发根农杆菌转化柠檬天竺葵（*Pelargonium hortorum*），发现转化植株中的芳香物质牻牛儿醇含量比对照株增加了 3～4 倍，其他芳香物质如萜烯醇和桉树脑在转化株中也有很大增加，这一研究为花卉香味的遗传操作提供了一条途径。

本章小结

本章主要介绍了园艺植物品质育种的基本内容，包括品质的内容及测定、评价方法；重要园艺植物品质性状的遗传规律及品质育种方法和进展。

思考题

1. 请叙述园艺植物品质的属性及品质育种的重要性。
2. 以大白菜为例，说明蔬菜主要品质性状的遗传规律。
3. 查阅资料和文献，你能说明三得利公司是怎样获得蓝色的玫瑰的吗？
4. 以苹果为例，先说明国光、富士、元帅系苹果的优缺点，并设计一育种途径解决上述品种的品质问题。
5. 你能通过资料说明我国重要花卉的品质改良进展及趋势吗？

参考文献

[1] 杨振英，康国栋，王强等. 黄色苹果新品种'华月'[J]. 园艺学报，2010，37（11）：1877-1878.
[2] 王振亮，韩会智，刘孟军. 优质抗裂无核枣新品种'新星'[J]. 园艺学报，2010，37（5）：851-852.
[3] 侯喜林主编. 园艺作物育种学 [EB/OL]. 精品课程网站.
[4] 高莉敏，陈运起. 我国蔬菜营养品质育种研究进展 [J]. 山东农业科学，2006，5：109-111.
[5] 于占东，何启伟，王翠花. 大白菜主要营养品质性状的遗传效应研究 [J]. 园艺学报，2005，32（2）：244-248.
[6] 王健，满珠. 三色堇主要观赏数量性状的遗传效应研究 [J]. 园艺学报，2007，34（2）：449-454.
[7] Katsumoto Y., Fukuchi-Mizutani M., Fukui Y. Engineering of the Rose Flavonoid Biosynthetic Pathway Successfully Generated Blue-Hued Flowers Accumulating Delphinidin [J]. Plant Cell Physiol，2007，48（11）：1589-1600.
[8] 李美茹，李洪清等. 影响蓝色花着色的因素 [J]. 植物生理学通讯，2003，39（2）：51-56.

第十二章　新品种审定与良种繁育

育成的新品种经品种审定合格方能推广应用于生产；品种育成者经申请并被授权后能获得权益保护；而良种繁育是优良品种在推广应用于生产过程中，迅速扩大其种苗数量和提高种苗质量的重要环节。

第一节　品种审定与推广

品种审定（Cultivar registration）指新品系或引进品种在完成品种试验（包括区域试验和生产试验）程序后，省级或国家农作物品种审定委员会根据试验结果，审定其能否推广，能推广的审定其推广范围。在园艺植物中，蔬菜最先实行品种审定制度，果树植物也初步实施，观赏植物因种类繁多，近年来才开始试行。

品种推广（Cultivar popularization）是指在品种试验和品种审定的基础上，因地制宜地为生产提供优良品种的优质种子的过程。

一、我国现行的品种审定组织体制和程序

（一）品种审定的组织体制

中国现阶段品种审定由国家和省两级机构，即农业部设立国家农作物品种审定委员会，负责国家级农作物品种审定工作；省级农业行政主管部门设立省级农作物品种审定委员会，负责省级农作物品种审定工作。全国品种审定委员会下设包括蔬菜、果树等各作物专业品种审定委员会，省级品种审定委员会下设各作物专业组。

品种审定机构的主要工作任务是：①领导和组织品种的区域试验、生产试验；②对报审品种进行全面审查，并作出能否推广和在什么范围内推广的决定，保证通过审定的新品种在生产上能起较大作用；③贯彻《中华人民共和国种子管理条例》，对良种繁育和推广工作提出意见。

（二）品种审定的程序

1. 申请

国家或省级审定的主要农作物：水稻、小麦、玉米、棉花、大豆、油菜、马铃薯等7种。

审定品种条件：①人工选育或发现并经过改良；②与现有品种有明显区别；③遗传性状相对稳定；④形态特征和生物学特性一致；⑤具有适当的名称。

申请书内容：①申请者名称、地址、邮政编码、联系人、电话号码、传真、国籍；②品种选育单位或个人；③作物种类和品种暂定名称；④建议的试验区域和栽培要点；⑤品种选育报告，包括亲本组合以及杂交种的亲本血缘、选育方法、世代和特性描述；⑥品种（含杂交种亲本）特征描述以及标准图片，转基因品种还应提供农业转基因生物安全证书。

2. 受理

品种审定委员会收到申请书2个月内作出受理或不予受理的决定，并通知申请者。

3. 品种试验

区域试验和生产试验。转基因品种的试验应在农业转基因生物安全证书确定的安全种植区域内安排。

区域试验：在同一生态区不少于 5 个试验点，重复不少于 3 次，时间不少于 2 个生产周期。应对品种丰产性、适应性、抗逆性和品质等农艺性状进行鉴定。

生产试验：在同一生态区不少于 5 个试验点，1 个点的种植面积不少于 $300m^2$，不大于 $3000 m^2$，时间为 1 个生产周期。在接近大田生产条件下，对品种的丰产性、适应性、抗逆性等进一步验证，同时总结配套栽培技术。

抗逆性鉴定、品质检测结果以品种审定委员会指定的测试机构的结果为准。

4. 审定

完成试验程序的品种，汇总结果，提交品种审定委员会专业委员会初审，后将初审意见及推荐种植区域意见提交主任委员会审核，同意的通过审定。

5. 公告

审定通过的品种，由品种审定委员会编号、颁发证书，同级农业行政主管部门公告。

二、转基因品种的安全管理

国务院于 2001 年 5 月 23 日颁布了《农业转基因生物安全管理条例》，并从颁布之日起施行。农业部于 2002 年 1 月 5 日发布了《农业转基因生物安全评价管理办法》、《农业转基因生物进口安全管理办法》和《农业转基因生物标识管理办法》三个配套规章，自 2002 年 3 月 20 日起施行。

农业转基因生物利用基因工程技术改变基因组构成，用于农业生产或农产品加工的动植物、微生物及其产品。安全评价按植物、动物、微生物三个类别，以科学检测为依据，以个案审查为原则，实行分级分阶段管理。分级是指按照对人类、动植物、微生物和生态环境的危险程度，将农业转基因生物分为四个等级：Ⅰ：尚不存在危险；Ⅱ：具有低度危险；Ⅲ：具有中度危险；Ⅳ：具有高度危险。分阶段是指农业转基因生物试验，要经过中间试验、环境释放和生产性试验三个阶段。

申请时提供的材料：①安全评价申报书；②农业转基因生物安全等级和确定安全等级依据；③农业部委托的农业转基因生物技术检测机构出具的检测报告；④中间试验、环境释放和生产性试验阶段的试验总结报告；⑤其他有关材料。

安全评价和安全等级的确定步骤：①确定受体生物的安全等级；②确定基因操作对受体生物安全等级影响的类型；③确定转基因生物的安全等级；④确定生产、加工活动对转基因生物安全性的影响；⑤确定转基因产品的安全等级。

受体生物分为四个安全等级：

1. 符合下列条件之一的受体生物应当确定为安全等级Ⅰ：

①对人类健康和生态环境未曾发生过不利影响；②演化成有害生物的可能性极小；③用于特殊研究的短存活期受体生物，实验结束后在自然环境中存活的可能性极小。

2. 对人类健康和生态环境可能产生低度危险，但是通过采取安全控制措施完全可以避免其危险的受体生物，为安全等级Ⅱ。

3. 对人类健康和生态环境可能产生中度危险，但是通过采取安全控制措施，基本上可以避免其危险的受体生物，应当确定为安全等级Ⅲ。

4. 对人类健康和生态环境可能产生高度危险，而且在封闭设施之外尚无适当的安全控制措施避免其发生危险的受体生物，应当确定为安全等级Ⅳ。

①可能与其他生物发生高频率遗传物质交换的有害生物；②尚无有效技术防止其本身或其产物逃逸、扩散的有害生物；③尚无有效技术保证其逃逸后，在对人类健康和生态环境产生不利影响前，将其捕获或消灭的有害生物。

基因操作对受体生物安全等级影响的三种类型：①增加受体生物安全性的基因操作，包括：去除某个（些）已知具有危险的基因或抑制某个（些）已知具有危险的基因表达的基因操作。②不影响受体生物安全性的基因操作，如改变受体生物的表型或基因型而对人类健康和生态环境没有影响的基因操作；改变受体生物的表型或基因型对人类健康和生态环境没有不利影响的基因操作。③降低受体生物安全性的基因操作，改变受体生物的表型或基因型，并可能对人类健康或生态环境产生不利影响的基因操作；改变受体生物的表型或基因型，但不能确定对人类健康或生态环境影响的基因操作。确定转基因生物的安全等级（表12-1）。

农业转基因生物安全等级的确定   表 12-1

受体生物安全等级	基因操作对受体生物安全等级的影响类型		
	类型Ⅰ	Ⅱ	Ⅲ
Ⅰ	Ⅰ	Ⅰ	Ⅰ 或Ⅱ或Ⅲ
Ⅱ	Ⅰ 或Ⅱ	Ⅱ	Ⅱ或Ⅲ或Ⅳ
Ⅲ	Ⅰ 或Ⅱ或Ⅲ	Ⅲ	Ⅲ或Ⅳ
Ⅳ	Ⅰ 或Ⅱ或Ⅲ或Ⅳ	Ⅳ	Ⅳ

注：表中农业转基因生物安全等级Ⅰ、Ⅱ、Ⅲ和Ⅳ，分级标准与受体生物的分级标准相同。

三、品种推广

（一）品种推广的方法与技巧

1. 树立品牌，赠送种子种苗

面对多如牛毛、眼花缭乱以及各种同种异名、异种同名的蔬菜品种种子或种苗，农民群众往往无所适从，不知怎样去选择。而建立品牌、宣传品牌、维护品牌，使品牌形象植根在农户心里，则是新品种推广行之有效的方法之一。当农民群众看到这一品牌的品种种子，就象征着高产优质，当这个品牌推出某一（些）新品种，自然会很快为农民群众所接受，并乐于使用。农户种植了这一（些）高产优质的品种，取得良好的收益，反过来会强化该品牌在农户心中的地位，起到义务宣传员作用，形成滚雪球效应，促使蔬菜新品种迅速推广，并占领市场。如目前国内著名蔬菜种子品牌"津研"黄瓜、"湘研"辣椒、"京欣"西瓜等。

新品种的特征特性、栽培技术以及相应蔬菜产品在市场上的接受程度，农户在不熟悉、没把握、心中没底的情况下，往往不敢也不愿种植，这就是农户对新品种、新技术认知和接受能力差的表现。实践证明，免费赠送新品种种子，让各地农户广泛试种，是解决这一问题的好方法。因为是免费赠送，农户乐于小面积试种，只要少数农户试种成功，并继续扩大种植面积，新品种就会被越来越多的农户认知和接受，并迅速得到推广应用。赠送种子时要注意，每份种子的量应控制在能够种植 30m² 面积，种子量太多费用高，太少起不到试种作用，只要是该品种的适应地区都可以赠送。赠送种子可以通过各级经销商的销售渠道交给基层经销商实施，最后由基层经销商交给农户试种。

2. 树立典型，示范比较

典型的力量是无穷的，农民也是最现实的，要让因种植蔬菜新品种而取得良好收益的农户现身说法，将活生生的事例摆在农民群众面前，是最好的宣传。在该品种适应地区，与当地农技推广部门合作，列入当地推广品种名录，利用政府平台推广新品种，是事半功倍的好方法。每省可以建立 3～5 个新品种示范户，提供种子、栽培技术等全方位服务。示范户将新品种的栽培技术和收益情况利用政府平台在当地广为宣传，以点带面，使得新品种能够在当地迅速推广应用。示范比较的目的，就是让经销商充分认识新品种，对应用前景充满信心，吸引尽可能多的经销商经销这一品种。示范比较地点应设立在该品种有一定栽培面积的地区，对照品种为国内外这一类型的主栽品种。在生长适期，召集各地经销商参加新品种推介会。在示范比较过程中要注意，新品种不是所有方面都能够超过现有品种，只是对现有品种的改进，所以在示范比较和宣传推广中要重点突出新品种不同于现有品种的优势和特点。

3. 广告宣传，分级营销

一种方法是广告宣传，如在相关媒体上打广告，在种子交易会等场合散发宣传册、宣传画等；另一种方法是在专业媒体上或网上发表该品种的选育报告、品种介绍、栽培技术、引种比较试验等学术技术文章。一般来说，推广部门和蔬菜种植大户对专业媒体关注程度高，经销商和一般农户比较关注广告宣传。两种宣传方法各有优缺点和关注群体，都可采用。再好的品种，没有各级经销商，特别是基层经销商的大力推销，农户也不可能买到，新品种也就无法推广应用。由于竞争激烈，蔬菜种子市场上同种类并可相互替代的品种很多，经销商的选择余地也很大，哪个品种好卖、哪个品种效益高，经销商就经销哪个品种。分级营销既可以合理分配各级经销商利益，调动他们销售的积极性，将蔬菜新品种迅速铺开，又可以规范市场，是比较好的销售方法。具体做法是：设立总经销商，将新品种的经营销售全权委托给总经销商，总经销商按照繁种成本，加上合理的繁种费用和给育种单位的分成，就是种子成本。销售价格减种子成本就是种子销售毛利。一般省级设立一级经销商，地市级设立二级经销商，区县级设立三级经销商。总经销商根据市场行情制定统一的终端（对农户的）销售价格，然后分别制定各级经销商的销售价格，原则是各级经销商都有合理的利润空间，并设立奖惩制度，规定各级经销商的销售区域，不得越界销售，不得打价格战。当各级经销商的利益趋同和一致时，就会极大地调动他们的积极性，并努力宣传、推广和销售该蔬菜新品种。在蔬菜新品种推广过程中，进行跟踪服务，要及时了解该品种在各地的表现，以及在栽培技术、推广、营销上存在的问题和不足。总结经验、分析原因、解决问题、克服不足，使蔬菜新品种推广顺利进行。

（二）品种区域化和良种的合理布局

1. 按照不同品种的特征特性及其适用范围，划定最适宜的推广地区，以充分发挥良种本身的增产潜力。

2. 根据本地自然栽培条件的特点，选用最适合的良种，以充分发挥当地自然资源的优势。

3. 品种区域化：根据品种区域试验结果和品种审定意见，使一定的品种在其相应的适应地区范围内推广的措施。

（三）良种必须合理搭配

1. 每个作物应有主次地搭配种植各具一定特点的几个良种，使之地尽其力，种尽其能。

2. 一个生产单位，同一作物一般搭配种植 2～3 个品种。

第二节　品种认证制度

种子认证是依据种子认证方案，由认证机构确认并通过颁发认证证书和认证标识来证明某一种子批符合相应的规定要求的活动。通过上述活动生产出来的种子称为认证种子。种子认证是种子质量监控的核心。

认证种子主要通过三方面的一系列活动来确认种子质量：一是通过对品种、种子田、种子来源、田间检验、清洁与不混杂管理、验证等一系列过程进行控制，确认种子的遗传质量（真实性和品种纯度）保持至育种家原先育出的状况和水平；二是监控种子扦样、标识和封缄行为符合认证方案规定的要求；三是通过种子检验室的检测，确认种子的物理质量（净度、发芽率等）符合国家标准或合同规定的要求。

一、种子质量认证工作的含义及重要性

国际上称"种子质量认证"即官方种子机构提出种子方案（包括田间检验、种子检样、种子检验和后期控制过程）。其重要性：

（1）种子质量认证有利于控制种子质量。多年来我国种子质量控制重点是放在产后种子检验上，只能解决净度、水分、发芽率等问题，若种子纯度达不到国家标准则无法通过种子处理解决。实际在种子质量事故中种子纯度问题影响最大。纯度检验需要一个生长季节，往往是当天得不到鉴定结果，一旦发现问题，为期已晚。这也是我国目前种子质量上不去的根本原因所在。按照种子质量认证办法，质量控制重点是放在种子生产、加工、贮藏等环节，通过对产前、产中、产后过程中严格控制种子纯度以达到保证种子质量的目的。这样则可解决我国种子检验的被动局面。

（2）种子质量认证工作有利于国际种子贸易活动。国际种子质量认证规则，主要是由经济合作与发展组织（OECD）制定的，该组织在世界上约有 50 多个成员国。它规定参与国际种子贸易活动的条件是：除蔬菜种子外，其余作物种子必须经过种子质量认证。因此，我国种子要走出国门，必须和国际上指定的种子生产办法接轨，这样才能被世界认同。实施和推行种子认证工作是我国种子产业化、现代化和国际化的必由之路。

二、我国种子认证的初况

结合国情，使我国种子产业与国际接轨。我国从 1996 年起，农业部在全国开展了种子认证试点工作，吸收了经济合作与发展组织、欧盟（EU）、北美官方种子认证机构（AOSCA）等国际上公认的种子认证机构的做法及国际种子检验协会（ISTA）和国际植物新品种保护联盟（UPOV）的规则，制订了中国种子认证的试验方案，选择湖南省慈利县、四川省什邡市种子公司作为杂交水稻种子认证；山西省晋中市、河北省平泉县种子公司为杂交玉米认证；安徽省合肥市种子公司为杂交西瓜种子认证首批试点单位。确定各认证试点单位所在部级种子质量监督检测中心和省种子质量检验站履行认证种子监督检验职

能。试点单位制定了认证品种的《质量管理手册》，将影响种子质量的各个环节落实在岗位责任制中，完善了质量管理制度，初步建立了质量认证体系。因此，一些省、市种子公司通过认证方法生产的作物种子质量大大提高，如山西省晋中市种子公司玉米杂株率为0.14％～0.26％；安徽省合肥市种子公司生产的3万kg西农八号西瓜种子质量达到《瓜菜作物种子 第1部分：瓜类》（GB 16715.1—2010）一级良种标准。我国现有11个省市的15家单位参与新一轮种子认证工作。我国种子认证工作在边借鉴、边运转、边总结、边完善的试点基础上，制定出控制和提高种子质量的措施和办法，为今后普及种子认证制度作了技术上的准备。

三、我国种子认证办法

我国种子质量认证是按照《中国农作物种子质量认证试点方案》进行的。其规定如下：

（1）认证品种和认证监测机构。

（2）认证的质量管理手册编写办法，其主要内容有亲本种子采购、生产过程控制、检验和计量设备控制、不合格品种的控制、纠正和预防措施、采收、运输、加工、包装和交付等。

（3）认证的基本程序：①认证品种必须通过国家或省级审定；核报认证种子生产面积和基地。②生产期间认证单位必须对全部种子田进行检验；认证监督机构在播种前和纯度调查关键时期分2～3次随机选取20％认证田块进行检查，并出具田间检验报告。③认证检测机构对上市的全部认证种子分批抽样进行纯度、净度、水分指标测检，出具检测报告。④认证机构根据监测机构上报结果核发认证种子标签。

四、其他国家的种子质量认证办法

下面仅就澳大利亚的种子质量认证工作予以介绍。

澳大利亚是经济合作与发展组织的成员国之一，该国种子认证工作主要分布在南澳，是种子主要出口区，这里生产的种子40％通过认证。一般认证的种子价格比非认证的种子价格高出几倍以上。该国种子认证方案依据经济合作与发展组织原则：

（1）认证种子必须具有三性（UPV），即特异性、稳定性和一致性。

（2）认证品种必须在官方发布的品种目录中。

（3）认证种子必须由基础种作繁殖材料（基础种子是由育种家种子生产的具有保持种性的种）。

（4）在认证过程中必须采取有效的控制纯度办法。企业或个人需要生产认证种子，首先向官方种子机构申请认证并报材料，但必须在有效检测日期之前。官方种子机构对认证田块进行检查，检查认证种子的原始材料和有无标签、前茬、是否带有检疫性病害、杂草等。认证种子以后必须精选、加工，但其数量要与官方认证田估产数相符。认证合格贴标签：基础种子为白色标签、一代杂交种为蓝色标签、二代种子为绿色标签。官方颁发证书后方可销售。

五、当前我国种子认证应解决的问题

1. 提高对认证工作重要性和必要性的认识

种子认证试验在我国已进行两年多时间，进展不快，目前国内种子行业对种子认证了解不多，包括一些参加认证试点的单位也不完全理解认证的重要意义，认为该项工作繁琐、试验过程中往往程序不到位，虽然制定了《质量管理手册》但实施不力，影响到认证效果。要使认证工作能在几年内迅速应用，首先必须加强国营种子公司对认证工作重要性的认识，加大宣传力度，宣传报道我国种子认证办法并积极推荐认证试点的成功经验。其次是各级农业主管部门对认证工作的高度重视和支持，将种子认证工作作为保证我国种子质量的关键措施加以推行，积极贯彻实施对主要农作物种子生产的认证制度。

2. 保证基础种子质量

目前，认证所用基础种子多来源于试点单位的自繁材料，为非育种家种子。因此，品种的特征、特性及种子纯度等是否符合要求无把握。所以，种子认证工作需要育种单位配合，育种家提供基础种子。

3. 制定种子田检办法

田间检验是种子认证的技术关键。至今我国种子田间检验尚无具体操作办法。如田间检验具体操作技术、田间检验各作物的淘汰则没有具体规定。当前认证的田检是凭经验行事，各地技术水平不一，则不同程度影响认证质量。必须尽快摸索、研究总结，制定出主要农作物种子亲本和杂一代田检办法。加强认证技术培训，培养一批具有资格证书的田检员。

4. 建立健全种子认证官方检验机构

种子认证与我国长期采用的种子生产办法的不同之处在于非认证种子生产、田检是由生产单位自行完成；认证种子生产、田检须有官方种子认证机构检验并自始至终严把种子技术质量关。因此，首要在全国建立官方种子认证机构，这样种子认证就有专职部门抓。目前，委托各省种子质检站代管，一方面认证质量受到影响，另一方面人力调度困难，制约认证工作的全面推行。

第三节　品种的混杂、退化及其防止

一、品种混杂退化的涵义和实质

品种退化（Cultivar degeneration）是指品种在产量和品质方面生产力降低或丧失的一种现象。

品种退化始于品种内个别植株，由于这些植株适应生物本身的生存发展，对自然选择有利，从而发展到整个品种，使其经济性状变劣，生产利用价值降低。

品种混杂（Cultivar complexity）是指品种里混有非本品种的个体（如具有选择上的优势，会迅速繁殖蔓延）。

一个新育成的品种，其群体内的基因频率和基因型频率达到相对稳定，群体处于遗传平衡状态。品种混杂退化的实质就是某些因素打破了群体的遗传平衡，导致品种纯度下降、性状变劣。

二、品种混杂退化的原因及防止措施

1. 机械混杂（Mechanical mixing）：种植过程中，另一群体的基因"迁入"到了本品种群体，导致本品种群体的基因频率发生变化。

防止机械混杂的办法：防杂保纯。

2. 自然杂交（Natural hybridization）：在种子生产田中某些植株与机械混杂进入的异品种株、本品种退化株或邻近种植的其他品种发生自然杂交后，"迁入"了新的基因，而且产生了新的基因型。特点：今年种子杂一粒，后年种子杂一片。

防止办法：采取合适的隔离措施。

3. 自然变异（Natural variation）：以单基因计算，一个世代的自然突变率大约为百万分之一（10^{-6}），因基因总数很多，整体看有相当的频率。特别是频发突变（以特有频率频频发生），又有选择上的优势，在大群体中不因抽样误差而消失，就会对群体基因型频率改变有效应。

4. 微效基因分离重组（Isolation and recombination of minor genes）：新育成品种在推广之初，本身在微效多基因上还存在着杂合性（剩余变异），由于它们的分离重组而引起品种混杂退化。

常异花授粉作物群体中个体间异质性和个体内杂合性，分离重组导致品种混杂退化速度更快。防止措施：在未稳定群体中选株自交纯合，增加个体的遗传稳定性；从自交株系中选株混合，建立优良整齐的基础群体，从中选择多个自交株系，混合繁殖。

5. 自然选择（Natural selection）：相对一致的品种群体中普遍含有不同的生物型，种子繁殖所在地的环境条件会对群体自然选择，选留了人们所不希望有的类型在群体中扩大，使品种原有特性丧失。当一个基因受自然选择作用时，它在子代中的频率就与在亲代中不同，从而引起基因型频率发生变化。

防止办法：减少自然选择，保持品种的遗传平衡状态，加强人工选择，保留利于人类的经济性状。

6. 不正确的人工选择（Uncorrect-artificial selection）：如玉米杂交种制种，应用纯合的亲本自交系；间苗定苗时，往往留大除小，留强去弱，拔除了基因型纯合的幼苗，留下杂苗，使自交系混杂退化。

防止办法：按原品种的典型性选择，不要单一性状选择；选留较多的个体，以免发生随机漂移；选择产量性状应兼顾几个有关的产量因素，标准应接近群体的平均值，或按众数选择。

7. 外界环境条件引起的表型变化：混杂退化是环境引起的表型变化。例如，病毒是引起马铃薯退化的主要原因，而病毒的发生又与媒介昆虫的传播和块茎形成时的温度有关。温度高时植株体内的病毒增殖快，植株的代谢活动也强，随着植株代谢活动的加快，病毒的扩散速度也快，在块茎中的积累也多，因而，马铃薯的退化加快。马铃薯病毒的传染媒介是蚜虫，在高纬度、高海拔地区无传媒生存，马铃薯不感染病毒。

本章小结

种子是作物生长的基础，良种是取得好收成的保证，一个材料要成为品种需要进行品种审定。良种繁育可加速种子的推广。目前，世界上广泛推行种子认证制度，促进种子推广。但多代过后种子会出现退化，有必要采取一些可靠的措施防止种子退化。

思考题

1. 名词解释：种子审定与良种繁育；种子认证。
2. 请简述品种审定的步骤。
3. 良种为什么会出现退化，试提出防止退化的方法。

参考文献

［1］ 全国农作物品种审定办法［S］.
［2］ 陈如明，杨旭红，陈红. 植物品种保护与品种审定［J］. 作物杂志，2005，2：55-57.
［3］ 殷长生. 规范品种审定工作推动种业快速发展［J］. 种子科技，2008，12：24-26.
［4］ 支巨振. 国际种子认证组织与种子质量认证［J］. 中国标准化，1997.
［5］ 李亚东. 实施科学管理 加速推进种子认证［J］. 中国种业，2009，7：22-24.

附：全国农作物品种审定办法

（农业部 1997 年 10 月 10 日发布）

一、总则

第一条 为科学、公正、及时地审定农作物品种（以下简称"品种"），发挥优良品种在农业生产中的作用，促进农业生产发展，根据《中华人民共和国种子管理条例》，特制定本办法。

第二条 国（境）外企业或个人在中国申请品种审定，应由具备中国法人资格的机构代理。

二、申报条件

第三条 具备下列条件之一的品种，可向全国农作物品种审定委员会（以下简称"全国品审会"）申报审定：

1. 主要遗传性状稳定一致，经连续两年以上（含两年，下同），国家农作物品种区域试验和一年以上生产试验（区域试验和生产试验可交叉进行），并达到审定标准的品种；2. 经两个以上省级农作物品种审定委员会审（认）定通过的品种；3. 国家未开展区域试验和生产试验的作物，有全国品审会授权单位进行的性状鉴定和两年以上的多点品种比较试验结果，经鉴定、试验单位推荐，具有一定应用价值或特用价值的品种。

三、申报材料

第四条 凡申请审定的品种，均应提交《全国农作物品种审定申请书》。《全国农作物品种审定申请书》包括以下内容：1. 申请单位（个人）名称；2. 育种单位（个人）名称；3. 作物种类、品种名称；4. 品种的选育过程（杂交种含亲本来源）；5. 品种标准，包括品种的特征特性、产量、品质和抗逆性等详细介绍；6. 品种特征标准图谱，如株、茎、根、叶、花、穗、果实等的照片（五寸彩色相片）；7. 适用范围及栽培技术要点；8. 保持品种种性和种子生产的技术要点（杂交种含亲本）。

第五条 符合第三条第 1 款第 1 项规定条件的品种，还应提交如下材料：

1. 区域试验和生产试验年度汇总报告（复印件）；

2. 区域试验、生产试验主持单位意见并签章；

3. 全国品审会指定单位出具的抗病（虫）性、抗逆性鉴定报告；

4. 全国品审会指定单位出具的品质分析报告；

5. 全国品审会认为有必要的其他相关材料。

第六条 符合第三条第 1 款第 2 项规定条件的品种，还应提交如下材料：

1. 省级农作物品种审定委员会的审（认）定合格证书及审（认）定意见（复印件）；

2. 全国品审会认为有必要的其他相关材料。

第七条 符合第三条第 1 款第 3 项规定条件的品种，还应提交如下材料：

1. 全国品审会授权单位进行的性状鉴定和两年以上多点品种比较试验总结报告；

2. 鉴定、试验单位推荐意见并签章；

3. 全国品审会认为有必要的其他相关材料。

四、申报程序

第八条　申报审定品种，按以下程序办理：

1. 申请者于每年 4 月 1 日前向全国品审会办公室报送申报材料，同时交纳审定费；

2. 全国品审会办公室对申报材料进行审核，对材料齐全的，提交相应的专业委员会审定；对材料不齐全的，通知申请者在规定时间内补报。

五、品种审定

第九条　各专业委员会每年至少召开一次审定会议，对申报审定的品种，必须在申报之日起一年内完成审定工作。

第十条　各专业委员会召开审定会议时，可根据需要要求申请者到会介绍品种，品种审定实行回避制度。

第十一条　各专业委员会召开审定会议的人数应达到通知到会委员及专家总人数（以下称"法定人数"）的 2/3 以上。审定会议对报审品种进行认真审议后，用无记名投票的方法进行表决，赞成票数超过法定人数 1/2 以上的品种，通过专业委员会审定。

第十二条　审定通过的品种，由专业委员会将审定意见提交全国品审会常务委员会审核。审核同意的，即通过国家审定。通过国家审定的品种，由农业部公告，全国品审会予以编号，颁发审定合格证书。编号代码为："国审"、"专业委员会简称"、"年号"、"审定序号"。如"国审稻 960001 号"。

第十三条　国家审定通过的品种，可在农业部公告的适宜种植区推广种植。

第十四条　国家审定未通过的品种由全国品审会办公室及时通知申请者，申请者如有异议，可在接到通知后一个月内申请复审。全国品审会可根据具体情况要求申请者提供有关材料或进一步安排试验，提请下次会议复审。复审未通过的，不得再次提出复审。

第十五条　审定通过的品种，在生产利用过程中如发现有不可克服的缺点，由专业委员会提出停止推广建议，经全国品审会常委会审核同意后，撤销其审定合格证书，并报农业部公布。

六、审定标准

第十六条　审定标准由专业委员会负责起草，全国品审会审核颁布。

七、试验管理

第十七条　品种试验包括区域试验、生产试验、品种比较试验及性状鉴定，品种试验应具有代表性和准确性。

第十八条　全国农业技术推广服务中心负责组织起草《国家级农作物品种 区域试验及生产试验管理办法》，由全国品审会审议颁布。

第十九条　全国农业技术推广服务中心具体管理国家级农作物品种区域试验和生产试验，根据各类作物特点会同各专业委员会制订试验方案，安排区域试验和生产试验，进行年度试验总结。试验方案和试验总结应送全国品审会办公室备案，同时将有关材料送相应的专业委员会委员。

第二十条　区域试验和生产试验完成后，由全国农业技术推广服务中心及时向育种者提供试验报告。

八、附则

第二十一条 《全国农作物品种审定申请书》由全国农作物品种审定委员会办公室统一负责印制。

第二十二条 本办法自农业部颁布之日起生效。原农业部 1989 年 12 月 26 日颁布的《全国农作物品种审定办法》（试行）同时废止。

第十三章　豆类蔬菜育种

豆类蔬菜是豆科（Leguminosae）蝶形花亚科一年生或二年生草本植物，以嫩荚或籽粒作为蔬菜食用的栽培种群。包括菜豆、多花菜豆、豇豆、菜用大豆、豌豆、蚕豆、小扁豆、扁豆、蔓生刀豆、四棱豆、木豆、黎豆、菜豆等十余种。含丰富的蛋白质、碳水化合物、脂肪、钙、磷和多种维生素，自古以来在农业和食物构成中占有重要地位，是具有作粮食、蔬菜、饲料、医药及肥料等多种用途的作物。对复杂气候的适应能力强，其固氮作用在农业上具有维持土壤肥力的价值，是其他非豆科作物间、套、轮作的良好材料。

第一节　豆类蔬菜种质资源

豆科为被子植物继菊科和兰科之后的第三大科，约有 650 属，18000 种，广布于全世界，包含丰富的经济作物、药用植物及饲料植物资源。中国产 172 属，约 1500 种，各省区均有分布。在人类所利用的植物中，豆科植物的重要性仅次于禾本科植物。

位于南美洲哥伦比亚的国际热带农业中心（International Centre for Tropical Agriculture，CIAT）是世界上最大的菜豆种质资源收集中心，迄今已从世界上 59 个国家和地区收集到 41000 多份菜豆属材料，其中普通菜豆 35500 多份，已扩繁可供发放的有 26500 多份，这些菜豆主要是食粒品种，只有 2.53% 为食荚菜豆。CIAT 对这些资源进行了适应性、抗病性、抗虫性、抗旱性、耐酸性、固氮能力及耐低磷性的研究和评价，为育种提供亲本材料。保存菜豆种质资源较多的国家还有美国 12246 份、澳大利亚 29070 份，比利时 Gemblou 农学院也保存了数千份菜豆种质资源和许多重要的野生材料。我国拥有十分丰富的菜豆种质资源，至 1995 年年底，入库保存的食荚菜豆资源 3244 份，居各种蔬菜入库保存种质资源数目之首。

目前，全世界从 28 个国家搜集的豇豆资源在 27530 份以上，评价鉴定的性状有 50 个。设在尼日利亚伊巴丹的国际热带农业研究所（IITA）是主要的收集保存中心，从收集到的 13270 份豇豆材料中整理保存了栽培豇豆 11800 份，野生豇豆 200 份（王素，1989）。IITA 收集、鉴定和保存的豇豆资源中，形态学上的多样性很显著，这种多样性为抗多种主要病害和虫害的抗性育种提供了抗源，并已导入到有其他优点的育成品种中。我国目前已收集到豇豆资源 2000 多份，其中长豇豆 1000 多份。

据国际植物遗传资源委员会（IBPGR）1989 年统计，世界各国共保存豌豆资源 34000 份，野生资源 123 份，其中美国 4100 多份，意大利 4600 多份，叙利亚 3000 多份，德国 2690 份。我国是豌豆资源较丰富的国家，到 1990 年年底，经初步鉴定编目的豌豆资源有 2616 份（多数为粒用型），其中国内资源 2332 份，国外引进资源 284 份。

我国是大豆、小豆、饭豆、绿豆和黎豆起源地，栽培历史悠久，种质资源十分丰富。菜豆起源于中南美洲，公元前 7000 多年在墨西哥和秘鲁已有栽培。16 世纪初传入欧洲，中国自明朝后期曾多次引种，随后在我国各地广泛传播栽培，成为次级起源中心。

豇豆起源于非洲热带地区，约在汉、晋时期传入中国。最早见于记载的是三国魏时期张楫所撰的《广雅》，在明朝时期已广泛栽培。中国是豇豆的次生起源中心之一，长豇豆的多样性类型是在这里变异形成的，目前还分布有野生豇豆（*Vigna vaxillata* L.），其根可食用，植株可用作饲料。

豆类独特的营养特点及保健作用引起了人们越来越广泛的关注，使其逐渐成为世界各国研究利用的热点。近几年来，我国在食用豆类的品种资源收集、整理及育种方面的研究有了长足的进展，但跟其他主要园艺作物相比，其研究水平总体上还较低，现代生物技术应用不够，缺乏在国际市场上有竞争力的品种。

第二节 主要性状遗传

国内外关于豆类主要性状遗传的研究报道较多，有些研究结果存在一定的差异。在国内，近年来豇豆主要农艺性状遗传效应研究较为深入，这些结果为新品种选育打下了良好的基础。

一、产量性状

产量性状是典型的数量性状，豆类蔬菜的产量由单位面积株数、每株花序数、每花序结荚数和单荚重组成，单荚重与荚长、荚粗及种子数有关。产量与结荚数呈极显著正相关，注重增加单株结荚数目是提高产量的关键因素。

由于产量性状是受多因素影响的复杂性状，单独考虑某个性状进行产量选择，难以得到理想的选择效果。应用多因素构成的指数选择法，可提高对产量的选择效果。薛珠政等（2003 年）对长豇豆的研究表明，单荚重（x_1）、单株结荚数（x_2）和单叶重（x_7）是影响产量的主要因素，3 个因素对产量（y）的多元回归方程 $y=-152.827+10.701x_1+14.108x_2+0.441x_7$（$r=0.963$）。叶志彪等（1987）的研究结果表明，在豇豆上，以每株花序数（x_2）、每花序荚数（x_3）、荚重（x_4）及荚长（x_6）四个性状单因素或双因素构成的选择指数式进行选择，效果均差。以 $10.364x_2+106.995x_3+9.7618x_4$ 和 $7.7592x_2+105.84x_3+1.1351x_6$ 两个三因素构成的选择指数式进行选择，效果分别达直接选择鲜荚产量（x_1）的 100.26％和 93.65％。选用更多的选择指标，并不能大幅度地提高选择效果。

长豇豆开花天数、嫩荚产量、结荚数、单荚重、每株花穗数、每花穗荚数、荚长、节间长、荚横径、小区产量、始花期、分枝数等，其广义遗传力分别为 97.4％、94.5％、86.4％、62.18％、67.26％、60.03％、89.42％、53.89％、50.0％、81.17％、74.55％、27.16％，这表明产量及多数产量性状的遗传力较高，可在较早世代进行选择（王素等，1986 年；叶志彪等，1987 年；肖杰等，2004 年）。

豆类的早熟、优质、丰产、抗逆等性状都具有明显的杂种优势，但生产上还没有找到简单的杂交制种技术，对于多数豆类作物，杂种优势还难以直接利用。

二、抗病性

豆类是病害发生较重的作物，但不同种类及不同地区，病害流行及严重程度不同。

（1）豇豆

豇豆对几个主要病害的抗性多受简单基因控制，采用杂交或回交方法转育都能得到较好效果（张渭章等，1992 年）。

锈病（*Uromyces vignae Barclay*）是生产上普遍发生的一种病害，长豇豆对锈病抗性表现为显性遗传，受单个显性基因控制（杨连勇等，2008 年）。在杂交育种中应选择抗锈病强的材料作亲本，从早世代开始选育。据 Fery（1985 年）等的研究，豇豆对煤霉病（*Cerospora vignae*）的抗性受 Cls-1 和 cls-2 两对基因控制，Cls-1 为完全显性基因，抗性稳定，cls-2 为不完全显性基因，抗性在不同环境条件下略有差异。对炭疽病（*Colletotrichum lindemuthianum*）的抗性受显性或隐性单基因控制。对豇豆疫病（*Phytophthora vignae*）（俗称"死藤"）的抗性受一对显性基因控制。

Taiwo 等（1981 年）报道，豇豆对黑眼豇豆花叶病毒（BICMV）的抗性受 bcm 一对隐性基因控制。Patel（1982 年）研究了抗豇豆花叶病毒（CPMV）的遗传，发现抗病性受 mvs 一对隐性基因控制。另一基因位点 Mvn 控制对 CPMV 的坏死性敏感型抗性，它对 mvs 表现为下位性，对显性感病基因 Mvs 表现为上位性。根据资源，豇豆对菜豆黄病毒（BYMV）、失绿斑驳病毒（CCMV）、黄瓜花叶病毒（CMV）的抗性也是受显性或隐性单基因控制（张渭章等，1992 年）。

（2）菜豆

菜豆对锈病（*Uromyces phaseoli*）抗性为显性，抗病与不抗病亲本杂交，F1 代表现抗病，F2 代抗病与感病按 3∶1 比例分离，有的组合 F2 代抗病与感病的按 15∶1 或 63∶1 分离，其抗病性是受 1 对、2 对或 3 对基因控制（岳彬，1992 年）。李梅（2008 年）对 5 组菜豆抗炭疽病（*Colletotrichum lindemuthianum*）育种抗源品种与感病且园艺性状优良的品种及其杂交后代，进行苗期接种抗性鉴定，结果显示各组合 F2 代抗病株与感病株分离比例均为 3∶1，符合孟德尔的遗传法则，即菜豆炭疽病抗病性是受一对显性基因控制的。

菜豆对菜豆黄花叶病毒的抗性遗传，因所用材料不同得出不同的结论，抗病性是由不同基因控制。

抗菜豆普通花叶病毒（BCMV）方面，美国的‘Corbett Reffagee’品种带有一个显性抗病基因，品种‘Robust’和‘Great NU$_1$’各带一个隐性基因，抗病性是显性和隐性基因互作的结果（李长松等，1995 年）。

一般来讲，矮生菜生长期短，较抗锈病；而蔓生种品质好，较抗炭疽病。利用矮生种和蔓生种进行杂交育种，具有很大的实际意义。它们亲缘关系较远，杂种后代变异幅度大，杂种后代出现新类型的机率也高。

在豌豆上，Vaid 等（1997 年）在人工控制条件下用白粉病（*Erysiphe polygoni*）的 5 个隔离种群分别接种到 9 个抗病品种和 1 个感病品种豌豆材料上，结果表明抗性基因为隐性单基因。

三、生长习性

豇豆和菜豆植株都可分为蔓生型和矮生型，高矮差异悬殊，高的可达 3m 以上，而有的只 20cm 左右。陈禅友等（2002 年）用矮生的美国地豆和蔓生的之豇 14 杂交，对生长习性进行遗传分析，其 F1 代为蔓生，F2 代蔓生、半蔓生与矮生的分离比率符合 12∶3∶1 的规律，而且正反交的结果一致，由此可得出，生长习性是由 2 对基因控制，且蔓生对矮生表现出显性上位性。但也有人认为豇豆蔓性由 1 对显性基因或 3 对基因控制。

研究资料表明，菜豆的高与矮受一对主基因控制，其中蔓性为显性，杂种二代的性状分离符合 3：1，但 F2 代蔓生型株高表现连续变异，出现 0.6～3.0m 范围内的各种高度植株，说明菜豆株高性状除受一主基因控制外，还有许多微效基因在起作用（岳彬，1988年；杨文川，1989 年）。

在豌豆上，半无叶型（除托叶外所有叶片突变成卷须）属于单基因质量性状遗传，F2单株分离符合 3：1 的比例，普通型为显性性状，半无叶型为隐性性状，af（小叶突变基因）与 i（子叶颜色基因）表现连锁，位于 1 号染色体上，交换值为 5.72%（王凤宝等，2003 年）。半无叶型豌豆卷须发达，在植株间相互缠绕，显著地增强抗倒伏能力，创造了抗倒伏育种的新途径，产量和遗传稳定性都令人满意。由于小叶突变成卷须，群体通风透光好，适于密植，栽培、管理、收获都更加方便，显著提高了单位面积产量，是豌豆育种的理想株形。

四、熟性

豇豆的早花性受 2 对重复显性基因控制，并受一些微效基因修饰，早熟性遗传的基因加性效应和显性效应均达显著，早熟亲本趋向于携带较多的隐性基因（杨连勇等，2008年）。从杂交试验研究发现，熟性受母本影响较大，早熟品种作母本时 F1 表现早熟超亲，晚熟品种作母本时，F1 表现中间偏早的不完全显性。故在早熟性杂交育种时，应选择早熟品种作母本。有不少学者研究过早熟性遗传力，结果存在差异。但不同研究都表明，豇豆播种至开化天数与鲜荚产量之间存在明显的负相关。

关于菜豆熟性遗传，研究较少，而且结果不一致，有的认为早花受单基因控制，有的认为是数量性状遗传。

第三节　豆类蔬菜育种目标

豆类育种的总目标是高产、稳产、高效，抗病、抗逆，具有优良的商业品质和营养品质，不同熟期配套。随着反季节和设施栽培技术的发展，以及加工的深入，培育适应设施栽培和适合深加工的品种也逐渐成为一个重要目标。

一、丰产性

高产是优良品种最基本的特性，也是豆类作物的主要育种目标之一。豆类产量是多种性状的综合反映，单位面积产量是单位面积的株数和在该密度下单株的平均产量的乘积，单株产量则取决于单株花序数、每序花数、结荚率、单荚重，其中以每花序荚数和荚重对单株产量影响最大。我国栽培的普通菜豆、多花菜豆、豇豆以蔓生型为主，开花多，落花也多，结荚率成了决定产量的首要因素。这些产量构成性状受株形、叶量、光合效率以及对环境条件的适应性和抗病等因素制约，因此，丰产性品种需要具备抗病性、抗逆性强、结荚率高、单荚重等性状。

二、优质性

主要食用幼嫩鲜荚的菜豆、豇豆，商品品质一般要求豆荚匀直、肉厚、质嫩、鲜荚皮无革质层、纤维少、不易老化，鲜籽粒皮薄、可溶性糖含量高。对于菜豆，豆荚棍状、绿色、无筋的品种更受欢迎。

菜用豌豆品种，要求干籽粒时绿皮绿心、种脐浅色、皱缩，鲜荚皮无革质层，鲜籽粒皮薄、翠绿，高蛋白、高淀粉、高可溶性糖含量。

加工品种要求荚条匀直、成熟度适宜、含水量适中、色泽鲜艳、清脆可口。速冻加工品种还要求在低温下嫩荚不易变色。

粒用干菜豆、干豇豆品种，要求大粒或中粒、薄皮、浅色种脐、易煮易烂，以及蛋白质含量高。

三、抗病性

（1）豇豆

主要病害有锈病、煤霉病、叶斑病（*Cercospora cruenta*）、根腐病（*Rhizotonia spp.*）、黑眼豇豆花叶病和黄瓜花叶病毒等。曾永三等（1999 年）对 21 份豇豆品种进行了苗期抗锈病鉴定，从中筛选出免疫材料 1 份，高抗 2 份。曹如槐等（1991 年）采用人工接种与自然感染相结合的方法，对 502 份豇豆种质资源进行了抗锈病鉴定，筛选出高度抗病材料 1 份，抗病材料 7 份，中度抗病材料 6 份。在我国，南北方各豇豆产区都开展了抗病毒病种质的筛选，余舰斌等（1997 年）通过人工接种，对 1028 份豇豆品种材料作了抗病性鉴定，筛选出对 BICMV 高抗品种 5 份，抗病品种 18 份，耐病品种 119 份。其中，短豇豆、米儿豇、德州紫皮豆角等高抗品种都可直接用于生产，也可作抗病育种亲本。

（2）菜豆

我国菜豆真菌性病原有 22 属 36 种，炭疽病、锈病和枯萎病是生产中的重要真菌病害。已报道侵染菜豆的病毒有 11 种，主要为黄瓜花叶病毒、菜豆普通花叶病毒、菜豆黄花叶病毒等。主要的细菌病害为普通细菌性疫病和晕疫病。这些病害均直接影响菜豆的产量和品质。

国际热带农业中心已对 2 万余份菜豆属资源进行了系统的抗炭疽病、角斑病、菜豆普通花叶病、普通细菌疫病、锈病、菜豆金色花叶病、菜豆重花叶病鉴定，并利用抗病资源培育出了一系列农艺性状和抗病性皆优的菜豆品种。我国自 1986 年以后，系统开展了菜豆资源抗病性鉴定与评价。通过人工接种，分别评价了我国主要菜豆种质资源对炭疽病、锈病、枯萎病和角斑病的抗性，从中获得了一批抗病材料，是今后抗病育种和生产利用的重要基础。如王坤等（2008 年）对来自我国 8 个省（市）的 15 个菜豆炭疽菌分离物进行生理小种鉴定，鉴别出 5 个菜豆炭疽菌生理小种，其中 81 号小种是中国的优势小种。用 81 号小种对 181 份菜豆进行抗性鉴定，发现高抗材料 2 份，抗病材料 43 份，高感材料 33 份，说明我国菜豆种质资源对炭疽菌 81 小种抗感差异显著，抗病资源丰富。

（3）豌豆

豌豆上白粉病、锈病、病毒病（BYMV）均十分普遍，尤其是白粉病，发病率几乎达到 100％。我国豌豆地方品种资源丰富，品种间感病程度存在较大差异，但总体上缺乏抗性强的材料，相对而言白花品种更易感病。

抗病育种主要考虑从全国各地丰富的地方品种资源或引进种质资源中鉴定筛选出较能抗当地主要病害的材料，用于直接生产推广或用于品种杂交、回交等遗传改良方法，以选育有较能抗病虫而又比较丰产的品种。同时，为保证丰产的稳定性，抗病育种应该将对两种以上病害的兼抗性作为现代育种目标。

四、生长习性

我国栽培的菜豆、豇豆都是以蔓生型为主，随着保护栽培的发展，生产上急需无须搭架、早熟、抗病的矮生品种。适宜于保护地栽培的品种要求矮生型、早熟、优质、收获期一致，另外，还要有耐低温、弱光的特点。适应机械化收获的品种要求株高和成熟期一致，茎秆坚硬有弹性，株形紧凑，结荚集中于冠层，豆荚易从植株上分离。

对于豌豆育种，半无叶、直立抗倒伏是目前新品种选育的一个主要方向。半无叶型植株上除托叶外所有叶片突变成卷须，发达的卷须能够在株间相互缠绕，形成棚架结构，显著地提高品种的抗倒伏能力。小叶突变不仅改善透光条件，而且通气情况优良，二氧化碳充分参与光合作用，为高产奠定了生理基础。

第四节　主要育种途径和程序

国内外育成的豆类新品种都以有性杂交结合系统选育为主，近十几年来，通过这个途径育成的品种占了约 70%，其余 30% 来自于国内外引种、筛选鉴定等其他育种途径（宗绪晓等，2008 年）。豆类的早熟、优质、丰产、抗逆等性状都具有明显的杂种优势，但由于大多数豆类是严格的自花授粉作物，花器构造复杂，人工去雄授粉技术较困难，杂交结实率低、杂交花（荚）结种子少，而生产上用种量大，还没有找到简单的杂交制种技术，因此难以利用杂种优势。迄今为止，只有木豆、大豆上有杂种优势利用的报道。

一、引种与选种

1. 引种

不同地域间引种主要考虑以下三个方面：一是不同种类具有不同的生物学特性。豆类作物对光照的反应大体上可以分为两种类型：蚕豆、豌豆、小扁豆、鹰嘴豆属于长日照类型；菜豆、绿豆、小豆、豇豆、木豆、饭豆等属于短日照类型。在不同纬度地区间相互引种，应当注意由日照长短及由此引起的温度变化带来的影响。通常早熟品种对日照不太敏感，而晚熟品种敏感程度较高。引种前对拟引品种的生物学特性要有所了解，根据本地自然条件、生产水平，预测品种引入后适应本地的可能性。二是不同栽培地区的生态环境。通常引种地区之间的气候越相似，引种成功的可能性就越大。因此，纬度相近的东西地区之间引种比纬度不同的南北地区之间引种容易成功。三是同一种类不同品种对生育环境的适应性有较大差异。品种本身适应性广的，引种成功的可能性大；适应性窄的，引种就不易成功。如"供给者"菜豆、"之豇 28-2"豇豆、"中豌 4 号"豌豆等品种的适应能力都很强，基本在全国范围内均能栽培。

2. 选种

除少数种类如蚕豆、多花菜豆、木豆，异交率达 10%～30%，属常异交作物外，豆类大多属于自花授粉作物，但品种间异交率存在较大差异，如菜豆不同品种异交率在 0.2%～10% 之间，由于偶然杂交或基因突变，群体中有时会出现变异株，对优良变异株进行多次单株选择，可以育成稳定的新品种。在我国早期的豆类育种中，通过该途径育成的品种较多。如郭建华等（2004 年）在菜豆品种"85-1"观察圃中发现了 1 株变异株，该变异株比"85-1"开花期提前 5 天以上，植物学性状差异不明显。当年春季单株采收后于秋季进行混合选择，次年春季再进行 1 次单株选择，最终获得了早熟丰产菜豆新品种"连农 923"。

二、有性杂交育种

有性杂交育种是国内外豆类新品种选育最主要的途径。可根据育种目标结合性状遗传规律，选择 2 个或多个亲本材料通过人工杂交、回交和定向筛选，把不同亲本材料所具有的优良性状汇集到后代材料中，以培育出具有综合优势性状的新品种。

1. 亲本选择和选配

亲本材料要选择品质优、抗性及结荚能力强、产量高、熟性（早、中、晚）符合要求的品种，同时父母本有一定差异，性状存在互补性。

2. 杂交节位

母本为有限性结荚时，应选植株中上部花序的基部花朵；母本为无限性结荚时，应选取植株中下部花序的基部花朵。这些部位的花开花较早，营养充足，花荚不易脱落且结籽较多。

3. 选蕾及去雄

豆类多数不仅是严格的自花授粉作物，而且是闭花授粉，通常在其花萼开裂之前数小时就完成自行授粉。因此，选好大小适于授粉的花蕾，是杂交成功的关键一步。蕾过小过嫩，雌蕊的柱头尚未充分成熟和伸长，且在操作过程中极易受机械损伤而脱落；过大已行自花授粉，去雄前已经自交，即便结荚，后代也是假杂种，宜选择次日或隔日开放的花蕾。

母本去雄最好在下午进行，用镊子将龙骨瓣沿腹缝自上而下轻轻剥至 $1/2 \sim 1/3$ 处，然后用镊子尖将花药连同花丝一并取出，千万不可碰伤雌蕊柱头及其表面的绒毛，去雄后花蕾需套袋隔离。

4. 授粉

花冠微展至完全展开是人工授粉的最佳时间段，下午去雄，次日或隔日上午杂交授粉效果好。

杂交前一天下午将父本次日开放的所选花蕾套袋，或者父本不套袋，授粉时选择旗瓣开放而龙骨瓣闭合的花蕾。

授粉通常在每天早上 6：00～10：00 间，用镊子夹住花药，轻触雌蕊柱头即可，授好粉后重新套好袋。花瓣脱落后有嫩荚形成则授粉成功，将同一花序的其他花蕊或嫩荚摘除，以保证杂交豆营养供应，还可适当摘除主侧蔓生长顶。

5. 杂交后代处理

由于豆类花器结构特殊，易导致去雄不彻底，人工杂交授粉难以获得 100% 的杂交种子，对 F1 要进行株选淘汰假杂种。对豆类杂交后代进行选择，系谱法、混合法、单子传代法都是可行的。

① 系谱法：按杂交组合种植，每个组合 20～30 株，F1 只去除假杂种，分组合采种。在 F2 代开始分离后，按照育种目标要求有目的地进行株选，以后每代从优系中选择优良单株，一般经 4～5 代株选，即可得到性状稳定的优良纯合体，F5～F6 进行品系比较。

② 混合法：F1 淘汰假杂种后，从 F2 开始不进行单株选择，只淘汰劣株，按组合每株采 1 荚混合种植，至 F5～F6 进行一次单株选择，分株采收，次年选择优良株系升级进行品比试验。

③ 单子传代法：从 F2 开始不加选择地每株取一粒种子，播种成下一代。至 F4～F5 代个体足够纯合，遗传性状稳定后，繁殖成株系，进行株系间比较鉴定。为避免因发芽率低而丧失活力的情况，可选取 2 粒代替选取 1 粒的方法，发芽后每穴留一株，甚至可以留 2 株，但每穴只从一株上采种。

以上三种选择方法各有优缺点，育种实践中可根据实际情况灵活加以应用或不同方法交叉进行。在杂种后代早期选择中，国内育种者采用较多的是系谱法，而国外豆类育种多数采用单子传代法。Arunachalam（2002 年）等采用系谱法、混合法、单子传代法对豇豆早代选择效率进行了比较，结果表明系谱法和单子传代效率相当，而混合法效率较低。

三、诱变育种

豆类大多是典型的自花授粉作物，天然异交率低，人工杂交组配效率不高。作为常规育种方法的一种重要补充手段，诱变育种可以大大增加变异性和选择机会。美国、意大利、苏联、波兰等国家从 20 世纪 60 年代开始，广泛开展了豆类诱变育种研究，并育成了许多新品种。

物理诱变主要采用 γ 射线、X 射线、中子、激光等，其中以 γ 射线育成品种最多。化学诱变剂主要有 EMS（甲基磺酸乙酯）、DMS（硫酸二甲酯）、EI（乙烯亚胺）、ENH（亚硝基乙基脲）。研究表明，利用理化诱变复合处理、辐射诱变处理与组织培养技术相结合，可显著提高育种效率。

豆类诱变在早熟、矮秆、抗病、优质等方面的效果较为显著。如用 2000 伦 γ 射线处理潜伏期菜豆种子，在 R2 代分离出植株高度比正常植株矮 10 倍的矮秆突变体（Miss Bandana Bandyopadhyay，1982 年）。用 EMS 和 γ 射线处理菜豆种子，还可获得范围较宽的种皮颜色突变体，除白色外，有橄榄色、黄褐色、灰褐色等。不同射线、化学药剂处理豇豆、绿豆种子，也可得到矮化及种皮颜色突变体。

近年来太空诱变引起了育种家们的广泛关注，我国自 1987 年以来，已成功地利用返回式卫星进行了 10 多次农作物种子的搭载试验，其中包括菜豆、豇豆、豌豆、红小豆、绿豆、大豆等。从诱变后代中获得了大粒突变的红小豆；耐高温、抗病、高产、商品性好的豇豆；早熟高产菜豆。"之豇 28-2"在神舟三号飞船搭载后，从突变体后代中选育出了抗病性、产量、适应性均明显优于原品种的"航豇 1 号"和"航豇 2 号"豇豆新品种（王福全等，2008 年）。

四、生物技术育种

采用生物技术手段创造新的种质资源是一种非常有效的育种手段，然而豆类作物中，只有大豆生物技术研究较深入，取得的成果多。菜豆、豇豆等豆类作物，大多数品种组织再生能力差，离体培养难度大。细胞培养、体细胞融合、外源基因导入成功的例子很少，总体上进展缓慢，多数还处于试验阶段。

在各种豆类作物上研究都较为广泛的内容有两个方面，一是利用分子标记技术进行种质资源遗传多样性分析；二是某些重要基因（如抗病、抗逆基因）的分子鉴定及与之连锁的分子标记定位。如何礼（2002 年）采用 RAPD 和 ITS 序列分析了来自全国各地的 76 份栽培豇豆品种资源。徐雁鸿等（2007 年）采用 SSR 标记技术，对来自中国、非洲和亚洲其他国家的 316 份豇豆资源进行了遗传多样性分析。

在基因定位方面，王坤等（2009 年）以来自安第斯基因库的我国菜豆抗炭疽病地方品种红花芸豆与感病地方品种（京豆）杂交的 F2 群体为试验材料，用分离群体分组分析法（BSA）和 SSR 标记技术对红花芸豆中的抗炭疽病基因进行分子鉴定，找到了与抗炭疽病基因 Co-F2533 连锁的 SSR 标记，为加快菜豆抗炭疽病基因的分子累加奠定了基础。

利用与豌豆抗倒伏连锁的两个标记 A001 和 A004，在早代对豌豆进行标记辅助选择，能显著提高育种效率（Zhang 等，2006 年）。

五、通过有性杂交育种途径选育长豇豆品种

豇豆（*Vigna unguiculata*（L.）Walp.）是一年生草本植物，起源于非洲热带地区，广泛栽培于热带、亚热带和部分温带地区。豇豆属约有 170 个种，其中 120 个种在非洲（66 个特有种），22 个种在印度和东南亚（16 个特有种），少数在美洲和澳大利亚，我国有 7 个种。对豇豆种内水平的分级及名称，不同学者看法存在一定的差异，国内一般采用 Verdcourt 的分类方法，将栽培豇豆种分为 3 个亚种，即普通豇豆（*V. unguiculata ssp. unguiculata*）、长豇豆（*V. unguiculata ssp. sesquipedalis*）和短荚豇豆（*V. unguiculata ssp. cylindrica*）。

长豇豆是一种耐旱、耐热的蔬菜，在 35℃的高温下仍能正常生长结荚，是夏秋淡季上市最重要的蔬菜种类之一。中国是长豇豆的次生起源中心，有上千年的栽培历史和丰富的品种资源。在新品种选育方面，常规育种仍是国内外最广泛和最有效的途径。本节以浙江省农科院园艺所"之豇 28-2"品种选育为例，阐述通过有性杂交途径进行长豇豆新品种选育的程序。

1. 育种目标

20 世纪 70 年代，四川"红嘴燕"在全国推广后，以其早熟、结荚性好、适应性广等特点，迅速成为全国各地的主栽品种之一。然而多年栽培后，种性不断退化，抗性减弱，花叶病毒严重，致使豆荚变细而短小，质量变劣，产量下降。针对生产上出现的问题，急需选育出可替代"红嘴燕"的新品种，确定早熟、抗病、高产为主要育种目标。

2. 亲本材料选择

在对引进和本地品种进行整理分析的基础上，选择具有不同优良性状的品种为亲本。对亲本材料的要求是：植株节间较短，前期结荚集中，连续结荚能力强，嫩荚长而条形顺直，荚色纯正，品质好；同时父、母本性状存在一定的差异性又具有较好的优劣互补性。

3. 杂交及后代选择

1977 年春对确定的亲本材料，按不同性状亲本间进行组配，包括正反交，共配制杂交组合 30 个，杂交后代的选择采用系谱法。

整个选育过程如图 13-1 所示。

在选育过程中，有几点需要说明：

（1）双亲性状互补更容易实现育种目标。30 个杂交组合后代中，优良个体较多的组合只有 4～5 个，其中以"红嘴燕×杭州青豇"组合表现最好。母本"红嘴燕"早熟、结荚性好、适应性强，而父本"杭州青豇"为本地优良农家品种，品质佳、生长势强，正好与"红嘴燕"的性状互补。

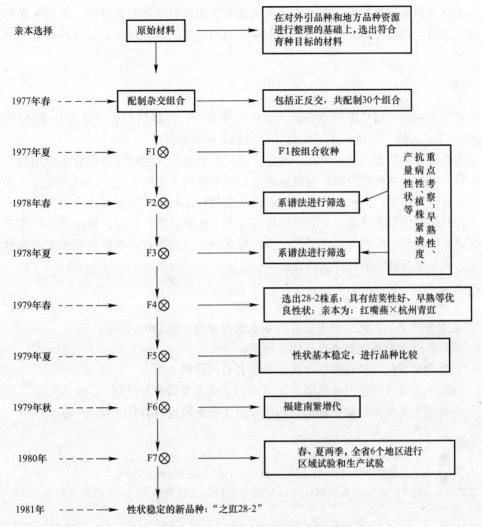

图 13-1 "之豇 28-2" 品种育种程序

注：该品种获 1981 年浙江省优秀科技成果二等奖，1987 年国家发明二等奖。

（2）掌握重要性状的遗传规律，可大大提高选择效率。荚色遗传："红嘴燕"的荚色呈淡绿色，为隐性，"杭州青豇"的荚色呈青色，为显性，杂种 F1 为青色，F2 分离后，一旦出现淡绿荚色植株，后代不再分离。种籽粒色遗传"红嘴燕"为黑色，"杭州青豇"为红紫色，黑籽对红籽是显隐性关系，F1 为黑籽，F2 的分离比例为 3 黑比 1 红紫。所以，当出现红紫色籽粒时，其性状稳定不再分离，利用这些主要性状遗传表现，结合其他优良性状，对早期世代的优良植株进行选择。"之豇 28-2"就是在早期世代（F4）按其荚色与种子色表现为隐性性状，结合结荚特性、抗性等初步确定为优良品系，经加快繁殖，三年时间内育成优良的新品种。

（3）一年多代异地繁育，每年春夏两季进行单株选择，这对各系统的适应性、抗病性是一个很好的选择机会，不仅可以加速育种进程，而且也是选育适应性强新品种的有效措施。

（4）豇豆虽然是一种较为严格的自花授粉作物，但生产上如果忽视选择极易产生种性退化，主要表现品种果枝着生率减少，尤其低节位果枝着生率明显减少，影响了早熟性与节成性。同时，条荚变短、变细，产量下降。通过连年的系谱选择，对保持优良种性有明显的作用。

本章小结

本章主要内容包括豆类种质资源、主要性状遗传、育种目标、主要育种途径和程序，并以之豇 28-2 为例，具体讲述了长豇豆有性杂交育种的程序。

豆类作物种类繁多、营养丰富、用途广泛，在农业和食物构成中占有重要地位。我国具有十分丰富的豆类种质资源，也是世界上豆类种植的主要国家之一，豆类蔬菜大多数是严格的自花授粉作物，授粉方式独特，难以杂交制种，所以，虽然豆类在早熟、丰产、抗病等方面的杂种优势都显著，但杂种优势在生产上还难以推广应用。通过学习，要求学生了解我国豆类种质资源的基本情况、豆类作物开花授粉的特点，掌握豆类主要的育种途径和程序，以及杂交后代的具体选择方法。

思考题

1. 我国普通菜豆、豇豆种质资源的基本情况如何？并分析其原因。
2. 试分析豆类杂种优势难以利用的原因。
3. 豆类杂交后代选择有哪些方法？分析各自的优缺点。
4. 以你熟悉地区的情况为依据，拟定一份豆类蔬菜的育种计划。
5. 与其他主要蔬菜作物育种途径相比，豆类新品种选育有什么特点？

参考文献

[1] 王小佳主编. 蔬菜育种学（各论）[M]. 北京：中国农业出版社，2000.

[2] 宗绪晓，关建平. 食用豆类资源创新品种选育进展及发展策略 [J]. 中国农业信息，2008（9）：35-38.

[3] 王素. 豇豆的起源分类和遗传资源 [J]. 中国蔬菜，1989（6）：49-52.

[4] 何礼. 我国栽培豇豆的遗传多样性研究及其育种策略的探讨 [D]. 成都：四川大学硕士论文，2002.

[5] 张渭章，汪雁峰，邓青. 豇豆重要性状的遗传及育种 [J]. 中国蔬菜，1992（2）：50-53.

[6] 郭建华，刘学东，吕彦超等. 早熟丰产菜豆连农 923 [J]. 中国蔬菜，2004（2）：53.

[7] Arunachalam P. Viswanatha K. P., Chakravarthy K. K., et al. Efficiency of Breeding Methods in Early Segregating Generations in Cowpea [Vigna unguiculata (L.) Walp.] [J]. Indian J. Genet., 2002, 62 (3): 228-231.

[8] 王福全，危金彬，包文生等. 航天搭载和日光温室加代选育的航豇 1 号 [J]. 长江蔬菜，2008（5）：38-39.

[9] 徐雁鸿，关建平，宗绪晓. 豇豆种质资源 SSR 标记遗传多样性分析 [J]. 作物学报，2007，33（7）：1206-1209.

[10] 王坤，王晓鸣，朱振东等. 以 SSR 标记对普通菜豆抗炭疽病基因定位 [J]. 作物学报，2009，35（3）：432-437.

[11] Chunzhen Zhang, Bunyamin Tar'an, Tom Warkentin, et al. Selection for Lodging Resistance in Early Generations of Field Pea by Molecular Markers [J]. Crop Science, 2006, 46 (1): 321-329.

［12］ 蔡俊德，汪雁峰，邓青．"之豇 28-2"豇豆新品种选育及遗传性状观察［J］．中国蔬菜，1983
　　　（2）：5-9.

［13］ Miss Bandana Bandyopadhyay，余兆海．若干豆类作物诱发突变育种概述［J］．核农学通报，1982
　　　（4）：1-7.

［14］ 王坤，王晓鸣，朱振东等．菜豆炭疽菌生理小种鉴定及普通菜豆种质的抗性评价［J］．植物遗传
　　　资源学报，2008，9（2）：168-172.

［15］ 雷蕾，杨琦凤，张宗美．菜豆种质资源苗期对锈病的抗性鉴定［J］．西南园艺，2000，28（2）：
　　　27.

［16］ 余舰斌，金登迪．豇豆品种资源对黑眼豇豆花叶病毒病抗性鉴定初探［J］．浙江农业科学，1997，
　　　3：133-134.

［17］ 曹如槐，南城虎，王晓玲．小豆与豇豆种质资源的抗锈病性鉴定［J］．作物品种资源，1991（1）：
　　　34-35.

［18］ 曾永三，王振中，赵琛．豇豆抗锈病性苗期鉴定技术研究［J］．华南农业大学学报，1999，20
　　　（2）：23-27.

［19］ 薛珠政，康建坂，李永平等．长豇豆主要农艺性状与产量的相关性研究［J］．福建农业学报，
　　　2003，18（1）：38-41.

［20］ 杨连勇，管锋，周清华等．长豇豆遗传与育种研究进展［J］．长江蔬菜，2008（2）：34-39.

［21］ Fery R. L. The Genetics of Cowpeas：A Review of the World Literature［M］//Singh S. R.
　　　Rachie K. O.，eds. Cowpea Research，Production and Utilization. Chichester：John Wiley and
　　　Sons，1985：25-62.

［22］ 岳彬．菜豆抗锈病育种研究初报［J］．华北农学报，1992，7（3）：36-40.

［23］ 李梅．菜豆抗炭疽病育种基因分析初报［J］．天津农业科学，2008，14（6）：73-75.

［24］ Vaid A.，Tygi P. D. Genetics of Powdery Mildew Resistance in Pea［J］．Euphytica，1997，96
　　　（2）：203-206.

［25］ 李长松，朱汉城．菜豆病毒研究进展及存在的问题［A］//中国科协第二届青年学术年会，园艺
　　　学论文集．北京：北京大学出版社，1955：530-536.

［26］ 岳彬．关于菜豆某些质量性状遗传规律的研究［J］．中国蔬菜，1988（2）：25-29.

［27］ 陈禅友，张凤银，胡志辉等．长豇豆荚色、籽粒色及生长习性的遗传研究［J］．武汉植物学研究，
　　　2002，20（1）：5-7.

［28］ 王凤宝，付金锋，董立峰等．刀豌豆半无叶突变体性状的遗传及在育种上的利用［J］．遗传，
　　　2003，25（2）：185-188.

［29］ 叶志彪，张文邦．豇豆数量性状的遗传及相关研究［J］．园艺学报，1987，14（4）：257-263.

第十四章　瓜类蔬菜育种

瓜类蔬菜（gourd vegetables）是葫芦科（Cucurbitaceae）中以果实作为食用器官的一年生或多年生攀缘性草本植物栽培种群，包括 9 个属 15 个种及 2 个变种。瓜类蔬菜中黄瓜、西瓜、甜瓜、西葫芦和南瓜分布世界各地，类型和品种多，栽培面积大，经济价值高。冬瓜、丝瓜、苦瓜、瓠瓜、佛手瓜等主要分布于亚洲各地和南美洲部分地区，是这些地区的重要蔬菜。西瓜、甜瓜食用成熟果。冬瓜、南瓜、笋瓜以食用成熟果为主，嫩果也可供食。其他瓜类主要食用嫩果或种子。瓜类蔬菜为短日照植物，喜温暖，不耐低温，畏霜冻。对温周期和光周期感应较敏感，低温和短日照条件有利于花芽分化及雌花的形成。

第一节　瓜类蔬菜种质资源

瓜类蔬菜种质资源包括栽培种、人工创造的种质材料、野生种及近缘种等。常用的育种资源可根据育种目标选择早熟品种、丰产品种、抗病（如霜霉病、枯萎病、疫病、白粉病、病毒病等）品种等。

一、黄瓜

黄瓜（*Cucumis sativus* L.）别名胡瓜、王瓜，为葫芦科甜瓜属中幼果具刺的一年生攀缘性草本栽培植物。染色体数 $2n=2x=14$。黄瓜起源于喜马拉雅山南麓的印度北部、锡金、尼泊尔附近地区，中国是黄瓜的次生起源中心。黄瓜有 3 个野生或半野生变种，分别为 var. *hardwickii*、var. *sikkimensis*、var. *xishuangbannanesis*。这些野生变种均出现在热带高原气候带，生长在热带雨林地区。随着南亚民族的迁移和往来，黄瓜由原产地向东传播到中国南部、东南亚各国及日本等地，向西经西南部亚洲进入南欧及北非各地并进而传播到中欧、北欧、俄罗斯及美洲，现已分布世界各地，中国普遍栽培。

黄瓜种质资源是黄瓜新品种选育、遗传理论研究、生物技术研究和农业生产的重要物质基础。原苏联收集了世界各地的黄瓜种质资源 3380 份，美国收集了 1568 份，荷兰收集了 923 份。目前，中国已收集黄瓜种质资源约 2000 份，其中 95% 以上是国内资源（李锡香和朱德蔚，2006 年）。黄瓜的类型和品种十分丰富，根据品种分布区域和生态学性状，分为南亚型、华南型、华北型、欧美露地型、北欧温室型和小型黄瓜等 6 种类型。南亚型黄瓜分布于南亚各地，喜湿热，严格要求短日照。代表品种有锡金黄瓜、中国版纳黄瓜和昭通大黄瓜等。华南型黄瓜分布在长江以南及日本各地，耐湿热，要求短日照。代表品种有广州二青、昆明早黄瓜、上海杨行、武汉青鱼胆、重庆大白、安徽青皮、日本青长等。华北型黄瓜分布在黄河流域以北及朝鲜和日本等地，代表品种有北京大刺瓜、丝瓜青，唐山秋瓜，山东新泰密刺以及津研系列和津杂系列等。欧美露地型黄瓜分布欧洲及北美各地，有东欧、北欧和北美等品种群。北欧温室型黄瓜分布于英国、荷兰等地，品种有英国温室黄瓜、荷兰温室黄瓜等。小型黄瓜分布在亚洲及欧美各地，代表品种有扬州乳黄瓜等。

二、甜瓜

甜瓜（*Cucumic melon*）又名香瓜、果瓜、哈密瓜，为葫芦科甜瓜属一年生蔓性草本植物，染色体数 $2n=2x=24$。甜瓜种质资源极其丰富，据马德伟（1993 年）报道，我国20 世纪 80 年代末已从各地搜集甜瓜地方品种 616 份，其中厚皮甜瓜 313 份，薄皮甜瓜303 份。据不完全统计，全国各育种单位目前保存的国内外甜瓜种质资源约 3500 份，其中包括近缘野生种、半野生种和栽培甜瓜的各种类型。甜瓜分类方法很多，按植物学分类方法，通常把栽培甜瓜分为网纹甜瓜（var. *reticulatus*）、硬皮甜瓜（粗皮甜瓜）（var. *cantalupensis*）、冬甜瓜（光皮甜瓜）（var. *inodorus*）、香瓜（var. *makuwa*）、菜瓜（蛇形甜瓜）（var. *flexuosus*）、越瓜（var. *conomon*）、柠檬瓜（var. *chito*）、观赏甜瓜（看瓜）（var. *dudain*）等 8 个变种。按生态学特性，通常又把网纹甜瓜、硬皮甜瓜、冬甜瓜合称为厚皮甜瓜，香瓜称为薄皮甜瓜。

厚皮甜瓜起源于非洲，中亚和西南亚被认为是第二起源中心，要求温暖、干燥、日照充足、昼夜温差大等条件。世界各地均有栽培，中国主要分布在新疆、甘肃等西北地区。网纹甜瓜的主要品种有新疆的可口奇、蜜极甘，兰州的醉瓜；粗皮甜瓜的主要品种有兰州的白兰瓜；光皮甜瓜的主要品种有新疆黄蛋子等。

薄皮甜瓜又称普通甜瓜、东方甜瓜或中国甜瓜，起源于印度和东亚湿暖流潮湿地区，中国是薄皮甜瓜的初级和次级起源中心。薄皮甜瓜较耐高温，在日照较少、温差较小的环境也能正常生长。中国广泛栽培，日本、朝鲜、印度及东南亚等国也有栽培。主要品种有黄金瓜、临川甜瓜、关公脸、芝麻酥、青皮绿肉、雪梨瓜和八方瓜等。

菜瓜又称蛇甜瓜，品种有蛇形甜瓜、新疆毛菜瓜、杭州青菜瓜和花皮菜瓜等。越瓜又称梢瓜、脆瓜，喜温暖。它是南方重要瓜果之一。越瓜分生食和加工两个类型，生食类型如酥瓜、梢瓜、广东的白瓜等；加工类型如老羊瓜。著名的越瓜品种有在华东栽培较多的白皮梢瓜、花皮梢瓜。

三、南瓜

南瓜（*Cucurbita moschata*）为葫芦科南瓜属中叶片具白斑、果柄五棱形一年生蔓性草本植物栽培种。染色体数 $2n=2x=40$。南瓜的几个栽培品种起源于美洲大陆的两个中心地带：一是墨西哥和中南美洲，包括美洲南瓜（*C. pepo*）（俗称西葫芦）、中国南瓜（*C. moschata*）（俗称倭瓜、番瓜等）、墨西哥南瓜（*C. mixta*）（俗称灰籽南瓜），可能还有黑籽南瓜（*C. ficiolia*）（又名无花果叶南瓜、米线瓜、纹丝瓜）等栽培种的初级起源中心；二是南美洲的秘鲁南部、玻利维亚和阿根廷北部，是印度南瓜（*C. maxima*）（俗称西洋南瓜、笋瓜、搅瓜等）栽培品种的初级起源中心。

西葫芦按植株性状分矮生、半蔓生和蔓生三个类型。矮生类型主要品种有花皮、白皮、一窝猴，蔓生类型主要品种有长西葫芦、扯秧、青皮、节节瓜、面葵瓜，半蔓生类型栽培少。西葫芦中还有珠瓜（var. *ovifera*）和搅瓜（var. *medullosa*）两个变种。黑籽南瓜生长势强，对瓜类枯萎病具抗性，是嫁接黄瓜的较好砧木。

南瓜按果实形状分成圆南瓜和长南瓜两个变种。圆南瓜（var. *melonaeformis*）果实呈扁圆或圆形，如湖北的柿饼南瓜、甘肃的磨盘南瓜、广东的盒瓜、台湾的木瓜形南瓜等。长南瓜（var. *toonas*）果实长，头部膨大，如山东的长南瓜、浙江的十姐妹、江苏的牛腿番瓜等。

四、丝瓜

丝瓜是葫芦科丝瓜属中一年生攀缘性草本植物的栽培种群。染色体数均为 $2n = 2x = 26$。丝瓜起源于亚洲热带地区,主要分布于亚洲、大洋洲、非洲和美洲的热带和亚热带地区,中国西双版纳等地有野生丝瓜分布。该属有 8 个种,在我国分布有普通丝瓜（*Luffa cylindrica*）和有棱丝瓜（*L. acutangula*）。我国大部分省市以栽培普通丝瓜为主,而广西、广东及海南等省份则以栽培有棱丝瓜为主。普通丝瓜又名圆筒丝瓜、蛮瓜、水瓜等,代表品种有南京长丝瓜、线丝瓜、上海香丝瓜、长沙肉丝瓜、武汉白玉霜、浙江青顶白肚、玉露、铁皮丝瓜、广东水瓜等。有棱丝瓜又称棱角丝瓜、胜瓜等,品种有青皮绿、乌皮丝瓜等。有棱丝瓜与普通丝瓜种间杂交亲和性较高,个别组合亲和性较低；种间杂交组合的种子活力高于种内杂交组合,苗期长势明显强于普通丝瓜亲本,不存在生理不协调（谭云峰等,2008 年）。

五、冬瓜

冬瓜（*Benincasa hispida*）又名白瓜、枕瓜,为葫芦科冬瓜属中的一年生攀缘性草本植物栽培种。染色体数 $2n = 2x = 24$。果实供食,东南亚一些地方还食用嫩茎叶。广东、广西、福建、台湾、海南以及美洲有华侨聚居的地方栽培的节瓜（又称毛瓜）是冬瓜的一个变种（*B. hispida* Cogn. var. *chieh qua*）。冬瓜起源于中国和印度东部,广泛分布于亚洲的热带、亚热带及温带地区,野生冬瓜在中国西双版纳也有分布。至今,冬瓜栽培仍以中国、东南亚和印度等地为主。

冬瓜按果实的大小可分为大果型、小果型和节瓜变种。大果型冬瓜中熟或晚熟,以采收成熟果实为主。品种有广东青皮冬瓜、黑皮冬瓜,湖南粉皮冬瓜、上海白皮冬瓜、龙泉冬瓜,江西扬子洲冬瓜、台湾青壳大冬瓜、白壳大冬瓜、四川大冬瓜,北京地冬瓜等。小果型冬瓜早熟或较早熟,主要品种有北京一串铃、成都五叶子、南京早冬瓜、台湾圆冬瓜、绍兴小冬瓜、杭州圆冬瓜、苏州雪里青、河北毛边籽冬瓜和甘肃车头冬瓜等。节瓜早熟,主要以嫩瓜供食用,是两广地区冬瓜栽培的主要类型。主要品种有广东菠萝种、黑毛种、七星仔、大藤、黄毛,广西桂林大籽、桂林小籽,福州毛节瓜和上海白毛等。

冬瓜按果皮可分为皮色浅绿的白皮冬瓜、皮色深绿的青皮冬瓜（亦称洋冬瓜）以及瓜皮布满蜡粉的粉皮冬瓜（亦称本冬瓜）三个品种。青皮冬瓜品质好、抗病性强、果实耐贮藏。粉皮冬瓜是青皮冬瓜和白皮冬瓜的杂交种,早熟质佳,较耐贮藏。青皮冬瓜要比粉皮冬瓜耐贮运。按果形分为圆冬瓜、扁冬瓜和枕头瓜三类。

六、西瓜

西瓜（*Citrullus lanatus* 或 *Citrullus vulgaris*）又名寒瓜,属葫芦科西瓜属中一年生蔓性草本植物,染色体数 $2n = 2x = 22$,包括野生西瓜（var. *citroides*）和栽培西瓜（var. *lanatus*）。西瓜起源于非洲,北非撒哈拉沙漠、南非卡拉哈里沙漠以及非洲赤道附近至今仍有野生西瓜。另外,北非苏丹境内也有大片野生西瓜,也被认为是西瓜起源中心。

西瓜分类方法有多种,按食用器官和方式不同可分为野生西瓜（又称小西瓜）、籽用西瓜（又称瓜子瓜）和普通西瓜三种类型。野生西瓜有苦有甜,一种果实含葫芦素、味苦；另一种不具苦味,果实坚硬绿色,适食用。野生西瓜生长势和适应性强,具有耐湿、耐高温、易坐果、抗病性极强等优点，是优良的种质资源。籽用西瓜不宜生食，主要用来生产瓜籽，按照种子颜色可分为红瓜籽和黑瓜籽两种。根据分布地区又可分为南方种和北方种两类。普通西瓜类按照培育方法可分为固定品种和杂交品种，目前的品种基本为杂交品种，不能留种再用。根据果实成熟期可分为早熟品种、中熟品种和晚熟品种。根据果实大小可分为大果型、中果型和小果型品种。根据果实内种子的数量可分为无籽、少籽和有籽品种。根据抗不抗西瓜枯萎病又可分为抗重茬品种和不抗重茬品种。根据西瓜对环境的适应性不同还可分为保护地品种和露地品种。另外，从花色品种上，每类品种还可分为圆果、长果品种，红肉、黄肉、白肉品种等。根据西瓜对气候的适应性，又分为美国生态型、俄罗斯生态型、新疆生态型、东亚生态型、华北生态型等五个生态型。

七、瓠瓜

瓠瓜（*Lagenaria siceraria*）又名扁蒲、蒲瓜、葫芦、瓠子、夜开花等，为葫芦科葫芦属一年生攀缘性草本植物，染色体数 $2n=2x=22$。瓠瓜以嫩果供食，成熟果实可作容器。幼苗作嫁接西瓜的砧木，以防西瓜枯萎病。瓠瓜原产赤道非洲南部低地。

瓠瓜根据果实形状可分为瓠子、长颈葫芦、大葫芦、细腰葫芦和观赏腰葫芦五个变种。瓠子（var. *clavata*）按果形可分为长圆柱形和短圆柱形两类，代表品种有南京面条瓠子，湖北孝感瓠子，广州大棱、长颈葫芦，安徽线瓠和杭州长瓜等；短圆柱形瓠子，代表品种有江苏棒槌瓠子、湖北狗头瓠子等。长颈葫芦（var. *cougourda*）嫩果食用，老熟后可成器。大葫芦（var. *depressa*）嫩果食用，老熟后可成器，如湖南株洲柿饼瓠瓜、江苏扁葫芦和安徽无柄葫芦等。细腰葫芦（var. *gourda*）嫩时可食，老熟者作器，如浙江腰葫芦、青腰葫芦等。观赏腰葫芦（var. *microcarpa*）作观赏用，如小葫芦。五个变种之间可以相互杂交。

八、苦瓜

苦瓜（*Momordica charantia*）又名凉瓜、锦荔枝、癞葡萄等，为葫芦科苦瓜属中的一年生攀缘性草本植物，染色体数 $2n=2x=22$。苦瓜原产印度东部热带地区，广泛分布于热带、亚热带和温带地区，印度、日本和东南亚栽培历史很久。苦瓜按果实形状可分为长圆锥形、短圆锥形、长纺锤形、短纺锤形和长棒状等。按果实大小分为小型苦瓜和大型苦瓜。小型苦瓜果实呈纺锤形或圆锤形，幼瓜的颜色有绿色、浅绿色或白绿色，成熟后橘红色，种子较大。小果型苦瓜很少作蔬菜栽培，一般用于庭院绿化和观赏，目前多作为苦瓜籽营养饮品和保健药品的开发利用。大型苦瓜果实呈圆锥形或圆筒形，有绿色、浅绿色或白色，成熟时呈橘红色，我国商品蔬菜食用的都属于此类品种。大果型苦瓜除做菜外还可用于苦瓜加工。根据果实颜色深浅分为青皮与白皮两类。青皮类型，代表品种有广东大顶苦瓜、滑身苦瓜，广西桂林青皮，福建南平青苦瓜等。白皮类型，代表品种有湖南蓝山大白苦瓜，湖南株洲长白苦瓜，四川白苦瓜和贵阳大白皮等。

第二节　主要性状遗传

瓜类蔬菜多为雌雄同株，一般雄花先发生于雌花。除了这两种单性花之外，瓜类蔬菜还会发生两性花。瓜类蔬菜的性型遗传主要是两对独立遗传的互作基因控制：A 控制雄花发育，加强雄性化；F 控制雌花和完全花发育。多数瓜类蔬菜为异花授粉，在品种间容易发生杂交，因此在采种时须进行隔离防杂。瓜类蔬菜的性型具有可塑性，可以人为控制其性型分化，不少瓜类蔬菜亦可单性结果（黎炎和李文嘉，2004 年）。瓜类性别分化的研究并不深入，目前仍局限于黄瓜、西葫芦、苦瓜、节瓜等几种瓜类作物。下面分别介绍几种主要瓜类蔬菜的性状遗传。

黄瓜枯萎病、霜霉病、白粉病的抗性遗传为多基因控制的数量性状遗传，例如，黄瓜枯萎病抗性为显性基因控制，抗病与感病亲本的杂交一代的抗病性介于双亲抗病性均值与强抗病性亲本之间，抗病性表现出中亲优势与超亲优势（刘殿林等，2003 年）。黄瓜主要经济性状的遗传也为数量性状遗传，如早熟性状表现较大的特殊配合力方差，利用杂种优势比较容易；产量性状遗传力较低，一般配合力较好，适用于常规育种，若进行优势育种，则需提高双亲的效应值；黄瓜瓜长、瓜把长和瓜粗等均为数量性状遗传（马德华等，1994 年），黄瓜瓜把长度遗传以加性效应为主，受环境影响较小（顾兴芳等，1994 年）。

苦瓜第 1 雌花节位、单株坐果数、单果质量、果长、果径、果肉厚等 6 个经济性状的遗传均符合加性—显性效应模型，且均以加性效应为主；第 1 雌花节位、单株坐果数、单果质量、果长、果径在遗传中表现部分显性，有倾大值亲本的现象；果肉厚表现倾小值亲本的负向超显性（胡开林和付群梅，2001 年）。维生素 C、还原糖、有机酸、果瘤、果色、果刺和苦味遗传变异系数大，遗传力高；水分含量遗传变异系数很小；风味遗传变异系数较小，遗传力低（刘政国等，2005 年）。对白粉病的抗性受两对以上基因控制，两对主基因抗病相对感病为不完全隐性，回交效应极显著，正反交效应差异不显著，抗病性主要受核基因控制，两对主基因的狭义遗传力较高，符合加性—显性模型，加性效应较大，抗性效应在亲本和 F1 间存在极显著正相关，表现为数量性状遗传的特点（粟建文等，2007 年）。

西葫芦单株结果数、坐果率和第一雌花节位符合加性—显性遗传模型，且第一雌花节位以负向超显性效应为主；株高、叶数、节间距、单果质量和始花期符合加性—显性—上位性遗传模型；控制株高遗传的主要是加性效应，控制始花期的主要是加性和加性×显性上位性效应；单果质量的广义遗传力较低（陈凤真等，2007 年）。西葫芦黄化花叶病毒（ZYMV）、西瓜花叶病毒（WMV）和西瓜花叶病毒（WMV）的抗性是受主基因控制的性状，但也存在微效基因的修饰作用（张海英等，2005 年）。

冬瓜第 1 雌花节位、单株坐瓜数、单瓜重、瓜长、瓜径、瓜肉厚的遗传均符合加性—显性效应模型，且均以加性效应为主；果色、种子类型、瓜瓤的遗传以显性效应为主，第 1 雌花节位、单株坐瓜数、单瓜重、瓜长、瓜径在遗传中表现为部分显性，有倾大值亲本的现象，瓜肉厚表现倾小值亲本的负向超显性，果色以粉皮显性遗传，种子以有棱子显性遗传，瓜瓤类型在遗传中表现为部分显性（周火强等，2008 年）。

普通丝瓜果长和果柄长的遗传都属数量性状遗传；节间长度性状的遗传由两对主基因和多基因共同控制，其中两对主基因的负向显性效应在缩短节间长度的育种选择中利用价值较大；可溶性糖含量的遗传体系主要是由两对主基因和多基因共同构成的，可溶性蛋白质含量的遗传体系则都是由加性主基因和加性—显性多基因共同构成的（徐海，2006 年）。

对甜瓜雌雄异花同株和雄全同株材料间杂交后代及回交后代的花性型分离研究表明，F2 群体中单性花性状呈现单显性基因控制的 3∶1 分离比例（张晓波等，2007 年）。甜瓜白粉病的抗性遗传机制是比较复杂的，不能用简单遗传来解释，很可能除了主效抗病基因外，还有微效基因的作用。

节瓜、蛇瓜、吊瓜等主要性状遗传规律的研究不够深入。

第三节　主要育种目标

瓜类蔬菜育种需要按市场需要确定育种目标，总的来说，首先要特别重视品质育种，要求商品性状好，符合消费习惯，果实大小适中、整齐一致，营养丰富、品质优良。在此基础上，注意选育可抗多种主要病害以及适于各种不利生态环境条件如耐低温、耐弱光、耐热等抗逆性强的新品种。注意不同生育期的选育，以保证周年供应。加强专用品种的选育，如选育更多的适于保护地栽培的品种和适于加工增值的品种等。注意培育耐贮运品种，同时加强出口外销品种的选育，使更多的蔬菜产品进入国际市场，提高效益。

黄瓜的主要育种目标是提高产量，改善品质，特别是无苦味黄瓜品种的选育，增强保护地品种的低温弱光耐受性，增强对主要病虫害如黄瓜灰霉病、白粉病、细菌性角斑病、霜霉病、病毒病等的抗性，多抗性育种是黄瓜重要的育种目标。蚜虫、美洲斑潜蝇、温室白粉虱、红蜘蛛等虫害严重危害黄瓜生产，抗虫育种迫在眉睫。此外，根据市场的需求选育新的品种类型，实现品种的多样化，进行不同季节的保护地和露地黄瓜品种的选育。

西瓜育种要提高品质，如可溶性糖、可溶性固形物和甜度指数等，以增加口感；提高对枯萎病、病毒病、炭疽病、猝倒病、白粉病、地下害虫、蚜虫等病虫害的抗性；开展保护地西瓜品种选育，以及不同大小、不同瓤色、不同含籽量西瓜品种的选育。

提高品质为甜瓜的主要育种目标，除了提高甜瓜含糖量，目前市场上甜中带酸的酸甜瓜品种也深受欢迎；提高对霜霉病、疫病、软腐病、蔓枯病、病毒病等病害的抗性；此外还要兼顾早熟及适应性，开展保护地甜瓜品种选育。

南瓜育种以提高品质、产量、适应性、多样性为主要目标，重点开展保护地和露地品种配套、鲜食和加工及籽用品种配套的南瓜品种的选育，同时也开展砧木和观赏等其他类型的南瓜品种选育。西葫芦育种除上述目标外，还需要注意耐低温弱光性品种的培育。

苦瓜味觉品质与外观品质之间关系密切，且为正相关，因此，可通过选育大直瘤、绿色的果实来降低苦味，提高风味。提高苦瓜的维生素 C 含量也是苦瓜育种的重要目标。

节瓜育种要突出品质，加强多抗性育种和保护地品种育种研究。

第四节　主要育种途径和程序

一、常规杂交育种

瓜类杂交育种中应用最为普遍的是品种间杂交（两个或多个品种间的杂交），其次是远缘杂交（种间以上的杂交）。瓜类远缘杂交成功的例子局限于属内种间杂交，属间杂交较少，栽培种与野生种进行远缘杂交以选育抗病品种。远缘杂交不亲和的原因极为复杂，遗传机制尚未完全揭开。瓜类杂交育种首先要根据育种目标进行亲本选择，关于产量、品质、抗性和成熟期一般都是数量遗传，双亲差异较大时 F1 大多表现中间性状，但对这些复合性状的构成选配适当时，后代可以选择出超过亲本的系统。选育多抗品种可以采用多亲交配，逐渐添加和回交综合几个抗病亲本的抗性，也可采用配选两个分别抗多种病害的亲本配制一代杂种。杂交育种的人工辅助授粉是瓜类杂交育种成败和杂交制种技术中最为关键的技术环节。杂交育种需要早播父本，父本一般比母本早播种 15～20 天，必要时父本可加拱棚保护，并增施肥水，促其生长，以便在授粉前去杂去劣，摘除将要膨大的果实，以利父本生长旺盛，多生蔓，多生雄花，保证有充足的雄花供授粉使用。此外，授粉前严格摘除母本株所有雄花和雄花花蕾，确认除净后再进行授粉，严防串粉引起混杂。在母本株上发现雌花柱头周围长有雄蕊的两性花时要及时摘除。刚开放的雌花受精力最强，2h 后变弱，温度越高变弱越快，所以要适时授粉。授粉期间，注意田间管理，严防昆虫串粉及病虫害。

二、杂种优势育种

利用杂种优势育种须特别注意两点：一是选配强优势的优良组合，要求两亲的亲缘关系较远、性状差异较大、优缺点互相弥补、配合力好、纯度高。二是杂交简便、制种成本低。这要求两亲的开花期尽可能相近，并以丰产性较好的为母本，花粉量大的作父本，以利制种。瓜类遗传基础复杂，基因型众多，同一个体在遗传上也是杂合的。因此，首先要通过多代的人工选株自交，同时测定其配合力，选育出高度纯合的优良自交系，再组配成强优势的杂交种。大体步骤是：①从原始育种群体（包括农家品种、综合群体、经轮回选择改良的群体等）中选择优良单株；②连续进行几代自交和选择，培育出性状整齐的优良自交系；③在自交的同时进行测交，从中选择配合力好的自交系彼此杂交；④经产量比较试验，选出经济价值大的组合供生产利用。

父本、母本在隔离区内按 1：10 的行比种植（1500～2000m 内不种植同种作物的其他品种），开花前一天将杂交的雌雄花夹住，第二天开花后授粉。母本株上收的种子即为 F1 种子，父本株上收的种子可作为下一年制种用的父本种子。利用人工去雄制种是最原始的方法。

瓜类雌性系育种途径不仅能实现杂种优势，还能简化制种程序，保证种子质量。利用雌性系作母本进行杂交种子生产比人工去雄更为方便，省工省时。雌性系繁殖一般是采用人工诱导雌性株产生雄花，在隔离区内令其自然授粉或人工辅助授粉，这样得到的种子仍然是雌性系。父母本按 1：（2～3）配置，母本雌性系在开花前拔除带雄花蕾及弱小的植株。在隔离区令父母本自然授粉或进行人工辅助授粉。

三、其他育种途径

常规育种技术仍将发挥重要作用，一些其他育种途径如生物技术包括细胞工程、基因工程、酶工程和发酵工程等四个方面，可能将对一些重大问题如提高抗病虫性、杂种优势固定、突变体保存利用、优良材料快速繁殖等方面起有效的辅助作用。

（一）航天育种及化学诱变育种

自从我国开始利用卫星搭载处理农作物种子以来，至今已搭载处理了黄瓜、西瓜、甜瓜、丝瓜等多种瓜类作物，经过种植选育，已获得了一批突变类型，有的品种已经育种（邓云等，2006 年）。随着航天育种的发展，多家育种单位进行了瓜类航天育种的研究。如上海市农业科学院利用卫星搭载黄瓜自交系材料，获得特小型黄瓜自交系，该自交系瓜长 8cm 左右，雌花节率达 99.5%，表现稳定，可直接用于培育特小型黄瓜新品种（余纪柱等，2007 年）。新疆维吾尔自治区农业科学院经过 4 年八代太空育种选育，培育出综合性状超过原品种的哈密瓜自交系。冬瓜领域开展航天育种已取得一定进展，如 2003 年，广东省博罗县利用我国"神舟五号"宇宙飞船搭载湖镇冬瓜等种了。搭载的种子回到地面后由广东省农业科学院作进一步的选育。

2002 年广东省农科院蔬菜所利用秋水仙素处理节瓜幼苗，2003 年首次获得了节瓜四倍体，该四倍体材料表现抗病性强，2004 年还利用该四倍体材料育成无籽节瓜。2002 年广东省农科院蔬菜所开始进行节瓜太空育种试验，目前有 3 批节瓜种完成太空搭载，这些材料已在田间种植选育，有关性状正在分离，相信太空育种可成为节瓜育种的有效手段之一。

（二）生物技术育种

瓜类蔬菜常规育种方法育种周期长、难度大和遗传性状不稳定，因此，开展以离体培养为基础的生物技术育种研究显得尤为重要。近年来，我国在瓜类蔬菜的组织培养、离体胚培养、花药（花粉）培养、原生质体培养和体细胞杂交以及基因转化等研究上均取得了一定的成就。单倍体技术的开发和应用为瓜类育种提供了新的有力手段，可以尽快实现瓜类品系纯化，尽快育成新的纯和自交系，为杂种优势的利用提供优良的条件。黄瓜、西葫芦等瓜类作物大孢子培养拥有成熟的技术。广东省农科院蔬菜所率先在国内进行了节瓜离体培养和快速繁殖的研究，建立了节瓜离体快速繁殖和抗枯萎病突变体离体筛选的技术体系，获得了节瓜抗枯萎病细胞系，这对节瓜育种材料和育种技术的创新将产生巨大效果。黄瓜生物技术研究利用黄瓜组织培养（孙兰英和卢淑雯，2004 年）、黄瓜花药培养（Kumar et al.，2003 年；Song et al.，2007 年）、黄瓜成熟胚离体培养（余阳俊和朱其杰，1992 年）、黄瓜细胞悬浮培养及原生质体培养（张兴国和刘佩英，1998 年）等已取得一定进展。单倍体技术的开发和应用为瓜类育种提供了新的有力手段，可以尽快实现瓜类品系纯化，尽快育成新的纯和自交系，为杂种优势的利用提供优良的条件。

（三）分子标记辅助育种

在常规杂种优势育种实践中，存在大量组配、大量淘汰的现象，育成新品种的周期长，成功率较低。因此，在实践中可辅助利用分子标记技术预测杂种优势，在 DNA 水平上了解杂交种的真实性，提高育种的选择效率和预见性，加快新品种选育进程。

我国瓜类蔬菜的分子育种研究起始于 20 世纪 90 年代初，但目前仅对黄瓜（孙振久等，2006 年）、西瓜（李晓慧等，2008 年）和甜瓜（王掌军等，2006 年）育种方面有一定研究，但苦瓜、冬瓜、节瓜等瓜类作物很少或几乎没有这方面的研究报道，因此如何将这些标记技术全面应用到瓜类蔬菜的抗病育种研究中成为当前亟待解决的问题之一。

本章小结

瓜类蔬菜是人们日常生活中一种主要的蔬菜，其种质资源包括栽培种、人工创造的种质材料、野生种及近缘种等。常用的育种资源可根据育种目标选择早熟、丰产、抗病等不同品种。不同的瓜类蔬菜有不同的科属及起源地，这与各自的生长习性密切相关。每种瓜类蔬菜通常有不同的分类方式。瓜类的性状遗传研究主要局限在花型遗传、产量遗传、抗性遗传等方面。总的来说，瓜类蔬菜育种需要按市场需要确定育种目标，不同的瓜类蔬菜也有各自的市场需要。在众多的育种途径中，常规杂交育种和杂种优势育种是普遍应用的，近几年也逐步发展了诱变育种及生物技术育种。

思考题

1. 简述五种以上瓜类蔬菜的科属及起源。
2. 简述瓜类蔬菜的主要育种目标并举例说明至少两种具体瓜类蔬菜的育种目标。
3. 简述瓜类蔬菜的育种途径。

参考文献

[1] 魏毓棠. 蔬菜育种技术 [M]. 北京：中国农业出版社，1997.

[2] 王小佳. 蔬菜育种学（各论）[M]. 北京：中国农业出版社，2000.

[3] 徐跃进，胡春根. 园艺植物育种学 [M]. 北京：高等教育出版社，2008.

[4] 周长久. 现代蔬菜育种学 [M]. 北京：科学技术出版社，1996.

[5] Kumar H. G. A., Murthy H. N., Paek K. Y. Embryogenesis and Plant Regeneration from Anther Culture of Cucumis Sativus L. [J]. Scienta Horticulturae, 2003, 98：213-222.

[6] Song H., Lou Q. F, Luo X. D. Regeneration of Doubled Haploid Plants by Androgenesis of Cucumber Cucumis sativus L. [J]. Plant Cell Tiss Organ Cult, 2007, 90：245-254.

[7] 陈凤真，何启伟，樊治成，盛金. 西葫芦8个农艺性状的遗传效应分析 [J]. 园艺学报，2007, 34 (5)：1183-1188.

[8] 邓云，安国林，马如海，徐小军，李卫华. 空间诱变育种及其在瓜类上的应用 [J]. 中国瓜菜，2006 (4)：24-26.

[9] 顾兴芳，方秀娟，韩旭. 黄瓜瓜把长度遗传规律研究初报 [J]. 中国蔬菜，1994 (2)：33-34.

[10] 胡开林，付群梅. 苦瓜主要经济性状的遗传效应分析 [J]. 园艺学报，2001 (28)：323-326.

[11] 黎炎，李文嘉. 瓜类性别分化的化学调控及作用机理研究进展 [J]. 广西农业科学，2004 (35)：180-182.

[12] 李锡香，朱德蔚. 黄瓜种质资源描述规范和数据标准 [M]. 北京：中国农业出版社，2006.

[13] 李晓慧，王从彦，常高正. 分子标记技术在西瓜遗传育种上的应用 [J]. 分子植物育种，2008 (6)：130-135.

[14] 刘殿林，杨瑞环，哈玉洁. 黄瓜抗枯萎病遗传特性的研究 [J]. 天津农业科学，2003 (9)：33-35.

[15] 刘政国，龙明华，秦荣耀等. 苦瓜主要品质性状的遗传变异、相关和通径分析 [J]. 广西植物，2005, 25：426-430.

[16] 马德华，吕淑珍，沈文云等. 黄瓜主要品质性状配合力分析 [J]. 华北农学报，1994 (94)：65-68.

[17] 马德伟. 甜瓜栽培新技术 [M]. 北京：农业出版社，1993.

[18] 粟建文，胡新军，袁祖华等. 苦瓜白粉病抗性遗传规律研究 [J]. 中国蔬菜，2007 (9)：24-26.

[19] 孙兰英，卢淑雯. 黄瓜组织培养研究进展 [J]. 黑龙江农业科学，2004 (4)：28-30.

[20] 孙振久，王亚娟，张显. 黄瓜分子标记辅助育种研究进展 [J]. 西北植物学报，2006, 26 (6)：1290-1294.

[21] 谭云峰，苏小俊，高军等. 普通丝瓜与有棱丝瓜的种间杂交亲和性研究 [J]. 江苏农业科学，2008 (1)：153-154.

[22] 王掌军，刘生祥，王建设. 甜瓜分子标记的研究进展 [J]. 宁夏农林科技，2006 (4)：22-28.

[23] 徐海. 普通丝瓜主要经济性状的遗传规律分析及外来花粉对Fo果实发育的影响的研究 [D]. 扬州：扬州大学硕士学位论文，2006.

[24] 余纪柱，顾晓君，金海军，张红梅. 空间诱变选育特小型黄瓜新种质 [J]. 核农学报，2007 (2)：

41-43.

[25] 余阳俊，朱其杰. 黄瓜成熟胚离体培养中的胚状体诱导和植株再生 [J]. 植物生理学通讯，1992 （28）：37-39.

[26] 张长远，罗少波，郭巨先等. 苦瓜果长的遗传效应分析 [J]. 广东农业科学，2006 (1)：34-35.

[27] 张海英，毛爱军，张峰，王永健，许勇. 4 种主要黄瓜病害的遗传分析 [J]. 华北农学报，2005 (3)：100-103.

[28] 张晓波，马鸿艳，栾非时. 甜瓜雌雄异花同株性状的遗传特征及 SSR 分子标记的研究评论推荐 [J]. 东北农业大学学报，2007 (38)：18-22.

[29] 张兴国，刘佩英. 黄瓜原生质体培养再生胚状体和植株研究 [J]. 西南农业大学学报，1998 (20)：288-292.

[30] 周火强，郑明福，谭亮萍. 冬瓜主要经济性状的遗传效应分析 [J]. 湖南农业大学学报（自然科学版），2008 (34)：68-71.

第十五章　茄果类蔬菜育种

第一节　茄果类蔬菜种质资源

茄科植物中以浆果供食用的蔬菜。世界上普遍栽培的有番茄属的番茄（*Lycopersicon esculentum* Miller），茄属的茄子（*Solanum melongena* L.），辣椒属的辣椒（*Capsicum frutescens* L.）及甜椒（*C. annuum* L. var. *grossum*）。在个别地区还有酸浆属的酸浆等（*Physalis pubesens* L.）等。

番茄原产于美洲热带地区，主要分布于南美的厄瓜多尔至智利北部安第斯山脉西麓的太平洋沿岸地区，目前大多人则认为栽培番茄起源于墨西哥一带。通常用于栽培的属于普通番茄。一般将番茄属分为 9 个种，除普通番茄外，还包括醋栗番茄（*L. pirapinellifolium*）、契斯曼尼番茄（*L. cheesmanii*）、小花番茄（*L. parviflorum*）、克梅留斯基番茄（*L. chmeilewskii*）、多毛番茄（*L. hirsutum*）、智利番茄（*L. chilense*）、秘鲁番茄（*L. peruvianum*）和潘那利番茄（*L. pennellii*）。到 1990 年，全世界已经收集并保存了 4 万多份番茄材料。我国引进番茄的历史较短，1949 年以前曾从美国引进大量番茄栽培品种。自 20 纪 80 年代以来，也先后组织了两次大规模的种质资源收集工作，共收集到各种番茄材料 1912 份。番茄野生近缘种是番茄抗虫育种的主要资源，多毛番茄、潘那利番茄、秘鲁番茄以及契斯曼尼番茄是主要的抗源。1943 年，Luckwill 根据腺毛类型将番茄分为 Ⅰ～Ⅶ 7 种类型（表 15-1）。对多毛番茄、潘那利番茄、秘鲁番茄抗虫鉴定发现其具有较强的抗虫能力，能抗多种害虫。

番茄不同腺毛类型防害虫特性比较 表 15-1

类型	腺体有无	有无分泌毒素	腺毛密度	防御害虫方法
Ⅰ	有	有	小	毒素驱避害虫
Ⅱ	无	无	—	屏障防御害虫
Ⅲ	无	无	小	屏障防御害虫
Ⅳ	有	有	大	毒素驱避害虫
Ⅴ	无	无	大	屏障防御害虫
Ⅵ	有	有	大	毒素驱避害虫
Ⅶ	有	有	小	毒素驱避害虫

茄子（*Solanum melongena* L.）属于茄科茄属（$2n = 2x = 24$），起源于印度及亚洲东南亚热带地区，古印度为最早驯化地。我国茄子野生资源丰富，表型性状及抗病虫性与栽培品种差异较大，一般认为中国是茄子次生起源地。目前，我国国家种质库长期保存茄子及其近缘野生种资源 1601 份。在植物学上，茄子分为 3 个变种：即圆茄、长茄和卵茄，在我国不同地区分布（表 15-2）。

表15-2

地　区	果　形	果　色
北京、天津、河北、内蒙古中部、河南、山东北部、山西大部和西北大部	圆形	紫皮（河南为绿色）
黑龙江、吉林及内蒙古东部	长棒形	黑紫色
辽宁	长棒形	紫色、绿色
江苏南部、浙江、上海、福建、台湾等地	长条形	紫红色
安徽、湖北、湖南、江西等地	长棒形或卵圆形	紫红色
广东、海南和广西等地	长果形	紫红色

我国不同地区茄子果形和果色差异比较

"七五"期间，对入库的1013份茄子资源进行了黄萎病抗性鉴定，鉴定出中抗资源4份，其中3份为野生种，1份为栽培品种，为来源于福建长汀县的长汀本地茄（I6B0506）。2001年，柳李旺等（2001年）对茄子及其近缘野生种的抗性与品质进行了初步评价，其结果表明，茄子野生种红茄、野茄、喀西茄对黄萎病、Mi根结线虫田间表现高抗或免疫，是茄子抗性育种中很好的抗源；但野生种茄子果形、单果重较小，单果籽数较多，因而品质性状是限制其广泛应用的因素，利用茄子野生种来改良栽培种现有品质性状的可能性不大。云南省农科院园艺所龚亚菊等（2003年）对从云南省各地收集的103份茄子种质资源进行观察，发现云南的茄子类型丰富，24份野茄大多生长在西双版纳、思茅、红河等南部湿热地区，多为半栽培种和近缘野生种，未见有病害发生，表现出较强的抗病性。对引进亚洲蔬菜研究与发展中心的茄子材料鉴定结果表明，TS69、S56B、EG193、S47A、EG195、TS3、EG192等7份材料抗青枯病。阜新紫长茄002号是栽培种中高抗绵疫病材料，对茄子绵疫病的抗性由单显性基因控制。

辣椒（*Capsicum annuum L.*）原产中南美洲，又名海椒、番椒、辣子、辣茄等，属茄科辣椒属一年或多年生植物，在热带地区则为多年生灌木。于明末（7世纪40年代）传入我国，至今已有300多年的历史。辣椒属有20～30个种，原产于美洲。在已驯化的5个种当中，有4个种具有同种的野生类型，另有6个种人们只开发利用而未进行栽培。至20世纪至80年代末我国已收集辣椒种质资源2000多份，果形有灯笼形，长、短羊角形，长、短指形，锥形和扁柿饼形等。灌木状辣椒的野生型有的很辣，最适于提取油质树脂。大果型的灌木状辣椒在中美洲和哥伦比亚分布极广，而且非常多样化，味不太辣，甚至带甜，包括著名的墨西哥塔巴斯科辣椒。灌木状辣椒抗疫霉菌和轮枝孢菌。浆果状辣椒是南美洲的另一栽培种，抗疫霉菌CMV、PVY和TMV等病毒。查科辣椒（*C. chacoense*）很容易与一年生辣椒的复合体和浆果辣椒杂交。和辣椒属中其他种的种间杂交一样，因是染色体易位的杂合体，其F1极端不育。它带有抗细菌性斑点病以及抗TMV病毒的一对等位基因。查科辣椒×特等辣椒产生的杂种，有一些表现细胞质雄性不育。

第二节　主要性状的遗传

一、番茄主要性状的遗传

对于番茄主要性状的遗传研究，在果形、风味性状和某些抗性性状的遗传上的研究相对较为深入。孙保娟和孙光闻（2006年）以樱桃番茄为研究对象研究发现，其维生素C、番茄红素、胡萝卜素等 3 个性状的遗传符合"加性—显性"效应遗传模型，基因间的主要作用是加性效应；维生素 C 和番茄红素基因效应为隐性增效。成颖等（2009 年）研究指出，樱桃番茄果长受一对隐性等位主基因控制，圆形和梨形杂交后代遗传符合 1 对主基因＋多基因遗传模型。他们认为 F2 世代果长表现出较高的主基因遗传率，并受环境影响。田春雨和刘野报道（2009 年）番茄风味性状中可溶性固形物、硬度的遗传力高，受环境影响小，早期世代进行选择即有明显效果；而葡萄糖、可溶性糖、果糖等遗传力较低，受环境影响大，早期世代对其进行选择并不可靠，在杂交后期世代进行选择，可收到较好的效果。刘静等（2005 年）认为可溶性固形物属核遗传，受胞质影响不大，番茄果实可溶性固形物含量以加性效应为主，有不太高的超高亲优势。他们用 4 个小果品种和 4 个大果品种轮配，研究可溶性固形物的遗传，结果认为控制高和低可溶性固形物含量都有显性基因，醋栗番茄有高固形物含量的显性基因，高可溶性固形物含量的遗传力为 54％。对可溶性固形物含量的配合力变量分析显示，品种间的普通配合力和组合间的特殊配合力的差异，都极显著。小果品种的普通配合力显著高于大果品种，大果品种即使其本身的固形物含量较高，但它们的普通配合力仍为负值。这说明在控制固形物含量方面，基因的积累作用和非等位基因的互作都很重要。在番茄的果实含糖量遗传研究方面，还原糖中果糖与葡萄糖的含量受一对显性基因 Fgr 控制，这个基因点坐落在第 4 染色体的着丝点区域，几乎不单独与果糖和葡萄糖有关，也与总糖和总可溶性固形物无关。选择可溶性固形物含量高的亲本作为杂交亲本，有可能选育出风味佳美、园艺性状优良的番茄新品种。在番茄的果实风味遗传研究方面，认为整个滋味强度基因的变异主要是由于糖类和酸类变化，而以柠檬酸和果糖起的作用最大。而霍建勇等（2005 年）认为可溶性糖以核遗传为主，受细胞质影响不大，遗传效应主要以非加性效应为主。他们还认为含酸量是由 1 对主效基因控制的，高酸为不完全显性，估算遗传力为 66.4％。控制 pH 值的有 2～5 个基因，控制全酸量的有 3～4 个基因，其中有一主效基因控制含酸量。同时指出，由于低 pH 值和高酸量之间存在高度相关，因而对试材进行选择时，只要鉴定其中之一即可。还有其他在番茄的果实含酸量遗传研究方面，认为有机酸和 Vc 随果实的成熟过程而增加，番茄总酸度的遗传非加性基因占优势。

在番茄果实硬度遗传研究方面，表现为 1 对基因控制，软果为显性，但存在一些修饰基因。果实硬度的遗传主要是基因加性效应，显性效应是很小的。番茄果实硬度至少受 4 对以上基因控制，符合"加性—显性遗传模型"，以加性效应为主，上位效应不显著；F1 硬度值居于双亲之间，高硬度为不完全显性。硬度遗传效应主要以加性效应为主。果实硬度的加性遗传分量和显性遗传分量均达极显著水平，表明果实的加性作用和显性作用都很重要。各性状与硬度的遗传相关系数中，只有抗裂性和耐压性与硬度的相关达到极显著水平，相关系数分别为—0.951 和 0.814。

番茄红素是微效多基因控制的数量性状，迄今已知控制或影响番茄红素含量遗传的基因达 17 对以上。严玉坤和李景富（2010 年）研究指出，番茄红素含量性状符合加性—显性遗传模型，其广义遗传力和狭义遗传力分别为 75.80％和 44.47％。

王辉等（2010 年）由番茄果实表面色差估计番茄红素含量的遗传符合两对加性—显性—上位主基因遗传模型（B_1_1），主基因效应在 B1、B2 和 F2 三个世代的遗传率分别为 50.31％、65.15％和 32.77％。安凤霞等（2007 年）研究指出，番茄耐热性符合加性—显性遗传模型，以加性效应为主，兼有显性效应；狭义遗传力较高，一般配合力方差居主导地位，基因加性效应大于显性效应。

二、茄子主要性状的遗传

茄子果形和抗青枯病的研究报道相对较多，对于茄子果形性状的研究报道指出其为多对基因控制的数量遗传性状，其最优遗传模型为 E-1 模型，即两对加性—显性—上位性主基因＋加性—显性多基因混合遗传模型；不同果形杂交组合的后代更倾向于小值亲本，这种明显的倾亲性在配置组合时应加以利用；从遗传效应信息分析来看，茄子果形指数性状以基因加性效应占主导地位，可以稳定遗传，应通过系谱法加以利用；茄子果形指数性状的广义和狭义遗传力均较高，受环境影响小，在群体的早期世代根据表现型进行选择将得到明显的选择效果，并可以较稳定地遗传给后代。茄子果径遗传方式属于数量遗传，其遗传效应符合加性—显性遗传模型，且以加性效应为主；控制果径性状的最少基因数目为 4 对，果径的狭义遗传力为 61.5％。茄子果色性状属于多基因控制的数量性状，主基因遗传率非常高，其遗传符合 E 模型，即两对加性—显性—上位性主基因＋加性—显性—上位性多基因模型；从遗传效应信息分析来看，茄子果色性状的遗传是以基因加性效应为主，显性效应为辅。茄子果色性状的广义遗传力非常高，而狭义遗传力较低，应优先利用杂种优势。茄子萼片颜色性状遗传属核遗传，紫萼片对绿萼片为显性；回交 B1 代绿紫萼片数与绿萼片数之比符合 1∶1 的比例；F2 代果实萼片颜色分离为绿紫、紫和绿色，经卡平方测验比例符合 9∶3∶4，表明萼片色由 2 对基因控制，且存在基因互作现象（隐性上位作用）。何明等（2008 年）研究指出，在弱光条件下坐果率、单果质量及单株产量 3 个性状的遗传都符合加性 2 显性模型。坐果率和单株产量以显性效应为主，显性势为正向超显性；单果质量性状的加性效应比显性效应略占优势，显性势为正向完全显性。

李海涛等（2002a；2002b）研究了茄子抗青枯病材料 WCGR11228 和 IS1934 的抗性遗传特性发生，WCGR11228 对青枯病的抗性遗传是受 1～2 个基因控制的，其中有 1 个基因起主导作用，具有不完全显性遗传。LS1934 的抗性遗传同样为不完全显性，但抗性基因为 2 个或 2 个以上，有 2 个基因起主导作用，他们认为茄子抗青枯病基因有累加作用。封林林等（2003 年）对茄子青枯病抗性的遗传分析表明，茄子对青枯病的抗性遗传规律符合"加性—显性"效应模型，遗传效应中同时存在加性效应、显性效应和反交效应，但以加性效应为主。茄子对青枯病的抗病性表现为隐性，感病性表现为部分显性。这表明茄子对青枯病的抗性遗传较为复杂，由多个微效基因、较少的主效基因和细胞质基因共同控制。朱华武等以高感青枯病品种北京六叶茄 064、高抗青枯病半栽培种马来西亚 S3 及其 F2 代为材料，对 S3 的抗青枯病特性进行了遗传分析研究，结果表明：抗病亲本材料 S3 的抗病基因由 1 对显性基因控制。田时炳等（2007 年）研究指出，茄子青枯病抗性遗传主要受少数隐性基因控制，属隐性遗传，存在着非等位基因间的上位作用。

三、辣椒主要性状的遗传

辣椒的主要性状遗传研究主要集中在其结果特性、熟性、丰产性和风味等方面。乔迺妮等研究指出，辣椒的果数/株、病毒病病情指数的遗传力较高、遗传变异系数也较大，可在早代进行选择，并适当加大选择强度，能加快遗传进度；单果重、果肉鲜重等经济性状的遗传力较低，但它们的遗传变异系数和相对遗传进度均较高，应提高选择标准，增加选择世代；可溶性固形物等性状的遗传力较高，后代稳定较快，但其遗传变异系数和相对遗传进度较低，选择时应放宽标准，在早代选择。

对于辣椒早熟性的主要判定指标是早期产量，通常由始花节位、现蕾期、开花期、第一果实商品果成熟期、早期单果重、早期单株采果数影响。始花节位遗传符合一对主基因＋多基因混合遗传模型，其遗传力较高，大于80％。早开花性能受几个主基因控制，加性效应占优势，同时非等位基因间的互作效应也较重要，也有认为是受显性效应影响的。早期产量受加性效应控制，但也有认为加性效应没有显性效应和上位性效应重要。而对于其成熟期的遗传力的很多研究认为，不管是广义还是狭义遗传力都较低。

丰产性是数量性状，受株高、单株果数、单株产量等多性状的制约和影响。有研究指出，株高符合一对主基因＋多基因遗传模型，受加性和非加性基因效应控制，但也有研究认为主要受前者影响。单株果数的遗传力较高，多认为其加性效应占优势，同时也有中等强度的正显性效应影响，也有认为加性效应没显性和上位性效应重要的。对于单株产量的遗传研究，有不同的报道。多认为非加性基因作用比加性基因作用影响的程度大，同时，加性和非加性的互补上位基因效应和控制高产的基因位点的超显性较为重要，高产对低产为显性，但也有很多研究认为加性效应很重要。

辣椒的品质包括果实的营养品质、风味品质和商品品质、维生素C、可溶性糖、干物质含量，决定着营养品质，研究认为其为一种由多种元素构成的复合性状。有报道指出，绿熟果中维生素C由加性和显性基因效应控制，成熟果实中维生素C含量则受加性、显性、上位性基因影响。可溶性糖主要受基因的加性效应影响，果实干物质含量的加性和非加性效应均十分重要，果实干物质含量受环境的影响极大。辣椒素的遗传控制中，加性遗传方差占优势，广义遗传力大于90％。

第三节　茄果类蔬菜的主要育种目标

茄果类蔬菜的主要育种目标同样主要基本集中在丰产性、品质、抗病性和适应性等方面，其中以前三者的研究尤为重要。在番茄育种工作中，除丰产性和品质育种外，一个最突出的问题就是能育出具有高抗虫、抗病性品种。而热带地区的茄子新品种选育应立足本地区的喜好类型，以品质育种为主，兼顾抗病性和抗逆性。品质育种以果形、单果大小、皮色、光泽度、肉色、果肉紧密度、口感等作为主要评价指标。我国辣椒抗病育种的主攻目标在"六五"期间是抗病毒病；"七五"是优质、多抗（TMV和CMV）、丰产为主攻目标；"八五"是抗病毒病和疫病为主攻目标；"九五"以优质、多抗（抗病毒病、疫病）、丰产为主攻目标；"十五"期间辣椒育种的总体目标是：提高育种技术水平，创制新的、优异育种材料，选育专用品种。经过10多年的协作攻关，我国基本上查清了各地病毒病、疫病和炭疽病的病原和病原菌的生理分化，提出了辣椒TMV、CMV和疫病的单抗和多抗苗期接种鉴定方法，实现了辣（甜）椒抗病性鉴定的规范化。在对3312份辣（甜）椒种质资源进行抗性鉴定的基础上，已筛选出抗TMV的材料279份，中抗CMV的材料317份、兼抗TMV和CMV的材料162份。从京、津、宁、辽、吉、新六省（自治区）、直辖市辣（甜）椒上采的病毒病标样中，检出TMV、CMV、PVX、PVY、TEV、BBWV、AMV、TRV等8种病毒病原。其中，TMV和CMV检出率最高，危害最大，是我国辣

（甜）椒上的主导病原，也是抗病育种的主要目标。

第四节　主要育种途径及程序

茄科常用的育种方法同样有有性杂交育种、杂种优势育种、人工诱变育种、生物技术程序等途径。在当今育种工作已充分利用现有的栽培品种而又未找到新的抗源或所需的特殊材料时，利用远缘有性杂交使后代发生基因重组，再经若干代的定向选择鉴定，或采用回交法筛选材料，这是一条比较理想的途径。杂种优势利用的关键是探明主要经济性状的遗传规律，正确选择亲本，配制强优势的组合。杂交育种程序主要为选用两个杂交配合力高的、杂种优势表现明显的和性状互补性强的纯系品种或自交系进行人工授粉杂交，而后经田间比较鉴定育成新品种。茄果类蔬菜主要的育种途径和基本程序有较大的相似性，主要育种途径、程序和其他主要农作物也基本相似，以下以辣椒为例主要就最为常用的杂交育种技术展开叙述。

辣椒为常异花授粉作物，以自交为主，但有一定的天然杂交。辣椒杂交育种的关键是授粉程序的操作，它决定繁殖种子的产量和质量，其主要包括采粉、选花、去雄和授粉等过程。

（1）去雄技术

在杂交一代种子生产中，必须将母本的雄蕊除去。去雄是否彻底，关系到杂种一代的纯度和优势。根据对辣椒生长发育的仔细观察，大多数辣椒花（80％）在上午 10 时以前开放。去雄必须注意选择适宜大小的花蕾，以选用前 1 天开花的为好。去雄时，用左手拇指与食指轻轻夹持花的基部，先用镊子将花瓣轻轻拨开，镊子尖端从药筒的基部伸入，轻轻放松对镊子的夹持力，将花药撑开，或顺序向上部在两个药囊之间把药筒拨开，然后再将花药摘除。

（2）采粉技术

辣椒母本去雄后，必须从父本田选取生活力强的花粉与其授粉，才能产生杂交一代种子。首先选择适宜大小的花蕾，可用镊子或徒手取出花药。将花药放在光滑的白纸上，然后将白纸放在干燥的地方干燥，花药纵裂即可。将干燥后的花药放在花粉筛中，用毛笔或排笔轻轻拨动花药，花粉从筛孔中落下，收集待用。辣椒花粉大约可维持 1～2 天生活力。因此，花粉筛出后，应用一种较密封的容器装好，放在低温、干燥、避光的地方，尽量保证花粉的生命力，延长花粉的有效使用期。

（3）授粉技术

在实际操作过程中，一定要结合本地的情况，如劳动力是否充足、坐果是否正常等进行选择。根据工作经验，在坐果正常的情况下，还是一边去雄一边传粉较好。传粉时，左手是去雄时的拿花方式，右手在去雄后，将花粉管或装花粉的盖轻轻靠近花柱，让花柱柱头沾上花粉。传粉时动作要轻，不能碰伤花柱和子房，否则会引起落花。

（4）采种技术

完全红熟的果实采收后不用后熟，而没有完全红熟的果实应适当后熟，然后取出种子。取出的种子应清除胎座和其他杂质，不用水洗，立即晾晒，便可得到颜色金黄、发芽率良好的种子。

（5）贮藏技术

收集完种子后，把辣椒杂交种子干燥到符合密封贮藏要求的含水量标准以下，通过控制氧气供应和降低种子含水量来抑制种子自身代谢活动，用各种不同的容器或不透风的无毒包装材料密封起来进行贮藏。

我国目前生产上应用的辣椒优良品种也大部分是一代杂种，如湖南省蔬菜研究所育成的湘研系列辣椒、江苏省农业科学院蔬菜研究所育成的苏椒系列、中国农业科学院蔬菜花卉研究所育成的中椒系列等，在生产中发挥了巨大的作用。

到 20 世纪 70 年代，一些国家先后选育出具有商业性的胞质雄性不育系配制的杂交种。如保加利亚配制的 Krichimskirani，法国的 LamuyoINRA。我国辣椒雄性不育系的选育与利用亦取得明显进展。1981 年沈阳市农业科学研究所选育出 A、B 型雄性不育系 AB14-12，而后相继选育出 AB832、AB154 基因型雄性不育系，并育成一代杂种。1984 年又育成细胞质雄性不育系 8021A，保持系 8021B，恢复系二斧头 017-4-1，实现辣椒三系配套。沈火林等在 8633 辣椒株系中发现了雄性不育株后，采用测交、连续回交和父本株自交的方法，育成了灯笼椒、羊角椒、线辣椒等不同类型的雄性不育系和相应的保持系，并筛选出恢复系，实现了三系配套。

除上述育种途径外，有些育种家曾用实验方法如种间杂交、辐射花蕾和花粉的处理、胚囊的氧化氮气体处理，以及花粉离体培养获得不同茄果类蔬菜的单倍体和不同新的种质材料，认为单倍体用秋水仙素或自然加倍染色体的方法，可为育种者提供一条一步就获得纯合二倍体的捷径。

本章小结

茄果类蔬菜是人们不可缺少的食物，主要包含辣椒、茄子、番茄、马铃薯等作物。因消费习惯和气候适应性，茄果类有许多急需解决的生产问题。本章阐述了茄果类蔬菜的育种目标，现有种质资源以及育种方法、主要育种程序。

思考题

1. 试结合文献说明我国茄子的主要资源及需要解决的问题，并列出解决问题的育种程序。

2. 以某一辣椒为例，说明选育雄性不育系的程序。

参考文献

[1] Sacks E. J. Francis D. M. Genetic and Environmental Varitation for Tomato Flesh Color in a Population of Modern Breeding Iines [J]. J Amer Soc Hort Sci，2001，126（2）：221-226.

[2] 安凤霞，李景富，王傲雪等. 番茄耐热性遗传分析 [J]. 中国蔬菜，2007（9）：15-17.

[3] 陈学军，方荣，周坤华，缪南生. 辣椒花器性状与果实性状的遗传相关及因子分析 [J]. 江西农业大学学报，2009，31（6）：1006-1010.

[4] 成颖，李海涛，吕书文等. 樱桃番茄果长性状的主基因—多基因混合遗传分析 [J]. 沈阳农业大学学报，2009，40（1）：88-91.

[5] 方荣，陈学军，周坤华等. 辣椒早熟性状遗传研究进展 [J]. 中国蔬菜，2009（22）：1-5.

[6] 封林林，屈冬玉，金黎平等. 茄子青枯病抗性的遗传分析 [J]. 园艺学报，2003，30（2）：163-

166.

[7] 高建昌，杜永臣，王孝宣，国艳梅. 番茄抗虫育种研究进展 [J]. 中国蔬菜，2007 (3)：38-42.

[8] 龚亚菊，周立端，杨敏杰等. 云南省茄子种质资源的研究及利用 [J]. 长江蔬菜，2003 (5)：
     40-41.

[9] 何明，张伟春，山春等. 茄子耐弱光性遗传效应的初步研究 [J]. 中国蔬菜，2008 (6)：24-26.

[10] 胡小荣，陶梅，周红立. 番茄种质资源遗传多样性研究进展 [J]. 现代农业科技，2008 (5)：
     6-8.

[11] 黄锐明，陈国良，谢晓凯等. 茄子果径遗传效应初探 [J]. 长江蔬菜，2006 (9)：45-46.

[12] 霍建勇，刘静，冯辉等. 番茄果实风味品质研究进展 [J]. 中国蔬菜，2005 (2)：34-36.

[13] 霍建勇，刘静，冯辉. 鲜食粉果番茄可溶性固形物含量及遗传分析 [J]. 沈阳农业大学学报，
     2005，36 (2)：152-154.

[14] 李海涛，邹庆道，吕书文等. 茄子对青枯病的抗性遗传研究（I. 茄子抗病材料 LS19348 的遗传分
     析）[J]. 辽宁农业科学，2002 (3)：1-3.

[15] 李海涛，邹庆道，吕书文等. 茄子对青枯病的抗性遗传研究（I. 茄子抗病材料 WCGR11228 的遗
     传分析）[J]. 辽宁农业科学，2002 (2)：1-5.

[16] 李植良，黎振兴，黄智文等. 我国茄子生产和育种现状及今后育种研究对策 [J]. 广东农业科学，
     2006 (1)：24-26.

[17] 刘静，冯辉. 番茄果实可溶性固形物配合力分析 [J]. 辽宁农业科学，2005 (4)：49-50.

[18] 柳李旺，龚义勤，汪隆植等. 番茄、茄子及其近缘野生种抗性与品质的初步评价 [J]. 南京农专
     学报，2001，17 (2)：7-11.

[19] 庞文龙，刘富中，陈钰辉，连勇. 茄子果色性状的遗传研究 [J]. 园艺学报，2008，35 (7)：979-
     986.

[20] 乔迺妮. 辣椒主要数量性状遗传分析 [D]. 西北农林科技大学硕士论文，2006.

[21] 孙保娟，孙光闻. 樱桃番茄主要品质性状的遗传效应分析 [J]. 广东农业科学，2006 (1)：36-
     38.

[22] 谭亮萍，周火强，曾化伟等. 辣椒种质资源鉴定. 评价及利用研究进展 [J]. 辣椒杂志，2008
     (2)：24-28.

[23] 田春雨，刘野. 番茄风味品质性状遗传研究进展 [J]. 农业科技与装备，2009，183 (3)：4-5.

[24] 田时炳，王永清，罗章勇等. 茄子对青枯病的抗性遗传分析 [J]. 西南农业学报，2007，20 (4)：
     642-645.

[25] 王得元，李颖，王恒明. 辣椒主要经济性状遗传研究进展 [J]. 长江蔬菜，2001 (11)：28-30.

[26] 王辉，李文丽，王富. 由番茄果实表面色差估计的番茄红素含量遗传分析 [J]. 中国农学通报，
     2010，26 (4)：215-218.

[27] 肖蕴华，林柏青. 茄子种质资源黄萎病抗性鉴定 [J]. 中国蔬菜，1995 (1)：32-33.

第十六章 柑 橘 育 种

柑橘类果树是世界第一大水果，全世界有 80 多个国家栽培柑橘。中国是大多数柑橘种类的原产地，柑橘栽培历史悠久，种质资源丰富，全国有 18 个省市（区）栽培柑橘，2009 年全国柑橘种植面积 3000 万亩，约占世界柑橘种植总面积的 24%，产量达 2500 万 t，占世界总量的 16%，居世界第一位。经过各国柑橘育种工作者的努力，现已培育出不少柑橘品种。新中国成立以来，我国柑橘育种工作者开展了全国性的资源调查工作，发掘了许多有价值的品种和类型及野生资源。同时，还进行了选择育种、杂交育种、辐射育种及生物技术育种等研究工作，并取得了一定进展。但随着柑橘生产的发展及人民生活水平的提高，消费者对柑橘果品的品质及品种多样性将提出更高的要求，而我国目前柑橘品种结构仍不能满足国内外市场需求，缺乏不同成熟期品种和加工制汁良种、缺乏在国际市场占优势地位的品种，因此，柑橘育种工作任重道远。

第一节 柑橘种质资源

种质资源是育种工作的物质基础，种质资源的拥有量是衡量一个国家或一个地区育种潜力的标志。由于种质资源对育种具有重大意义，因此受到各柑橘生产国和国际组织的重视，日本、美国、法国、苏联等国对柑橘种质资源的收集、保存、研究工作很重视，早在 20 世纪初已开始进行，美国在柑橘育种上能取得较大成效跟他们对种质资源重要性的认识及重视种质资源工作密切相关。根据叶荫民（1982 年）报道，国外一些主要国家柑橘种质资源收集情况依次为法国 3405 份，美国 1459 份，日本 1010 份，苏联 969 份，南非 776 份，澳大利亚 574 份，印度 642 份，巴西 241 份。

我国是世界柑橘的原生中心，柑橘种质资源丰富，同时还具有大量的近缘属植物，这为我国柑橘育种奠定了较好的基础，但柑橘种质资源工作起步较晚，1963 年，中国农业科学院柑橘研究所建立了国家级柑橘种质资源圃，目前收集保存柑橘属及其近缘属植物 1300 多份，保存的资源包括有芸香科柑橘亚科 9 属 24 种 14 变种的植物，其中柑橘近缘属植物 6 种。华中农业大学国家柑橘育种中心及各地方的柑橘研究所也收集保存了部分柑橘种质资源，已经发掘出的优良地方品种（类型）和稀有珍贵的种质有广西的沙田柚、扁柑，广东的新会橙、蕉柑、砂糖橘、贡柑，四川的锦橙、梁平柚，浙江的少核本地早、常山胡柚，福建的改良橙、琯溪蜜柚；湖南的蒲市无核甜橙、黔阳冰糖橙，江西的南丰蜜橘等优良资源供生产直接利用。此外，还发现许多原产我国的柑橘类植物的种群群落，如山金柑、宜昌橙、香橘、酸柑橘、白柠檬、枸橼、红河橙、酒饼簕、九里香等。目前，我国云南、广西、江西、四川、湖南还保存有野生柑橘林。最近，华中农业大学柑橘组还发现特别香的柑橘种类。

一、柑橘的分类

对于柑橘分类问题，国内外很多学者已进行大量的研究，但目前全世界仍没有一个统一的分类系统。纵观各类文献有关柑橘分类的论述，主要分为两大流派，即美国 Swing-leW．T．的柑橘大种分类系统和日本田中长三郎的小种分类系统。我国的曾勉等对柑橘分类问题也进行了较系统的研究，并初步制定了一个柑橘分类大纲。随着研究方法及手段的不断发展，结合形态学、细胞学、生理生化及分子标记等分类技术的应用，相信将来有关柑橘的分类问题会更科学和完善。

柑橘植物学分类属芸香科（Rutaceae），柑橘亚科（Aurantioideae），共有 33 个属 200 多个种。柑橘亚科又分为三类：①原始柑橘类；②近似柑橘类；③真正柑橘类。在此三类中应用于生产的是真正柑橘类。真正柑橘类共有六个属：枳属（Poncirus），柑橘属（Citrus），澳洲沙檬属（Eremocitrus），金柑属（Fortunella），澳洲多蕊橘属（Clymenia）及澳洲指檬属（Microcitrus）。其中，经济价值较大，可供生产栽培和砧木利用的有柑橘属、金柑属和枳属，起源中心都是中国。

（一）柑橘属

本属为柑橘类最主要的一属，种质资源极为丰富，品种类型繁多，除枸橼、莱檬等种外，其余均属中国原产。资源分类简介如下：

第一类　主栽品种、地方品种及砧木资源

根据我国栽培面积、产量及品种数量的多少依次分为如下几类。

1. 宽皮橘类（C. reticulata Blanco）

此类原产于中国，分布最广，是目前我国主栽类型，占柑橘总面积的60%左右。耐寒性比较强，我国栽培北限可至江苏的无锡、苏州，陕西的汉中地区，以及甘肃的文县、武都一带，分橘和柑两大类。

（1）橘：为芸香科植物福橘或朱橘等多种橘类的成熟果实。种类很多，有八布橘、金钱橘、甜橘、酸橘、宫川、新津橘、尾张橘、温州橘、四川橘等品种。果实较小，常为扁圆形，皮色橙红、朱红或橙黄。果皮薄而宽松，海绵层薄，质韧，容易剥离，囊瓣7～11个。味甜或酸，种子呈尖细状，不耐贮藏。在进化上较柑类出现早，长江南北到华南各省均有栽培。优良品种很多，代表品种有椪柑、红橘、福橘、大红柑、本地早等，较耐寒。

（2）柑：芸香科植物柑等多种柑类的成熟果实。果实较大，近于球形，皮显色彩，橙黄色或橙红色，果皮粗厚，海绵层厚，质松，剥皮稍难，种子呈卵形。味甜酸适度，耐储藏。又名金实、柑子、木奴、新会柑、瑞金奴等。代表品种有温州蜜柑、蕉柑、四会柑、瓯柑等。其中，温州蜜柑耐寒性较强，能耐−9℃低温。

2. 橙类

原产于中国，分布很广，是世界上栽培最多、经济价值最高的柑橘类，分甜橙和酸橙两种。

（1）甜橙（C. sinensis Osbeck）：甜橙是目前世界上最重要的一类柑橘，栽培面积最大，品种品系也最多。目前的甜橙品种按其果实性状可分为普通甜橙、脐橙、血橙和无酸甜橙 4 类，耐贮运，但耐寒性不强，一般仅能耐−6.5℃短期低温。

① 普通甜橙。果一般为圆形，橙色，果顶无脐，或间有圈印。是甜橙中数量最多的种类。

② 糖橙。又称无酸甜橙，果形与普通甜橙相似。因含酸量极低，果汁含量达到适当程度时即可采收、上市，是极早熟的甜橙品种。在地中海沿岸和巴西等地有少量生产，供应地方市场。

③ 血橙。果肉及果汁全呈紫红色或暗红色。果肉细嫩多汁，具特殊香味，地中海地区是其起源地和主产地。

④ 脐橙。特征为果顶有脐，即有一个发育不全的小果实包埋于果实顶部。无核，肉脆嫩，味浓甜略酸，剥皮与分瓣均较容易，果形大，成熟早，主要供鲜食用，为国际贸易中的重要良种。

（2）酸橙（*C. aurantium* L.）：原产中国南部及东南亚一带。世界亚热带产区均有栽培。果圆形，趋于扁圆，橙黄或橙红色，鲜艳，油胞凹入，果皮较易剥离，具苦味。中心柱半充实或空虚。汁味酸，少香气。叶、花、果所含精油，与甜橙所含成分不同，更为芳香悦人。抗寒性比甜橙稍强。中国现有的品种有"朱栾"、"小红橙"、"枸头橙"、"代代"、"虎头柑"、"蚌柑"等。酸橙抗寒性强，可作橙、柑和橘类的砧木。

3. 柚类

（1）柚（*C. grandis* Osbeek）：是柑橘类中果实最大的类型，叶大而阔，花白色，果实圆形或梨形，皮厚，单胚，果味酸甜。优良品种资源有广西的沙田柚，福建的琯溪蜜柚，湖南的安江香柚，四川的梁山平顶柚、垫江黄沙白柚，浙江平阳的四季抛，台湾的晚白柚、麻豆文旦等。柚含维生素 C 比甜橙多 2 倍，比橘类多 4 倍，耐贮运，宜鲜食。

（2）葡萄柚（*C. Paradisi* Macq.）：系柚橙的天然杂种。代表品种有马叙无核、邓肯等。鲜食或制果汁用，略带苦味，含维生素 C 多。

第二类　野生半野生资源

此类资源仍以野生半野生状态存在，主要应用价值是作砧木、育种亲本、观赏及药用等。有大翼橙、宜昌橙和枸橼等三类。

（1）大翼橙类：原产我国云南南部，乔木、翼叶大、与叶身等大或超出，花小，有花序，花丝分离，果中等大。如云南红河橙、马蜂橙等。

（2）宜昌橙类：小乔木或灌木。翼叶大，与大翼橙很相似，但花大，单花，花丝联成束状。耐寒，分布在湖北、四川、云南、贵州等省山区。有宜昌橙、香橙、香木缘三种。

（3）枸橼类：小乔木。叶柄几无翼叶或翼叶很小，花大，有花序，花瓣紫色，一年多次开花，果顶多有乳头状突起。这一类有枸橼、柠檬、黎檬、莱檬四种，其中以柠檬经济价值最高。

（二）金柑属

中国原产，分布于广西、福建、浙江、江西、湖南、广东等地。叶为单身复叶，互生，叶较小、革质，卵状椭圆形或倒披针形，顶端具不明显锯齿，叶柄具极狭翅。一年多次开花和结果。花生叶腋，1～3 朵，花被 5 瓣裂、白色，子房五室。果实球形或扁球形，前圆后狭，果皮光滑，初时为青绿色，成熟时为金黄色，有香味，汁多味美，可连皮生食，夏季开花，秋冬果熟（图 16-1）。果皮厚而甜，可食。植株抗寒、抗旱、抗病力都较强。

图 16-1　金柑的花、叶、果实（黄桂香摄，2006 年）

（三）枳属

枳属（*Poncirus Rafin*）仅有一个种，称为枳（枳壳），原产中国，极耐寒，可耐－20℃左右低温。本种按叶形大小可分为大叶和小叶两种类型，一般 3 叶复出，花也有大花和小花之分，花白色，果实绿色，种子极多数。枳壳是我国柑橘类的主要砧木，具有树势矮化、抗寒、抗裙腐病、流胶病、线虫病，具丰产、稳产、提早结果等优点，但不耐湿涝，不耐盐碱（图 16-2）。

图 16-2　枳壳的枝、叶、果实、种子
（黄桂香摄，2006 年）

二、柑橘类种质资源的特点

多样性：柑橘的近缘植物中表现更为明显，如枳（*Poncirus trifoliata* Rafin.），具落叶性，能耐－26℃的低温。

远缘杂交可孕性：柑橘植物种间容易杂交成功，属间杂交种有：枳橙、枳柚、枳酸橙、柑柚、柑橙、四季橘、莱檬金柑。

植物学分类有：大翼橙类、枸橼柠檬类、柚类、橙类、宽皮柑橘类。

柑橘是多年生植物，幼龄期长，主要靠嫁接繁殖保存品种特性，不适于使用种子保存。柑橘种质资源的保存主要是采用栽植保存。世界各国都在探索建立合理的繁殖保存程序。

第二节　柑橘主要性状的遗传

性状遗传的研究有助于选配杂交亲本，鉴别珠心苗和有性苗，进行杂种苗的早期鉴定，提高杂交育种的效率，同时还有利于研究种质的起源进化和亲缘关系及分类。柑橘性状分为质量性状和数量性状，产量和品质等主要经济性状的遗传多为数量性状遗传方式。由于柑橘长期无性繁殖，生育期长，可自由授粉，各种属间较易进行杂交，遗传基础较复杂，后代分离广泛，多数品种具多胚性，杂种实生苗童期长，杂种群体小及分离世代少等因素的影响，目前对于柑橘遗传变异规律的研究和了解不多，要深入了解各性状的遗传规律，需借助先进的研究手段及较长期的杂交育种研究。

一、多胚性的遗传

多胚性（polyembryony）是指一粒种子包含 2 个以上种胚的特性。柑橘属及其近缘的金柑属、枳属中多胚现象很普遍，多胚性和胚数形成存在遗传多样性，但同一类型的多胚性和单胚性还是比较稳定的性状。

关于柑橘单胚性和多胚性的遗传规律，根据 Parlevliet 等（1959 年）及岩政正男（1967 年）等的观察研究结论为：

多胚性与单胚性的遗传似受一对基因控制，前者是由显性基因（P）控制，后者是由隐性基因（p）控制。当显性基因（PP）或（P-）存在时均表现多胚性，只有同质的隐性基因（pp）结合时，才能产生单胚性状。

胚数目的遗传。Parlevliet 等认为受微效多基因决定，但有几对微效基因目前还不清楚。

二、不育性的遗传

柑橘类中如脐橙、温州蜜柑、南丰蜜橘、伏令夏橙以及马叙葡萄柚等都是无核或少核品种。产生无核或少核的原因主要是生殖器官不育或自交不亲和及胚早期败育等，雌性器官和雄性器官的不育性涉及复杂的分化和发育过程，和染色体结构及数量变异、配子形成时减数分裂异常、配子中途败育以及环境条件等许多因子相关，因此是综合性状，可以分解出若干单位性状。控制单位性状的基因突变也影响育性，如柑橘花药败育基因引起雄性不育。

脐橙和温州蜜柑的无核性其主要原因是花粉不育，但也有些属于胚囊不育。花药退化在柑橘类中也经常见到，在一些品种中花药退化是可以遗传的。日本新培育的"清见"（温州蜜柑和甜橙的杂交种），其杂交后代可以看到花药退化。其次是花粉母细胞的早期退化。岩政正男在温州蜜柑和枳壳的杂种中，发现大约 1/2 的杂种花粉母细胞早期退化，因此认为这是简单的遗传。

三、自交不亲和性的遗传

自交不亲和性（self-incompatibility）也产生无核果实，柑橘的许多品种有自交不亲和现象，但只有具单性结实性的品种，不授粉能产生无籽果实，而不能单性结实的品种，不配置授粉树便不能结果，给予充分授粉便可结果并产生种子。克里曼丁（Clementine）是有名的可以结无核果实的自交不亲和品种，广西沙田柚、奥兰多橘柚（Orlando tangelo）、明尼奥拉橘柚（Minneola tangelo）、高班柚（Kao Pan）、麻豆文旦等都是自交不亲和品种。

自交不亲和性是由一个不亲和性等位基因系统即 S 等位基因所决定的。R. K. Soost 根据两个自交亲和的品种丹西红橘和邓肯葡萄柚杂交，得到奥兰多和明尼奥拉两个自交不亲和的橘柚这一事实，认为这两个亲本的自交亲和性是杂结合的，每一个亲本都具有一个不亲和性等位基因 S_x，和具有一个显性的自交亲和的等位基因（S_F）。

四、抗性的遗传

柑橘抗性的遗传研究目前仍少有报道，关于抗性遗传方式了解不多，育种上认为采用抗性强的品种作亲本，其后代出现强抗性的机率也高。

1. 抗寒性

柑橘抗寒性表现多基因的遗传特点，抗寒强和抗寒弱杂交组合，其后代出现广泛分离。常见的柑橘类的抗寒性表现从弱到强的一般顺序是柠檬、葡萄柚、柚、甜橙、酸橙、柑、金柑、宜昌橙、枳壳。此外，澳洲指橘和澳洲沙漠橘的抗寒性和抗旱性都相当强，单胚。柑橘亚科植物中的酒饼簕属（*Atalantia*）的耐寒性也很强。这些都是由于不同起源地区，不同生态条件的综合因素长期作用下形成的不同抗寒性。柑橘遗传上的抗寒性决定于原始基因型，在多数情况下，这个特性在杂种第一代是显性。

2. 抗虫性

柑橘品种不同，对害虫的抗性也有所不同。据岩政正男（1982 年）报道，对矢尖蚧抗性最强的有香橙、酸橘等，其次是日本夏橙、柠檬和佛手柑，而温州蜜柑、酸橙、脐橙、日向夏蜜柑和枳壳为最弱；对矢尖蚧抗性基因是隐性的，香橙是纯合隐性的，抗矢尖蚧；而不抗矢尖蚧的平户文旦、八朔和日向夏具有异质结合的基因。

枳对柑橘线虫病有高度的抗性，且可以将抗性遗传给杂种后代。据 Cameron J. W. 等（1954 年）调查，枳与柑橘属的 5 个感病率为 63%～100% 的种杂交，得到的 484 株杂种苗中 95% 有抗线虫病。

3. 抗病性

陈力耕等（1990 年）报道，抗疮痂病弱的温州蜜柑分别用抗性强的甜橙和柚杂交，杂种后代以抗性弱或中间型的居多，倾向于强抗性亲本的杂种较少。Yoshidaetal（1984 年）分析了抗病和感病材料间的不同组合发现，抗疮痂病的材料间的杂种有感病的类型，而感病材料间杂交也会分离出抗病的类型。根据陈力耕（1993 年）及 Matsumotoetal（1990 年）等的研究认为，柑橘对溃疡病抗病性由单一显性基因 R 控制，日向夏、温州蜜柑、椪柑和土佐文旦是基因型 RR；香橙、八朔、清见、甜春、克里迈丁、和平户文旦是 Rr，感病品种甜橙、葡萄柚、克来门特橘和柚等品种则是 rr。

五、早实性的遗传

早实性（Precocity）与童期长短直接有关，是重要遗传性状之一，因种类品种而异。陈力耕等（1986 年）以 14 个品种柑橘的珠心苗和 20 个组合的杂种为试材，观察研究实生苗的童期，阐明了实生苗结果早晚表现分离现象，珠心苗和杂种苗相差达 7 年以上，总的趋势是宽皮橘类童期较短，甜橙的童期较长。宽皮柑橘与甜橙的杂种平均始果年龄介于双亲之间。甜橙与甜橙的杂种，始果期一般与亲本的珠心苗始果期年龄相近。遗传分析表明，杂交亲本及各柑橘品种在童期长短的基因组成上是异质结合型，杂种始果年龄早晚呈连续的量的变化，表现出童期长短受多基因所控制，呈数量性状遗传。

六、果实成熟期的遗传

成熟期（Maturity）的是数量性状遗传，有分离现象，并表现趋中的特点。据苏联的研究，由早熟亲本与早熟亲本杂交，杂种第一代可得到比亲本早熟或中熟的后代；由早熟亲本与中熟亲本杂交，多数表现中熟，但其中亦有接近早熟或比亲本更晚熟的类型；早熟和晚熟亲本杂交，其后代多数倾向于晚熟。黄岩柑橘研究所以较晚熟的樱橘×朱红（11月下旬成熟），杂种后代亦有很早熟的植株出现。

七、果实形状和色泽的遗传

果实形状变异为多基因控制的数量性状遗传，杂种果实倾向于中间类型，也出现亲本类型。而果皮和果肉的颜色，在甜橙和宽皮橘类杂交后代，可以从淡黄、橙红至深红，表现较广泛的分离现象，在金堂无核柚×沙田柚杂种后代中，果肉多为乳白色（亲本型），但出现一个淡红果肉（超亲型）（图 16-3）。成熟果实色泽由黄色到橙色变化。

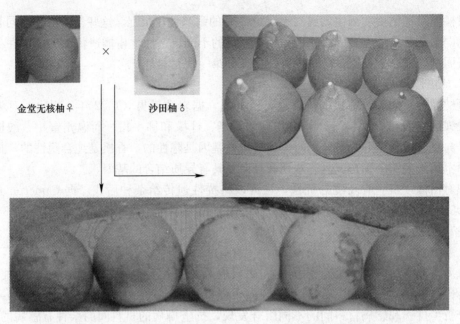

图 16-3　金堂无核柚×沙田柚杂种后代部分果形变异情况（黄桂香，2003 年）

八、果实大小的遗传

果实大小为多基因控制的数量性状遗传。黄桂香等（2003 年）报道的金堂无核柚×沙田柚杂种后代平均单果重 731.37g，小于亲中值 1165g。

九、可溶性固形物含量的遗传

可溶性固形物含量为多基因控制的数量性状遗传。黄桂香等（2003 年）报道的金堂无核柚×沙田柚杂种后代平均可溶性固形物含量为 9.18%，比亲本可溶性固形物含量平均值 10% 低。

十、种子数的遗传

沈德绪等的《柑橘遗传育种》中对种子数的遗传规律为：无核品种×有核品种，F1 常表现为 1：1 的无核性；有核品种杂交时，杂种中一般含核数均有增加趋势，例如克里迈丁和本地早的平均含核数分别为 9.3 和 9.2 粒，而两者的杂种中含核数几乎都超过双亲，其中半数以上超过 15 粒，只有少数的接近亲本的水平。但根据黄桂香等（2003 年）的报道，金堂无核柚与沙田柚的杂交后代中，杂种平均种子数为 67.47 粒，比亲本种子数平均值 59.5 粒高；有 6 个单株平均种子数低于 20 粒，单株平均种子数最少的为 9 粒，未发现有完全无核的单株。

十一、叶的形态与色泽的遗传

枳壳的三出复叶对柑橘类的单身复叶是显性，落叶性对常绿性多数是不落叶性的。温州蜜柑和橙类授以叶大、翼叶发达的柚子的花粉，杂种表现为叶大、翼叶发达。意大利的银梅花叶甜橙，其叶小而密，与普通叶品种进行杂交，则随品种不同而出现不同的分离。但在带有普通叶之间进行杂交，这种性状在下一代并不继续表现，认为表现银梅花叶基因是显性，并存在与其有关的复杂的互补基因。子叶的颜色，一般初生柑橘的子叶为白色，后生柑橘的子叶为绿色，绿色对白色为显性。

此外，如父母本一方带有苦、麻、辛辣味等，则杂种后代果实一般均带有苦味，食用品质不良。

第三节　柑橘的主要育种目标

育种目标是人对所要育成的新品种的具体要求，即所要育成的新品种在一定自然、栽培条件下应具备的优良特征、特性。育种目标是育种工作的依据和指南，制订育种目标是育种工作的第一步，也是育种成败的关键。

作为经济栽培的柑橘品种，必须满足最基本的条件，如丰产、稳产、优质、多抗等性状。

一、选育丰产、稳产的品种

柑橘的产量取决于单位面积的种植株数和单株产量。单位面积的种植株数与植株的形态有关，选育树冠紧凑、矮化的合理株形，既适应机械化生产的需要，又直接影响到单位面积的产量。单株产量的构成因素主要有品种花芽分化能力的强弱、结果枝的类型、坐果率的高低及单果重等，花芽分化能力强的品种能年年结果，表现丰产、稳产、无大小年现象。

二、选育优质的品种

随着社会的发展及生活水平的提高，人们对果实品质的要求更高，品质育种显得更为重要。虽然不同国家和地区的消费者对于品质的要求有所不同，但优质的标准还是基本一致的，即要求果实大小均匀，外形美观，果面光滑，果皮及果肉色泽鲜艳，易剥皮，糖酸比或固酸比高，风味浓，汁多易化渣，少核或无核；香气浓，无苦味和异味。鲜食品种风味佳，加工品种加工性能好等。

三、选育抗病品种

病害是威胁柑橘产业的首要因素，黄龙病、溃疡病、衰退病等给柑橘的生产带来很大的损失，对这些病害除了加强综合防治管理措施、建立无病苗圃外，选育抗病或免疫品种，是长远而根本的育种目标。

四、选育不同成熟期的品种

目前我国栽培的柑橘品种，多数为中熟品种，早、晚熟的品种很少，易造成淡季（4~8月）无橘卖，旺季（11~12月）橘难卖的现象（图16-4）。因此，选育早熟、特早熟和晚熟、特晚熟的柑橘新品种非常重要。根据发展优势性来看，我国南部产区应以发展早熟品种为主，如广西的龙州、东兴等地，是全国成熟期最早的产区，一般7月上旬特早熟温州蜜柑就可上市，但由于缺乏特早熟品种，目前只有宫川等少数品种，远远不能满足生产及市场的需要，无法发挥季节及地域优势。此外，按全国柑橘品种发展区划，我国南部无冻害的柑橘产区以发展甜橙、椪柑、蕉柑等良种为主，但目前现有品种成熟期多集中于11~12月，此时几乎所有产区的所有品种都成熟上市，不但没有发挥季节及地域优势，而且还容易造成旺季果品难卖的局面。总之，选育不同成熟期的品种，才能避免季节过剩及品种过剩的局面，使柑橘业得以健康永续发展。

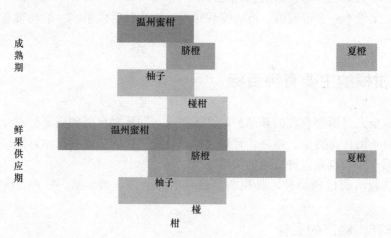

图 16-4　我国柑橘成熟期及供应期

五、选育特殊用途的品种

不同的国家和地区有着不同的宗教、节庆消费习惯，如广西等南部产区毗邻东盟国家，而柑橘又是多数东盟国家缺少的水果，互补性很强。因此，育种还要考虑这些国家的消费习惯，如越南等东盟国家有偏好酸度大的品种和传统节日消费的习惯。

六、选育抗寒品种

我国柑橘北部产区，如湖北、湖南、江西、浙江等产区会有周期性冻害发生，因此，选育抗寒品种，能抗冬季较低的绝对低温和具有良好的越冬性，是北部地区柑橘育种的突出问题。

七、选育罐藏加工制汁品种

随着柑橘单产和总产量的不断增加以及消费需求的增长，罐藏加工、制汁果品的需求将逐步增大。但目前仍缺乏罐藏加工制汁品种，无法满足加工制汁要求。因此，选育丰产、加工性能好、罐藏成品质量高的柑橘新品种，对促进果品罐藏加制汁工业的发展及优化品种结构、提高果品附加值具有重要的意义。

八、选育兼用型品种

选育集观赏、鲜食或加工、鲜食或观赏、鲜食、加工兼用型或多用型的品种将更受消费者欢迎。

九、选育优良的砧木类型

砧木对接穗品种有重要影响，对品种的株高、抗性及果实品质等经济性状影响较大，直接影响柑橘的产量、品质和寿命。所以，在选育新品种的同时，必须重视选育具有适应性强、与良种亲和力好、抗线虫、抗裙腐病及矮化等性状的优良砧木类型。

一些主要柑橘类型的具体育种目标：

甜橙类：选育无核、晚熟、适宜制汁的品种；

宽皮柑橘类：选育无核、早熟、特早熟、适宜加工的品种；

柚类：选育早熟、无核、多汁、酸甜适度、无苦、麻等异味的品种；

金柑类：选育早熟、晚熟、皮厚质脆、多汁、味甜、皮橘油低、无苦辣味的多用型品种。

第四节　柑橘主要育种途径和程序

一、选择育种

柑橘育种中利用现有种类、品种的自然变异，通过选择的手段从群体中选取符合育种目标的类型，经过比较、鉴定从而培育出新品种的方法叫做选择育种。根据自然变异的来源和性质不同，柑橘选择育种分为芽变选种和实生选种两种。

（一）芽变选种

柑橘大多数的品种具有多胚性（polyembryony），而世界消费追求无籽性状，因此，现在柑橘多数栽培品种存在不同程度的性器官败育，使芽变选种成为目前柑橘新品种选育最常用也是育成品种最多的重要育种途径。现主栽品种多来源于芽变选种。柑橘类中几个比较著名的系统群及其选育过程如下：

脐橙系芽变品种：普通甜橙→华盛顿（Washington）脐橙→罗伯逊（Robertson）和汤普森（Thompson）脐橙→朋娜（Skaggs Bonanza）、纽荷尔（New Hall）、纳维林娜（Navelina）、阿脱乌特（Atwood）、吉莱特（Gillette）、费雪尔。

温州密柑系芽变品种：在来系→青江和宫川；尾张系→松山早生和立间早生。宫川系→龟井、山崎、山下；尾张系→米泽、长桥、杉山、林、扇、南柑4号、山田4号等早熟芽变系和青岛、十万、今村、石川等晚熟芽变系。

葡萄柚系芽变品种：无核马叙（Marshseedless）→汤普森粉红系（Thompson pink）→红玉葡萄柚（Red blush）、勃根第（Bacandy）。

1. 柑橘芽变的特点

（1）变异的多样性：柑橘芽变现象较普遍，常见的芽变有株高变异（矮化），叶片的形状和色泽变异，育性变异，果实的大小、形状、色泽、成熟期、品质及成熟期的变异等，以下为柑橘一些芽变性状的照片（图16-5～图16-8）。

图16-5　沙田柚雄性不育变异

（李荣耀，1982年4月摄）

图16-6　雪柑有脐变异

（李荣耀，1984年.11月摄）

图 16-7　温州蜜柑果皮变异　　　　　图 16-8　温州蜜柑胞质突变
（李荣耀，1984 年 11 月摄）　　　　（李荣耀，1975 年 7 月摄）

（2）变异的平行性：ВавндовН. И（1965 年）对突变类型的研究认为，在柑橘属的范围内，存在着平行的遗传变异现象，即遗传基础相近的品种类型，在一些性状的遗传变异上表现相似性。如甜橙中的哈姆林橙及华盛顿脐橙两个品种，都具有果皮平滑而薄，比较早熟的特点，由华盛顿脐橙芽变产生的早熟品种汤姆逊脐橙，其果皮也是薄而平滑。因此，可以推测果皮平滑而薄与品种早熟性相关。又如在甜橙、酸橙、宽皮柑橘等不同种及品种中常可发现有柳叶类型、小叶类型的变异，其果实一般变小，产量降低。芽变选种时，可利用遗传变异的平行性来预测性状变异方向。

（3）变异的不稳定性：由于柑橘的芽变常以嵌合体状态存在，因此，芽变选出的柑橘良种，其无性系后代多表现不稳定而出现复杂的变异分离现象，这是由芽变的遗传学特性决定的。因此，如何纯化芽变体，使其同质化并得以稳定遗传，是芽变选种工作的重要环节。

2. 芽变选种的方法

第一步：制订选种目标，确定选种关键时期（选择最容易发现果实经济性状及其他经济性状变异的时期，如开花期、果实成熟期及灾害发生期等），发动群众挖掘各种优良变异、报种；

第二步：初步分析鉴定各类变异，区分芽变与饰变，排除饰变；

第三步：进行变异稳定性测定、筛选及纯化工作，并对突变性状进行观察研究，综合评价其利用价值；

第四步：品种试验，优良的芽变品系的鉴定及新品种审定；

第五步：良种繁育，推广应用。

（二）实生变异选种

柑橘实生选种是指针对实生繁殖的群体为改进其经济性状、提高品质或发现新的变异类型而进行的选择育种。实生选种因投资少、见效快、变异类型适应性强等优点而被广泛应用。柑橘类因存在多胚现象，因此，实生选种可分为珠心苗新生系选种和有性系选种两种。

（1）珠心苗新生系选种：在多胚性种子中，虽然珠心细胞是属于母体的体细胞，没有经过受精及减数分裂，具有和母本体细胞相同的遗传基础，由珠心胚发育而成的植株基本上表现母体的遗传性，但也存在不同程度的个体间变异。珠心胚实生苗发生变异的原因比较复杂，目前尚不清楚，但可利用珠心苗选育柑橘的新生系或新品系，如美国选育的华盛顿脐橙、伏令夏橙、柠檬和葡萄柚等新生系，均表现比老品系高产；日本选育的兴津早生、三保早生新品系等，果汁风味浓厚，品质优良，而且树势比宫川强，成熟期也提早七天左右。我国四川省的锦橙、先锋橙、华中农业大学的抗寒本地早 16 号等，都是由珠心胚实生系的变异选育而成的。珠心苗新生系生长健旺，具有较强的生长势。早期性状有"返祖"现象，如童期长、有刺、品质较差、抗逆力增强等。

(2) 有性系选种：对自交不亲和的单胚性柑橘品种，在实生繁殖下，会产生广泛的基因重组，给实生选种提供丰富的变异来源，育种上可利用此类变异进行选择培育，创造新品种。柑橘中的柚类、部分宽皮柑橘类及部分金柑种属于单胚性品种，均可异花授粉，可进行有性系选种。

实生选种不仅可选出优良单株，而且还可以从天然杂交的杂种中选出优良的新类型，有的可以直接利用，有的可以利用其个别优良性状作为育种种质资源。

实生选种的一般程序与芽变选种的方法相似，要经过如下步骤：

制订选种目标→报种和预选→初选→复选→后代培育与鉴定→新品种繁育与推广。

二、杂交育种

基因型不同的类型间配子或体细胞的结合产生杂种，称为杂交。前者称有性杂交，后者称体细胞杂交。常规柑橘杂交育种主要指有性杂交。

柑橘有性杂交育种的优势是种间及属间都较容易杂交，花器官较大，操作方便，雌蕊先熟等；缺点是多数品种具多胚性，高度杂合。因此，柑橘杂交育种既有优势又有障碍，关键在于如何选择、选配亲本及有效地获得杂种。

（一）柑橘授粉受精特性

柑橘花为完全花，具有雌蕊先熟特性，开花后雌蕊保持授粉能力的时间约 2～5 天。柑橘花粉保持生活力的时间与环境条件有很大关系，花粉保存在干燥、低温、黑暗的环境下，可保存 30～60 天左右仍有生活力。根据大泽等观察，柑橘在自然生长状况下，从授粉至完成受精的时间约需 5～7 天。池田（1904～1906 年）曾对温州蜜柑授粉后 2～3 天的花切去柱头，并未影响种子的形成，说明柑橘在有利条件下，可以较快地完成受精作用。

（二）柑橘杂交亲本的选择、选配原则

选择原则：

(1) 广泛搜集符合育种目标（具有目的基因）的原始材料，精选亲本；

(2) 尽可能选用优良性状多的单胚品种类型作亲本；

(3) 明确目标性状，突出重点；

(4) 重视选用地方品种，优先考虑用具稀有可贵性状的材料作亲本；

(5) 选择早实性好的品种类型作亲本。

选配原则：

(1) 父母本性状互补；

(2) 选用不同生态型的亲本和经济性状优良、遗传差异大的亲本配组；

(3) 以具有较多优良性状的亲本作母本；

(4) 注意繁殖器官的能育性和结实性；

（5）如果两个亲本的花期不遇，则开花早的材料作父本，用开花晚的材料作母本。

（三）杂交程序

制订杂交计划→亲本选择、选配→杂交用具的准备→父本花粉的收集保存→母本花朵的隔离去雄→授粉→记录观察→杂交后管理。

（四）提高杂种获得的途径

大多数柑橘品种有多胚性现象，而在胚及幼苗阶段，一般难以通过肉眼区分合子胚和珠心胚以及杂种苗和珠心苗。围绕这一问题，国内外开展了许多研究，以有效地获得有性杂种。但仍未有根本的解决办法，以下为归纳前人得出的提高杂种获得的经验：

（1）选择单胚或胚数少的类型作母本：这是获得杂种最有效的方法。柑橘单胚性品种资源有柚、克里曼丁橘、韦尔金橘、八朔柑、宜昌橙、山金柑、罗浮金柑等。如需选择多胚性品种作亲本时，应尽可能地选择多胚性品种中平均胚数较少的类型，或选用单、多胚混合型品种作母本。

（2）选用具有某些相对显性性状者作父本：例如三出复叶对单身复叶为显性，翼叶大者对翼叶小者为显性。又如种子内子叶的颜色，绿色对白色为显性。

（3）胚分离培养：利用有性胚与珠心胚发育的不同，在幼胚阶段，珠心胚尚未发育或珠心胚形成少量时，进行有性胚分离培养，可以获得杂种。

（五）杂种的早期鉴别

由于珠心胚苗干扰，柑橘有性杂交育种时，需进行早期鉴定，确定真正的有性苗，早期鉴别方法有：形态标记法；同工酶法；分子标记法等。

（六）杂种实生苗的选择和鉴定

在杂种群体里，虽然来自同一杂交组合，但是由于亲本不是纯合体，杂种个体之间存在着差异。因此，杂种苗培养到目标性状表现时即对符合育种目标性状进行选择，对一些明显的劣变性状可尽早淘汰。早期选择可利用与目标性状相关的性状进行。

杂种实生苗开花结果后，即根据育种目标要求，从产量、品质、成熟期、抗性等方面进行综合鉴定。产量、品质和成熟期方面的鉴定需要连续进行 3～5 年。凡是综合性状表现优良且稳定的单株，可以在鉴定其遗传性的同时，加速繁殖，同时进行品种比较试验和适应性试验，加速新品种的鉴定和推广；如综合性状较差，但具有特殊价值的性状，可作为进一步回交或复合杂交的亲本，或作为基因资源加以保存。

对于砧木品种的选育，除了评价其种子的特性如胚数、种子数等之外，更应注意杂种的抗逆性、嫁接亲和力及对接穗品种果实产量及品质的影响等性状的评价。

（七）提早杂种实生苗结果

为了促进杂种苗提早结果，除了选择童期短、早结果的类型作亲本外，还须为杂种苗提供一个良好的生长发育条件，在加强土、肥、水管理和病虫害防治的同时，可以采取下列辅助措施：①杂种顶芽高接；②利用矮化砧；③环状剥皮或环割；④生长调节剂的应用；⑤辐射及化学诱变处理；⑥温室培养等。

三、多倍体育种

柑橘类植物的染色体数以 9 为基数，大多数种类为二倍体，$2n=2x=18$。也有些三倍体、四倍体、五倍体、六倍体的报道，如塔西堤（Tahiti）来檬、奥罗布朗科（Oroblanco）及默罗金（Melogold）葡萄柚等为三倍体品种。但目前多倍体栽培品种极少。

（一）多倍体的获得途径

（1）从实生后代中选育

Longley（1925 年）第一个报道由珠心胚实生苗产生四倍体金豆。Frost 报道在甜橙、宽皮柑橘、葡萄柚、酸橙、柠檬的珠心苗中约有 2.5％的植株是四倍体。Hutchison 等（1973～1976 年）调查的特洛亚和卡里佐两个枳橙实生苗中，四倍体植株分别占 2.97％和 2.49％。有些报道认为在柑橘二倍体种子播种的后代中可以出现三倍体。天然三倍体形成的原因是未减数配子（$2n$ 配子）与正常 n 配子细胞结合的结果。

（2）经过有性杂交获得

Longley（1926 年）首先利用自然四倍体金豆与来檬杂交得到来檬金柑，获得三倍体；Frost（1943 年）以四倍体葡萄柚、四倍体里斯本柠檬分别与二倍体杂交，育成三倍体实生苗。立川等（1959、1961 年）以四倍体日本夏橙与二倍体日本夏橙、文旦等杂交，从杂交种中获得 12 个三倍体实生苗。

（3）通过原生质体融合获得

Ohgawara 等（1985 年）首次报道原生质体融合得到了枳与柑橘的异源四倍体体细胞杂种；之后，Grosser 等以及邓秀新等获得了一批异源四倍体柑橘。近 10 年来，世界各国研究者已获得约 100 多例柑橘种间、属间体细胞杂种植株。

（4）通过胚乳培养等获得

王大元等及 Gmitter 等利用胚乳组织进行培养，分别获得柚子和甜橙的三倍体植株。Frost 等（1942 年）在宽皮柑橘杂交种的茎尖中发现 $2x$-$4x$-$4x$ 和 $2x$-$4x$-$2x$ 多倍性细胞嵌合体。邓秀新等（1985 年）从锦橙茎段愈伤组织的再生植株中得到四倍体个体。

（二）柑橘多倍体的鉴定方法

（1）形态鉴定法

形态观察是较粗放、直观而简易的鉴定方法，通过对植株生长发育期间的外部特征进行观察，较明显的有花器官变大、叶片变大变厚、叶色加深、叶形指数变小、花果较二倍体大等，都可用于初步判定倍性，有利于减少大量工作。

（2）细胞学鉴定法

根据气孔保卫细胞长度、气孔保卫细胞中叶绿体数目、单位面积内气孔数、花粉粒发芽孔数目、花粉母细胞四分体时的小孢子数及小孢子所含的核仁数进行判定。

（3）染色体计数法

多倍体加倍后最本质的特征是染色体加倍，因此染色体计数法是最直接也是最准确的鉴定方法之一。它不但能区别倍性而且还能鉴定是整倍性或非整倍性的变异。最常使用的是根尖，如果作为染色体计数，根尖的染色体已经加倍，仍然不能排除获得的植株是嵌合体的可能性，还需要观察所获植株的花粉粒的染色体数目。

（4）生理生化鉴定

植物的部分生理生化指标可以用于倍性鉴定。多倍体的含量较多，渗透压较低，呼吸、蒸腾和某些代谢作用强度降低，生长和发育比较缓慢，开花和成熟晚；碳水化合物、蛋白质、维生素、叶绿素等含量多。

（5）分子生物学鉴定

随着分子生物学技术的发展，越来越多的研究者开始从分子水平研究多倍体，对其倍性、来源进行鉴定。多倍体在 DNA 含量上明显高于二倍体，目前可用流式细胞仪分析法迅速测定细胞核内 DNA 的含量和细胞核的大小，这是大范围实验中鉴定倍性的快速有效的方法。

（三）多倍体育种的一般程序

自然变异或人工诱变得到多倍性变异体→对变异体的鉴定→进行品种试验→综合评价→直接利用或留作进一步的育种材料。

四、辐射育种

柑橘辐射育种因其速度快、变异大、操作方便等特点，受到育种工作者的重视，是柑橘育种的一条有效途径。Hasking、Muyer 等（1935 年）用 X 射线进行柑橘诱变至今，各国育种者已经进行了大量的研究，诱变手段不断更新，也育成了一些品种。如美国育成的无核、红肉的星红玉葡萄柚（Hensz，1970 年），中国广西育成的无核雪柑等，表 16-1 为我国进行的部分柑橘辐射育种研究结果。

我国部分柑橘辐射育种研究结果　　　　　　　　　　　　　　　表 16-1

照射品种	照射材料	辐射源和剂量	选出品种（系）	作者、年份
锦橙	种子	γ 射线 0.77～1.79C/kg	无核少核突变系	黄柳根，1980 年
大红袍	种子	γ 射线 2.58C/kg	少核 418 号	陈立耕，1981 年
"439"	种子、接穗、花粉	γ 射线、热中子	无核少核突变枝系	周鹤俦，1983 年
红江橙	芽条	γ 射线 2.06C/kg	无籽突变体	吴绍彝，1985 年
雪柑	接穗	γ 射线 0.77～2.58C/kg	无核雪柑	张镜昆，1987 年
血橙	芽条	快中子	少核血橙	周育彬，1988 年
锦橙	干种子	γ 射线 2.58C/kg	中育 7 和 8 号无核甜橙	周育彬，1990 年
暗柳橙	枝条	γ 射线 78.21Gy	花都无核暗柳橙	黄建昌，1996 年

由以上的研究报道可知，柑橘辐射育种以 $^{60}Co\gamma$ 射线照射为主，育种目标主要为无核或少核品种。

（一）柑橘对辐射的敏感性

不同柑橘种类和品种对辐射敏感不同。根据华南农业大学等单位的试验，椪柑的辐射敏感性比暗柳橙、伏令夏橙、年橘强，而蕉柑又比椪柑强，夏橙五月红比伏令夏橙强。不同器官的敏感性也有差异。柑橘的芽条比种子辐射敏感性强，而种子又比愈伤组织强。Spiegel-Roy 等（1972、1973 年）认为单胚种子比多胚种子更耐辐射，萌动的芽或种子比休眠状态的芽或种子对辐射更敏感。

（二）辐射剂量和剂量率

我国有关单位对柑橘辐射处理的常用剂量是，休眠枝（接穗）一般采用 5～7.5kR，种子 10～15kR，剂量率 100～200R/min。辐射处理时，相同剂量条件下，剂量率不同将产生不同的诱变效果。如华南农业大学用五月红等柑橘种子辐照 $^{60}Co\gamma$ 射线 2×10^4R，当剂量率为每分钟 259R 时，出苗率甚低，苗生长也不正常，当剂量率降至 8.1R/min 时，苗生长正常。因此，辐照处理时应注意适宜的剂量和剂量率的选择。

（三）辐射育种的一般程序

选优良品种的健壮、萌动枝条作为处理材料→选择适宜的剂量和剂量率进行照射→辐射材料的处理→扩大和分离出同质突变体→选择培育→评价鉴定→利用。

五、生物技术育种

生物技术的发展加快了柑橘育种的步伐。传统育种方法与生物技术相结合，可克服常规方法无法克服的难题，提高育种效率。

（一）胚胎培养

柑橘及其近缘属大多数种和品种的珠心胚现象，导致了杂交育种中合子胚的退化和败育严重。在柑橘育种的过程中，为了克服多胚性的干扰，可以利用胚的离体培养技术，进行离体胚的抢救。与此同时，多胚性柑橘品种杂种苗比率一般很低。对多胚性强的品种来说，受精几乎完全退化，所以利用胚抢救技术可以大大提高杂种苗比率。陈振光等以雪柑、芦柑和柚为母本，分别用芦柑、福橘、枳和柚的花粉进行授粉，分别将授粉50～55天胚囊内仅有的一个合子胚培养成小植株，通过对小苗的谷氨酸草酰乙酸转氨酶（GOT）和过氧化物酶（PX）等同工酶的测定，证明了合子胚苗的杂种性。

柑橘的珠心胚具有和母体一样的遗传特性，利用珠心胚可以进行无病毒苗的繁殖。同时，珠心胚也存在无性分离的"芽变"，通过实生苗的选种可以获得原品种的新生系或是更优良的品种，故珠心胚在柑橘育苗上具有很重要的意义。世界柑橘育种如今向无籽方向发展，利用二倍体和四倍体进行杂交获得三倍体植株是最为有效的途径。但是 $2x$ 和 $4x$ 进行杂交的过程中，合子胚一般是早期败育的，因此只有利用幼胚的培养技术，才可以达到三倍体育种的目的。

（二）体细胞杂交

体细胞杂交技术即原生质体融合技术。植物原生质体由于无细胞壁，不仅是进行细胞学、遗传学、病理学、生理学等基础研究的好材料，而且也是进行作物改良的理想材料。细胞融合技术可以有效地克服柑橘有性杂交过程中所遇到的珠心胚干扰、雄雌性败育、远缘杂交不亲和等障碍，使常规育种无法或难以重组的两个亲本间实现基因重组，在创造新的种质和育种材料方面有其特殊的价值。在果树育种过程中，柑橘原生质体融合是最成功的，现在已经得到了100多个融合组合品种。但研究表明，融合杂种多难以直接成为商业接穗品种，但其作为砧木改良具有一定的潜力。近年来，主要针对以下几个方面开展研究。

1. 砧木的抗性育种

现有柑橘砧木都因存在某一方面的缺陷而限制了应用范围，甚至因某些不足给柑橘产业造成毁灭性的灾害。柑橘原生质体融合策略之一就是将具有互补抗性的双亲融合在一起，以期得到抗性互补的体细胞杂种。柑橘生产大国巴西、美国和中国都制定了相应的柑橘育种计划。针对酸橙不耐柑橘衰退病（Citrus tristeza virus，CTV）的缺点，美国目前已成功地得到了抗CTV的酸橙＋柠檬和酸橙＋枳橙杂种。另外，还得到了抗寒、耐盐、抗柑橘裂皮病（CEV）以及矮化等优良性状的四倍体体细胞杂种，这些杂种作为砧木评价正在进行中。来檬是巴西柑橘产区的主要砧木，嫁接其上的接穗品种具有早实及品质优良的特点，但其易感柑橘枯萎病（Citrus blight disease），Mendes da 等（2000 年）用兰普（Rangpur）来檬与对枯萎病有抗性的 Caipira 甜橙和印度酸橘融合，获得了具有抗性的体细胞杂种，成为很有潜力的候选砧木。另外，柑橘近缘种是一个巨大的抗性资源库，Guo和 Deng（1998 年）成功地得到柑橘与九里香族间体细胞杂种，如果表现正常，则可作为砧木在黄龙病疫区加以推广。柑橘与其他近缘属植物（如黄皮、澳洲指橘、豪壳刺、酒饼勒等）之间的融合也获得了成功。

2. 培育三倍体品种

1980 年和 1985 年，Soost 等用同源四倍体葡萄柚与酸柚杂交培育出了 'Oroblance' 和 'Melgold' 两个三倍体品种。而体细胞杂种花粉可育，且比同源四倍体花粉育性高、开花早，这就为体细胞杂种作为父本进一步选择优良类型提供了可能。Jia 等（1993 年）以伏令夏橙＋Key 莱檬和哈姆林甜橙＋飞龙枳的体细胞杂种作为父本，将其花粉授予单胚二倍体品种，离体培养后获得的植株大部分是三倍体。此外，以异源四倍体体细胞杂种的花粉为柚等单胚品种授粉，在当代即可获得无籽果实。

3. 无核和风味改良

原生质体融合技术除去作为砧木和三倍体的育种材料外，还可以利用父母双亲的性状进行无核与风味改良等方面的育种。如华中农业大学正在进行的利用温州蜜柑等无核品种和其他有籽品种如椪柑、甜橙类进行融合，以期获得无核的柑橘新品种。

目前进行的体细胞融合均为对称融合，所得杂种是偶倍体，未来的研究趋势是既能使有利性状重组，又不导致倍性增加的非对称融合技术研究。

（三）遗传转化研究

Kobayashi 和 Uchimiya 第一次通过 PEG 介导法获得转标记基因的特洛塔甜橙原生质体，但并未获得再生植株。之后，遗传转化技术在柑橘育种上得到快速的发展。Moore 等首次应用根癌农杆菌进行柑橘实生苗上胚轴切段的转化，成功地获得转标记基因的卡里佐枳橙植株。此后，柑橘遗传转化研究取得了显著进展，转基因所涉及的种类有枳属和柑橘属，属内杂种橘柚和属间杂种枳橙也已成功实现转化，金柑属转基因则少见报道。柑橘属中柚类、甜橙、酸橙、柠檬和来檬类等都有成功的报道，其中甜橙类的转化最为普遍，而宽皮柑橘类的报道较少。在柑橘遗传转化当中，转化基因类型包括筛选标记基因、报告基因以及具有农艺性状的一些基因，如抗病虫相关基因、抗逆相关基因、改善果实品质相关基因以及缩短童期相关基因等。

（1）筛选基因与报告基因

在转化基因类型当中，筛选标记基因和报告基因主要是用来加速得到转基因植物，如利用 p-葡糖苷酸酶（GUS）或绿色荧光蛋白（GFP）的特性，可以早期发现转基因植株或是细胞杂种，大大提高了育种进程。如蔡小东等（2006 年）利用转 GFP 柑橘进行细胞融合，大大缩短了获得体细胞杂种的时间。

（2）抗病虫相关基因

CTV 是世界各柑橘产区普遍发生的一种病害，在许多酸橙作砧木的柑橘产区造成严重危害，如阿根廷、巴西、美国等。为了防治此病的危害，相关基因已经在柑橘上得到克隆。近些年，已经获得转 CTV-CP、p23、p25 以及其非编码区和 RNA 依赖 RNA 聚合酶基因等。这些转基因植株均在不同程度上表现出了抗病毒的能力。同样，利用柞蚕抗菌肽具有广谱杀菌功能，对柑橘黄龙病细菌及溃疡病细菌具有很强的抑菌效应。陈善春等将抗菌肽 D 基因转化锦橙、新会橙和沙田柚，获得了再生植株，其对溃疡病的抗性研究正在进行之中。为解决黄龙病的危害，郑启发等也将柞蚕抗菌肽基因成功转入沙田柚。

（3）抗逆相关基因

提高柑橘的抗逆性一直是柑橘育种的一个重要目标，柑橘自身抗逆性较差，加上栽培地域限制及逆境胁迫，造成柑橘产量的巨大损失。目前，柑橘在抗逆基因的转化方面已经有成功的报道，如将△1-吡咯啉-5-羧酸合成酶（p5cs）转入枳橙以提高其抗旱能力。其中，转化 *pScs* 基因的枳橙植株在水分逆境下持续 15 天会积累大量的脯氨酸，与未转化对照相比，表现出更高的渗透调节能力及光合效率。

（4）改善果实品质相关基因

柑橘中与品质相关的基因大多由多基因控制，甚至为数量性状，因此由遗传转化手段对果实品种进行改良存在着一定困难。随着基因工程技术的发展，一些关于果实品质的基因得到克隆并已经在果实品种改良中应用。目前，对果实品质的改良多集中在无核、色素合成与采后贮藏相关基因研究。

（5）缩短童期相关基因

童期长是柑橘等木本植物育种效率低的最主要原因，所以有效缩短童期，能够加速柑橘的遗传改良进程。Pena 等将拟南芥中花分生组织的特异基因 APETALAl 和 LEAFY 转入枳橙，并得到了 1 年内可以开花结果的转基因植株，这些转基因植株花正常可育，并在随后的几年中连续开花结果。这些早花植株可以用作其他基因转化受体材料或与其他品种进行杂交，获得的转基因植株或是杂交后代就可以表现出早花、早实的症状，便于在较短时间里分析果实品质及其他性状，从而加速育种进程。

尽管柑橘的遗传转化研究进行了 20 多年，至今仍没有一例商品化报道，柑橘的传统育种仍占有重要地位，未来应该注意传统育种方式与现代育种方式结合，以尽快育出新品种。

本章小结

柑橘是世界上重要的水果，我国无论是栽培面积还是产量均居世界第一。我国是柑橘的原产中心，包括柑、橘、橙、柠檬等栽培种类和枳等野生种类，具有丰富的种质资源。为了获得符合育种目标的柑橘新品种，柑橘育种家对柑橘的主要性状遗传规律进行了较深入的研究，在柑橘的引种、芽变选种、实生选种、原生质体融合、杂交育种、基因工程育种等方面取得了重要的进展。

思考题

1. 现代柑橘的育种目标是什么？
2. 柑橘种质资源保存、利用方面还有什么不足？
3. 请设计培育无核、优质柑橘新品种的育种程序。
4. 试述提早柑橘杂种实生苗结果的措施。
5. 培育特早熟、特晚熟柑橘品种的育种途径有哪些？

参考文献

［1］沈德绪主编. 果树育种学［M］. 第一、第二版. 北京：中国农业出版社，2008.

［2］张进仁. 我国柑橘生物技术研究进展［J］. 果树科学，1999，16（2）：140-148.

［3］沈德绪等编著. 柑橘遗传育种学［M］. 北京：科学出版社，1998.

[4] （日）岩政正男著. 柑橘的育种 [M]. 王元裕译，1984.

[5] 俞长河，陈桂信，吕柳新. 柑橘若干性状遗传的研究进展 [J]. 福建农业大学学报，1996（2）：154-159.

[6] Parlevliet J. E., Cameron J. W. Evidence on the Inheritance of Nucellar Embryony [J]. *Citrus*. Proc. Am. Soc. Hort. Sci, 1959 (74): 252-260.

[7] 陈力耕. 柑橘溃疡病的抗性遗传与育种 [J]. 中国柑橘，1993（1）：19-20.

[8] 陈力耕. 柑橘果皮色泽遗传的研究 [J]. 园艺学报，1993（3）：221-224.

[9] 陈力耕. 柑橘果形遗传的研究 [J]. 西南农业大学学报，1994（2）：120-123.

[10] Kobayashi S., Ohgawara T., Saito W., et al. Production of Triploid Somatic Hubrids [J]. Citrus. J Japan Soc Hort. Sci, 1997, 66 (3-4): 453-458.

[11] Ohgawara T., Kobayashi S., Ohgawara E., et al. Somatic Hybrid Plants Obtained by Protoplast Fusion between Citrus Sinensis and Poncirus Trifoliata [J]. Theor Appl Genet, 1985, (71): 1-4.

[12] Soost R. K., Cameron J. W. Oroblanco. a Triploid Pummelo-Grapefruit Hybrid [J]. Hort. Sci, 1980 (20): 667-669.

第十七章 荔 枝 育 种

荔枝属无患子科荔枝属植物，原产于我国，是我国热带亚热带地区栽培的重要果树之一，素有"岭南果王"之称。荔枝在我国栽培历史悠久，自汉武帝建"扶荔宫"，距今有2100余年。宋应的《上林赋·扶南记》一书中写"此木结实时，枝弱而蒂牢，不可摘取，必以刀斧剥取其枝，故以为名"。东汉著名文人王逸在他的《荔枝赋》中赞美荔枝"修干纷错，绿叶蓁蓁……卓绝类而无俦，超众果而独贵。"宋代蔡襄写了我国第一部荔枝专著《荔枝谱》。

荔枝果实品质优良，营养丰富，目前在亚洲、非洲、大洋洲、美洲和欧洲等35个国家有栽培。至2006年，全球荔枝栽培总面积大约是80万 hm²，年产量是150万～200万 t。根据2000年国际植物遗传资源研究所（International Plant Genetic Resources Institute, IPGRI）的统计，全球荔枝栽培面积最多的5个国家依次是：中国、印度、越南、泰国和马达加斯加。我国荔枝主要分布在北纬18°30′～22°之间，主栽省区有广东、广西、海南、福建、贵州、台湾，云南、四川有零星的栽培，目前共有栽培面积约60万 hm²，占全球总栽培面积的75％以上，年产量为100万～150万 t，占全球总产量的70％。

我国荔枝品种资源丰富，各荔枝主产区先后开展了资源调查、实生选种、杂交育种和分子育种等工作，取得了一定进展，但荔枝品种存在的根本性问题仍没解决，如品种成熟期及种类不配套、产量不稳定、缺乏抗寒耐旱品种等，因此荔枝育种有待进一步加强。

第一节 荔枝种质资源

一、荔枝野生及稀有品种

中国是荔枝的原产地，大量的研究和考证表明，海南岛、雷州半岛、桂东南六万大山和云南勐仑等地有野生荔枝林存在，是荔枝的原产地。按进化程度可将荔枝分为野生荔枝和栽培荔枝。野生荔枝多表现高大乔木，枝叶形态与栽培品种没有显著不同，几百年树龄甚至上千年的荔枝还能结果累累，但果实一般较小，核大肉薄，味较酸，品质比较低劣，不过也不乏某些性状表现优良的单株类型，如果大、早熟、迟熟、抗寒、抗旱等，在荔枝育种中具有很大的价值（图17-1）。据推测，野生荔枝是栽培种的祖先，从叶片、果实的形状以及果皮的龟裂片的差异、种子大小等可分为不同类型，按果实大小有大果型和小果型两类（图17-2），经过人工栽培选择向两个方向发展：一是向龟裂片突出与伸长的方向发展，成为桂味类和妃子笑类；二是向龟裂片平坦的方向发展，成为糯米糍类、黑叶类、三月红类和淮枝类。对野生荔枝，当前最重要的是加强保护，并开展抗旱、抗贫瘠、抗病虫、丰产、稳产、优质和不同成熟期等性状的初步鉴定，挖掘其中的优良基因。

图 17-1　湛江谢鞋山野生荔枝林
（资料来源：http：//zjphoto.yinsha.
com/file/200903/2009030114305040.htm）

中国还有很多荔枝的稀有品种，如广西合浦常乐乡的"四季荔"，能多次开花结果；合浦的"四两果"，果形特大，平均单果重34.6g，最大单果重达115g；灵山县的"灵山香荔"、"绿罗袍"，高产优质；藤县的"江口荔"、平南县的"章逻荔"和桂平市的"立秋荔"，均为最迟熟的优良品种；桂中和桂北的"龙荔"，具有龙眼和荔枝两者的形态，是龙眼和荔枝自然杂交的后代，抗寒性强，还有钦州的04-3单株，果皮呈紫黑色。广东增城的稀有品种早禾串，是酸性育种的好材料。在海南，无核荔枝是珍贵的荔枝资源，南岛无核荔枝在自然结实下75%的果实完全无核，果实品质上乘，是世界上罕见的天然无核荔枝资源，还是进行荔枝无核化育种的重要材料；86-1-1品种则是一个极早熟的资源，矮荔则是在海南发现的中国唯一的矮生型资源，对于荔枝早熟、矮化密植、矮砧育种具有重要意义。

图 17-2　野生荔枝果实外形情况
左图野生荔枝果实小，种子大，果皮龟裂片较平展，叶片较宽大而薄，
右图野生荔枝果实较大，皮厚，龟裂片明显突出，种子较小，叶片及其蜡质层均较厚。

二、荔枝主要栽培品种

我国荔枝品种很多。据新中国成立初期调查：广东有82个品种，福建有41个品种，广西栽培品种62个，四川栽培荔枝多从广东引进，台湾的品种多从福建、广东引进，因荔枝的品种分类尚无统一标准，现将栽培荔枝分类如下。

（一）按主栽地区将荔枝分为四大栽培类群，各类群有主栽品种。

1. 广东品种群

多数为原产广东或从广东选育出来的品种，包括从化桂味、笑枝、进奉、三月红、黑叶、东莞糯米糍、淮枝等七大类，常用栽培的品种有：三月红、妃子笑、黑叶、白糖罂、圆枝、淮枝、糯米糍、紫娘喜、增城挂绿、广州桂味等品种。

经初步事理后，凡具备以下三个条件的才列为品种。

（1）栽培历史长，生产上种植较多的。

（2）有历史来源可查的。

（3）母树有较多的无性后代，并在遗传性上已呈现稳定的。

不具备上述三条，但有一定利用条件的变异植株，则列为优稀单株。对品种的命名，以沿用已久而又名实相符的为正名，别名则附于正名之后并注明出处。新拟名称则尽量采用地方名并为求名称简短和通俗易懂。对一些封建色彩的名称，作了更改，拟制新名，计有尚书怀改为尚枝，妃子笑改为笑枝，状元红改为广元红，白腊子改为白腊，阿娘鞋改为娘喜，紫娘鞋改为紫娘喜。根据广东果树的多年来的调查、整理、鉴定和观察分析，现选择本省的52个荔枝品种和5个优稀单株，对其来源、产地、形态、特性等逐个叙述。这些品种按便于生产上应用的原则划分为四大类。

1）主要品种

是指在生产上栽培面积较大，产量较多，有相当长的栽培历史；或者有独特的优良性状，经济价值较高者。计有：三月红、水东、电白白腊、尚枝、香荔、桂味、甜岩、黑叶、淮枝、雪怀子、糯米糍等11个。

2）一般品种

是指虽在生产上种植较广，栽培历史较长，但无突出之经济性状，价值一般者。计有：七月熟、八宝香、大肉、大造、小汉、广元、六月雪、风吹寮、无核荔、布袋、白腊、宋家香、丽仔、金刚锤、玖瑰露、青壳、绝淮子、香枝、高州进奉、秤铊、甜眼、犀角子、大塘、增城进奉、攀谷子等25个。

3）次要品种

是指目前生产上栽培虽不广泛，甚至仅有少量，但有相当长的栽培历史和突出的优良经济性状，又适当发展者。计有：大丁香、大塘、小丁香、小金钟、水晶球、白糠罂、龙荔、灵山香荔、细核荔、挂绿、笑枝、将军荔、脆肉荔、娘喜、鹅蛋荔、紫娘喜等16个。

4）优稀品种

是指目前生产上仅有一株，但有突出的优良经济性状，可供使用者。计有：四季荔、红荔、红球、苏州荔、黄丁香等5个。

广东省荔枝中有不少实生的优良单株，其中有些的繁殖后代，已列入本志品种中；其他由于资料不够完整，又未经系统鉴定，本志未予列入，有待以后补充。

2. 广西品种群

广西荔枝以地方品种为主，也有不少引进品种，目前主栽的地方品种有鸡嘴荔、无核香荔、灵山香荔、钦州红荔、贵妃红、糖驳、禾荔等，而引进品种如妃子笑、三月红等。

3. 福建品种群

根据果实和龟裂片形态，及成熟性差异，可分为早红、乌叶、兰竹、陈紫、下番枝五大类，主栽品种有：乌叶、兰竹、陈紫、下番枝、宋家香、绿荷苞和元红。

4. 海南品种群

海南是荔枝的原产地之一，但多数主栽品种引进，如大丁香、三月红、妃子笑等，本岛选出的主栽品种有南岛无核荔枝、紫娘喜、鹅蛋荔。

（二）根据荔枝果皮龟裂片形态分为3种类型，7个品种组。

果皮龟裂片峰尖刺类型：①桂味品种组；②妃子笑品种组；③进奉品种组。

果皮龟裂峰毛突类型：①三月红品种组；②黑叶品种组。

果皮龟裂片平滑类型：①糯米糍品种组；②怀枝品种组。

早熟性品种有三月红。品质优良的品种有妃子笑、黑叶。

世界上已有 20 多个国家引种了中国荔枝。其中以泰国、印度和澳大利亚栽植较多。

三、荔枝种质资源的保存

我国荔枝种质资源保存主要是利用种质资源圃。1988 年建立的国家荔枝种质资源圃到目前为止保存了包括广东、广西、福建、四川、云南等地的野生、半野生和栽培品种等 130 多份种质，是世界上最大的荔枝种质基因库。广西农科院园艺研究所承担项目并开展过全区荔枝品种资源调查，当时共调查、引种、收集并保存了国内荔枝品种资源 136 份，经鉴定，确认了 64 个品种，编写出版了《广西荔枝志》。海南省有关科研机构收集保存了一批资源，如中国热带农业科学院、海南省农业科学院及琼山水果研究所等单位共种植保存荔枝资源 100 余份。2004 年，广西建立了野生荔枝种质资源保存圃。1982 年，海南在霸王岭的金鼓岭建立了 46.7hm² 的野生荔枝保护区。此外，还开展了荔枝的田间保存、人工种子、离体保存的研究。

第二节　主要育种目标

荔枝生产过程中品种存在的主要问题是丰产、稳产且优质品种欠缺，成熟期过于集中，适宜罐藏的品种不多，抗寒性不强等，因此根据生产需要确定荔枝的育种目标如下。

一、选育丰产、稳产且优质的荔枝品种

荔枝的产量受栽培技术、气候环境和品种基因型的影响，表现出产量不稳定的"大小年现象"，选育优质、丰产、稳产是荔枝育种的首要工作，一般丰产、稳产的条件为：比原有品种产量高 20%～30% 以上，年产量差异不超过 30%；而作为一个优质品种，必须具备下列条件：①果实大小：20g 以上；②肉厚度：1cm 以上；③可食部分：70% 以上；④可溶性固形物：17% 以上；⑤糖酸比率：50：1 以上；⑥肉质：细、嫩，纤维少，香气浓；⑦种子：小核、无核或"焦核"率高。符合以上三个以上条件才符合优质目标。

二、选育早熟和晚熟的优质荔枝品种

我国荔枝多数品种的成熟期是每年的 6～7 月（表 17-1），从荔枝的品种结构和布局看我国荔枝果实成熟期过于集中，一是早熟品种只有三月红、早红、玉荷包等少数几个品种，但有的品质欠佳，味道带酸涩，如三月红；有的产量不稳定、不易栽培且成本高，如玉荷包。二是中熟品种较多，且在广东、广西、福建等地栽培面积大，如妃子笑、黑叶、丁香、白腊，在广东多在 6 月上中旬成熟，福建多在 6 月下旬至 7 月上旬成熟，因荔枝不耐保鲜，给荔枝生产带来较大的损失。三是晚熟品种较少，目前生产上栽培面积最大的晚熟品种是糯米糍，但该品种产量低，不易栽培，因此选育早熟和晚熟产量稳定的优质品种具重要意义。

三、选育罐藏品种

荔枝罐藏不仅可保持其色、香、味的特点，解决荔枝成熟期过分集中的问题，且可提高荔枝的加工附加值。作为一个优良的罐藏品种，要求：①果形：短卵圆形，两肩平整；②果实大小：单果重20g 以上，大小均匀一致；③果肉厚度：1cm 以上，厚度均匀；④肉色：蜡白色，呈半透明状，加工处理无褐变；⑤肉质：脆、嫩，软硬适度，加工后有弹

性；⑥风味：甜酸适口，具荔枝香气。目前，适宜罐藏要求的品种为乌叶（黑叶）荔枝等少数几个，选育罐藏品种丞待加强。

四、选育抗寒品种

荔枝为亚热带果树，生长适温为24～30℃，耐寒力差，怕霜冻，因此目前仅分布于我国华南几个省区，冬季绝对温度一般都在0℃以上，而在粤北、桂北、闽西北等常年有霜冻的地区就不能作经济栽培物，为扩大荔枝栽培新区域，应有目的地开展抗寒品种的选育。

五、选育短枝型品种

对荔枝的丰产、密植及机械化耕作等具重要意义。

我国部分荔枝品种成熟期（画横线部分）　　　　　　　表 17-1

栽培种	5月上旬	5月中旬	5月下旬	6月上旬	6月中旬	6月下旬	7月上旬	7月中旬	7月下旬	8月上旬	8月中旬	8月下旬
			▬	▬	▬	▬	▬					
三月红		▬	▬	▬								
白糖罂			▬	▬								
白腊			▬	▬	▬							
圆枝			▬	▬								
妃子笑			▬	▬	▬	▬						
大造				▬	▬	▬						
黑叶				▬	▬	▬						
进奉					▬	▬						
陈紫					▬	▬						
状元红					▬	▬						
甜岩					▬	▬						
灵山香荔					▬	▬	▬					
青皮甜						▬						
桂味						▬	▬					
糯米糍						▬	▬					
新型香荔						▬	▬					
挂荔						▬	▬					
淮枝						▬	▬					
尚枝						▬	▬					
雪怀子						▬	▬					
兰竹						▬	▬	▬	▬			
原红							▬	▬	▬	▬		
楠木叶										▬	▬	▬
下番荔										▬	▬	▬

第三节　荔枝育种途径及程序

一、实生选种

1. 实生选种介绍

荔枝具有雌雄异熟的现象，主要靠品种或单株间的自由传粉。因此，在实生繁殖情况下，由于基因重组的变异性，选种的成效较高。通过实生选种，我国已获得了丰富的品种及类型，如三月红、白糖罂、白腊、圆枝、妃子笑、大造、黑叶、甜岩、陈紫、鸡嘴荔、新兴香荔、灵山香荔、糖驳（博白糖驳）、桂味、糯米糍、怀枝、雪怀子、兰竹、元红、下番枝和楠木叶等常用栽培品种，基本都来自于实生变异，实生选种已成为我国荔枝育种的主要途径。

20世纪80年代以后，我国通过实生选种又获得一批新品种（系），其主要特点如下：

马贵荔：成熟期8月10日前后，比迟熟品种怀枝还晚20天左右，是我国最迟熟的荔枝品系。

南岛无核荔：琼山自然实生优稀株系，无核率达99%，单性结实能力强，是我国200多份荔枝种质中，唯一不通过受精能结实的种质资源，育种价值很高。

鉴江红糯：6月下旬至7月上旬成熟，果实有无核、焦核和大核等三种类型，但以焦核果实价值最高。

钦州红荔：为黑叶的实生变异，2001年通过广西区品种审定，6月中下旬成熟，平均单果质量44.7g，最大达62.0g。果肉蜡白色，肉质较爽脆，汁多而不流，清甜，带蜜味，品质优。可溶性固形物含量16.5%～18.1%，焦核率36.15%，可食部分占果实质量的78.89%。品质优良。

毛荔品种群：归属于荔枝变种"褐毛荔"，其特点是适应范围广，从海拔200～1500m都有分布，既耐高温干热，又适应湿热气候；抗旱、耐瘠。

元阳一号3月下旬成熟，元阳二号4月上中旬成熟，元阳十四号焦核率100%，5月上中旬成熟，元矮一号矮化，丰产，5月下旬成熟。

金科无核王：是广西钦州市从海南岛荔枝实生变异单株中选育出来的适宜广西地区栽培的无核荔枝品种，该品种平均单果重43.6g，无核率稳定在90%以上，果肉含糖量17%左右，可食部分达90.3%，具有早熟、丰产、稳产的特点，能单性结实，适应性、抗逆性强，坐果率高。

无核香荔：果椭圆形，横径3.6～3.9cm，纵径4.2～4.5cm，平均单果重24.9g，肉质爽脆，味甜带香，品质与灵山香荔相当，可食部分达90.6%。该品种长势旺盛，易栽培，易繁殖，5月下旬至6月上旬果熟，产量极稳定。

贵妃红：是广西农科院园艺所2005年从广西荔枝实生树中选出的荔枝新品种。该品种果实心脏形，果皮鲜红色，平均单果重35.4g；果实肉厚核小，果肉乳白色，半透明，爽脆细嫩，不流汁，风味清甜，有香气，品质优；可溶性固形物含量18.7%，焦核率46%，可食率73.5%，丰产、稳产，果实成熟期6月中下旬。

草莓荔枝：是广西农科院实生选出的新品种，该品种果实长心形，平均单果重27.5g，可溶性固形物含量17.73%，可食率77.94%，焦核率97%，7月中下旬成熟，在广西为特晚熟品种。

井岗红糯荔枝树：华南农业大学等从广东从化实生树中选出的优良株系，2009年通过广东省品种审定。该品种迟熟，成熟期比槐枝迟7～10天；果实外观好，呈心形，果皮鲜红，果肉厚，爽脆，味清甜，兼有糯米糍的果实和桂味的肉质优点，品质优良；可溶性固形物19.2%，可食率77.3%，焦核率80%左右；平均单果重23.5g，裂果少，商品性好；在生产上表现较抗荔枝霜霉病。

脆绿荔枝：珠海市果树技术推广中心等单位 2009 年从珠海市斗门区白蕉镇大托村五丰围荔枝实生单株选育而成的优良株系。果实成熟期 6 月中、下旬，大小年结果现象不明显；果实扁心形，果皮绿里带红，果肉脆，乳白色，果实大小均匀，平均单果重 26.3g；可溶性固形物含量 18.2%，可食率 74.9%；丰产，较稳产，砧（槐枝）穗亲和力强，嫁接成活率高。

紫荔：广西农科院园艺所 2010 年从钦州归台镇实生变异单株中选育出来的紫黑色果皮新品种。该品种平均单果质量 19.9g，可食率为 67.1%，可溶性固形物含量 18.6%～20.1%，果肉质地干苞、爽脆，不流汁，风味浓甜，香气浓。颜色特异，具观赏性。

2. 荔枝实生选种程序

荔枝实生选种通常有初选、复选和决选三步。

初选：指按照一定的育种目标和性状标准，发动群众，组织专业队伍进行调查观察，选出优良单株。荔枝的初选对象一般为果实大小、核的大小、可食部分比例、糖酸含量、肉色等，也可以小核率或焦核率、香气、耐贮运、特早熟或晚熟等性状作为特殊目标进行选择。因荔枝隔年结果现象严重，初选进行几年的观察与记载，结果才比较可靠。

复选：用嫁接或高压繁殖初选单株，对无性后代进行外观性状和品质鉴定，选出综合性状优良的单株。

决选：主要由农业主管部门组织荔枝选种方面的相关专家进行综合评定。

二、芽变选种

我国荔枝的主栽区，长期以来多用高空压条繁殖苗木。近 20 年来，嫁接繁殖也被广泛采用。由于多年、大量的无性繁殖，产生了丰富的芽变类型。20 世纪 90 年代以来，我国通过芽变选种获得的焦核优系及其特点如下：

焦核三月红：从三月红中选出，已获得 7 个不同株系，综合性状最突出的为 9029 株系，焦核率 81.1%，可溶性固形物 18.67%，成熟期比普通三月红约早 1 周。

焦核怀枝：焦核率 90%～100%，可溶性固形物 17.0%，成熟期比普通怀枝晚 1 周。

焦核桂味：从桂味中选出，目前在广东省已获得 7 个不同株系，焦核率 90%～95.5%，可溶性固形物 18.6%～19.9%，综合品质优于桂味。

焦核火灰荔：从广东农家品种火灰荔中选出，焦核率 90% 以上，成熟期比迟熟品种怀枝晚 10 天左右，兼具焦核、迟熟和优质等优点。

三、引种

为扩大荔枝的栽培区域，引种是重要途径之一，引种之前需了解荔枝的品种特性。荔枝品种大体上可分为两类：

（1）（北）热带型品种：三月红、褐毛荔、妃子笑等，对冬季低温的需求不大严格，能在 1 月（最冷月）均温 15～18℃，年均温 23℃以上气候下正常成花，泰国品种 Chau Rakum、Dang Pha Yom 等亦属此类。

（2）（南）亚热带型品种：糯米糍、桂味、怀枝等绝大多数品种，在年均温 20～23℃、1 月（最冷月）均温 10～14℃ 的气候条件下才能成花，Brewster、Chakrapad、Hong Huay 等品种亦属此类。生产引种时应充分考虑这一品种特性。

驯化引种方面，荔枝向北引种的工作，已有成功之例：美国佛罗里达州地处北纬25.5°～27.5°，从1880年开始进行荔枝的简单引种，经过20余个品种的试种比较，筛选出2个适应当地气候条件的品种，即大造（毛里求斯）和陈紫（Brewster），两品种在佛州南部的种植面积达到240hm²。浙江苍南县马站，地处北纬27.15°，年均温18℃，1月均温8℃，极端低温-2.2℃，全年有218天气温稳定在15℃以上。该地区于20世纪60年代从福建引种荔枝，经试种比较，选出适应当地气候条件的元红荔枝，建立了100hm²的商品生产基地，多年来能够正常开花结果，少有冻害。世界上已有20多个国家引种了中国荔枝，其中以泰国、印度和澳大利亚栽植较多。

荔枝引种应注意事项：

（1）首先必须注意品种选择，如选用妃子笑、福建元红等，具有相对强的耐寒力，引种成功可能性较大。

（2）引种实生苗比营养繁殖苗具有较强的耐寒力。或有目的地采用杂交育种方法，可望从基因重组后代中获得。

（3）必须尽可能从纬度较高的分布区或生态条件相似的地带引种，并采用有效的栽培技术措施，以提高引种成功的可能性。

四、杂交育种

荔枝杂交育种存在自然授粉实生选种和人工杂交授粉两种方式，因人工授粉成功率低，自然授粉实生选种仍是杂交育种的主要方式，而人工杂交育种近几年才逐渐受到重视，虽然尚未获得品种，但已积累了一些经验与知识。

1. 荔枝杂交及远缘杂交育种的成绩

在杂交育种方面，美国1965年从"甜岩"（Sweetcliff）近1200株自由传粉后代中发现果实性状变异很大，从中初选出2个表现较好的株系，即9-34和11-57。澳大利亚为探索使杂种苗提早开花的方法，对2000株杂种实生苗的部分杂种苗进行蒙导试验，发现个别经嫁接蒙导的杂种苗植株可在播种后32个月即开花。另外，来自不同亲本组合的杂种苗群体，其早花性也不相同，如Bengal×怀枝的后代比较容易成花。而Bengal×Kwai May Pink或Bengal×Salathiel的后代则难以成花。由此推测，荔枝中存在早花性基因，如果该基因能够得到利用，可望将育种世代缩短2年。在国内，丁晓东等于1998年创建了"乌叶×绿荷包"F1杂种群体，含68个植株；刘成明等于1998～1999年，通过严格的人工去雄和授粉，创建了"马贵荔×无核荔"和"马贵荔×焦核三月红"两个杂种群体，旨在将极端成熟期、焦核无核和单性结果等优良性状进行组合，且构建了荔枝的第一幅分子遗传图谱，为基因定位及辅助选择奠定了基础；而台湾科学家杂交育出了台农1号翠玉（黑叶♀×玉荷包♂）、台农2号旺荔（沙坑×玉荷包）、台农3号玫瑰红（自然授粉实生后代）三个荔枝品种。

在远缘杂交方面，澳大利亚的McConchie等以两个荔枝品种（Bengal和Kwai May Pink）与两个龙眼品种（Macleans Ridges和Duan Yu）为亲本，开展荔枝属与龙眼属之间的正反交研究，在Bengal（荔枝）×Macleans Ridges（龙眼）的组合中，获得6粒可育种子，杂交结实率为0.34%。通过PGI等位酶分析，证实其中2株为真杂种。并发现龙眼花粉在荔枝柱头上的萌发情况较好，荔枝花粉在龙眼柱头上则难以萌发，故只在荔枝为母本的杂交组合中，实现了属间杂交的突破。

2. 荔枝杂交育种程序

荔枝人工杂交育种程序如下：

（1）杂种实生苗的培育与选择

利用自然授粉实生选种进行荔枝育种需较大的实生苗群体，为节约土地，常将实生苗密植和高接处理。密植就是将实生苗以单干整枝的方式，至 lm 以上才分枝，密植利于早日达到结果高度，但生长势弱之实生苗，往往尚未开花即因不见天日而遭淘汰，而幼年期长的实生苗如种植 5 年后仍未开花结果，则植株极为高大，调查不便。因此，密植需恰到好处，目前很多地方采用行株距 3m×1m。高接就是取实生苗的接穗接在老熟的植株上，以促进结果，该法优点是节省时间，高接的实生接穗通常在嫁接后 2 年即可开花，因此平均约可节省 3 年的时间，缺点是不易管理，除了荔枝高接成活率仍偏低外，一植株上嫁接许多来自不同实生苗的接穗，因实生苗生长势及砧木之亲和性的不同，其生长势差异极大，导致枝条杂乱、不易管理，然若同一植株上嫁接实生苗太少又不符合土地利用效率。

实生苗的选择参见实生选种。

（2）品系（种）比较试验

通过初选的品系即可增殖进行品系（种）比较试验，进行品系（种）比较试验的目的是评估该系是否有申请品种权及至将来推广的价值，因此比较试验要选用商业栽培的主要品种为对照，为消除砧木对嫁接苗的影响，最好选用大小一致的高压苗而非嫁接苗进行品比试验。为消除环境影响，比较试验一般进行 3 年。

以荔枝台农 1 号翠玉为例，其品系（种）比较试验选用台湾主栽品种黑叶作对照，材料采用高压苗，每品系各 5 株，行株距为 4m×3m，进行产量及质量性状调查。

此外，荔枝人工杂交应注意下列问题：

① 由于荔枝雌雄蕊均裸露在外，须在开花前进行严格套袋隔离；

② 同一花序中包含雌花和雄花，必须在整个授粉时期内每天都要将雄花除尽；

③ 花粉的寿命短，最好采用新鲜花粉授粉，如果必须贮藏的话，应将纯净花粉保存于低温（-20℃）、干燥和黑暗条件下，且贮藏期不能超过 60 天；

④ 将花粉配制成悬浮液喷洒的效果优于毛笔点涂授粉，但花粉悬浮液须随配随用；

⑤ 因幼果落果现象严重，在授粉后 10～15 天，应喷洒一次 2,4-D 进行保果；

⑥ 人工杂交授粉时亲本的选择要注意：一是焦核率较高的品种不宜当做母本，不仅结果率低，而且种子发芽率亦低；二是小果品种不宜当做母本，因其子代果实亦较小。

五、生物技术育种

荔枝的生物技术育种尽管起步较晚，但分子标记技术、转基因技术、离体培养、原生质体融合等方法在荔枝上取得了较好的进展。

分子标记在荔枝上的应用主要体现在两方面：一是种质资源亲缘关系及遗传多样性分析，如广东易干军等和广西彭宏祥等采用 AFLP 分别对 39 份、27 份荔枝材料进行研究，建立了荔枝的 AFLP 体系，并对荔枝进行了分组和多态性鉴定；邓穗生和陈义挺等各自利用 RAPD 标记分别对海南荔枝 60 份野生资源、福建若干荔枝古树资源进行了分析，说明荔枝种群存在一定的遗传变异，但栽培的陈紫品种与宋家香的亲缘很近，可能来源于宋家香；姚庆荣对海南霸王岭野生荔枝群体、琼山半野生群体和部分栽培品种，刘冰浩对广西部分野生、半野生和栽培荔枝群体采用 SSR 方法分别进行遗传多样性分析，说明遗传多样性半野生荔枝＞野生荔枝＞栽培荔枝，栽培品种与野生荔枝亲缘关系较远，而半野生荔枝与野生荔枝较近。二是分子遗传图谱构建，刘成明（2001 年）选择马贵荔×焦核三月红的 F2 作图群体，采用 RAPD 标记首次构建了荔枝的分子遗传图谱，该图谱包含 107 个 RAPD 标记，形成 25 个连锁群，覆盖荔枝基因组 1982.5cM，标记间平均间距为 24.18cM。

基因工程研究方面，丁晓东等利用同源序列法从荔枝果实组织克隆得到了 ACC 氧化酶基因的 2 个片段，并成功在大肠杆菌中实现了异源表达。桑庆亮等探索基因枪轰击转化荔枝胚性愈伤组织的方法，被轰击的愈伤组织能产生 gus 基因的瞬时表达。曾黎辉等以"元红"荔枝胚性愈伤组织为转化的受体材料，探索了根癌农杆菌介导的遗传转化方法，建立了适用于荔枝的转化体系，并将 LEAFY 基因导入"元红"荔枝，获得了 3 株经 PCR 和 Southern 检定的转基因植株。

此外，傅莲芳等在荔枝花药培养，俞长河和赖钟雄等在荔枝原生质体培养及与龙眼细胞融合方面进行了较深入的研究。

本章小结

荔枝是我国热带地区重要的水果，起源于我国，有丰富的种质资源和品种类群。本章介绍了荔枝的育种目标、育种进展和育种方法。

思考题

1. 请分析我国荔枝的品种类群及主栽地区。
2. 结合生产实际，说明未来我国荔枝的育种目标。
3. 阐述我国荔枝的育种现状和育种方法。

参考文献

［1］ 彭宏祥，李云昌，黄德健等. 大果型荔枝新品种'钦州红荔'［J］. 园艺学报，2001，28（3）：27.
［2］ 苏伟强，彭宏祥，朱建华. 荔枝新品种贵妃红的选育［J］. 中国果树，2005（4）：9-10.
［3］ 吴仁山主编. 广西荔枝志［M］. 广州：广东科技出版社，1988.
［4］ 刘冰浩. 广西部分野生、半野生、栽培荔枝遗传多样性 SSR 分析及博白野生荔枝种群生存研究［D］. 南宁：广西大学硕士学位研究论文，2008.
［5］ 刘成明，胡又厘，傅嘉欣等. 荔枝育种研究进展——技术、成就及努力方向［J］. 中国南方果树，2004，33（2）：36-40.

第十八章 香蕉育种

香蕉（Banana）属芭蕉科（Musacease）芭蕉属（*Musa*），为多年生单子叶草本植物。香蕉栽培历史有 2000 多年，以其天然无籽、食用方便、风味独特、营养丰富等特点深受人们的喜爱，现成为世界热带、亚热带地区最重要的水果之一。

香蕉喜高温多湿的环境，分布于南北纬度 30°之间的热带和亚热带地区，全球有 120 多个国家和地区种植香蕉，主产区为南美洲、亚洲、中美洲及加勒比海沿岸国家和非洲等地，主产国有巴西、厄瓜多尔、印度、哥斯达黎加、洪都拉斯、菲律宾、墨西哥、泰国、委内瑞拉、巴拿马、哥伦比亚及中国等。我国香蕉主要分布在广东、广西、海南、云南、福建等 5 个省、区，四川、重庆、贵州等省、市的南部也有零星栽培。据 FAO 统计，2008 年世界香蕉收获面积 481.76 万 hm²，产量 9070.59 万 t。而中国香蕉收获面积 31.11 万 hm²，产量 804.27 万 t，分别位于世界上第 4 位和第 3 位，年产值创造了 100 多亿元。因此，香蕉产业已经成为热带地区的农业支柱性产业，在热带经济和农村社会中发挥了重要作用。

但是，目前我国香蕉的选育工作与生产发展的要求仍然不相适应，表现在单产还比较低，产量不稳定，还有一些品种易因旱害、寒害、风害和病虫害等逆境而造成严重减产现象。选育高产、优质、抗性强的优良新品种，是解决当前香蕉产业上存在问题的最根本、最有效的措施。

第一节 育种目标

根据当前的香蕉生产和发展存在的问题，提出了香蕉的主要育种目标有以下几个方面。

一、选育高产优质品种

选育丰产优质的新品种，仍然是香蕉育种的根本任务。据 FAO 统计，2006 年世界香蕉平均单产为 17.00t/hm²，单产最高的国家是马尔代夫，为 79.33t/hm²，其次是马里 71.4t/hm²，危地马拉 55.45t/hm²，而当年世界香蕉产量前 6 名的国家的香蕉单产水平都不高，其中巴西、菲律宾、印尼的单产还低于世界平均水平。我国香蕉平均单产为 25.23t/hm²，与单产最高的马尔代夫仍有较大差距。

香蕉果实品质直接影响果实商品价值，是提高香蕉果品市场竞争力的关键。优质的香蕉品种要求蕉果长且饱满，果形美观，成熟时果皮色泽鲜艳美观，果肉含糖分高，香气浓，风味好，果柄短，耐贮藏等优良特性。

二、选育抗旱品种

我国产蕉区虽然年降水量相对丰富，但由于降雨的时空分布不均匀，香蕉的生产仍受到季节性缺水的影响。2007 年春季，海南省遭受严重的旱灾，香蕉受灾面积大约 5.33 万 hm²。其中，受害最严重的地区是乐东县，该县香蕉种植面积约 0.67 万 hm²，但受旱面积高达 0.53 万多 hm²。因此，培育出抗旱性强的高产优质香蕉品种也是追求的重要目标之一。

三、选育抗寒品种

我国香蕉的生产除了海南和粤西南等个别地区外，也经常受到冬春寒流的侵袭，轻则香蕉叶果受伤而减产，重则整株死亡。特别是在 1991～1992、1999～2000、2002～2003 年等严寒冬春，我国华南因特强寒流的入侵而导致大面积蕉园受到毁灭性的破坏，估计当年香蕉减产达 30% 以上。因此，选育抗寒力强和受冻害后恢复生长早的新品种，是我国香蕉育种的当务之急。

四、选育抗病品种

香蕉枯萎病（Banana vasicular wilt）又称巴拿马病，是一种全球性的毁灭性病害。1904 年该病在美国夏威夷首次发现，1910 年巴拿马因该病造成很大损失，1935～1939 年南美香蕉枯萎病严重发生，约有 4 万 hm² 遭毁。20 世纪 70 年代后期台湾的香蕉一半受到枯萎病的影响，几乎摧毁了台湾的香蕉产业。该病在我国广东、广西、海南、福建局部地区有发生。2008 年我国最大的香蕉种植公司海南万钟实业有限公司，因香蕉枯萎病死亡 16 万株香蕉，直接经济损失近 2000 万元，香蕉枯萎病已对我国香蕉产业构成严重威胁。

香蕉束顶病也是香蕉的重要病害之一，它威胁着包括亚洲、非洲和南太平洋地区等约世界 1/4 香蕉产区的生产。早在 1898 年，斐济就有文字记载束顶病的发生，1999 年 4 月，已报道发生该病的国家和地区有：斯里兰卡、澳大利亚、帕尼岛、威廉斯岛、菲律宾、印度、西萨摩亚、刚果、汤加、美属萨摩亚、越南、卡拉巴提、加蓬、加曼、马来西亚、印度尼西亚、泰国、巴基斯坦、美国夏威夷和中国。

除了香蕉枯萎病和束顶病病害外，还有香蕉花叶心腐病、香蕉线条病毒和香蕉线虫等许多病毒病害，它们已成为香蕉生产发展的主要限制因素。因此，选育抗枯萎病、束顶病以及其他危险性病害的香蕉优良新品种非常必要。

五、选育矮茎密植抗风品种

当前，香蕉发展的趋势是矮茎品种的集约栽培，而目前华南大多数优良的香蕉品种，如广东的大种高把、齐尾、油蕉和矮蕉顿地雷等，假茎都高达 2.5～3.1m，植株高大不但不适密植，更重要的是抗风力弱。当风力达到七级以上时，可导致植株倾倒，叶片大部分撕裂或折柄，严重时假茎也被吹折。因此，筛选和培育丰产、优质、矮生、适于密植和抗风力强的优良品种是当前生产的有效途径。

第二节　香蕉种质资源

芭蕉科由三个属组成（表 18-1）：芭蕉属（*Musa*）、衣蕉属（*Ensete*）和地涌金莲属（*Musella*）。芭蕉属野生种质资源的研究始于 20 世纪 40 年代。截至 2009 年，已经报道的芭蕉属共有 52 个野生种，其中真芭蕉组 11 个，观赏蕉组 9 个，澳蕉组 13 个，红花蕉组 18 个，不确定组 1 个。马来西亚、印度尼西亚、巴布亚新几内亚、印度和中国均分布有不同的 3 组芭蕉属野生种，但马来西亚和印度分布的种数最多，各分布有 15 种，约占总数的 29%，可能是芭蕉属野生种的多样性中心（冯慧敏等，2009 年）。衣蕉属，亦称象腿蕉属，是一次结果的草本植物，果实不可食用。芭蕉属和衣蕉属的主要区别是衣蕉属没有膨大的吸芽，种子较小。地涌金莲属也仅一种，即地涌金莲（*M. lasiocarpa*），为花序直立的矮生类型，花苞片黄色，作观赏用。

芭蕉科植物总览（根据 Stover 和 Simmonds，1987 年资料补充） 表 18-1

属	基本染色体数目	组	分布	种数	用途
衣蕉属	9	—	从西非到几内亚、中国	7~8	纤维，蔬菜
	10	南蕉组（*Australimusa*）	从昆士兰到菲律宾	5~6	纤维，果实可食
	10	美蕉组（*Callimusa*）	从印度到东南亚、中国	5~6	观赏
芭蕉属	11	真芭蕉组（*Eumusa*）	从印度南部到中国、日本、萨摩亚	9~10	包含香蕉各个种、蔬菜、纤维
	11	红花蕉组（*Rhodochlamys*）	印度、中国、东南亚	5~6	观赏
	14	*Ingentimusa*	巴布亚新几内亚海拔 200~1000m	1	—
地涌金莲属	9	—	云南	1	观赏

芭蕉属依据形态特征和染色体倍数分成 5 个组（表 18-1）。其中，真芭蕉组是该属中最大和分布最广的组群，包括 *M. accuminata* Colla（尖叶蕉）和 *M. balbisiana Colla*（长梗蕉）（表 18-2）。把来自尖叶蕉的染色体组用 A 表示，把来自长梗蕉的染色体组用 B 表示。Simmonds 认为香蕉的栽培品种是由尖叶蕉和长梗蕉两个原始野生蕉种内或种间杂交、选择和演化，形成了丰富的地方品种或类型。根据形态学鉴定方法可将栽培香蕉分三大系统——*accuminata* 系统、*balbissiana* 系统和杂种系统，十大类群（group）——AA、AAA、AAAA、AB、AAB、ABB、AAAB、AABB、ABBB 和 BB 等类型（表 18-3），通常野生蕉都是二倍体，栽培蕉一般是三倍体，少数为四倍体。含 A 染色体越多，果肉越甜，可生食；含 B 染色体越多，淀粉含量越高，需煮食。

尖叶蕉和长梗蕉的性状比较（Simmonds 和 Shepherad，1955、1995 年） 表 18-2

性 状	尖叶蕉（*Musa accuminata* Colla）	长梗蕉（*Musa balbisiana* Colla）
1. 假茎色泽	深或浅的褐斑或黑斑	不显著或无
2. 叶柄槽	边缘直立或向外，下部边缘具翼膜	边缘向内，下部边缘无翼膜
3. 花序梗	一般有软毛或茸毛	光滑无毛
4. 果小梗	短	长
5. 胚珠	每室有两行，排列整齐	每室有四行，排列不整齐
6. 苞片肩的宽窄	高而窄<0.28	低而阔>0.30
7. 苞片卷曲程度	苞片展开向外弯曲、上卷	苞片掀起，但不反卷
8. 苞片的形状	披针形或长形	阔卵形
9. 苞片尖的形状	锐尖	钝尖
10. 苞片的色泽	外部红、暗紫或黄色，内部粉红、暗紫或黄色	外部明显褐紫色，内部鲜艳的深红色
11. 苞片褪色	内部由上至下渐褪至黄色	内部颜色均匀，不褪色
12. 苞片痕	明显突起	微突起
13. 雄花的离生花被	瓣尖或多或少有皱纹	罕有皱纹
14. 雄花的色泽	乳白色	或多或少粉红色
15. 柱头的色泽	橙黄或黄色	乳黄或浅粉红色

香蕉分类评分（栽培香蕉分类）（Simmonds 和 Shepherad，1995 年）　　　表 18-3

倍性	级别类型	评分	组合（♀×♂）
2X	AA	16～23	AA×AA
3X	AAA	15～21	（AA）×AA
4X	AAAA	15～20	（AAA）×AA
2X	AB	46～48	BB×AA 或（AB）×AA
3X	AAB	26～46	AABB×AA 或（AB）×AA
3X	ABB	59～63	AABB×BB
4X	AAAB	27～53	（AAB）×AA 或（AAB）×BB
4X	AABB	45～48	（ABB）×AA
4X	ABBB	63～67	（ABB）×BB
2X	BB	75	BB×BB

　　香蕉种质资源丰富，种类品种繁多，至 1985 年，国际植物遗传资源研究所（IPGRI）收集保存了来自 44 个国家和地区的种质材料 1300 多份。20 世纪 50 年代以来，我国在种质收集、保存、评价和利用上取得了一定的进展，在广东省农科院果树所建有国家香蕉种质资源圃，保存了 210 多份种质。根据植株形态上的特征及经济性状，我国习惯上把鲜食香蕉品种分为香牙蕉（AAA）、大蕉（ABB）、粉蕉（ABB）和龙牙蕉（AAB）等（黄秉智，2001 年），并通称为香蕉。

　　1. 香芽蕉类

　　香牙蕉简称香蕉，又名华蕉，为我国目前栽培面积最大的品种。株高 1.5～4m，假茎黄绿色而带紫褐色斑。幼芽绿而带紫红色。叶片较阔，先端圆钝，叶柄粗短，叶柄沟槽开张，有叶翼，反向外，叶基部对称斜向上。弱小幼苗和试管苗幼叶往往有紫斑。幼果横切面多为五棱形，成熟时棱角小而近圆形，果皮呈黄绿至黄色，果皮较厚，外果皮与中果皮不易分离。果肉黄白色，二室易分离，无种子，果肉清甜，有浓郁香味。一般株产 5～30kg，最高可达 50kg。

　　根据植株高度和果实特征，香牙蕉又分为高、中、矮三型。

　　（1）高型香牙蕉

　　植株高大，假茎高 260～400cm，最粗的周径达 95cm，蕉茎上细下粗果穗长，果梳可达 14 梳，果形较直。单株产量高，达到 20～40kg，最高可达 50kg。抗风力较差。主要品种有广东的高脚顿地雷、台湾高蕉、海南黄牛角蕉、威廉斯、广州高把等。

　　（2）中型香牙蕉

　　植株假茎高度 210～260cm，假茎上下粗细较一致。叶片长可达 2m，单株产 15～30kg，少部分可达 40kg。果实大小中等，果形较矮蕉直，抗风性较高型香蕉强，丰产稳定。广东蕉 2 号（63-1）、矮脚顿地雷等属于此类。

　　（3）矮型香牙蕉

　　植株较矮，假茎在 2m 以下，均匀粗壮，叶片宽厚，长 150～200cm，宽 75～80cm，果长 20cm 以下，果形较弯，果轴短；梳距窄。单株产 15～23kg，抗风性强。海南崖城矮香蕉、陵水矮香蕉、海南赤龙矮香蕉、座地蕉、文昌矮香蕉、福建天宝蕉等均属此类。

　　2. 大蕉类

　　大蕉在我国北部地区也称芭蕉。植株高度 180～450cm，茎周 55～90cm，蕉身粗大结实。假茎青绿色带黄或深绿色，无黑褐斑。叶片宽大而厚，叶色深绿，常有光泽，叶先端较尖，叶茎为对称心脏形，叶背和叶鞘微披白粉或无白粉，叶柄长，沟槽闭合，无叶翼。果轴上无茸毛，果实较大。果身直，棱角明显；果皮厚而韧，成熟时果皮浅黄至黄色，外果皮与中果皮易分离；果肉杏黄色，肉质粗滑，味甜带微酸，无香味，偶有种子。对土壤适应性强，耐旱，抗风能力较强，抗寒及抗病虫能力强。大蕉单株产量一般为 8～20kg，生育期比香牙蕉稍长半个月至 1 个月时间，按茎干的不同可分为高、中、矮型大蕉。

3. 粉蕉类

粉蕉，又称蛋蕉、奶蕉（因其果端呈乳头状突起而得名）、糯米蕉（米蕉）。植株高300～500cm。假茎淡黄绿色，无黑褐斑。叶狭长而薄，淡绿色，先端稍尖，叶茎对称心脏形。叶柄长而闭合，无叶翼，叶柄及茎部披白粉，边缘有红色条纹；果轴无茸毛，果实微弯，果柄短，果身近圆平且果身较短，果皮薄，成熟时浅黄色；果肉乳白色，肉质柔滑，汁少肉实，味清甜微香。果穗 30～60cm，着果约 8 梳，120 条左右。果实短（10～15cm），横切面近圆形，无棱角，果皮薄，不耐贮藏。果肉乳白色、软滑、味甜，偶有种子。单株产 15～20kg。对土壤的适应能力及抗逆能力仅次于大蕉，但易感巴拿马病，也易受香蕉弄蝶幼虫的危害。西贡蕉等均属此类，蛋蕉对环境适应力强。

4. 龙牙蕉类

龙牙蕉，又称过山香（广东中山）、打里蕉（因印尼、马来西亚称 *Pisan Tali* 而得名）。植株较瘦高，株高 300～400cm。假茎青绿，有紫红色斑，叶狭长，叶较薄、淡绿色，叶柄与假茎披白粉，叶柄沟槽半边闭合半边开张，叶基为不对称耳状；花苞表面紫红色，披白粉；果轴有茸毛，叶基部两侧不对称，耳形，有叶翼，叶柄与假茎披白粉，果轴有茸毛。果穗长约 50cm，7～9 梳，着果数 95～130 条，株产约 10～15kg。果形直或微弯，果身肥满近圆平、中等长大，果皮薄，成熟后呈金黄色，果皮易纵裂；果肉乳白色，肉质柔滑，味甜带微酸，香味独特，品质好。抗寒能力比香牙蕉稍强，但易感巴拿马病和易受弄蝶幼虫、象鼻虫的危害。抗风、抗涝性较差，果实不耐贮运。

我国台湾省的栽培种有 80 多个，主栽品种为李林蕉、玫瑰蕉、吕宋蕉、假吕宋蕉、南投芭蕉、粉蕉、蜜蕉、旦蕉、北蕉、红皮蕉。该省采用组培变异筛选的方法，先后获得抗香蕉巴拿马枯萎病 4 号生理小种的系列品系：台蕉 1 号、台蕉 2 号、台蕉 3 号、台蕉 7 号和宝岛蕉。宝岛蕉，又名新北蕉，高抗巴拿马枯萎病 4 号生理小种，发病损失率可降低至 5％以下，具丰产特性，单位面积产量可提高 40％～50％，是目前重要的外销品种。我国华南产区现有香蕉栽培种共 30 多个，包括选育出广东高脚顿地雷、福建天宝、广西浦北高杆、广东 1 号、广东 2 号香蕉新品种，和引进威廉斯、巴西蕉、墨西哥蕉、泰国蕉、大奈因、台湾金蕉、8818、台湾 8 号等优良品种。通过新品种的选育与推广，世界香蕉产业基本实现了良种化。

第三节　主要性状遗传

由于蕉类特别是栽培蕉特殊的生物学特性，使得其遗传性状的研究非常困难。一方面，许多蕉类雄性基本不育，雌性的育性也很低，有些重要的香蕉系列品种都完全不育。蕉类不育不但有染色体突变和多倍性的原因，还有基因的作用，所以很难甚至不能用杂交的方法来检测染色体组的同源性。另一方面，由于栽培蕉的繁殖方式是无性繁殖，而且又是多倍体，许多染色体突变积累在这些无性系中，使原来的核型发生改变，从而给种间、类型间和品种间的分析带来很大的困难。此外，蕉类染色体属于小型染色体，存在的随体易与小染色体混在一起，干扰染色体数目的确定，这也给染色体的标本制作和核型分析带来一定的难度。这些原因使蕉类遗传性状的研究相对落后。

关于香蕉的遗传学，对香蕉的主要性状遗传，目前仍未有系统完整的研究。Simmonds 等以食用二倍体香蕉为材料，对单性结实、苞叶宿存和不孕性进行了研究，得出结果如下。

1. 单性结实的遗传

以一个能单性结实但花粉能育的食用二倍体香蕉（Pisang Lilin）的花粉，分别给三个能结籽的二倍体香蕉进行授粉，在三个杂交组合的后代中，单性结实与非单性结实的分离比例，分别接近 $1:1$、$1:3$、$1:7$。因而认为香蕉单性结实的性状，是由三个互补的显性基因（p_1、p_2、p_3）互作的结果。

三个杂交组合亲本的基因型及其后代的分离状态如下。

（1）*M. acuminata* sub sp. *burmannica* clone Culcutta 4× "Pisang Lilin"

$$p_1 p_1 P_2 P_2 P_3 P_3 \times P_1 p_1 P_2 p_2 P_3 p_3$$

$$\downarrow$$

$$p_1 p_1 P_2\text{-} P_3\text{-} \qquad P_1 p_1 P_2\text{-} P_3\text{-}$$

非单性结实 1：单性结实 1

（2）*M. acuminata* subsp. *malaccensis* clone Selangor× "Pisang Lilin"

$$p_1 p_1 p_2 p_2 P_3 P_3 \times P_1 p_1 P_2 p_2 P_3 p_3$$

$$\downarrow$$

$$P_1 p_1 p_2 p_2 P_3\text{-}$$

$$p_1 p_1 P_2 p_2 P_3\text{-}$$

$$p_1 p_1 p_2 p_2 P_3\text{-} \qquad P_1 p_1 P_2 p_2 P_3\text{-}$$

非单性结实 3：单性结实 1

（3）*M. acuminata* subsp. *burmannica* clone LongTavoy× "Pisang Lilin"

$$P_1 P_1 p_2 p_2 p_3 p_3 \times P_1 p_1 P_2 p_2 P_3 p_3$$

$$\downarrow$$

非单性结实 7：单性结实 1

2. 苞叶宿存的遗传

香蕉苞叶宿存的性状，在 *M. balbisiana* 中普遍存在，而在 *M. acuminata* 亦有少量宿存。据研究，在 Cavendish 类群中，苞叶宿存性状和矮化是一因多效的表现，也可能是由于连锁。但是，在食用的二倍体香蕉中，苞叶的宿存却不伴随矮化的发生，而往往与单性结实相关联。

3. 雌性不育的遗传

据研究，食用二倍体蕉常发生染色体结构的变化，以花粉能育的食用二倍体蕉作父本来进行杂交，能传递某些结构的变化和雌性不育因子。可见香蕉的单性结实和染色体结构的杂合性有关。

在食用的三倍体香蕉中，通常是不育的。但是如果增加 B 染色体组，可以提高雌性的育性。因而认为雌性不育的因子，系存在于 A 染色体组中。

第四节　香蕉育种途径及程序

香蕉的选育种方法有引种、芽变选种、有性杂交育种、远缘杂交育种、辐射育种、倍数体育种等，目的是培育优质、高产和抗逆性强的品种，满足不同的生产需要。

一、香蕉引种

虽然我国的香蕉资源十分丰富，但由于香蕉的种类及品种在地理上分布的不均衡和香蕉生产、消费上要求的多样性，十分有必要从国内外引进新的品种和类型。

香蕉引种是香蕉选育种途径中需要时间最短、方法最简单、成效最显著的一种方法，历来为世界各国或地区所重视。香蕉引种还可为杂交育种提供杂交亲本。例如，牙买加为了解决当地品种大密哈（Gros Michel）香蕉易感染巴拿马枯萎病和叶斑病（又称褐缘灰斑病）的问题，进行了杂交育种。但国内缺乏理想的既抗病、品质也较好的杂交亲本，他们从马来西亚引进了 Pisang Lilin 品种与大密哈杂交，结果选育出了具有抗病能力、品质较好的 Bodles Altafort 新品种。

以上说明引种在丰富当地品种以及解决品种存在问题方面，具有重要意义。但是香蕉引种的成功，需注意以下问题：

（1）引种目标要明确，实施措施要可行。

各地香蕉引种时应有一个十分明确的目标及要求。目标制订时要根据当地的生产实际特别是当前最急需解决的关键问题，切忌盲目引进。一般情况下引种都是根据品种优良的综合性状来考虑，即品种的丰产、稳产、内外观品质、抗逆性、贮运保鲜等因素决定引进的香蕉品种或类型。这仅仅是一个共性的认识。事实上，不同的生态条件对品种引进目标应有所侧重，如在抗逆性方面各地的要求应有所不同。海南省三亚市冬季的寒冻害并非为该地主要解决的问题，而在福建、广西等某些产区却是迫切的问题；沿海地区的香蕉产地，特别是像海南省大多产地、广东省的阳江等地抗风品种却显得十分重要，引种时目标越明确越能达到预期的目的。同时，在确定引种目标后，应考虑好引进品种的类型及原产地和整套引种实施方案。像引进抗风类型，因我国矮干型香蕉资源多，国外大多矮干型香蕉均由我国引进，故抗风品种的引进应重点在国内各省之间进行。而抗病类型的引种，由于中南美一带巴拿马枯萎病、叶斑病等病害多，很可能产生出一些抗病类型或培育出抗病的品种，重点应考虑从中南美等病害多的国家引进。抗寒的香牙蕉，因我国生态条件复杂，以我国资源为最丰富。

（2）要认真考虑引进的香蕉品种和类型对本地风土条件的适应性。

为使引进的香蕉新品种在本地得到充分表现，在引种前应对该品种对生态环境条件的要求及本地环境条件进行综合的分析。先看综合生态因子即温度、雨量、水分、光照、土壤是否符合新品种的要求，然后再找出影响引种的主导因子。在大多数情况下，香蕉引种的主导因子是温度，特别是最冷月的极端低温。如最冷月（1 月份）经常出现 0℃ 以下的温度，引种的香蕉就会死亡，如经常出现在 2.5～5℃ 时则香蕉植株特别是叶片将会受到严重的危害。这样的地区引种香蕉如不采取防护措施，失败是必然的。但在某些地区或许是风、或许是雨水才是主导因子。因此，引种地应根据实际，找出限制本地引种的主导因子。在还不能充分了解新品种对生态条件的要求时，也可以分析种源地的生态条件，如果种源地的生态条件与本地相似，则引种成功的可能性极大；在两地比较生态条件时千万不能只比较纬度，纬度虽然相同，往往温度、水分等差异也是极大的。香蕉种植老区引种时可参考本地已种植的香蕉类型，如本地种植某香牙蕉十分适应，要引进的品种为另一香牙蕉品种，那引种成功的可能性则十分大；从未栽培过香蕉的新区引种时可以与香蕉对生态条件要求较相似的果树树种作为参照，像菠萝如能在本区种植，估计香蕉引进后，成功栽培的可能性极大。

（3）注意苗木质量及进行严格检疫。

引种时应注意选择苗木质量好的种苗。品种要求纯正，植株要健壮。不管是吸芽还是组织培养苗均要求叶片正常、浓绿、无畸形，要有原品种固有的特征；根系要发达；无病虫害。进行严格的检疫是十分必要的，特别要注意的是香蕉检疫性病虫害及本地未曾发生过的病虫害。要严格防止香蕉束顶病、花叶心腐病、巴拿马枯萎病以及叶斑病等随芽苗引入。香蕉束顶病（也称蕉公）对华南蕉区几个省区影响极大，危害率一般为 $10\%\sim30\%$，严重时可达 $50\%\sim80\%$ 左右，这是一种病毒病，对香蕉有致命的危害；花叶心腐病对香蕉的危害也不小，广东省蕉区 1973 年以前未曾发现该病，自 1973 年从国外引进新品种后才将该病传入广东。必要时应对引进的香蕉芽苗预先隔离种植，进行观察鉴定，发现带病芽苗要及时销毁。如鉴定该芽苗确未带病虫，才可进行生产试验和推广。

（4）引进苗木的试种及品比试验。

将引进的苗木在大田试种，试种时可多选择几个点进行。在老蕉区最好能与当地主栽的同类品种进行品种比较试验，在新品种区域试验或品比试验期间，要认真对新品种植物学性状和生物学特性进行观察记载。注意做好经济性状的表现、抗寒、抗病等抗逆性状的表现、市场的评价等资料记载。经观察鉴定，认为符合引种目标并能适应本地环境条件，就可在本地生产上利用。有些试种后如适应性差，性状表现不良，则不能在生产中应用。如越南贡蕉虽品质好但产量低，抗寒、抗风能力弱，易感病，不宜发展。

二、香蕉芽变选种

突变育种就是利用香蕉体细胞的突变，选育新的品种，许多商业品种就是通过芽变选育的。例如，Highgate（AAA）和 Cocos（AAA）是 Gros Michel（AAA）（M06）的半矮化突变体；Motta Poovan（AAB）是 Poovan（AAB）的芽变体；Ayiranka Rasthali 是 Rasthali（或 Silk）的芽变体，仙人蕉为北蕉的突变株系，广东香蕉 1 号为高州矮香蕉的芽变体等。由于一些性状间有相关关系，目标性状发生变异时常伴随着其他性状的变异，如仙人蕉除了发生抗束顶病突变外，叶片长度等性状也和原品种北蕉存在一定差异，可以说自然突变是无性系中相似遗传组成逐渐变异的一个过程（Daniells，1990 年）。

香蕉的栽培品种均为高度不育，一般无法实生繁殖，主要以其芽苗无性繁殖为主。其遗传性的变异是以体细胞的突变来实现的。香蕉体细胞的自然突变频率虽然很低，仅为百万分之二，而且突变中既有劣变（导致香蕉品种退化的主要原因），也有优变。但有人统计，在全世界 300 多个香蕉品种中，有一半是从香蕉体细胞自然突变产生的，且这种变异绝大多数可以遗传，完整保留下来亲本原来的性状。香蕉芽变选种就是利用香蕉体细胞的突变，选出香蕉新品种或类型。该方法在生产实践中既操作方便，效果又显著。芽变选种是目前香蕉选育种的主要手段，在品种改良及培育新品种中起着重要作用。

目前，大面积栽培的高把香蕉、矮脚香蕉和油蕉等优良品种，都是我国劳动人民从香蕉芽变中选出来的，台湾省一位农民于 1919 年从当地栽培的北蕉品种中，选出了一个能抗萎缩病的突变系仙人蕉，解决了萎缩病对北蕉品种的严重威胁。此后，我国人民通过芽变选种法，先后选育出高把香蕉、矮脚香蕉、油蕉、广东香蕉 1 号等优良新品种并在国内或国际上大面积栽培。

香蕉的芽变选种与其他果树的芽变选种方法基本相似，具体程序为：确定香蕉芽变选种的目标→选择性状优良的材料（芽变只针对个别性状修缮）→初选（注意田间调查分析）→复选和决选（作比较试验分析综合性状并进一步鉴定是否是芽变）→香蕉芽变系的中间试种及大面积推广。

香蕉芽变系的鉴定方法：选出的芽变系，除了一些显著发生变异的形状外，其他的一些性状也常常产生一系列的变异。以台湾的北蕉和仙人蕉为例，两者最明显的区别是前者易感枯萎病而后者却对枯萎病具有很强的抗性。但经仔细分析鉴定，可以发现两者在叶片长度、阔度、叶片色泽、开花期、成熟期以及果实长度、周径等性状方面，也都存在一定程度的差异。

通过对芽变系的鉴定，从而了解芽变性状的遗传稳定性，以及其他一些性状的变异情况，以确定其在生产中的利用价值。

三、香蕉杂交育种

大多数香蕉栽培品种是三倍体，有性杂交育种难度很大，但这种情况并不是绝对的。有些三倍体如"GrosMichel"（*Musa* AAA）、"Silk"（*Musa* AAB）、"Mysore"（*Musa* AAB）、"Pome"（*Musa* AAB）和"Bluggo"（*Musa* AAB）等在减数分裂过程中也能产生不减数的三倍体配子，如果用野生二倍体香蕉的花粉进行授粉可获得少量四倍体种子。如洪都拉斯农业研究所经过多年努力，采用杂交育种方式获得了 FHIA-01、FHIA-02、FHIA-03、FHIA-17、FHIA-18 和 Manzano 等 6 个具有优良农艺性状、抗病、抗寒等性能的优良新品种，并在生产中得到推广应用。由此可见，通过杂交育种对培育抗性品种具有较好的发展前景。

1. 香蕉杂交育种的特点

香蕉的杂交育种和其他果树相比较，有如下特点。

（1）杂交不育程度高

香蕉的栽培品种，绝大多数都是三倍体（$2n=33$），且多为 *Musa* AAA 群。这些三倍体品种，具有非常高度的雌花不稔性。香蕉的花序中，包含有雌花、中性花和雄花，但是雄蕊是退化不育的，中性花也只能偶然靠单性结果的习性结成细小的果实，能结具有商品价值的果实的完全依靠雌花的单性结果。因此，三倍体间通常不能杂交结籽。但有一些能产生正常可育花粉并能结籽的野生二倍体（$2n=22$）蕉的类型（*Musa* AA），或用能单性结果、果实可食用的二倍体蕉类品种（AA）的能育花粉，与三倍体进行人工杂交，有时亦可得到极少数种子，将这些杂交种子播种、培育并经人工选择，亦可选育出具有人们所要求性状的四倍体香蕉新品种。

据报道，香蕉杂交时，将整个花穗的全部雌花都进行人工授粉，一般只能得到一、二粒种子，而且种子播种不能全部发芽生长，能生长成苗的也不一定具有优良性状。因此，进行香蕉杂交育种需要有较大量的植株和耗费较多的人力、物力，并且必须经过较长的时间才能取得较大的效果。

（2）杂种染色体组型变化复杂

将三倍体香蕉栽培品种与二倍体香蕉栽培品种或野生种进行杂交，染色体组型常发生很大变化，在杂种后代中常会得到四倍体的杂种，有时甚至是七倍体杂种个体。所以，产生这一现象，是因为用作母本的三倍体香蕉，在减数分裂形成卵细胞时，染色体产生极不规则的分离，有些卵细胞保持了母本的全部染色体组（$3x$），当与正常二倍体种产生的正常花粉（x）结合时，便形成了 $2n=44$ 的四倍体合子胚。更有个别卵母细胞，在减数分裂过程中，虽然产生了染色体的分裂，而细胞却不分裂，从而形成了染色体数加倍的 $6x$ 的卵细胞，与正常花粉结合，则产生了七倍体（$2n=77$）的杂种个体。

四倍体的杂种，保持了母本的全部基因，同时也掺入了父本的基因，其后代以保持母本性状为主，也可能出现一些父本性状。七倍体的杂种，表现叶片较厚、生长慢、矮生、不能开花，在生产上没有价值。

此外，若将两个来源不同的四倍体相互杂交，或将四倍体种自交，能获得次级四倍体。同时，如果把选出来的四倍体杂种与原来的三倍体母本或者原来的二倍体父本进行回交，将可能得到次级五倍体和次级三倍体，这些次级多倍体，由于原来优良三倍体亲本的基因型，在杂交过程中受到解体，所以一般是没有多大经济价值的。

上述仅局限于以大密哈品种及其变异系（都是 AAA 群的）作母本，都以 AA 群作父本的情况下杂交所出现的状况，以其他类群作亲本的杂交还未见报道，尚待研究解决。

2. 香蕉杂交育种的意义

香蕉杂交育种工作比较困难，但在解决抗病育种问题上，仍有一定的价值。在拉丁美洲，最有经济价值的香蕉品种是大密哈，但受巴拿马枯萎病（简称巴拿马病）和叶斑病的严重威胁，几乎至于毁灭。为了解决这个问题，牙买加及特立尼达和多巴哥在 20 世纪 20 年代开始了杂交育种工作，他们以大密哈作母本，以从马来西亚引进的具有高度抗病性的二倍体蕉类栽培品种 Pisang Lilin（AA）作父本，杂交育成了 Bodles Altfor 的四倍体杂种（AAAA），具有抗病和其他许多优良经济性状，1962 年后得到推广。但该品种果指偏短，果实成熟时易脱落，而且植株高大，抗风力弱，因此仍不理想。此后，为了获得具有抗病力强和高产优质而又矮生的理想新品种，他们用从大密哈的芽变种 *Highgate* 中选出的一个株形紧凑的矮生植株作母本，而父本则先以两个野生种尖叶蕉的亚种 *M. acuminata* subsp. Malaccensis 和 *M. acuminate* subsp. Banksii 进行杂交，从亚种中选出果穗性状表现好，而且具有抗病性的植株作父本，杂交结果，育出了既有抗巴拿马病和叶斑病的特性，又出现了矮生性状，而且还是果梳果指数多，果指长而大，均匀一致，果实成熟时果皮鲜黄色等许多优良性状的杂交种。这个杂交种是具有较高经济价值的新品种。不过，也还存在一些次要缺点，如果实较软，一些无性后代的性状还不够稳定等。

3. 香蕉杂交育种技术

1）亲本选配

不同品种类型的香蕉，杂交的结籽能力有所不同，通常 AAA 群的"大密哈"品种以及它的一些突变体，其雌花具有一定的能育性，授以 AA 群的品种或野生中的花粉，能结少量的种子。而 AAA 群的 Cavendish 亚群的 Lacatan、Robusta 以及巨大 Cavendish 和矮小 Cavendish 等品种或类型，由于雌花完全不育，即使授以正常花粉，也不能结籽。这种雌花完全不育的品种不应选作杂交母本用。

2）授粉

香蕉的花粉粒形大，有黏性，已发育成熟的花粉，贮藏较困难，因而杂交时从父本采到的花粉需立即授粉，最好将父本类型与母本栽种在一起，以便于采粉和授粉。授粉一般在上午进行，把采得的父本花粉粘在母本雌花的柱头上，授粉完后套以纱袋隔离。在所有经授粉的花朵柱头枯萎时，即可除去隔离网罩。

3）杂交种子的采收和播种

当果实达到成熟度时，将果穗取下，待果实完全成熟后，取下果指，纵向切开，取出种子，经冲洗后立即播种。香蕉种子只能在白昼温度高而夜间气温凉爽、温差变化大的情况下发芽，在稳定的恒温箱内反而不易发芽。播种时，先将种子浸泡吸足水分，播于经过杀菌的椰糠碎与混合肥拌匀的盆子里，并用厚的塑料薄膜密盖，置于能够控制温度变化的温室内，加上遮荫设备即可。

4）杂种苗的培养锻炼和选择

杂种苗最初生长在温室里，当高度达到 50cm 时，可把畸形、病弱的苗淘汰。被淘汰的苗中，包括叶片厚、矮生、没有价值的七倍体和少数非整倍体。留下的苗即可移到室外栽培，加以精心培育。据 Simmonds 报道（1952 年），在获得的 2843 粒杂交种子中，播种后成苗的只有 21％，其中有 12％是七倍体，只有 9％是有价值的四倍体苗。

通过组织培养获得的小苗，生长比较娇嫩，先移植到已灭菌的含有混合肥的盆子里，置于能人工调节温、湿度的温室内。幼苗经过一段时间的锻炼后，已能适应室外的自然条件时，才能移至大田栽植。

5）成长杂种植株性状的鉴定

对杂交植株的性状，要进行以下几个方面的鉴定：

① 果实性状和产量的鉴定：对于培育出的抗病性新品种，必须要求果实不会产生种子，果指长、大而且均匀一致。果实的风味品质不应比原品种降低，成熟时果皮呈鲜黄色，丰产性好。果穗大，果梳着生均匀对称，果穗生长下垂等。

② 果品耐贮运性的鉴定：香蕉的果实运到外地销售，必须具有耐贮藏性和耐运性，即经较长时间的贮运后，仍能保持该品种固有的外观和风味。由于不同地区、不同收获季节和采收成熟度差异等都对贮运性有所影响，因此，一般以正造果和正常成熟采收的果实作为鉴定样品。在不具备必要的设备或样本有限的情况下，可采用小样本进行室内简易的鉴定。

③ 抗病性的鉴定：这里只讨论对于巴拿马病和叶斑病的抗性鉴定。

对巴拿马病抗性的鉴定：巴拿马病菌是一种存在于土壤的腐生菌，在室温人工控制的条件下，以带菌的土壤进行盆栽鉴定，可以明显地看出抗病性的差别。但盆栽实验的结果与大田里鉴定的结果，往往很不一致，因此，还必须进行大田抗性鉴定。田间实验必须在发病严重的地点进行，并在实验地上先种植高度感病的品种，待其发病表现病状后，即以这个地点对杂种进行抗病性鉴定。实验最好以在三个生态条件下感病状况的资料，分析其抗病能力。

对叶斑病抗性的鉴定：叶斑病的侵染途径是由病菌的分生孢子，依靠风雨的传播，落在寄主的叶片后，发芽形成吸着胞，自表皮侵入引致发病。因而可用人工接种法对其抗病性进行鉴定。

四、香蕉诱变育种

诱变育种是香蕉育种的重要补充。魏岳荣等（2005年）采用0.5％的秋水仙素在试管内处理二倍体苗过山香香蕉茎尖2h，成功诱导出四倍体香蕉新类型，诱导率超过田间鉴定，四倍体香蕉生长势强、假茎厚、根粗、叶片大、气孔大，相当部分植株抗病性大为增强。中国热带农业科学院南亚热带作物研究所从1998年开始，通过化学诱变育种的方法研究培育可抗"巴拿马病"的香蕉新品种，目前已经取得重大进展。他们培育的"8818-1"抗病新品种经过实验大棚、实验田试种，均表现出了预期的强抗病能力，目前已经在广东的香蕉种植区进行种植试验。此外，还进行了香蕉的辐射诱变研究，如γ射线、人工诱导突变（Radha Devi 和 Nayar，1992年），漳州8号就是以'台湾北蕉'离体试管芽为材料进行^{60}Coγ射线辐照诱变后选育的高产、稳产、较抗叶斑病的品种。国际原子能机构（IAEA）通过辐射产生出开花突变体GN-60A，经微繁选择，选出了开花早、产生果穗优良的后代，命名为Novaria。

近年来香蕉愈伤组织培养、悬浮细胞培养、原生质体培养和体细胞胚胎发生方面的研究取得了较大的进展，本方法将是今后种质创新利用的重要途径，其诱变效率将由于技术的进步而提高。

五、香蕉生物技术育种

（一）基因工程育种

基因工程育种是指以香蕉受体系统为基础，通过基因转导方式将目的基因导入受体系统，从而培养出新的株苗。在遗传转化方法方面，早期以采用基因枪法为主，电击法、根癌农杆菌介导法等其他方法为辅，与基因枪法和电击法相比，农杆菌介导转化法效率更高，较易产生单拷贝基因插入，有利于外源基因的表达。后证明根癌农杆菌介导法较为有效，加之根癌农杆菌介导法具有多为单拷贝等优点，因此目前绝大多数香蕉遗传转化研究都采用根癌农杆菌介导法。

在我国，王鸿鹤等利用基因枪法转化香蕉得到了GUS基因的瞬时表达，李华平等以香蕉茎尖为材料，先用基因枪轰击，再用农杆菌进行转化，获得了转基因植株。

（二）分子标记辅助育种

传统的育种方法主要是依靠形态标记进行选择，香蕉的高度不育和多态性使得育种不但耗费大量的人力和物力，而且需要很长的时间。近年来，随着生物技术的发展，香蕉育种的方式有了很大的变化，各种遗传标记尤其是DNA分子标记技术的应用，极大地缩短了育种周期。同时，DNA分子标记具有不受环境、植物生长发育时期、基因表达与否、组织器官等因素限制的特点，而且在完成基因的分子标记定位后，就可以通过连锁标记对这些性状进行间接选择，从而提高选择效率，因此对香蕉育种来说是极其重要的手段。

（三）体细胞杂交育种

体细胞杂交即细胞融合，是获得体细胞杂种的一种新技术，能克服远缘有性杂交的困难，打破物种分类界限，扩大利用种质资源的范围，开创由远缘植物导入抗病性、耐寒性等有用性状的途径。Matsumoto等应用电击法，将不抗病但具有优良性状的三倍体香蕉品种 Maca（*Musa* AAB group）和抗病的二倍体野生蕉品种 Lidi（*Musa* AA group）的原生质体融合在一起。结果表明，在三次重复实验中有的再生植株被鉴定为含有两亲本条带的杂合体。但在杂交过程中也存在一些困难，如技术较繁琐、杂交频率较低等，还有待于原生质体再生植株技术的进一步完善。

本章小结

香蕉是热带地区重要的水果，本章介绍了香蕉的育种目标、种质资源和香蕉育种方法及进展。

思考题

1. 请结合生产实际，论述香蕉的育种目标。
2. 分析我国已有香蕉的种质资源现状，并阐述其存在的问题。
3. 简述香蕉的育种方法。
4. 提出一急需解决的香蕉生产问题，列出育种程序。

参考文献

[1] 冯慧敏，陈友，邓长娟等. 芭蕉属野生种的地理分布 [J]. 果树学报，2009，26（3）：361-368.
[2] 龚玉莲，曾碧健，陈坚毅等. 红皮香蕉的核型分析初报 [J]. 广东教育学院学报，2002，22（2）：73-75.
[3] 黄国玉，杜中军. 现代生物技术在香蕉育种中的应用研究 [J]. 中国热带农业，2009，（2）：28-30.
[4] 黄永红，易干军，周碧容等. 香蕉基因工程研究进展 [J]. 西北植物学报，2006，26（10）：2179-2185.
[5] 胡桂兵. 香蕉遗传育种研究进展 [J]. 福建果树，2006，138（3）：15-22.
[6] 胡玉林，谢江辉，郭启高等. 秋水仙素诱导 GCTCV-119 香蕉多倍体 [J]. 果树学报，2006，23（3）：462-464.
[7] 李丰年等. 香蕉栽培技术 [M]. 广州：广东科技出版社，1999.
[8] 沈德绪主编. 果树育种学（第二版）[M]. 中国农业出版社，2008.
[9] 魏岳荣，黄学林，黄霞等. "过山香"香蕉多芽体的诱导及其体细胞胚的发生 [J]. 园艺学报，2005，32（1）：414-419.
[10] 吴松海，何云燕. 香蕉育种研究进展 [J]. 中国热带农业，2008，（5）39-40.
[11] 徐迟默. 香蕉主产国栽培品种简介 [J]. 世界热带农业信息，2006，（2）：20-21.
[12] 杨培生，陈业渊，黎光华等. 我国香蕉产业——现状、问题与前景 [J]. 果树学报，2003，20（5）：415-420.

第十九章　其他热带果树育种

　　热带果树指只能在热带和南亚热带地区栽培的果树，我国分布范围包括海南、云南、广西、广东、福建、台湾等省区和贵州、四川、江西南部部分地区，这些地区总面积不到国土面积的 5%。这些水果中，除香蕉和荔枝在我国为大宗水果外，其余水果如芒果、番木瓜、菠萝、龙眼属于常见的热带小水果，莲雾、台湾青枣、菠萝蜜、人心果、杨桃、椰子和西番莲等则为未产业化的热带水果。上述热带水果中香蕉和芒果是世界大宗水果。尽管热带水果在我国栽培面积不大，但以其味美、营养保健和食疗价值高而受消费者青睐，是我国水果市场上的重要补充，也是热带地区农村经济建设的重要内容与致富途径。因此，关于热带水果的育种也显得日趋重要。

第一节　热带果树种质资源

　　我国是多种热带果树的原生地，因而诸如龙眼、芒果和菠萝蜜等具有良好的遗传多样性。而番木瓜、菠萝、莲雾、无叶枣、人心果、杨桃等则遗传多样性欠丰富，甚至像番木瓜、菠萝、人心果和西番莲等基本上为外来物种。因此，不同热带水果的种质资源遗传多样性丰缺情况不一样。

一、龙眼

　　龙眼（*Dimocarpus longan* Lour. Euphorialongana Lam）属无患子科龙眼属果树，我国龙眼属植物有 4 种，仅龙眼用于果树栽培，龙眼分布于我国东南、西南和泰国北部。目前发现龙眼有 4 个变种：我国云南除原变种龙眼外，陆续发现新变种大叶龙眼（*D. longan* var. *magnifolius* Lee Yeong-Ching），其叶为大型叶，叶尖尾状尖，星状毛稀少，该变种多处于湿润、温暖、半阴性的环境；另一变种为钝叶龙眼（*D. longan* var. obtusus (Pierre) Leenh），其叶尖圆钝至微凹，星状毛密生，较耐干旱和强光照；而原变种龙眼的种性和对生境的要求，则介于以上两变种之间；在越南还发现一个变种为 *D. longan* var. *longepetiolulatus* Leenh，该变种的小叶具长叶柄。

　　由于龙眼主要原产于我国南部和西南部，在我国具有 2000 年左右的栽培历史，故其种质资源非常丰富。我国栽培龙眼源自野生龙眼驯化栽培，品种最多，其中大多为实生系，鲜食为主，少量适合加工。其中，一些品种具珍稀性状，如白核龙眼的核为白色且焦核率高、肉厚、含糖量高，5 月成熟的极早熟龙眼和 12 月成熟的极晚熟十二月龙眼，抗丛枝病的广西博白龙眼等。它们可作品种栽培，并作成熟期调节、抗病杂交育种材料，均具有特殊的育种利用价值。我国传统上常培育龙眼实生苗，因此有许多优良的实生株系与类型，具有选种潜力。泰国龙眼主栽品种多系果大、肉厚、质优、早熟或晚熟，也很重视龙眼育种。近年来，越南也重视龙眼产业化，加强育种工作。

　　龙眼种质资源的研究取得了一些新成果，在龙眼野生种、变种和品种的演变关系和分类鉴定上，开展染色体核型分析，构建了同工酶标记和分子标记技术体系，并确定了特征标记，人们采用染色体核型分析、多种酶同功酶分析、RAPD 和 AFLP 技术对龙眼种质资源和品种进行演化关系和多样性研究及类型鉴定，并以分子标记技术研究结果为基础，构建了龙眼高密度分子遗传图谱。在种质资源的收集与保存研究上，建立了国家果树种质福州龙眼圃，一些科教单位和地方科研部门也建立了龙眼种质资源圃，还建立了离体保存技术体系如胚性细胞系和胚性细胞悬浮系培养技术等。

二、番木瓜

番木瓜（*Carica papaya* L.）是番木瓜科番木瓜属植物，本属 40 种，原产美洲热带地区，除番木瓜外，其余种果小质差，但抗逆性与抗病性强，具有育种利用价值的主要有 3 种：山番木瓜（*C. candamarcensis* Hook. f.）、槲叶番木瓜（*C. quercifolia*（St. Hil.）Solms Laub.）、秘鲁番木瓜（*C. monnica* Desf.）。此外，还有五棱番木瓜（*C. pentagona* Heilb）、兰花番木瓜（*C. cauliflora* Jacq）和戟叶番木瓜（*C. hastaefolius* Solms）等、果小、肉薄、香味淡，可作蔬菜用。由于番木瓜是我国的外来物种，因此，种质资源多样性极其有限，一度主要依赖引种，在驯化引种的基础上自主选育了少量品种。

目前，中美科学家合作已经绘制出番木瓜基因组序列图。建立了番木瓜性别鉴定的分子标记技术体系和 PCR 鉴定技术体系，分子标记主要有 RAPD、AFLP 和 SCAR 标记。建立了番木瓜花叶病毒病抗性 RAPD 分子标记，我国克隆了抗病基因 2 个，即丝氨酸—苏氨酸蛋白激酶类抗病基因和环斑病毒外壳蛋白基因。

在品种中，鉴定了抗番木瓜花叶病毒病能力，确定了具有一定抗性的品种，目前种质资源的调查与搜集主要围绕寻找抗番木瓜花叶病毒病的种质资源而展开。研究了番木瓜叶片细胞愈伤组织的诱导技术、构建茎尖培养和体胚培养植株再生技术体系，为脱毒苗繁育和种质资源离体保存奠定了基础。

三、芒果

芒果（*Mangifera indica* L.）是漆树科芒果属的植物，本属约有 60 种，其中有 15 种果实可食。世界各国广泛栽培的是 *Mangifera indica* L.，我国广西栽培的柳叶芒是另一个种（*Mangifera persiciforma* C. Y. Wu et T. L. Ming）。其余我国原产野生种还有云南林生芒、广西靖西的冬芒、海南岛的臭芒等，但它们的食用价值远远低于芒果。我国芒果分布于海南、云南、广西、广东、福建、台湾、四川等省区。世界上有 87 个国家栽培芒果，分布范围很广，过去曾实生繁殖而产生许多实生变异，因此，世界上芒果品种多达千余个，我国也有 100 多个品种。总体上，芒果品种资源丰富，分为印度芒、泰国芒和吕宋芒等 3 个品种群，印度芒多为单胚类型，吕宋芒多为多胚类型，且单胚类型芒果品种常实生繁殖，导致本品种群品种和品系多。

芒果因经济价值高，世界各国均重视芒果种质资源的研究，印度收集和保存了 1266 份种质，分布在全国 18 个种质库；日本在国际植物遗传资源委员会资助下，对东南亚芒果开展全面调查、收集和保存；我国也获得国际植物遗传资源委员会资助，收集了 140 多份种质，保存于中国热带农业科学院南亚热带作物研究所，并系统开展种质资源研究。

国际国内关注于芒果品种资源遗传多样性、分类和鉴定研究，有从园艺学性状上作模糊聚类分析和从果实经济性状差异上作分类比较研究，也从等位酶分析角度开展分类和鉴定研究，近年来重点为采用 RAPD、AFLP 和 ISSP 等分子标记技术展开研究。我国利用双杂合位点标记构建了芒果遗传图谱。

构建了胚珠、珠心细胞、茎尖和胚组织培养及植株再生技术体系，为芒果种质资源的离体保存奠定了技术基础。我国开展了筛选抗炭疽病芒果种质资源研究。

四、菠萝

菠萝（Ananas comosus（L.）Merr）是凤梨科凤梨属植物，原产中美洲和南美洲热带地区，我国引种栽培已有 400 多年历史。本属共 5 个种，但适宜作果树栽培的仅菠萝 1 个种。另有 2 个种：A. ananassoides 和 A. bracteatus，可作为远缘杂交育种材料，但我国尚未引进。菠萝长期以来进行无性繁殖，变异少，并且栽培历史短，故此品种少，按名目仅 60～70 种，其中还有一些同物异名。由于我国仅引进栽培菠萝品种，因此，我国菠萝种质资源遗传多样性欠缺。

关于菠萝种质资源的研究，主要集中于品种遗传多样性和鉴定研究上，采用果实性状差异比较、酯酶同工酶分析和 ISSP 分子标记技术进行研究。开展了筛选抗寒品种资源研究。构建了组织培养和植株再生技术体系，为种质资源离体保存和良种繁育等奠定了技术基础。

五、其他热带小水果

其他热带小水果种质资源情况复杂。有一些我国原产的野生近缘种，如西番莲和印度枣等，有一些是外来物种如人心果和火龙果等，有一些是我国有野生种而栽培品种是引进的如莲雾等，还有一些我国原产和拥有栽培品种而优良品种是引进的如杨桃等。总体上，这些小水果在我国种质资源遗传多样性不丰富，且主要依赖引种，随着栽培规模扩大和栽培时间延续，少数小水果开始选种。另外，这些热带小水果种质资源情况并不十分清楚。

第二节　热带果树育种目标

热带果树的普遍共性为成熟期较为集中，多在高温高湿时采收，皮薄、肉软、多汁，不耐贮运，病害重，树体庞大等；生长环境里常有台风或热带风暴，对低温敏感等；常有大小年结果现象等。因此，在育种目标上有共同之处。

1. 成熟期育种

选育极早熟、早熟、晚熟和极晚熟品种是大多数热带水果的育种目标。在龙眼上有 5 月份成熟的极早熟种质资源，也有 12 月份成熟的极晚熟种质资源，因此，可以利用这些品种资源作为杂交亲本，转育成熟期性状，获得不同成熟期的新品种。在其他热带果树上应调查和收集不同成熟期的种质资源作杂交育种，或者进行诱变和选种。

2. 稳产性育种

热带水果易发生大小年结果现象，固然栽培不合理是重要原因，但本身的遗传因素是决定性的，因此，调查和收集稳产性良好的种质资源，并通过不同育种途径培育稳产性良好的品种是必需的。

3. 改善贮藏性育种

热带水果由于成熟季节在温暖湿润时期，果实本身的解剖结构以及内含物，均不利于果实长期贮藏，因此选育耐贮运的品种是热带果树育种的重要目标。

4. 适合加工品种选育

由于热带水果不耐贮运，因此，一旦生产规模扩大，果实不能及时鲜销，必然会引起损失。加工是消化高产水果过剩的重要途径，选育适合果汁加工、罐藏、干制和其他加工品的品种是必要的。如果汁加工需要果实出汁率和含酸量高，罐藏加工需要果实易离核、果肉白色或无色等。

5. 矮化育种

为了提高果园土壤利用率，提高经济效益，提高果实品质，简化管理，提高果园抗台风和热带风暴的能力，需要对高大的热带果树如芒果、龙眼和番木瓜等加以矮化。

6. 对果实性状特殊要求育种

如龙眼、芒果等无核果育种是重要育种目标。龙眼中目前有焦核品种，芒果中也有种子退化的种质资源，可望选育无核品种。对菠萝果实要求无刺，对番木瓜要求果面着色均匀和无锈斑等，均是特殊要求，而相应的种质资源均可找到，所以可以采取合理的育种途径实现育种目标。

7. 抗寒性育种

热带果树起源于温暖湿润的南亚热带或热带地区，普遍对低温敏感。我国大部分热带果树产区地处南亚热带，大部分地区有低温寒害，造成减产和果实品质变劣，提高果园生产成本；并且，为了实现南果北移，优良的热带水果需要选育抗寒性强的品种。可以通过驯化引种、杂交育种、远缘杂交育种、倍性育种和基因工程育种等途径实现育种目标。

8. 抗病性育种

热带果树病害较重，各产区都有自己的主要病害。随着人们对无公害果品的要求日趋强烈，选育抗病性品种势在必行。还有一些热带水果易感染检疫性、毁灭性病害，这些果树均以抗病育种作为重要育种目标。如番木瓜抗花叶病毒病育种，至今尚未真正解决问题，还需不懈努力。芒果抗炭疽病等、龙眼抗多种真菌病害等育种均具有重要经济意义。

9. 丰产性和品质育种

我国很多热带果树果实品质不良，需要提高，育种途径是根本措施。还有许多热带果树单产较低，选育高产品种也是当务之急。因此，热带果树种丰产优质育种是一项长期的工作目标。

10. 其他抗性和适应性育种

我国热区大多在沿海地区，土壤盐碱问题突出。果园经常在山地或者海滨，水分胁迫是生产的主要问题。酸雨和土壤铝毒害等影响热带果树生长发育。热带地区虫害多，危害时间长，均威胁着生产。所有这些，在特定地区应作为主要育种目标，培育相应抗性的新品种，增强品种对环境的适应性，实现高产、优质和高效栽培。

第三节　热带果树育种途径与程序

我国在热带果树育种上取得了许多成果，形成了有效的热带果树新品种选育技术体系。对一些重要性状的遗传动态研究也有所突破。总体上，各种育种途径在热带果树育种上均有应用，并都有成功的案例或者创新了种质资源。

一、引种

热带果树新品种选育中，引种是有效措施。广西在 20 世纪 60 年代广泛在区内外开展引种研究，筛选出各地适宜的外地品种，并实现种质资源交流，为后期的杂交育种和选种奠定了种质资源上的基础。泰国是仅次于中国的重要龙眼生产国，注重龙眼育种工作，福建在 20 世纪 80 年代至今，从泰国大量引种，引进了苗翘、施冲蒲、潘通、依登和依多等龙眼品种在福州试种，长期试验观察结果表明，其耐寒力和嫁接亲和力与中国龙眼品种无明显差异；这些品种在福州虽均能开花结果，且多表现投产快、抽穗率高、晚熟，以果核小、肉厚、高糖、质脆和香气浓郁等优良性状；但由于气候的差异和枝梢生长季节的缩短，在福州容易现过度抽穗开花、新梢萌生不足、树势衰弱、坐果率低、果变小和不丰产等问题，难以直接在生产上大面积推广应用；可以通过与我国的良种杂交，从中培育出既具有国内外先进水平的果实品质又适宜中国栽培的鲜食龙眼新品种。可见，通过引种，丰富了龙眼杂交育种亲本材料。

岭南种 5 号和岭南种 6 号番木瓜是从美国夏威夷的引进品种中驯化而来。近几年来，华南及其他地区相继从国外及台湾省引进番木瓜品种资源，如台农 2 号、台农 3 号、台农 5 号、红妃、农友一号等。有一些已在生产上直接推广应用，另一些则作原始材料用于育种。然而令人遗憾的是，国内还没有人从国外引进番木瓜近缘种资源，这对国内的番木瓜抗病育种的开展十分不利。番木瓜主要通过种子繁殖，又长期在环斑型花叶病毒病发生严重的地区栽培，存在抗（耐）病突变是可能的。有人通过连续田间选择，从感病品种岭南种中选出抗（耐）病类型岭南种 2 号。

芒果很早就注重引种，引进的品种与本地品种杂交，选育出我国的新品种，或者在引种品种中选种，得到具有良好适应本地自然条件的新品种。近年从台湾省引进台农一号芒、金煌芒等新品种，这些品种可直接利用，一度促进了芒果产业的发展。

菠萝是外来物种，我国当初开始栽培菠萝时的品种均是引种获得的，目前引进品种普遍存在品种衰退问题，因此，在引种基础上，需要开展新品种选育工作，培育适合当地自然条件的优良品种。

至于其他小水果如人心果、莲雾、毛叶枣等，则主要依赖引种，通过引进新品种而推广这些热带果树栽培。

二、选种

广西龙眼品种选育主要以实生选种为主，从丰富的龙眼实生种质资源中选育出了不同类型的优良品种或株系。主要有：大果型品种大乌圆，晚熟品种（株系）灵龙、晚白露、夏车、佳圆、桂明一号，早熟品种（株系）热引 17 号、桂龙早 1 号以及优质品种（株系）木格龙眼、细核脆香龙眼等。

从 20 世纪 70 年代中期开始，广西开展全区果树优良单株评选工作。其中评选出容县大乌圆 01 号、容县大乌圆 07 号、横县广眼、平南石硖龙眼等一批龙眼优良单株。广西区林业局种子站和广西林科院合作于 1995～1998 年组织有关部门科技人员进行龙眼种质资源调查及优株评选，共评选出优良单株 98 个，并在 7 个不同生态区进行区域性试验。此外，一些生产单位也开展龙眼优良单株评选工作，如贵港市于 1977～1980 年从广西、广东等龙眼产地选出 7 个黄壳石硖优良株系，经过对比试验最终选出的石硖 32 号比一般黄壳石硖提早采收 7～10 天，树体矮化，单果重 9～12g，可溶性固形物含量 22％～24％，丰产稳产，现已在生产上应用。

近年来，选种获得的新品种有桂香龙眼、良庆一号龙眼、晚香龙眼和几个无核龙眼品种等。

广西经过长期的无性系选种研究，总结出无性系选种的制度与程序：通过开展龙眼的调查，制定龙眼优株的选择标准和评分标准，评选出龙眼的优良单株，然后将入选的优株进行收集，建立优株基因资源库，再经过优株无性系鉴定、中间试验、区域性试验，选出优良的无性系，最后建立良种繁育中心进行繁殖和推广。

从栽培群体中选择抗病类型是培育抗病新品种的有效途径。20 世纪 50 年代，广东省进行了番木瓜的品种普查及整理工作，但此前一直未能筛选出抗病变异类型；最近从岭南种中成功选育出抗病类型，通过接种及田间诱发鉴定，表明其对 PRSV 病毒的 Ys 和 Vb 株系具有很强的抗病性，在华南地区具有较大的推广应用价值。美国在 20 世纪 70 年代通过番木瓜种质资源的收集与评价开展抗病育种工程，从自然群体中选育出几个耐病品种，有人检测了 53 个番木瓜品种类型，发现 F1-77-5 和 Costa Rica 是很有希望的抗病类型；通过选种从 Colunbia 实生群体中获得耐病类型 Caril ora，被视为有希望实现抗病栽培的优良品种。台湾选育出一个耐病品种台农 5 号，田间表现出较高的耐病能力，但其果实体积大，风味差，且抗病性不持久。不管怎样，抗番木瓜花叶病毒病育种的有效途径之一就是选种。

在芒果上通过选种，目前印度已培育出高产、稳产、1 年两熟的 Mallika、Amrapali 和 Ratna，美国佛罗里达州已培育出抗炭疽病的新品种 Manzanillo-Zunez，我国也初步在引种基础上选育出适应我国气候条件的高产、优质良种紫花芒、粤西 1 号、白玉芒等。

现有的优良菠萝品种大都是由单株选出来的，如美国的希洛（Hilo），就是美国的夏威夷州于 20 世纪 50 年代从卡因种选出的新品系。我国有亿万株菠萝，可发动群众在大田里选出优良的单株进行培育。我国已从沙种中选出优良的品系"乌皮系"，植株呈树形，生势旺盛，叶多无刺，成熟时果皮为古铜色，小果大、果眼平、果沟浅，当果眼果沟黄近半果之时，果肉已呈黄色透明，肉质致密爽脆，含糖 14.6％，比沙种高 0.8％，果圆筒形，适于加工制罐。

在其他尚未产业化的热带果树上，品种选育主要建立在引种的基础上，选种而获得适合我国自然条件的新品种是可行的。

三、杂交育种

杂交育种是农作物育种的主要途径，热带果树也不例外。杂交育种的关键是合理亲本组合选配，其依赖于合理的育种目标和对目标性状遗传动态的了解程度。目前，在重要热带果树上有一些性状遗传动态的研究，为杂交育种奠定了基础。

龙眼焦核是一种可遗传的性状，适宜的栽培技术可以提高焦核率；冲梢引起减产和大小年结果，而冲梢在品种间有差异，表明其为遗传性状，目前正在开展冲梢遗传动态研究；龙眼 POD 是单体酶，杂交后代表现共显性，为花药培养中鉴定愈伤组织来源提供依据。

番木瓜的雌株和两性株有经济意义，因此育种中如何获得这两种性别的后代是关键的。番木瓜性别决定肯定是一种遗传性，不同的学者提出了关于性别决定的若干学说。

Hofmeyr 和 Storey 依据三种性别杂交的分离比率，分别推断番木瓜的性别决定是单基因的三个等位基因控制的，三种基因类型是 M（雄性）、M^h（两性）、m（雌性），其中雄性基因型 M^h 和两性基因型 M^hm 是杂合基因型，而雌性基因型 mm 是隐性纯合基因型。因为显性基因型 MM、M^hM^h、MM^h 为致死基因型，导致果实中 25% 的种子败育，致使两性花自交授粉产生的后代以 2:1 分离成两性株和雌株，雌花与两性花或雄花杂交产生的后代以 1:1 分离成两性株和雌性株、或雄性株和雌性。1939 年 Hofmeyr 提出性染色体和常染色体之间的遗传因子平衡学说，Storey 依据观察资料发现，长花梗只与雄性花相连而不与雌性或两性花相连，致死因子只与雄性和两性纯合显性基因型有关，并对先前假说作了修正。认为性别决定并非单个基因控制，而是受聚集在性染色体上狭窄范围内的多个相近连接基因所控制。Horovitz 和 Jimenez 根据属间杂交的结果提出番木瓜性别决定的经典 XX-XY 型，即雄性、雌性和两性的基因型分别是 XY、XX 和 XY^2，并且认为 Y 染色体上有个致死区域，Y^h 是 Y 染色体的突变体，也包含致死区域。最近，番木瓜性别决定认为被一对原始性染色体控制。由于 Y 染色体的退化使得同型配子致死杂合基因型的表现型为雄性和两性性状，两个 Y 染色体有轻微不同，Y 染色体为雄性、Y^h 染色体为两性，在两者之间至少有两基因不同，一个在雄性株上控制长花梗，另一个在雄性花中控制心皮败育的雄性花基因，Y^hY^h 基因型胚胎在授粉后 25～50 天败育，在 Y 和 Y^h 染色体必有一个调控早期胚胎发育的基因退化，同样 YY、YY^h 和 Y^hY^h 在胚胎发育早期是败育的。关于番木瓜性别决定的遗传，还涉及与性别决定基因的连锁基因研究，构建了性别决定的基因的连锁图、物理图谱和精细图谱。

其他热带果树一些重要性状的遗传也有所研究，读者可参阅有关文献，在此不赘述。

近年来，热带果树经杂交育种选育出许多新品种。福建省农科院果树所从 85 株立冬本（♀）×青壳宝圆（♂）杂交后代群体中，应用多靶筛选法选育出了果肉多糖含量高、果大、可食率高、味甜的晚熟杂交龙眼新品系"高宝"。该所于 1994 年春选用我国最晚熟的龙眼品种"立冬本"为母本，以优质大果晚熟龙眼品种"青壳宝圆"为父本，在国际上率先开展龙眼人工有性杂交育种研究，从杂种实生群体中筛选出优质、大果、晚熟、丰产的"冬宝 9 号"品种。

广州果树研究所则通过杂交育种途径选育出穗中红 48、美中红、优 8 和园优番木瓜等新品种。

在芒果上，则广泛进行品种间杂交，印度选育出许多品种。我国在芒果人工杂交育种研究工作上十分有限。20 世纪 70 年代后期至 80 年代初，在广西开展了芒果品种间杂交，获得一些杂交后代，并培育出杂交品种（系）。广西亚热带作物研究所用秋芒（Neelum）为母本，分别以黄象牙芒、印度芒 903 号、斯里兰卡芒 811 号为父本进行杂交，获得 36 个杂交后代单株（编号），并进行培育筛选，从秋芒与斯里兰卡芒 811 号杂交后代中培育出果实外观、品质优于双亲、花期迟、早结果、丰产、稳产、迟熟、矮生的新品系桂热芒 80217 号。广西农学院从以秋芒为母本、鹰嘴芒（Golek）为父本的杂交后代中培育出桂香芒、绿皮芒，从以秋芒为母本，与柳州吕宋芒的杂交后代中培育出农院 8 号芒等新品系，其中，桂香芒已通过品种审定。

最近报道的新品种"粤脆"菠萝是由"无刺卡因"与"神湾"杂交育成。福建亚热带植物研究所则在 20 世纪 80 年代开展菠萝杂交育种研究，对亲本材料测定了配合力和亲和力，探明了杂交育种中的问题如结实率低、杂种种子不饱满而发芽率低等，并为进一步研究确定了方向；他们通过对杂种种子作组织培养，诱导形成愈伤组织，从而分化获得菠萝杂交苗，试管苗经土培后可达80％成活率。

在龙眼、芒果等上开展了远缘杂交和体细胞融合研究，目前建立了远缘杂交技术体系和获得一些创新的种质资源。

其他产业化程度不高的热带果树在我国则尚不具备杂交育种的条件，但未来这个育种途径也是这些热带果树新品种培育的主要途径。

四、诱变育种

辐射诱变和多倍体诱变在热带果树育种上已经有所应用，目前某些果树获得一些创新的种质资源，但总体上进展缓慢。

华侨大学1988年开始研究龙眼的辐射诱变技术，探讨了辐射剂量和辐射效果问题，但进展不明显。预测诱变育种是番木瓜抗病育种的可行途径，但未见有关研究报道。0.2％秋水仙素浸泡处理无菌试管苗茎尖3天，多倍体变异诱导率达到36.7％。γ射线辐射的剂量超过5000伦琴会使芒果致死，其半致死量为2000～4000伦琴。此外，人们还测定了一些化学诱变剂的有效剂量，乙基甲磺酸盐（EMS）为1.50％，甲替亚硝胺基甲酸（NMU）为0.05％；研究了基本效应，发现不管是物理的还是化学诱变剂的基本效应变化范围基本一致。用诱变方法已经选出了一些在矮化、果肉较硬和可溶性固形物含量较高以及酸甜适度等性状上有希望的类型。但是，一般情况下，大多突变种都具有不良性状。用Bauer（1957年）的技术可在一定程度上解决二倍体选择的问题。用秋水仙素诱导芒果茎尖多倍体变异，但效果不明显，因而认为秋水仙素不是芒果多倍体育种的有效诱变剂。1976年用Co^{60}（1万～7万伦琴）处理菲律宾种的冠芽菠萝300多株，1978年结果，其中有八株果重在1000g以上。

五、分子育种

目前，在热带果树上获得了一些目的基因（见上文种质资源部分），为分子育种奠定了物质基础。在番木瓜抗病育种上，转基因育种已经探索出成熟的技术体系，并获得了抗病性有所提高的人工种质资源。不管怎样，分子育种一样是热带果树育种的重要辅助手段。

本章小结

本章介绍了龙眼、番木瓜、芒果和菠萝的种质资源现状与研究进展；龙眼和芒果为我国原产，栽培历史悠久，品种资源较为丰富；番木瓜和菠萝为外来物种，品种资源等不足。阐述了热带果树的共性和相同的育种目标，主要育种目标为成熟期育种、稳产性育种、贮藏加工性育种、矮化育种、果实特殊性状育种、抗逆育种、抗病育种、丰产和品质育种等。介绍了主要育种途径的育种成果和进展。

思考题

1. 简述龙眼、番木瓜、芒果和菠萝种质资源现状与研究进展。
2. 简述热带果树育种目标。
3. 简述各种主要育种途径在龙眼、番木瓜、芒果和菠萝上的成就与现状。

参考文献

[1] 华南农业大学. 果树栽培学各论 [M]. 北京：中国农业出版社，2000.

[2] 黄爱萍，陈秀妹，郑少泉等. 国家果树种质福州龙眼种质资源的研究与展望 [J]. 中国农业科技导报，2009，11（3）：30-34.

[3] 许奇志，李韬，陈秀梅等. 24 份龙眼种质资源 RAPD 研究 [J]. 厦门大学学报（自然科学版），2008，47（增刊2）：26-29.

[4] 彭宏祥，李东波，朱建华等. 用 AFLP 标记分析广西龙眼种质资源遗传多样性 [J]. 园艺学报，2008，35（10）：1511-1516.

[5] 郭印山，赵玉辉，刘朝吉等. 利用多种分子标记构建龙眼高密度分子遗传图谱 [J]. 园艺学报，2009，36（5）：655-662.

[6] 林冠雄，周常清，游凯哲等. 我国番木瓜育种研究进展与展望 [J]. 广东农业科学，2005（4）：22-24.

[7] 任朝新，黄建昌，肖艳等. 番木瓜性别鉴定的 RAPD 和 SCAR 标记 [J]. 果树学报，2007，24（1）：72-75.

[8] 周国辉，李华平，张曙光等. 番木瓜两性基因的 RAPD 标记 [J]. 热带亚热带植物学报，2001，9（3）：190-193.

[9] 黄建昌，肖艳. 番木瓜抗 PRSV 育种研究进展与展望 [J]. 福建果树，2006（139）：24-27.

[10] 叶长明，叶寅，骆学海等. 番木瓜环斑病毒外壳蛋白基因的构建 [J]. 植物病理学报，1991，21（3）：161-164.

[11] 杜中军，黄家保，黄俊生等. 番木瓜丝氨酸/苏氨酸蛋白激酶类抗病基因同源序列的克隆及特征分析 [J]. 果树学报，2006，23（1）：46-50.

[12] 李亚丽，沈文涛，言谱等. 番木瓜性别决定研究进展 [J]. 广西农业科学，2009，40（12）：199-201.

[13] 房经贵，乔玉山，章镇. AFLP 在芒果品种鉴定中的应用 [J]. 广西植物，2010，21（3）：281-283.

[14] 何平. 芒果选育种研究进展 [J]. 热带农业科学，1999（2）：60-63.

[15] 徐碧玉，金志强，彭世清等. 海南主栽芒果品种基因组 DNA 的 RAPD 分析 [J]. 热带作物学报，1998，19（3）：33-36.

[16] He Xinhua, Li Yangrui, Guo Yongzi, et al. Genetic Analysis of 23 Mango Cultivar Collection in Guangxi Province Revealed by ISSR [J]. Molecular Plant Breeding, 2005, 3 (6): 829-834.

[17] 房经贵，刘大军，马正强. 利用双杂合位点标记资料构建芒果遗传图谱 [J]. 分子植物育种，2003，1（3）：313-319.

[18] 张如莲，傅小霞，漆志平等. 菠萝 17 份种质资源的 ISSR 分析 [J]. 中国农学通报，2006，122（6）：428-431.

[19] 黎美华，徐舜全，刘岩等. 我国菠萝品种资源及利用 [J]. 广东农业科学，1993，（1）：20-23.

第二十章　热带兰育种

　　兰科 (Orchidaceae) 是被子植物的大科之一，全世界有野生兰花约 800 属，25000～30000 种。兰花以其奇异的姿态，诱人的芳香和美丽的花朵成为倍受人们喜爱的观赏植物，是中国和世界的著名花卉。兰科植物分布相当广泛，自北纬 72°延伸到南纬 52°，其中 80%～90%的种类生长在以赤道为中心的热带、亚热带地区，特别是热带地区的兰科植物具有极高的多样性。我国是世界上兰花最丰富的地区之一，已知约有兰科植物 180 属，1500 种，包括了除水生以外的所有各种生活型，广泛分布于除沙漠、河海、湖泊之外的全国各省区，从热带、亚热带、温带、寒带的各气候带，从临海的海台到超越雪线的高山都有生长，尤其盛产于南方的热带和亚热带的原生林中。从生物进化的角度来看，绝大多数兰科植物种类正处在进化和特化的活跃期，种质资源储量十分丰富。

　　热带兰 (Tropical orchids) 是泛指分布于低纬度的热带、亚热带地区，具有明显的气生根和附生习性的兰科植物和部分地生种类的兰科植物，诸如卡特兰 (*Cattleya*)、大花蕙兰 (*Cymbidium hybridum*)、蝴蝶兰 (*Phalaenopsis*)、万带兰 (*Vanda*)、石斛兰 (*Dendrobium*)、文心兰 (*Oncidium*) 等。这类兰科植物大多具有色彩艳丽的大型花朵，并且利用其发达的气生根附生于热带雨林的树干、树枝或林下枯木和岩石上，同时通过裸露在外的气根吸取水分与营养，故被人们称为气生兰或附生兰。热带兰为西方人士所广泛钟爱，故国人将之称为"洋兰"，与在我国温带地区广为栽培并被称为"国兰"的地生兰相区别。

第一节　热带兰种质资源

　　兰科植物分布极广，几乎遍布全世界，根据生态习性，兰科植物分为地生兰、附生兰和腐生兰，其中 2/3 为热带或亚热带地区的附生或地生兰。在园艺上重要的热带兰种类主要分布在北回归线和南回归线之间，范围在南、北纬 30°以内，它们的分布以赤道为中心地带，大部分原产于年降雨量在 1500～2500 mm 的森林之间。世界上的兰科植物主要分布在：热带亚洲—大洋洲地区——包括西自印度、巴基斯坦、尼泊尔、缅甸、不丹、泰国、柬埔寨、越南、中国南部、马来西亚、印度尼西亚、菲律宾、巴布亚新几内亚至澳大利亚北部等，其分布有石斛兰属约 1000 种，蝴蝶兰属约 70 余种，兜兰属约 70 余种，蕙兰属约 50 种，万代兰属约 40 种，石豆兰属 (*Bulbophyllum*) 约 1000 种等兰科植物；热带美洲地区——以南、北回归线的中间地带，北自美国佛罗里达半岛南部至墨西哥、西印度群岛、巴拿马、哥伦比亚、秘鲁和巴西等为主，其中以亚马孙河流域种类最多，这些地区分布最广的为树兰属 (*Epidendrum*)，有 1000 种以上，其次为文心兰属约有 750 种，卡特兰属自南美北部海岸到西海岸的原生种就有 30 多种，仅巴西就有 10 多种；以及热带非洲地区——主要局限于海岸地带以及马达加斯加的山地森林中，如武夷兰属 (*Argraecum*) 约 200 种、豹斑兰属 (*Ansellia*) 约 2 种、拟蕙兰属 (*Cymbiliella*) 约 3 种、帝沙兰属（*Disa*）约 130 种等。

我国兰花各地均有分布，多数兰花集中分布在长江流域和西南、东南地区，其中云南约 150 属 700 余种，是世界上兰花最丰富的地区之一。从原始到高级、从热带到寒带等类型都具有较高的多样性，此外，单属种所占的比例较大，其中 60 个属都只有一个种，有 56 个属只有 2~4 个种，种数较多的有玉凤花属（*Habenaria*）、石斛属等 10 个属。我国有近 2000 年的兰花栽培历史，许多兰科植物作为非常重要的观赏植物已在世界各地广为栽培。兰科植物资源有许多具有较高的观赏和经济价值，依兰科花卉的商业用途和经济价值，可分为观赏类、药用类和香料类三大类。兰科植物中约三分之一的种类可作观赏花卉，许多种类是兰花商业贸易的重要对象，也是产生许多兰花园艺种不可缺少的亲本；其中观赏价值较高的地生兰包括兰属、杓兰属、虾脊兰属（*Calanthe*）、兜兰属等，附生兰包括石斛属、蝴蝶兰属、万代兰属、卡特兰属、文心兰属、独蒜兰属以及大花蕙兰（*Cymbidium*）等七大类群。具有药用价值的有天麻属（*Gastrodia*）、石斛属、白芨属（*Bletilla*）、金线莲（*Anoectochilus*）、独蒜兰属和芋兰属（*Nervilia*）等 150 多种，目前随着社会的发展，人口的增加，兰科植物药用的范围和用量大大增加，野生资源承受的压力越来越大，产量远远供不上市场的需求，野生种类长期被过度的采挖而导致资源的枯竭。香料类兰科植物中以香草兰（*Vanilla*）为商业性生产中栽培最广泛、最具有经济价值的种类，是世界上第二大香料作物，被誉为"食品香料之王"。

目前有不少兰科植物种类已处于濒危状态，有的种类已近灭绝，急待加强种质资源的保护和人工的种群重建研究。云南近年来分批成立了种质资源基地，第一批兰科植物种质资源保存和种源基地建设以热带兰类为主。在热带和南亚热带兰科植物分布比较集中的西双版纳、红河两个地州建立兰科植物种质资源保存基地，保存兰科植物 59 属，共 148 种及其周边紧邻地区近 90 属约 400 多种；广西乐业县雅长林区建立全国第一个兰科植物自然保护区及种质基因库，保存有兰科植物约 44 属 130 多种；深圳市梧桐山苗圃总场建立了兰科植物种质资源保护中心，收集并保存了我国极度濒危和有重要开发价值的兰科植物原生种 500 多种，其中更是收集了兜兰属、兰属、槽舌兰属世界上的所有种。种质保存技术的研究已经有了一定的进展。Nikishina 等以 5 种热带兰及 1 种属间杂交种子为材料，在液氮（−129℃）下保存，后解冻播种，试验表明部分热带兰成熟种子可经液氮保存，为建立兰花种子库提供了依据。台湾糖业研究所建立的种子贮存技术使蝴蝶兰种子在 4℃下贮存 6 个月后仍具有发芽力，有效解决了实生苗生产过于集中的问题。种质资源是花卉业发展的基础和保障，近年来，各个国家都十分重视花卉种质资源的研究工作，特别是商品育种工作中的关键性花卉种类。例如种质资源相对匮乏的花卉大国以色列，他们特别重视从国外引进新的花卉作物，以迎合不同消费者的口味。

第二节　主要性状遗传

一、花型与株形

花型与株形是花卉作物重要的观赏性状，通过基因工程控制花卉的株形和结构必将对花卉业产生重大影响。人们对国兰的欣赏经历了从闻香到赏花、从花艺到线艺、从线艺到型艺的变化，近年来，国兰的奇花类型倍受推崇，但这种类型不易稳定遗传。虽说不能忽视环境在植株形态建成中的作用，没有适宜的环境条件，植物不能正常生长发育，但是这种合适的生长环境，仅仅给基因一个表达机会。一株开劣花的植株，即使在最好的照料下，也永不可能开漂亮的花朵。因为它没有开好花的遗传组成。

在株形方面，花草的高度符合数量遗传的规律，品种的花葶高度介于两亲本之间，但倾向于母本。花草高度有时受品种倍性的影响，可能有超亲的现象出现。大花蕙兰杂交育种发现其垂花性状和花草的粗度并无直接关系，从垂花大花蕙兰的选育过程看，垂花性状应该是质量性状，由隐性基因控制。垂花的原生亲本杂交或者垂花的原生亲本与带有隐性垂花基因的直立花序品种杂交都可以得到垂花的后代。黄花鹤顶兰（*Phaius woodfordia*）与鹤顶兰（*P. tankervillia*）杂交的 F1 代在株高、叶长、叶宽、花序大小等生长势及适应性方面亦优于父本而偏近母本，而且具有周年开花及花香的超双亲现象，表现出一定的杂种优势。F1 代这些超亲遗传现象是由基因互作所产生的，并非由加性效应所导致。

在花型方面，热带兰十分注重花型育种，如兜兰、蝴蝶兰、文心兰等都是以其花型的奇特和姿态的动感取胜。人们发现蝴蝶兰性状变异多样，遗传基础复杂，花朵越大越丰满，越小则相对地显得越细瘦。一般而言，四倍体的花型比二倍体对称、平整、厚实。人们在几种植物（包括拟南芥、金鱼草、矮牵牛）的花原基中分离出对花器官分化起关键作用的同源异型基因。这些基因的表达情况会影响花朵的大小、形状和花期。双色花卡特兰茎细长，叶数为 2～3 片，相对的白花卡特兰粗茎，单叶为显性，铲形唇瓣对白花唇瓣也是显性的，即使经过数代以后，唇瓣拓宽，但是通常可以分开侧萼片的中萼片上的缺刻来鉴定。朱色兰属（*Sophronitis*）的染色体因与卡兰蕾丽兰的染色体差异太大而不能在减数分裂中配对，导致许多配子没有发挥作用，因此，花色和大小都理想的性状经常在有性后代中丧失，难以通过自花授粉或进一步育种培育出各种花径的纯红色品种。

二、花色

花卉的颜色主要由类黄酮、类胡萝卜素及甜菜色素决定，其中研究最多的是花青素。利用外源花青素结构基因和调节基因进行遗传转化，在多种花卉作物上实现了花色的改变。花色素的形成、花色素在花瓣中的含量和分布等都受到基因的控制。国兰的花色以素淡为美，受基因和环境双重控制，素心和白花品种一般由隐性基因控制。研究发现，查尔酮合成酶（Chalcone synthase，CHS）是花青素生物合成的一个重要的关键酶。蝴蝶兰花瓣基因颜色在进化过程中，植物自身的查尔酮基因发生突变或增强表达，而转变成白色或红色等色阶颜色的花瓣，如依次形成白色、紫色斑点、紫色与深紫色不同的花瓣。通过对不同花色的大花蕙兰品种的育种过程进行分析得出，有色相对于白色，一般为显性；红色、绿色相对于黄色，一般为显性；红色相对于绿色，一般为显性。在卡特兰中，紫色相对黄色是显性，紫色大花卡特兰（*Catttlega gigas*）与黄花卡特兰（*Cattlega douriana*）杂交得到的子代 *Cattleya hardyana*（遗传学上称 F 代）都开紫花。白花卡特兰（其他属也一样）在遗传上被划分成两大群，白花类型的杂交组合产生的后代全为紫色，另一方面同样亲本的不同组合又产生全白型后代，遗传学家认为这是由于兰花花色的表达至少需要两种基因共同作用，欲表现出某一特点的花色，必须有一个特别性状基因，另外还要一个基因控制花色素的形成，在有色兰种中，这两种类型的基因都以显性方式存在，然而，只要第一种类型的基因为隐性，即使第二种基因存在，花色也为白色；或者如果植株仅含有第二种类型的隐性基因，即使产生特定颜色的基因存在，花色仍为白色。蕾丽兰与卡特兰杂交，给杂种后代带来鲜艳的色彩。蕾丽兰（*Laelia harpophylla*）是一个花色为亮橘红色品种，能产生同样花色的子代。蕾丽兰，花瓣为棕红色，唇瓣较为暗淡，与卡特兰的杂交子代，花瓣青铜色，唇瓣为深紫色，青铜色介于黄铜色与铜色之间。当 *Laelia digbyana* 与 *Cattleya dowiana* 杂交时，花色中加入绿色成分，变得精致而漂亮。*Laelia digbyana* 与浅紫色卡特兰杂交时，也可产生精巧的色彩，如迷人的粉色中混有绿色。曾有研究利用 pOCHS0 作探针，对"粉红花蝴蝶兰"与"白花蝴蝶兰"杂交选育的淡红花、晕红花和白花后代进行 Southern 杂交，发现子代的杂交条带与母本相似，而与父本完全不同，说明来自"白花红唇蝴蝶兰"的 pOCHS01 克隆系，可能是负责控制红花或喷点花花色表达的基因，而白花亲本可能无 pOCHS01 基因的存在，或者由其他 CHS 基因负责控制。

三、大花、多花

热带兰一般要求花大，而多花却是育种工作者的共同需求。兰花的花大小与孟德尔遗传规律所涉及的性状不同，从大到小，往往不能明确地分组，而是呈现连续的变化，即花朵大小是数量性状。后代花大小有时候会出现超亲现象，如地旺兰（*Cymbidium davvonianum*）的杂种后代的花朵趋向亲本，一些兰花杂种后代的花朵大小可产生超亲分离。如果一个大花卡特兰与一个小花卡特兰杂交，每个子代将获得一个大花基因和一个小花基因，花的大小，将介于双亲之间，大花基因以单个基因剂量存在时，在一定程度上是显性的，它能使子代的花朵比亲本（小花植株）大，但是不能达到亲本大花植株的水平，这叫不完全显性。而当花的大小相差甚远的两个种杂交时，如大花卡特兰与树兰（*E. pidendrum*）杂交，后代花朵的大小并不总是为亲本的中间型或平均值。蝴蝶兰经过近百年的育种，已经育出标准大花类品种，主要有白花系、红花系、白底线条花系，其最重要的原始亲本为白色的白花蝴蝶兰（*P. amabilis*）和粉红色的 *P. schilleriana*，多为切花品种。而多花系亲本主要为 *P. equestris*，其他还有五唇兰（*Doritis pulcherrima*）等，具有株形紧凑、花小而多的特点，一些品种如 *P. cassandra*、*P. veitchiana* 等健壮株开花可达数十朵至上百朵。

四、花香

国兰中有许多花香非常幽远、纯净，倍受兰花爱好者的推崇，而热带兰则大多欠缺香味。花香遗传一般为显性，但属不完全显性，受修饰基因的影响。例如，'釉彩'的育种过程中，建兰（*C. ensifolium*）先作为母本参与杂交，得到的 'Golden' 这个品种具有芳香。其作为父本参与杂交，得到 *C. kusuda* 'Shining'，此品种也具有芳香。其作为母本参与杂交，得到'釉彩'，但'釉彩'几乎没有芳香，这可能是因为隐性基因的纯合所致。从分子水平上探讨春兰产香性状的遗传机理，将有助于国产兰花品种选择育种和进一步改良。可从无香和有香的春兰品种中提取基因组 DNA，RAPD 分析揭示出品种间的差异，筛选出香兰花所特有的随机扩增片段，确定与香味成分连锁的相关基因。将分子标记与传统育种方法结合，可使分子标记辅助选择发挥更大的作用。

培育有香味的热带兰品种将是今后热带兰育种的主要方向。目前已发现的蝴蝶兰原生种 70 个中有 7 个蝴蝶兰原生种具香味，大多数夏季开花的蝴蝶兰原生种具有浓香味。同时，花香和花色也有一定的相关性，花色越淡，花香越浓。

五、抗性

抗性育种已经成为兰花育种中的重要目标。加强抗病、抗虫、抗寒等抗性遗传性状的研究以获得良种并扩大其适应范围。传统的抗性育种方法是选择抗性强的亲本与栽培品种重复杂交，以固定抗性性状。一般选择适应性强的野生种类与栽培品种杂交，进行"野化育种"。植物抗病性在多数情况下属于核遗传，极少数为胞质遗传，还有一定的核质互作。核遗传中控制抗病性遗传的基因有主效基因和微效基因，前者单独起作用，效应明显，表现如质量性状，抗病感病的界限识别清楚；后者多共同起作用，单独时效应不明显，为数量性状遗传。目前已获得了抗软腐病的文心兰植株和抗兰花花叶病毒的蝴蝶兰植株。将含兰花花叶病毒的外壳蛋白基因及甜椒的铁氧还原类蛋白基因同时导入蝴蝶兰植株，获得了双重抗病能力。

植物的抗虫性遗传机制因植物种和昆虫的不同而异。而抗寒性是一种诱发性基因，只有在一定的条件下（如低温与短日照）表达后，才能发展为抗寒力。植物的抗寒性是由多基因控制的数量性状，因此杂交亲本的高抗寒性可在杂交后代中积累或者比累积的更高。

第三节　主要育种目标

国兰的花色纯朴，国人对兰花色彩的审美情趣，尤重花色清淡典雅，以嫩绿、黄绿居多，素心者更能表现兰花的气节，最为珍贵。而热带兰洋兰，则更加天生丽质，以其热烈而浓艳的花色取胜，唇瓣的色彩绚丽夺目，姿色奇特，根、茎、花、叶姿态千娇百媚，魅力超凡，使人们能为它的自然美而倾心，为它的艺术美而追求。热带兰的育种目标是根据市场需求，通过引种、杂交育种、诱变育种等手段，选育出株形紧凑、抗病、抗寒、矮梗、早花、花朵大小适中、花多、色泽明亮、质地佳、花序排列性好、开放时间长、易栽培、易开花、族群表现均一的新品种（系），以及红、黄、蓝纯色系以及斑点、条纹等新异花色品种（系）。如著名的"花中皇后"蝴蝶兰，美国兰花学会（American Orchid Society，AOS）将其花型划分为如下等级：从花朵的大小数量和形状两方面来看，花朵大和花形浑圆者为上品。花朵越大者其品位就越高，并以花瓣和萼瓣较宽、唇瓣较大者为上品，即花形浑圆较细瘦者为佳。目前，热带兰的育种目标对花色要求较高，卡特兰和大花蕙兰以红色为主调，又派生出绯红、桃红、深红、紫红等深色和浅色，同时卡特兰有黄瓣红唇、绿瓣红唇等多姿多彩的品种。石斛兰的花色大多以浅紫和深紫为主调，夹带有白色的云彩。文心兰则以黄色为主调，少数品种也有表现褐色和紫红色，兜兰和其他各属的珍稀洋兰，大多数表现各种杂色，显得异彩纷呈。蝴蝶兰则大多以粉红为主调，并间有许多纹理，美国兰花学会对蝴蝶兰色彩的评价标准是白花系的蝴蝶兰以纯白不带其他色彩者为上品；白花红唇以唇瓣深红者较佳，红花系以深红者为上品，黄花系以金黄为上品；斑点花系以白瓣深红斑者为上品，条纹花系以疏条纹者为上品；花瓣质地以质地厚薄适中者为上品。热带兰的原生种多数没有香味，因而通过杂交育种培育出有香味的品种则是育种工作者的一个主要研究方向。美国学者用兰属植物和附生的大花蕙兰杂交培育出花大色艳并具清香的大花蕙兰品种。同时，盆花和切花之间的育种目标也各有侧重，如目前国际市场上文心兰盆花品种具有丰富的花色、花型及香味资源，但经济栽培切花品种多为花色单一亮黄色、切花产期集中在9～11月及5～6月的品种。此外，抗病、抗寒等抗性育种目标也是热带兰育种的需求，方便热带兰花的大范围栽培和推广。因此，根据市场需求制定相应的育种目标是育种工作实施的一个基本依据。

第四节　兰花育种途径及程序

一、引种驯化育种

兰花引种驯化是将野生或栽培的种从其自然分布区或栽培区引入新的地区栽培。传统的兰花品种都是通过引种驯化选育而来的，我国目前绝大多数兰花新品种也都是通过引种选育来的。这也是丰富种质资源、培育新品种的重要途径，进行迁地保存的技术手段。兰花引种驯化育种应重点选择观赏价值高的野生种。首先应引种到与原产地生态条件相近的地区栽培驯化，然后再引种到其他用人工设施创造的与兰花要求相近环境的地区进行栽培。引种后应加强温、光、水、肥及通风管理，在适宜的温度条件下，应特别注意栽培基质配制和卫生、遮阴度、水质、空气湿度的控制及病虫害防治。兰花忌施浓肥，应遵循"宜勤而淡，忌骤而厚"的原则。湖北省曾对全省的兰科植物进行了引种驯化及迁地保护研究，取得了如"湖北野生地生兰驯化及栽培管理"、"鄂西北野生兰花引种驯化"等研究成果，已建立野生植物和生态类型自然保护区（点）22个。中国热带农业科学院对海南岛野生兰45属（含地生兰18属，附生兰27属）83种进行了迁地保护试验，成功率达61.4％（范武波，2007年）。过去，引种驯化所得的新品种靠传统的分株方法进行繁殖，其产生商品效应的时间长，不能满足市场发展的需求。此外，由于野生兰花资源的不合理利用，野生资源濒危，目前，全世界所有野生兰科植物均被列入《野生动植物濒危物种国际贸易公约》的保护范围，且占该公约应保护植物的90％以上。因此，长时间内大量开采野生资源，导致资源逐步枯竭的情况下，引种驯化的育种方法几率会不断减小。

二、杂交育种

长期以来，兰花的育种以自然选种为主，自种子无菌萌发成功后，开展了兰花品种间、种间及属间的杂交育种。包括杂种优势的利用、远缘杂交、常规品种间杂交和回交4种方法。选择花色鲜艳（黄色）、叶片有斑点但株形纤弱、适应性差的野生种斑点鹤顶兰和具有良好栽培性状、适应性强、花大穗壮但花色欠佳的传统栽培种鹤顶兰作杂交亲本，Fl代在花形、花色、花期等观赏性状及繁殖系数产花量方面都明显优于其双亲。选育新品种在附生兰的品种改良上已获得了巨大成功。据"国际散氏兰花种杂种登记目录"（Sarder's list of orchid hybrids）记载，人工杂种约在4万种以上，而且还以每年1000种以上的速度增加，仅远缘杂交就已育成由7个属杂交产生的集体杂种。目前，常见的热带兰栽培品种几乎全是杂交种，包括了品种间杂交、种间杂交和属间杂交，其中卡特兰30910个，蝴蝶兰24128个，兰属11538个。近几年随着政府部门支持和人们意识的提高，兰花育种已逐渐开展起来，如汕头市农科所自1998年起引进蝴蝶兰品种并开展杂交育种，至2006年累计组配杂交组合500多对，种植杂交后代近100万株，已育成汕农凤凰等5个具有自主知识产权的新品种；广东省农科院花卉所已有4个蝴蝶兰、2个大花蕙兰和3个春石斛兰新杂交种通过了英国皇家园艺学会国际兰花新品种登录。研究还发现，利用国兰与洋兰作亲本进行杂交育种具有广阔的前景，可育出既艳丽又有香味的兰花新品种。麦奋用中国传统的春兰——翠盖与垂花性杂交蕙兰成功培育出具有双亲半数特征的新品种。通过一些成熟的生物技术，激素调控等手段解决杂交难题，杂交育种对于改良我国兰花品种前景广阔。

杂交育种是对综合性状表现优良的品种或具有某些特殊性状的品种进行多代自交纯合筛选出自交系。首先应根据育种目标选择合适的亲本进行杂交，然后进行播种，从杂交后代中选择符合育种目标的植株进行扩繁或再进行杂交。在每年开花期，根据育种目标，就保存种原的优缺点拟定适当组合进行杂交。除进行普通杂交外，还可采取回交以稳定一些重要的性状，或利用属间杂交引入品种欠缺的种质性状，获得新奇品种，提升观赏价值。此外，利用"后裔检定"法评估各个杂交组合实生苗的稳定性，筛选后代中最适合市场需求的分离族群，这也是目前大多数育成品种所采用的育种方法。

杂交育种的一个技术难点在于兰花的种子微小且营养储存少，自然萌发困难，主要依靠在组培条件下的无菌萌发，从而使兰花品种间、种间及属间的杂交育种成为可能。如著名的蕾丽卡特兰就是卡特兰（*Cattleya*）和蕾丽兰（*Laelia*）的属间杂交种。采用人工授粉杂交技术进行种胚培养，已获得了大量兰花杂种。另外，播种前进行适当的预处理可以提高种子的萌发率，如采用物理方法（机械损伤、超声波低温处理等）和化学方法（0.1mol/LNaOH 溶液、H_2O_2、蔗糖溶液等）。在培养基中添加适量的天然提取物有利于兰花种子的萌发和生长。通常在培养基中添加的天然提取物有椰子汁、番茄汁、蛋白胨、酵母提取液、水解蛋白、苹果汁、香蕉汁等。

三、诱变育种

兰花诱变育种就是利用物理或化学诱变剂处理材料，使其遗传物质发生改变，辐射诱变结合组织培养，能加速花卉新品种的育成与变异性的稳定从而获得新品种。利用诱变育种主要是诱导产生多倍体，如利用秋水仙素加倍蝴蝶兰小苗染色体，将得到的四倍体材料用于育种，可以明显改良杂交后代的品质，培育出了许多现代大花型杂交品种。通常在高浓度的激素诱导作用下，万代兰属花色发生变异，蕙兰属花瓣变厚，蝴蝶兰属整个植株发生变异。此外，x射线能诱导大多数兰花花色向红色变异。目前，兰花诱变育种工作仍局限于形态与组织解剖水平上，诱变源也较为单一，对诱变的机理、诱变后染色体结构及突变等分子水平的研究还处于探索阶段。

四、多倍体育种

染色体数目的增加经常会造成植株花径、花型、颜色、品质以及抗病性等性状的变化。在自然界中，兰花多为二倍体，也有一些天然多倍体的存在，多倍体育种是通过增加染色体组数，使植株花径、花型或花色等性状发生变化而获得新品种，其具有巨大性、强抗逆性、异源多倍体的可育性等优点。多倍体育种为果树和花卉等园艺作物提供了一条相当有效的品种改良途径。目前，许多育种目标正朝着培育三倍体的方向，因为它们开的花色类型丰富多彩，三倍体通过二倍体跟四倍体的杂交而获得。二倍体与四倍体都有配套的染色体数，来自二倍体的单倍性配子和来自四倍体的 $2n$ 配子结合产生 $3n$，染色体数改变而培育出三倍体。四倍体有双倍剂量的遗传物质，在与二倍体杂交中，对子代的影响是巨大的。因此，一旦在某个类型或花色中出现四倍体，它就可以用于二倍体的杂交，产生的三倍体具有接近人们期望的性状特征，如虎头兰四倍体绿花的出现。多年来化合物秋水仙素一直被园艺栽培学家用来培育大型植物和花朵（如四倍体）以及不育的杂种产生种子。经秋水仙素处理 *Cymbidium conings-byanum* 'Brockhurst' 的休眠假鳞茎，二年后发现开的花比原来的二倍体植株大很多。利用不同浓度的秋水仙素处理兰属杂交种和五唇兰（*Dortis pulcheririma*）原球茎后，均获得不同比例的多倍体。同时，该技术还可建立兰花偶倍体种源库，如黄色花系的三倍体 *Phal. Golden* Emperor（Sweet），花型优美，但不易通过杂交而获得后代，以 100 ppm 秋水仙素处理叶片诱导出原球茎，获得 2 个六倍体植株，解决了属内或属间杂种不亲和性的问题。此外，兰花组织培养中因激素产生的变异或不同倍数的亲本杂交也可产生多倍体。在石斛多倍体诱导过程中，采用组织培养结合秋水仙素诱导的方法具有明显的优越性。

五、生物技术育种

传统育种方法周期长，后代性状难以控制，带有较大的偶然性，而且必须亲本种质中带有目标性状的基因，现代基因工程技术可以建立兰花遗传转化体系，采取基因枪法和农杆菌介导法，将某个特定的基因导入受体材料中，定向地对植物进行改造，具有目标性强、周期短的优势。兰花特异基因的分离克隆，如花色、花发育、胚珠发育和花叶病毒等基因的分离和转基因技术研究，可望将外来基因导入兰花植株内，以改良株形、花型、花色、花香和提高抗逆性，可大大地加快育种进程。采用花粉管通道法转化兰花的优势在于，兰科植物柱头大，易注射 DNA，且不经组织再生可获得大量种子苗，转化植株也可排除嵌合体等问题。查尔酮合成酶是花青素生物合成的一个重要的关键酶。利用转基因共抑制的特点，将查尔酮合成酶反义基因 DNA 转到花卉中，可以改变植物的花色。在兰科植物中子房的发育是由授粉启动的。目前，已发现和分离了一批控制兰花子房发育的特异基因。如蝴蝶兰 PHAL. 039 基因，在子房发育的不同阶段都有表达，可能是子房发育的重要调控基因。

因此，热带兰的育种要在加强种质资源保护的基础上，加强基础理论研究，将传统育种技术与现代分子生物学相结合，利用分子生物技术建立兰花的分子标记图谱，对我国兰花资源进行分类和鉴别新品种亲缘关系，为兰花育种提供早期的辅助选择指标，拓展兰花育种研究新局面。

本章小结

本章主要阐述了兰花的育种目标、主要性状的遗传规律和育种进展，提出了未来的育种方向。

思考题

1. 试述热带兰花育种的常用方法及其特点。
2. 简述我国热带兰育种的选育目标及今后的研究方向。
3. 如何利用我国丰富的野生兰花资源来解决兰花育种中存在的主要问题？

参考文献

［1］ Haruyuki K. , Teresita D. A. , Adelheid RK. Breeding Dendrobium Orchids in Hawaii ［M］. Hono lulu：University of Hawaii's Press，1999.

［2］ 陈玉水. 台湾蝴蝶兰的常规育种与生物技术概述 ［J］. 西南园艺，2005，33（5）：26-29.

［3］ 程金水. 园林植物遗传育种学 ［M］. 北京：中国林业出版社，2000：263-289.

［4］ 胡松华. 热带兰花 ［M］. 北京：中国林业出版社，2002.

［5］ 李哗. 文心兰专辑 ［M］. 台北：财团法人台湾区花卉发展协会出版，2002.

［6］ 卢思聪. 中国兰与洋兰 ［M］. 北京：金盾出版社，1994.

［7］ 徐志辉，蒋宏，叶德平，刘恩德. 云南野生兰花 ［M］. 昆明：云南科学技术出版社，2010.

第二十一章　菊花育种

菊花（*Dendranthema morifolium*（Ramat.）Tzvel）是菊科、菊属多年生宿根花卉，是世界四大切花之一，也是中国十大名花，因凌霜自行、不趋炎势而深受人们喜爱，被誉为"花中四君子"之一。

经过多年的努力，我国菊花育种工作取得了较大的进展，如产生了盆栽大菊、地被菊，切花菊品种数目也大大增加，但是我国栽培菊花多以盆栽大菊为主，品种结构仍不十分合理，在生产实践中因我国对切花需求量少，而培育的切花新品种较少。

第一节　菊花的育种目标

根据生产需求及我国菊花育种存在的问题，提出菊花如下的育种目标。

1. 花期

现在大部分具有较高观赏价值的菊花优良品种，花期大多集中在秋季，即 10～12 月（冬季）。其他季节优良品种少，所以育种目标之一就是选育各类四季菊品种，如：在国庆节期间盛开的早菊品种。另外，如能培育花型美丽而且常年开花的品种将更受人们喜爱。

2. 花型、花色和花香

菊花的花姿包括：花型、花苞、花径、露心等，一般要求花型丰满，花径越大越好。花瓣以桂、畸瓣者为精品，而管瓣较匙瓣贵，匙瓣较平瓣为贵。此外，要选育出姿态新奇优美的品种，如更多色彩的飞舞型品种。

菊花的颜色以黄色为正色，即以"黄为贵，白、紫、红次之"。而黄色又以金黄、嫩黄者为精品。复色又较单色为贵，奇色又较复色为贵。因而菊花花色应以纯蓝色及墨绿色等奇色品种的选育为主，进一步提高黄色和鲜红色品种质量，对于一些稀有的单轮型品种要进一步丰富花色。

对于花香来说，具有浓烈香味者为精品。大多数菊花香味不太明显，但少数品种香味较浓，通常有的具有水果香味。外国人赏花以观色为主，而中国人赏花以品香为先，可贵的天然花香最能让人获得嗅觉上的享受，所以在育种中应考虑用不具花香的品种与梨香菊结合起来，培育香菊花品种。

3. 综合品质育种

对于盆菊来讲，要求株形适中，枝健叶润而且花型丰满。

对于切花菊要求：①节间均匀，株高挺拔，花柄较长，粗壮挺直。②花期较长，水养持久。③花色鲜艳、明亮、素雅、洁净。④花瓣质地硬厚，花大丰满，花型为莲座形、半球形、芍药形。⑤分枝多，产量高，叶色浓绿。⑥花具有香味。⑦抗病虫害能力强。

案头菊因栽培时间短，花开效果好，株形小巧玲珑，而深受广大菊花爱好者的喜爱。一般作案头菊的品种必须具备以下各条件：①茎秆粗壮，节密，叶片肥大舒展。②矮棵型，或中棵型，对矮壮素反应较显著品种。③花大，色艳。花型丰厚，莲座形、飞舞形、平盘形、半球形为佳。

对花坛用的菊花品种则要求：①植株低矮，生长整齐，分枝多。②花色艳丽，花大而繁多。③抗性强，生长势强，抗病虫害能力强。④茎粗壮，挺直，不易倒伏。⑤花期长，或一年多次开花。

不论哪一类菊花，总是以花色鲜明、花型饱满为育种目标。

4. 经济、观赏兼用型品种的选育

目前菊花的多数品种，千姿百态，观赏价值极高，但缺乏经济价值，而有些具有经济价值的品种，如：杭白菊可饮用、毫菊可药用、梨香菊可提取香精，但其观赏价值不高。为了能综合利用资源，就要尽可能选育出既具观赏价值又具经济价值的新品种。

5. 抗性育种

1）抗病虫品种

菊花生产中因连作，易感染白锈病、褐斑病、病毒病、细菌病以及虫害，所以抗病虫育种也是当务之急。

2）耐热切花品种

我国切花菊品种匮乏，因此目前很多企业生产的依然是'神马'等几个老品种，这几个品种尽管在日本市场还有一定的销量，但价格都比较低。另外，这几个品种多是秋菊，极不耐高温，七八月份不出花，而这时恰恰是日本市场需求量最大的时候。国内基本没有夏菊品种，夏季菊花的生产和出口出现断档。

6. 耐低温弱光的节能型品种

此外，为提高经济效益，还需将培育不发生侧芽的无侧枝系和不用疏蕾的无侧营养系、生长早耐密植的品种作为育种方向。

第二节　中国菊花的种质资源与品种资源

一、菊花种质资源

菊花的近缘物种大约有 40 余种，主要分布在中国、日本、朝鲜和俄罗斯，其中中国约有 17 种，是菊花的起源中心和菊属种质资源的分布中心（戴思兰，2004；李辛雷和陈发棣，2004a）。

菊花具有丰富的遗传多样性，是自然的、人工的多种间杂交和菊属植物种间广泛的种质渗透的历史结果，其基因组染色体数为 $2n=2x=18$，$2n=4x=36$，$2n=6x=54$，栽培类群染色体数 $2n=54\sim90$ 之间，且存在大量非整倍体。关于菊花的起源，陈俊愉等（1995 年）通过种间杂交、染色体分析和原种地自然分布等的研究，证明菊花是由我国长江中下游地区的野菊、毛华菊和紫花野菊天然杂交，经先辈长期选育而来，并表明我国是栽培菊花的故乡。陈发棣等（1996、1998 年）利用栽培菊"小黄菊"、"滁菊"与野菊和毛华菊，不同倍性的几种中国野生菊之间进行杂交，然后结合细胞遗传学手段对其杂种后代的中期染色体进行分析发现，菊属的系统演化是一个从低倍到高倍异源多倍体化的过程，四倍体和六倍体栽培菊花极可能直接从野生的四倍体野菊或六倍体毛华菊演化而来，野菊可能是毛华菊两个染色体组的供体，毛华菊极有可能是由野菊与另一个二倍体菊杂交而成。戴思兰等（1998 年）利用 RAPD 标记对菊属 26 个分类居群间的亲缘关系和 7 个野生菊的系统发育关系进行了研究，从分子水平上验证了现代栽培菊花是以毛华菊和野菊种间天然杂交为基础，然后紫花野菊和菊花脑（*D. nankingense*）等又参与杂交，再经过人工选择形成的栽培杂种复合体。

在品种鉴定上 Jackson 等（2000 年）运用 SSR 标记对菊花的一些群体进行了分子水平上的研究。陈发棣等（2001 年）对 5 个小菊品种（或种）进行了耐热性鉴定。这些研究为菊花种质资源的合理开发利用及菊花遗传改良奠定了基础。

二、中国菊花的品种资源

全世界菊花品种约有 20000～30000 个，中国约有 3000 多个，对于在近千年的园林栽培和应用历史过程中形成的大量色彩丰富且姿态各异的菊花品种，分类是一个大难题，本书采用南京农业大学李鸿渐（1993 年）的方法，按照花序、花瓣、花型、花色将菊花进行三级分类（表 21-1）。

菊花的三级分类方法

表 21-1

系	类	型
小菊系（花径小于 6cm）	平瓣	单瓣型、荷花型、芍药型、叠球型、平盘型、翻卷型
	匙瓣	蜂窝型、匙状型、雀舌型、卷散型、莲座型、匙荷型
	管瓣	单管型、针管型、翎管型、松针型、管球型、飞舞型、管盘型、疏管型、钩环型、丝发型、贯珠型
大菊系（花径大于 6cm）	桂瓣	匙桂型、平桂型、管桂型、全桂型
	畸瓣	剪绒型、龙爪型、毛刺型

而下列分类方法则比较简单且实用，如依开花季节分为夏菊（5～9 月开花）、秋菊（10～11 月开花）、寒菊（12～1 月开花），按花期可分为早菊、中菊和晚菊，按栽培方式可分为盆栽菊、地被菊、切花菊和造型菊（艺菊）四大类。造型菊又分很多种，主要有以下 7 种：

（1）大立菊：主要是一些生长健壮、分枝性强、根系发达、枝第软硬适中、易于整形的大菊和中菊品种。近几年，特大型复色大立菊因花朵繁多，花色艳丽，花盘直径大，花期一致，也深受人们喜爱，如黄色品种黄石公、国华鲜舟、国华祝船，紫红色品种紫绣球、骏河的舞，白色品种天地一色、泉乡银阁。

（2）独本菊：开封培育的独本菊体态匀称、叶片对生且浓绿肥厚、花大色艳。也有微型盆景，均采用枝条坚韧、叶小、节密、花密的小菊品种，最常用的是黄色小冬菊。

（3）小立菊：一般是花型优美、色泽艳丽、花期长、开花早、生长旺盛、分枝多、枝条长而软的秋菊品种。球型的黄石公、天地一色；飞舞型的禾城秋雨、清水的阁、岸的赤星、花百合、凤凰振羽。

（4）案头菊：是独本菊的另一种形式，多选用大花、中花类品种，如潍坊粉楼、艳桂、国华强大、光辉、高原之云、凌波仙子、五光十色等。但也有微型案头菊，即株形渐矮，盆径渐小，花朵渐大，可选择节间短、粗壮、花型丰满的球形或莲座形的大花品系，如潍坊粉楼、凌波仙子、兼六香菊、光辉、艳桂、玉龙闹海等。

（5）悬崖菊：选用分枝多且枝条细软、开花繁密的小花品种。如一捧雪、金满天星等。开封本地选用黄色小菊较多，而白色较少。

（6）塔菊：适合单色塔菊嫁接的菊花品种应是花型、大小适中、色纯正、花期较长的球形或莲座形的优良品种。如金背大红、黄石公、白凤尾、碧玉球、黄牡丹等。培育多花色所选品种的花期和长势要一致，常用的品种有：黄色的黄石公、麦浪、国华青光；白色的天地一色、大白莲；红色的金背大红；粉紫色的兼六香菊。另外，小型菊如金铃、白星球等也适于嫁接塔菊。

（7）盆景菊：近几年，开封在培育盆景菊方面发展较快，很多地方每年金秋都种植或摆放了大量菊花及各种陪衬花卉，大大丰富了金秋开封的城市景观，突出了菊城特色。

第三节 菊花各性状的遗传规律

菊花不论在花色、花瓣、花型以及花期上，常常有很大的变异性，且年度之间、植株之间和杂交后代之间等都可以看到各种程度和各种形态的变异。所以，掌握一定性状的遗传规律，对正确选配亲本组合、提高育种效率有重要的意义。

1. 花色遗传

菊花花色遗传较复杂，偏母性遗传较多，如黄色母本与红色母本杂交组合后代 F1 黄色比例较高，表现一定程度上偏母性遗传，但也有非偏母性遗传现象，在用雪青色的日本雪青作母本与不同父本杂交时仅出现 1 株雪青色后代。此外，菊花不少杂交组合出现超亲花色范围，利用此特性可获得具有某种特殊性状的稀有个体。

在花色选育上，红色遗传力要比黄色强。因此，在选配亲本组合时，对花色性状育种，应将具有或接近育种目标的品种作为母本，以期获得大比率所需花色性状。但由于杂种后代花色分离广泛，有的甚至可出现超亲本花色的个体，根据其杂色出现的机率，可培育出具极高观赏价值的奇色（蓝色和墨色等）个体，更加丰富菊花色彩。由菊花花色的变异过程来看，最初花色为黄色和白色，以后出现紫色和红色，可见黄色应为原始色，继而演化出其他颜色。

2. 花瓣遗传

按姚氏的标准，菊花瓣形种类有平瓣、匙瓣、管瓣、剪瓣和桂瓣等。在平瓣和匙瓣 2 种类似瓣形的组合中，出现亲本瓣形机率相等，几乎无剪瓣和桂瓣等特殊瓣形出现，仅有个别管瓣出现。特殊的"平瓣×平瓣"组合中，有可能出现超亲本瓣形的特殊个体有剪瓣、桂瓣等。三种组合中，"平瓣×匙瓣"及"匙瓣×平瓣"两种组合 F1 表现几乎一致，亦进一步说明平瓣和匙瓣瓣形的相近。

3. 花型遗传

菊花花型复杂多样是花卉变异中的奇迹。分析构成花型的主要因素时可以发现各因素都有其演化进程，花径大小以小花径为原始类型，大花径则是演化中的进化类型；盘花以正常的二性筒状花为原始类型，而花冠筒发达的托桂花为演化的进化类型。舌状花中平瓣为原始类型而匙瓣与管瓣为演化中的进化类型；花瓣数量多少以单瓣、复瓣为原始类型，而半重瓣和重瓣则为演化的进化类型。相对原始的性状在后代中往往表现为较强的遗传性，在进行杂交育种时重瓣与单瓣杂交后代中单瓣、复瓣占优势；要获得重瓣性强的品种，必须选用高度重瓣的品种为亲本。花径大小也有类似表现，小花径与大花径的杂交，后代出现各种大小花径，并以中、小花径占优势。不同瓣型的亲本杂交，后代中较多的是演化程度低的瓣型占优势，在同一朵花内也可出现外轮花瓣为管瓣，中间轮为匙瓣，内轮为平瓣。托桂型品种与非托桂型品种杂交后代中出现托桂型的机率并不少见，后代中托桂瓣本身有长短差异，瓣端形态有差异（如星状或龙爪状），其舌状花部分也可出现平瓣、匙瓣或管瓣，舌状花的轮数也有单轮、复轮的差别，从而可以获得较多新花型的机会。

花型遗传中，类似的莲座与圆盘形杂交，杂种后代一般偏于亲本型或类似的荷花型，只有少数的单瓣及个别的球形。若以单瓣为父本，则杂种后代全为平瓣和匙瓣花，且花型中无球形和舞莲形出现。即使母本为球形，其杂种个体也多为圆盘、莲座和荷花形，同时单瓣个体出现相对亦少些。花型性状遗传力方面，舌瓣数和管瓣数大于花径大小。

4. 株高遗传

盆栽观赏菊植株宜矮，切花品种则要求株高 80cm 以上。杂交表明，株高性状出现大的分离，且遗传有偏母性现象。

5. 花期遗传

菊花父母本花期对后代花期均有显著的影响。花期性状遗传并不出现偏母性现象，且父母本为中期和晚期的，F1 代中早花期出现机率很小。

6. 花径的遗传

无偏母性遗传倾向，两大小不同亲本杂交，超亲和小于中亲值各占 50% 左右。

第四节　菊花育种方法及进展

菊花育种方法有引种、实生选种、芽变选种、杂交育种、诱变育种、离体培养育种和分子育种等方式。

一、菊花引种

《洋菊谱》中记载我国清代宫廷引入 36 个洋菊品种，是我国引种国外菊花品种的开始。从 20 世纪 80 年代起，我国陆续从国外引进了一些菊花品种，其中盆栽大菊主要引自日本，包括花朵硕大的国华系列（23 个品种）、兼六系列（4 个品种）、泉乡系列（6 个品种）；小菊主要有美国小菊、加拿大小菊、日本矮小菊、波兰的朝鲜粉等，花期较一般秋菊为早，这些引进的小菊有的直接应用于园林绿化，有的作为育种亲本，育成许多小菊系列；切花菊主要引自日本、荷兰，20 世纪 80 年代中期日本赠送中国几十个切花菊品种，包括一枝独朵的标准菊和多枝多花的散枝菊，已被各地先后扩大栽培。

而我国的菊花也很早就引种到世界的其他地方。大约在公元 729～749 年（中国唐代）中国菊花经朝鲜传入日本。到江户时代（1803～1867 年）日本已开始将由中国输入的优良菊花品种进行实生改良。在这段时期日本菊花栽培发展迅速。日本菊花的现代化发展大约始于 20 世纪 30 年代，1926 年曾从美国引进"洋菊"品种 283 个，并用以与菊花杂交育成了夏季、秋季开花的系列品种。又从法国引进散枝菊对菊花的花色进行改良，再加上此后对光周期控制技术的应用，日本的菊花业迅速发展到了高水平。1688 年荷兰商人 Sucob Breynlus 将两种花型、六种花色的中国菊花品种带回荷兰。1789 年又有法国商人 Blanchard 从中国将白、堇、紫三个花色的菊花品种带回法国，可惜只有紫色菊花成活了。1843 年伦敦英国皇家园艺学会派遣福琼来中国收集珍稀植物，1846 年回国时带去了两种花型的菊花，1862年福琼还将日本菊花传回英国，从此欧洲也拥有了花型奇特的菊花。在英国引进菊花的同时，菊花很快也传到了美国。到1889年在Smith举办的菊展上首批命名了500个品种。

二、人工杂交

人工有性杂交是菊花经典的选育方法，也是目前菊花新品种选育最主要、最有效和最简便易行的途径。不仅因菊花人工杂交时，只要按照育种目标配置亲本组合和有足够大的群体，就能在4～5年内育成新品系，更是因菊花栽培品种是高度杂合的多倍体，杂交后代分离十分广泛，容易出现重组新类型，甚至超亲现象。目前，绝大多数菊花品种都是人工杂交育成，我国近20年来杂交育成的菊花品种有100多个。

地被菊，是一种地被植物新品种群，属世界新型菊花。地被菊抗寒，抗旱，抗病虫害，抗污染，耐半阴，耐瘠薄，耐粗放管理，与杂草竞争力强，植株紧密、低矮，花团紧簇，可连续开花半年或两季开放，适合露地栽培，是理想的绿色地被观赏花卉。为获得地被菊品种，北京林业大学的陈俊愉等从1985年起，选用早菊岩菊，尤其是从美国引进的实生苗中选出的'美矮粉'等作母本，用野菊属种类作父本，即毛华菊（*D. wastitum*）、小红菊（*D. chanetii*）、甘野菊（*D. lavandulifolium*）、紫花野菊（*D. zawaskii*）等多次进行远缘杂交，以后又经过不断的回交和选育，选出了一批植株紧密、低矮、抗性强、观赏价值高的新型开花地被植物，被称作"地被菊"。上海植物园用花型大、色彩多但花期晚的普通秋菊，同花型小、花色单调但花期早的五九菊杂交，成功培育出了大批在国庆节开花的早菊新品种。上海花木公司于1987～1991年在向国内外引种的同时，也开展了杂交育种工作，育成切花品种有"荷花"、"秋思"、"晚霞"、"艳青"等，花期9月中旬～11月下旬。此后，利用地方种质，上海育成了抗梅雨、耐贫瘠、抗病的地被菊品种11个，江苏省利用南京野生的菊花脑（$2n=2x=18$）和南京野菊（$2n=4x=36$）与六倍体栽培菊杂交，或利用中国秋菊与从国外引进的夏、秋两季开花的菊花杂交，育成一组耐夏季高温高湿，花朵繁多，花色艳丽，具有香味的小花型品种（陈秀兰、李惠芬等）。

我国切花菊杂交育种工作起步于20世纪80年代中期，1983年育成一批早秋开花的切花菊新品种14个，1987年上海花木公司通过杂交育种育成了花期为9月中旬～11月下旬的切花菊新品种"夏莲"、"秋思"、"荷花"、"晚霞"等。从1986年开始，农业部在七五、八五、九五科研计划中均安排了"切花菊新品种选育"课题，培育出了花期、花色、花型各异的切花菊品种，如能在国庆开花的早秋菊、10～11月开花的秋菊、12～1月开花的寒菊、4～5月开花的春菊等品种100个，花色有纯色又有复色，花型增加了近似疏管形、飞舞形等，花径有大菊、中菊和小菊等。

盆花菊多为传统盆栽大菊，采用的主要是传统的育种方法，如杂交育出了"白云缀宇"、"再现重楼"、"菊渊雅韵"、"桃花春水"、"黄河游天"、"玉竹嫩笋"等新品种。倪月荷（2000年）用早菊品种作母本，优良品种菊作父本，育出了花期早、花径大、花色艳丽、花型优美，生长势强的"彩霞飞舞"、"金光灿烂"、"赤金管"等优良早菊品种。郭天亮等（2003年）通过人工杂交育种方法利用"粉十八"、"白莲"作母本，"意大利红"作父本，成功了培育了"洰水明珠"、"洰水金秋"等四个菊花新品种。

另下列方法可提高菊花杂交育种效果：

（1）选用多父本混合授粉、多组合杂交或剪除花瓣，可克服某些杂交不交配性，提高杂交产生种子率。

（2）加强水肥、土壤、植株调整等管理，使菊花的观赏品质充分体现。

（3）要巧留"三迟"，即迟瘦种子、迟弱幼苗、迟慢花蕾，因迟熟种子多是重瓣品种结的，今后出重瓣率高的可能性大，而菊花的畸变导致细瘦种子和迟弱幼苗均可出新品、优品。

三、芽变选种

菊花易发生芽变，芽变发生的部位可以在植株的个别枝上或某一枝段或某个脚芽上。新育成的品种由于性状分离，或新引进品种由于环境而较易产生芽变现象。目前，全世界约有 400 多个品种是从芽变而来。但现有由芽变育成的新品种基本都是花色上变异。据文献统计，菊花花色突变规律为粉色易变为黄色或白色，白色易变为黄色或粉色，黄色难变为其他颜色，常会出现两种颜色的嵌合体。

1993 年天津水上公园定名的 50 个新品种中，有 37 个是芽变而来的。其中，"金龙现血爪"是"苍龙爪"的芽变；"玉凤还巢"是"风流潇洒"的芽变。中国农业大学在切花菊栽培中也发现芽变，如白色品种"巨星"曾产生浅桃色芽变；雪青色的"明清"也产生过乳白色芽变。日本切花菊品种"黄秀粉"，即为白色品种"秀芳之力"的芽变，"初光之泉"为白色品种，有黄色与桃色芽变。当前一些菊花名贵品种"南朝粉黛"、"风清月白"、"高原锦云"、"银粉荷花"等也是由芽变而来。

四、组织培养

菊花组织培养育种主要表现在体细胞无性系变异选择。裴文达用菊花品种"绿牡丹"的花瓣作外植体，在再生植株中发现了 11 株金黄色、3 株淡紫色和 1 株白色的变异株。花瓣也从平瓣变为匙瓣，花朵增大，变得更富观赏价值；黄济明把菊花品种"金背大红"的花瓣上下表皮分别培养，获得了不同花色的再生植株；Votruba 和 Kodytek 在菊花品种 Blanche Poitevine Supreme 的脱毒培养中，发现了叶片、花径和花序的大小和形状、植株习性及花期等的永久性变异。

组织培养在菊花育种上应用得比较成功的是对嵌合体花色的分离。上海园林科学研究所曾以花瓣上红、下黄的"金背大红"品种已经显色的花瓣作为外植体进行组织培养，其再生植株开出了不同花色的花，表明从上、下表皮愈伤组织再生的植株，使双色品种的花色分离，即形成了新的品种。

原生质体融合可有效克服杂交亲和障碍，实现优异基因从野生种向栽培种的转移，从而扩大生物的遗传多样性。多年来菊科植物原生质体培养取得了重大进展，Furuta 等利用电融合法诱导菊花和苦艾（A. sieversiana）叶肉原生质体融合，获得了比菊花表现出更强的抗锈病能力的属间杂种。Varotto 等将菊苣叶肉原生质体与一个向日葵胞质雄性不育系的下胚轴胞质体（经 γ 射线照射处理）融合获得了胞质雄性不育的杂种材料。Rambaud 等诱导二倍体菊苣（Cichoriuminty bus）自身的原生质体融合创造了四倍体材料，其诱导频率要远远高于用秋水仙素诱导。Binsfeld 等将向日葵下胚轴原生质体与多年生向日葵属植物 H. giganteus 和 H. maximiliani 的微核进行融合创造了含有 2~8 条野生种染色体的杂种植株。

此外，菊花中缺乏控制墨紫色和蓝色的遗传物质，所以缺乏真正的蓝色或黑色的品种。而菊科其他属的近缘物种花色丰富，有粉红、浅紫、墨紫、蓝和白色等菊花所不具有的性状。使用原生质体融合技术，将菊花原生质体和其近缘物种原生质体融合获得杂种细胞，进而培养获得再生杂种植株，可达到培育新品种的目的。

五、辐射育种

虽然辐射育种具有很大的随机性和非定向性，但对于以观赏为主要目标，以无性繁殖为主要繁殖方法的花卉来说，辐射育种具有广阔的应用前景。菊花非常适合辐射诱变，因其在遗传上高度杂合，且其进化是从低倍到高倍的异源多倍体化的过程，容易导致遗传因子的复杂变化，据不完全统计，我国在菊花上辐射育成品种达 18 个之多。

张效平（1966 年）用"上海黄"、"上海白"、叶柄为外植体，在试管中用 γ 射线照射，所得植株诱变率 5%，包括花型、花色、花期变异，育成了 11 个新品种。

四川省农业科学院原子能应用研究所自 20 世纪 80 年代初用 ^{60}Coγ 射线处理秋菊，得到了花期提前到 6 月、花朵大、花色与亲本相异的"辐橙早"新品种。随后从"辐橙早"天然受粉实生后代中选育出 4 月开花、花径 22cm 的"紫泉"，花径 7cm 的"春蚕吐丝"等新品种。

东北林业大学曾用自然授粉的小菊种子，搭载返回式卫星，在距地 200～300km 的空间飞行近 15 天后返回地球。播种后代表现为重瓣性降低、植株变矮、花径变小、开花提早、耐寒性提高。但这些变异是空间辐射诱变的结果，还是杂交后代性状的分离，尚需进一步研究。

为提高辐射育种效率，范家霖等把组织培养纳入菊花的辐射育种程序，分别采用顶芽、花托、花瓣、叶片作外植体，在接种前或在愈伤组织阶段用 ^{60}Coγ 射线进行处理。然后经组培分化，植物移至田间大群体种植，花发生明显变异。傅玉兰和郑路（1994 年）用 ^{60}Co 对诱变材料进行处理，选育出了 8 个寒菊新品种，其自然花期为 11 月下旬到翌年的 1 月上旬，在 -2～-5℃下能正常开花，花型多为莲座型或芍药型，重瓣，花色丰富。辽宁省农业科学院应用菊花花瓣、叶片、花托进行组织培养，然用 ^{60}Coγ 射线辐射处理，育成了切花新品种，并总结了菊花辐射诱变与组织培养复合育种技术。

目前，我国菊花辐射育种常用的剂量分别为：菊花根芽，^{60}Co 范围为 10～40Gy；愈伤组织范围为 4～20Gy。辐射诱变效果为：愈伤组织＞植株＞根芽＞枝条；绿花、白花、黄花品种诱发花色变异的频率极低，粉紫色品种较易诱发花色变异，且变异谱宽。对于突变嵌合体的分离，组培优于扦插。

国外辐射育种始于 20 世纪 60 年代，目前已育成菊花品种百余个，例如荷兰育成了"密洛斯"切花品种群；苏联育成了"雅尔塔"复色新品种；巴西人 Latado（1996 年）用 γ 射线对一粉红色品种的未成熟带梗花蕾进行照射，然后在试管中进行器官培养，由其产生的植株中出现了 46 个花色变异的单色花，也产生了叶型变异；Nagatomi 等用菊花花瓣、芽、叶进行组织培养，结合辐射育种技术，成功诱导出花色改变的突变体。

六、基因工程育种

基因工程育种具有独特的优势：可以定向修饰花卉的某个或某些性状而保留其他原有性状；通过引入外来基因可以扩大基因库。所以，完全有可能培育出一些新奇、独特及具有各种目标性状的品种。

1. 改变菊花花色的基因工程

花色是指花瓣的颜色。它与花瓣色素种类、色素含量、花瓣内部或表面构造引起的物理性状等多种因素有关，但其中主要的是花色素。花色素合成的启动和终止完全由基因控制。

Gutterson 等通过农杆菌介导转化的方法将一个从菊花中分离到的 CHS 基因以正义和反义方向分别转入粉花菊花品种"Moneyrarker"中，获得了开白色或浅粉色花的植株。此外，应用于菊花花色基因工程研究的外源基因还有二氢黄酮醇 4-还原酶基因 DFR、类黄酮 3′，5′-羧化酶基因 F3′5′H、类黄酮调节的玉米 Lc 基因、类胡萝卜素合成酶（番茄红素 β-环化酶）基因 LycB、克隆自瓜叶菊的 F3′5′H 的同源基因 PCFH。

2. 改变菊花花型和株形的基因工程

花型和株形是菊花重要的观赏性状，如用于盆栽或地被用途的小菊，往往需要植株矮化、分枝性强并且着花数目多等特征。Mitiouchkina 等将 rolC 基因转入菊花品种"White Snowdon"中，得到了株形、分枝状况、花朵和花瓣都改变了的菊花新品种。Zheng 等（2001 年）将烟草光敏色素基因导入菊花品种"Kitau"中，获得了株形明显矮化，而且分枝角度要比野生型大的转基因菊花植株。Petty 等（2000 年）把光敏色素基因 PHYA 导入菊花中，发现菊花的花梗变短，叶绿素增加，并延缓衰老。

3. 改变菊花花期的基因工程

绝大多数菊花自然花期集中在 11 月前后，严重影响菊花的观赏性和商品性。邵寒霜等将野生拟南芥（*Arabidopsis thaliana*）中的 LFY 基因转入菊花，获得花期提前或延迟的菊花新品种。惠婕将拟南芥中的 phyA 基因转入地被菊，不仅使开花时间提前了 16 天，且花色出现了黄色变异（图 21-1）。Zheng 等（2001 年）将 PHYB1 基因转入菊花，转基因植株 LE31 和 LE32 花芽分化比对照植株分别延迟 4 天和 5 天，而开花分别延迟 17 天和 20 天，表明 PHYB1 基因主要影响花芽发育而不是影响花芽分化。

图 21-1　地被菊转基因植株与对照

4. 提高菊花抗病虫的基因工程

菊花从幼苗起直至开花，在生长过程中，病虫害非常严重，提高菊花抗性是菊花育种的目标。Takatsu 等（1999 年）把水稻几丁酶基因 RCC2 转入菊花中，提高了对灰霉病的抗性。Sherman 等（1998 年）将从大丽花中克隆到的番茄斑萎病毒（tomato spotted wilt virus，TSWV）外壳蛋白基因分别以有义全长片段、有义核心片段和反义全长片段形式导入菊花品种"Polaris"中，转入反义全长片段植株对 TSWV 有明显抗性，没有发病症状，而且植株内没有病毒外壳蛋白的积累。转入有义全长片段和有义核心片段植株也表现对 TSWV 有一定的抗性，发病时间比对照推迟。用于转化菊花的抗虫基因及其作用如表 21-2 所示。

不同抗虫基因遗传转入菊花的研究　　　　　　　　　　　　　　表 21-2

基　　因	菊花品种	基因在转基因植株中的作用
Bt	Parliament	4 株转基因株系对二点叶螨有抗性
NP-1	001	未验证抗性
CryAb	Shuhou-no-chikara	转基因株系抗烟蚜夜蛾
GNA	日本插花菊	转化株蚜虫口密度下降 39.4%
CryAc	日本黄菊	获得对棉铃虫具有抗性的株系

　　此外，还通过基因工程法探索了菊花对低温、干旱、盐碱、延长花期的机制，而分子标记在菊花遗传多样性研究、亲缘关系研究、种质鉴定、遗传图谱构建和基因定位等方面均有涉及。

本章小结

　　主要介绍了菊花品种资源、主要性状的遗传规律以及在育种方法上的创新，重点阐述了菊花在杂交育种、芽变选种、辐射育种、生物技术育种上的进展。

思考题

　　1. 试说明菊花有哪些分类方法，各种分类法有什么优点？

　　2. 菊花的花色是怎样遗传的？

　　3. 通过本章的学习，结合生产实际对菊花的需求和问题，试提出今后菊花的育种方向，以及创新育种方法来解决这些问题，如怎样创造蓝色菊花的问题。

参考文献

[1] 李辛雷，陈发棣. 菊花种质资源与遗传改良研究进展 [J]. 植物学通报，2004，21（4）：392-401.

[2] 晏才毅. 提高菊花杂交育种效果的方法 [J]. 园艺学报，1982，9（1）：67-71.

[3] 陈秀兰，李惠芬. 小花型菊花新品种的选育 [J]. 植物资源与环境，1993，2（1）：37-40.

[4] 姜平. 菊花辐射诱变育种研究进展 [J]. 安徽农业科学，2007，35（32）：10252-10253.

[5] 张莉俊，戴思兰. 菊花种质资源研究进展 [J]. 植物学通报，2009，44（5）：526-535.

[6] 惠婕. 拟南芥尸匆只基因的克隆及其转入地被菊的研究 [D]. 北京：首都师范大学硕士学位论文，2009.

[7] 于鑫，乔增杰，裴雁曦. 菊花分子育种研究进展 [J]. 生物技术通讯，2010，21（2）：284-289.

第二十二章 其他热带花卉育种

热带地区是植物资源极为丰富的地区，包含有大量的花卉资源。人们在长期的生产实践中，对一些观赏价值较高的花卉资源进行了开发和应用，形成了极具热带特色的观赏植物类型，如凤梨类、鹤蕉类、天南星类、竹芋类、棕榈类、朱蕉类等。在我国热带地区也含有极为丰富的花卉植物资源，相对于国外，我国自身的热带花卉资源开发利用的程度还很不够，大多数热带花卉的品种仍然需要从国外进口，需要大力开展我国的热带花卉植物育种工作。

第一节 观赏凤梨类

一、种质资源

凤梨科观赏植物是一类室内观花、观叶、观果的盆栽花卉，约 68 属 2000 余种；常用作观赏的有凤梨属（*Ananas*）、光萼荷属（*Aechmea*）、丽穗凤梨属（*Vriesea*）、铁兰属（*Tillandsia*）、果子蔓属（*Guzmania*）、水塔花属（*Billbergia*）、姬凤梨属（*Crytanthus*）、彩叶凤梨属（*Neoregelia*）、巢凤梨属（*Nidularium*）和花瓶属（*Quesnelia*）。

观赏凤梨按生长习性可划分为地生种类、附生种类和气生种类三大类型。绝大多数凤梨为短柄附生类型，但也有少数为地生植物，如菠萝，还有一些是无根、可悬挂于空中生长的气生植物，如铁兰属的老人须（*T. usneoides*）。

观赏凤梨的应用起源于食用凤梨的栽培与传播。凤梨原产加勒比海岸及南美诸地，1493 年意大利航海探险家哥伦布到达南美沿岸，在瓜德鲁普岛发现土著食用凤梨，于是将种苗随船带回西班牙，并在伊萨贝拉试种取得成功。至 16 世纪初传入英国，18 世纪初已传遍欧洲各国，作为一种珍奇植物栽植于温室中，供皇家贵族和达官贵人观赏和品尝。1690~1811 年的百余年时间里，观赏凤梨在英国引起了重视，很多船员和传教士从热带美洲携回了多种凤梨科观赏植物。当时英国的皇家植物园在引种南美洲热带兰的同时引入了 16 种观赏凤梨于温室中栽培，开创了世界上首个观赏凤梨在专类温室花园，定期开放供花卉爱好者欣赏和选购的先例。其后观赏凤梨在全世界范围内得到广泛应用，发展出了大量新的种类和品种。我国的观赏凤梨大面积应用，是在改革开放后。特别是近 20 年来，很多国外生产的观赏凤梨盆花纷纷登陆我国，成为应用广泛的高档观赏盆栽。

凤梨类观赏植物的形态特征是多种多样的，观赏特点是极为丰富的。绝大多数的凤梨类植物株形为筒状或鸟巢状，但也有不少种类外形比较奇特，如须状的松萝铁兰（*T. usneoides*），章鱼状的章鱼花凤梨（*T. ionantha*），丝状的银叶花凤梨（*T. argentea*），松果状的考氏老人须（*T. kautskyi*）等。凤梨类的植物叶片颜色也多种多样，除常见的绿色叶片外，一些种类叶片上附带白粉，如美叶光萼荷（*Aechmea fasciata*），一些两面具紫黑的横向带斑，如虎纹凤梨（*Vriesea splendens*），还有一些基部带红色，如斑叶唇凤梨（*Neoregelia carolinae*），叶尖带红色，如端红凤梨（*Neoregelia spectabilis*），此外还有具有金边、银边、金心、银心、撒金点的种类。凤梨科观赏植物的花序一般为穗状或包穗状，花苞片色彩艳丽，颜色有红、黄、白等，形态变化也十分丰富，有火炬形、星形、葡萄串形、剑形、扇形、珊瑚形等多种形状。除直立花序外，观赏凤梨还有花序下垂的种类，其中垂穗形的有蝎尾空气凤梨（*Tillandsia dyeriana*）、斑马水塔花（*Billbergia zebrina*）等。

二、育种目标、方法与进展

观赏凤梨的主要育种目标是发现和创造新的花色、叶型、花型等观赏类型，增加其观赏品质。此外，由于凤梨的耐寒性较差，培养耐寒的种类，也是比较重要的育种方向。其他如抗病、抗虫、延迟花期等，也是其育种目标。

目前，观赏凤梨育种的主要方法仍然是杂交育种。凤梨花序小花的花冠包得很紧，雌雄蕊从花瓣中钻出时大多数已经腐烂，所以必须提前做好授粉的准备，即需要除去苞片与部分花冠（萼片和花瓣），如果子蔓凤梨需剪除总苞片，几天后，根据小花的生长快慢陆续剪去每朵小花的苞片，如是丽穗凤梨只需剪去小花苞片，使小花外露以利于其生长及授粉，但在较潮湿的环境中，还需先后剪除，或用手术刀片切除萼片的中上部和花瓣的上部，使雄蕊、雌蕊充分暴露。观赏凤梨的小花寿命较短，只有两天左右，需及时授粉，雌蕊的柱头分泌黏液时最适合授粉，选取同属不同种或同种不同品种的新鲜粉状花粉授于柱头上即可。约1周后柱头干缩，授粉成功后子房开始膨大，授粉后1个月左右，果实明显膨大，逐渐变成浅绿色、深绿色，而后转为褐色、黑褐色，当颜色转为黑褐色时，标志着果实和种子已经发育成熟。一般果子蔓凤梨授粉后5～8个月果实成熟，丽穗凤梨为4～6个月，依种类和温度而异。果子蔓凤梨与丽穗凤梨均为蒴果，长3cm左右，直径约为0.5cm，3个心室，共有种子200粒左右。杂交操作中务必除去苞片与部分花冠（萼片和花瓣），否则小花极易腐烂。

在种质资源保存方面，组织培养技术得到了广泛的应用，大大降低了保存的费用，也为育种提供了丰富的材料。一种简便的方法是将芽培养在蒸馏水中，可保存12个月。也可将材料培养在1/4MS附加3％蔗糖的培养基中，如需恢复生长，只需将材料重新转移至正常培养基上即可。

基因工程已经应用于凤梨类植物的育种研究。国外已对凤梨转基因进行诸多尝试，并获得成功。如导入抗线虫基因；导入反义ACC氧化酶基因，抑制自然开花；导入抗多酚氧化酶基因，防止凤梨黑心病的发生；导入抗性蛋白合成基因，增加凤梨对粉蚧的抗性；导入bar基因，获得除草剂抗性等。但是这些研究多集中于食用凤梨，对其他观赏凤梨的研究鲜见，发展潜力还很大。

分子标记也广泛应用于观赏凤梨的亲缘关系的研究。同工酶、RFLP、RAPD、ISSR等各种标记方法都有应用。Duval等运用RFLP分子标记技术研究了凤梨种质的遗传多样性，运用18个同源的基因探针，对301个凤梨样本进行多样性及亲缘关系分析，揭示出凤梨种质内存在着一定的基因交流，可以大大提高种内的有性繁殖。李萍等（2007年）用ISSR引物对14个从属于凤梨亚科中光萼荷属与近源属的物种亲缘关系进行分析。光萼荷属的紫红光萼荷（*Aechmea rubrolilacina*）、红苞光萼荷（*Aechmea bracteata*）、绿叶光萼荷（*Aechmea chlorophylla*）和芬德光萼荷（*Aechmea fendleri*）为多起源；而光叶凤梨（*Aechmea ramosa* var. *festiva*）、美叶光萼荷（*Aechmea fasciata*）和泰氏光萼荷（*Aechmea tessmanii*）为单起源，说明光萼荷属物种的复杂性与多样性。在与近源属的亲缘关系分析中，光萼荷亚属的紫红光萼荷（*Aechmea rubrolilacina*）和红苞光萼荷（*Aechmea bracteata*）与翼瓣美花凤梨（*Portea alatisepala*）和具毛赫氏凤梨（*Hobenbergia lanata*）亲缘关系很近；而肉穗凤梨亚属（*Macrochordion*）则与卜氏拟心花凤梨（*Canistropsis burchellii*）亲缘关系较近。Cecilia 等（2004 年）将 AFLP 分子标记应用到凤梨（*Ananas comosus*）种内 DNA 多态性的研究上，指出凤梨种质内部存在着丰富的遗传变异。

此外，一些其他的育种方法也在凤梨育种上得到应用。如利用甲基磺酸乙酯（EMS）结合组织培养，从粉叶珊瑚凤梨中诱变筛选抗寒品种等。然而从总体来说，相对于其他花卉，观赏凤梨的育种水平仍然较低，因此必须借鉴国内外的先进技术与经验，对此学科发展的关键领域，开展多学科交叉协作，应用分子生物学和细胞生物学技术，开展功能基因组学、基因克隆与遗传转化等领域的深入研究。

第二节　红掌

红掌（*Anthurium andraeanum* Lindl.）为天南星科（Araceae）安祖花属（*Anthurium*）中最重要的观赏作物，种的分布范围包括墨西哥北部、中美洲、巴西南部以及 Caribbean 岛。喜欢在高温多湿有遮阴的环境下生长，低于 10℃易受寒害，相对湿度以 80%～90%较佳。

红掌花枝独特，具艳丽的红色蜡质佛焰苞和黄色的肉穗花序，终年开花不断，是极好的切花植物和观花盆栽。叶型别致，叶片深绿色，有光泽，呈长圆状、心形和卵圆形，也是一类极具价值的观叶植物。

一、种质资源

1853 年 Triana M. 在哥伦比亚的新格林那海拔 360m 的乔寇发现安祖花种，1876 年由法国植物学家 Elouard Andr 将安祖花传至欧洲，并培育出许多变异种。19 世纪在欧洲开始栽培观赏，我国直到 1983 年荷兰来京举办花展时才开始引入。目前，荷兰、以色列和夏威夷是其主要栽培育种地区。其中，红掌在 1889 年时即传入夏威夷，1940 年开始有大量商业生产，1950 年起夏威夷大学开始进行育种，并自 1960 年后育成许多新品种。荷兰的安祖花（Anthurium）公司在安祖的育种、繁殖和生产上闻名世界，并在波兰、意大利和印度建立了生产基地。

恩格勒（Engler，1905 年）将安祖花属（*Anthurium*）分为 18 个组。Croat（1983年）将其修正为 19 个组，其中最重要的变化是将红掌从 *Beloloncbium* 组移入到 *Calomystrium* 组。常见具有较高观赏价值的几个组有：①*Calomystrium* 组，一般具有心形、厚大的叶片，和微棕红色的叶鞘，佛焰苞红、白各色。包含安祖花、*Anthurium armeniense*、*Anthurium formosum* 等，这一组内的种类容易相互杂交。②*Prophyrochitonium* 组，包括火鹤花（*A. scherzerianum*）、*A. anlicona* 等种类。③*Cardiolonchium* 组，具有柔软天鹅绒光泽的叶片，如 *A. warocqueanum* 等。这一组与安祖花杂交很困难。④*Semaeophyllium* 组，具有三裂叶片，如 *A. garagaranum* 等。⑤*Pachyneurium* 组，植株鸟巢形，如 *Anthurium affine*、*A. cubense* 和 *A. schlechtendalii*。⑥*Tetraspermium* 组，浆果珍珠形，生长成串，形如五味子，称为珍珠安祖花，如 *A. trinerve*。

在这些种类中，与红掌同属类似的种有火鹤（*A. scherzerianum* Schott），又名红鹤芋、火鹤芋、红苞芋，它们间最大的区别在于佛焰苞及肉穗花序，红掌之佛焰苞较大而厚，肉穗花序较粗而笔直，而火鹤花佛焰苞较小，花穗顾长扭曲如鹤颈，故名。同属植物还有水晶花烛（*A. crystallinum* Lind1），其主要特点为中肋和叶脉银白色，叶皆淡玫红色，佛焰苞条形绿色。

二、育种目标、方法与进展

红掌花的主要目标是改变花卉的观赏形态，特别是佛焰苞和肉穗花序的颜色、形态等。另外，病害是红掌花栽培中极为重要的影响因素，特别是由盘长孢属或刺盘孢属真菌引起的炭疽病，由黄单胞杆菌引起的细菌枯萎病即疫病，由线虫引起的叶枯线虫病这三种病害，因此抗病是育种的重要方向。另外，耐低温、耐旱等，也是红掌的育种目标。

杂交育种仍然是红掌最重要的育种方法。红掌的花序是一个肉穗花序，外被一个佛焰苞。安祖花雌蕊在佛焰苞片展开后约两周左右达到成熟，柱头吐露黏液，此时可对雌蕊进行授粉工作。杂交时对雌蕊的套袋隔离工作，应该在苞片展开后的一周进行。花粉采集工作则在雌蕊完成受精作用以后，花药成熟显露出花冠时进行。荷兰的安祖花公司、美国的夏威夷大学等自 20 世纪 50 年代以来长期开展红掌的杂交育种，已经育成了大量品种。近年来，我国广东、昆明、福建等地区，也开展了一系列的红掌杂交育种工作，并得到了一些优良的种类。

作为一种大量生产的高档花卉，红掌的生物技术育种工作也开展得比较早。组织培养技术已经大量应用于红掌的生产和种质保存。红掌的芽、叶、叶柄等，都应用于组织培养的研究，培养基以 MS 为主，黑暗条件有利于愈伤组织的诱导。遗传转化方面，1991 年 Kuehnle 和 Sugil 研究显示根癌农杆菌可以浸染安祖花，这可能是红掌最早关于遗传转化的研究。1997 年 Chen 和 Kuehnle 等用安祖花离体培养再生的根与根癌农杆菌 LBA440A 进行共培养，得到了转化再生的小植株。1998 年 Chi 和 Goh 等用分别含有 PUGCI 玉米泛素启动子、PEF-la-Arabidopsis thaliana 拟南芥启动子和 35S，即 P70GUS-CaMV 启动子的质粒，其中都含有可以表达 β－葡萄糖醛酸酶基因，进行金微载体的基因枪轰击，结果证明外源基因在安祖的表达上采用单子叶植物启动子比采用拟南芥双子叶植物中的启动子更有效。在研究的基因上，有些是改变花色的基因，如类胡萝卜素合成酶途径中的四个基因 PSY、PDS、LycB 和 LycE；有提高植株抗寒性的基因，如 CBFl 基因；有提高红掌抗病性的基因，如 NPR1 基因等。此外，各种分子标记，如 AFLP、RFLP、RAPD 等，也广泛应用于红掌及其近缘种的遗传关系的分析。

第三节 马蹄莲

马蹄莲（*Zantedeschia aethiopica*（Calla lily）），为天南星科马蹄莲属多年生草本。有肉质粗壮的地下茎，平卧；叶具长柄，叶片心形或箭形，肉质绿色，有光泽；花莲伸出叶片，佛焰苞短筒状三角形，上部平展，顶端尖，白色，形如马蹄；肉穗花序黄色，与佛焰苞等长。花序上部生雄蕊，下部生雌蕊。果实肉质浆果，包在佛焰包内。染色体基数 16，$2n=2x=32$。

马蹄莲植物株形美观，花型奇特，具有较高的观赏价值，是良好的切花，也可作为优良的盆栽植物观赏，具有相当高的经济价值。特别是近年彩色马蹄莲的大量栽培与应用，更增加了其应用价值。

一、种质资源

马蹄莲属（*Zantedeschia*）是德国植物学家 Kurt Sprengel 为纪念意大利的植物学家 Giovanni Zantedeschi 而设立的属名。目前该属一般认为包含 7 个种，分别是：*Z. aethiopica*、*Z. rehmannii*、*Z. jucunda*、*Z. elliottiana*、*Z. pentlandi*、*Z. odorata* 和 *Z. albomaculata*（该种还可分为 3 个亚种：*Z. albomaculata* subsp. *albomaculata*、*Z. albomaculata* subsp. *macrocarpa* 和 *Z. albomaculata* subsp. *valida*）。

不同种的马蹄莲可归为两群：①植株茎叶在原产地冬季不落叶，退化的雄蕊散布在肉穗花序下部的雌花中，浆果成熟时变为橙色并熟软有黏性，以 *Z. aethiopica* 种为代表。*Z. aethiopica* 具有长形、有分枝的地下茎，开白花，泛称为白花马蹄莲。②植株茎叶在原产地冬季落叶，无退化的雄蕊散布在肉穗花序的下部雌花中，成熟的浆果坚硬绿色，是除 *Z. aethiopica* 以外的其余各种。这些种类地下茎为紧凑的盘形，佛焰苞彩色，统称为彩色马蹄莲。*Z. aethiopica* 与其他种间不能杂交，其余各个种间有杂交的可能。*Z. elliottiana* 为浅黄色花，*Z. rehmannii* 为粉色花，*Z. pentlandi* 为深黄色花，*Z. jucunda* 为深黄色花，*Z. albomaculata* 为乳白色花。

马蹄莲原产南部非洲至中部非洲，主要分布地区在南非。马蹄莲属主要分布在南非的德兰士瓦省、纳塔尔省和巴苏陀兰；*Z. aethiopica* 的分布从南非到东非，生长在海岸和岛屿的沼泽、丘陵和山地，其他各种都为南非原产；*Z. rehmannii* 生长在干旱的石山、岩石露头，也见于沼泽地、林缘和沙质土壤的草场。

二、育种目标、方法与进展

马蹄莲的主要育种目标是培育抗病、多花、株高适中、采后寿命长的品种。其杂交育种的方法是：选择合乎要求的植株作父母本。授粉时，可将苞片剪开，使花序下部雌蕊部分全部露出，便于授粉，又可防止苞片内积水，提高授粉成功率。杂交时需去雄，因其花是肉穗状花序，雌蕊在下部，所以可以直接将上部未成熟的雄蕊剪掉。授粉的最佳时机是在雄蕊成熟后第二天至第五天，雌蕊有黏液能粘住花粉即可。在每天上午 10 时左右为好，第二天接着授粉，连续 2～3 次。授粉后子房逐渐增大，经 50 多天后，种子逐渐成熟。剪下果穗，剥出种子，搓掉种子外表的果肉，晾干贮存于干燥处。一个果穗可得 20～50 粒种子。新西兰是现代彩色马蹄莲的育种中心，近 50 年来新西兰的育种者一直不懈地致力于彩色马蹄莲新品种的培育，已杂交选出上百个彩色马蹄莲品种。

抗病育种是马蹄莲特别是彩色马蹄莲的重要课题。多种彩色马蹄莲容易患软腐病（*Erwinia carotovora* subsp. *carotovora*），往往导致毁灭性损失。马蹄莲（*Zantedeschia aethiopica*）中具有对软腐病抗性的基因，但与彩色马蹄莲杂交存在障碍。在已经做过的大量的杂交实验中，马蹄莲与彩色马蹄莲的杂交后代要么不育，要么后代为白化株，只能通过组培维持。目前，新西兰植物研究中心正试图利用香马蹄莲（*Z. odorata*）作为中间材料，先与马蹄莲杂交，再用其后代与彩色马蹄莲杂交，以得到抗病植株。此外，在彩色马蹄莲中寻找抗性种质的研究也在进行。

基因工程和分子标记也已应用于马蹄莲育种。Yip 等（2006 年）利用农杆菌将铁氧化还原蛋白基因（pflp）转入 *Zantedeschia elliottiana* 品种 'Florex Gold'，获得具有抗软腐病的芽丛，为彩色马蹄莲的育种开辟了新途径。RAPD、SSR、AFLP 等分子标记也用于马蹄莲品种的鉴定和亲缘关系的研究。

第四节　其他热带花卉植物

一、鹤蕉类花卉

鹤蕉类花卉，也写作赫蕉类花卉，泛指鹤蕉科（Heliconiaceae）鹤蕉属（*Heliconias*）的观赏花卉，其共同的特点就是具有船形的佛焰苞，具有较高的观赏价值。鹤蕉科是单子叶植物姜目的一科，又称为蝎尾蕉科，只有鹤蕉属一属，约有 100～200 种，主要分布在热带美洲。鹤蕉属以前被分类在芭蕉科或旅人蕉科内，Nakai 等（1980 年）把鹤蕉类植物独立为一新科。

鹤蕉类花卉可以根据其花序状态分为两大类，即直立类和悬垂类。直立类的花序是直立向上，如金鸟鹤蕉（*Heliconia psittacorum*）。而悬垂类则花序向下悬垂，如蝎尾蕉（*H. metallica*）。鹤蕉的花序性状是多种多样的，常见的为蝎尾状和鹤状，还有排列紧密直立如令箭状的 *H. ecospales*，紧密下垂如鞭炮状的 *H. mariae* 等。花序苞片的颜色也极为丰富，红、橙、黄、紫、紫黑等各色都具备，观赏资源非常丰富。

鹤蕉作为观赏植物大规模商品化栽培的历史不长，所以现在育种工作主要集中在优良种质资源的发掘和选育上，同时杂交育种工作也已开始。此外，组织培养在鹤蕉的繁育与保存方面，也发挥着重要的作用，一些重要的鹤蕉植物如金鸟鹤蕉、蝎尾蕉等的组织培养技术已经趋于成熟。

二、竹芋类花卉

竹芋类花卉泛指竹芋科（Marantaceae）的具有观赏价值的植物。竹芋科是单子叶植物姜目的一科。竹芋科约有 31 属，550 种，原产于美洲、非洲和亚洲的热带地区。多种竹芋类花卉具有各色色斑的叶片，一些也具有色泽艳丽的花序，常用作观叶和观花植物。其中，观赏用的主要属包括：①竹芋属（*Maranta*），子房退化为 1 室，种子 1 枚，具花瓣状退化雄蕊 2 枚；②肖竹芋属（*Calathea*），子房为 3 室，有胚珠 3 个，具花瓣状退化雄蕊 1 枚；③栉花竹芋属（*Ctenanthe*），子房 1 室，花冠较短，花苞绿色；④红背卧花竹芋属（*Stromanthe*），子房 3 室，苞腋着花 2 朵以上。

竹芋类花卉的育种也集中于资源的发掘和不同属种间的杂交育种，以培育更多、更丰富的叶色为主要育种目标。同时，组织培养对竹芋的繁殖和保存起着重要作用。分子标记已经应用于竹芋亲缘关系的研究，如 Andersson 和 Chase（2001 年）将 rps16 内含子序列用于竹芋科的亲缘关系的研究。

三、棕榈类植物

棕榈科（Palmae）植物属种子植物门被子植物亚门单子叶植物纲的初生目（Principes），是世界热带地区最重要的代表科之一，目前全世界共存 210 余属 2800～3000 种左右，主要分布在热带美洲、热带亚洲和太平洋及附近岛屿，热带非洲也有少量分布，在北纬至 34°（日本）、36°（美国加州），南纬至 39°（智利）、44°（新西兰）之间，大部分种类分布于热带地区。棕榈科植物具有独特的树形，美观的姿态，种类繁多，形态各异，具有典型的热带特色，成为热带地区的代表树种。

棕榈科植物为木本植物，生活周期长，遗传育种的难度较大。现有的育种研究多集中于野生资源的发掘和栽培种的引种应用，其他更深入的育种研究涉及不多。其中，椰子由于具有较高的经济价值，其杂交育种工作开展较早，20世纪30年代初，世界各植椰国开始注重椰子杂交育种研究，许多国家培育出若干优良品种，1978年中国热带农业科学院椰子研究所利用马来亚黄矮和海南高种进行杂交，获得杂交种文椰78F1，与引进的马哇杂交良种相比，果实更大，较抗风、抗寒，更适应海南岛的气候环境。

本章小结

本章主要介绍了观赏凤梨、红掌、马蹄莲以及鹤蕉、竹芋、棕榈类等热带植物的育种情况，包括其育种的种质资源、育种的目标、方法和进展情况。

思考题

1. 观赏凤梨常见的种质资源有哪些，有何观赏特点？
2. 彩色马蹄莲育种中的重要方向是什么，有什么育种途径？
3. 红掌的杂交育种方法要注意什么？

参考文献

［1］ Andesson Lennart, Chase Mark W. Phylogeny and Classification of Marantaceae ［J］. Botanical Journal of the Linnean Society, 2001, 135 (3)：275-287.

［2］ Chen F. C., Kuehnle A. R., Sugii N. Anthurium Root for Micropropagation and Agrobacterium Tumefaciens-Mediated Gene Transfer ［J］. Plant Cell, Tissue Organ Culture, 1997, 49 (1)：71-74.

［3］ Kato C. Y., Nagai C., Moore P. H., et al. Intra-Specific DNA Polymorphism in Pineapple (Ananas comosus (L.) Merr.) Intra-specific DNA Polymorphism in Pineapple (Ananas comosus (L.) Merr.) ［J］. Genetic Resources and Crop Evolution, 2004 (51)：815 - 825.

［4］ CroatThomas. A Revision of the Genus Anthurium (Araceae) of Mexico and Central America, Part I: Mexico and Middle America; Part II: Panama ［M］. MBG Press, 1983.

［5］ Duval M. E. Molecular Diversity in Pineapple Assessed by RFLP Markers ［J］. Theoretical and Applied Genetics, 2001, 102 (1)：83-90.

［6］ EnglerA. Araceae-Pothoideae, Das Pflanzenreich IV ［Z］. 23B, Heft 21, 1905：1-330.

［7］ Gek-Lan Chi, Hedy K Goh, Therry Legavre. Gus Gene Expression in Anthurium Andraeanum, Oncidium Gower Ramssey and Brassolaelio Cattleya Orange Glory Express after Particle Bombardemt ［J］. Act Hort, 1998 (461)：379-383.

［8］ Yip Mei-Kuen, Huang Hsiang-En, Ger Mang-Jy, et al. Production of Soft Rot Resistant Calla Lily by Expressing a Ferredoxin-Like Gene (pflp) in Transgenic Plants ［J］. Plant Cell Reports, 2007, 26 (4)：449-457.

［9］ 李萍, 石金磊, 胡永红等. 凤梨亚科光萼荷属与其近源属亲缘关系的ISSR分子鉴定 ［J］. 种子, 2007, 26 (11)：35-41.

［10］ 周涤, 吴丽芳. 马蹄莲研究进展 ［J］. 园艺园林科学, 2006, 22 (9)：284-290.